主要常绿果树优质轻简栽培技术

刘永忠 ——— 主编

化学工业出版社

·北京·

内容简介

本书在概述我国五种主要常绿果树柑橘、香蕉、荔枝、草莓和枇杷产业发展现状和栽培管理技术发展趋势的基础上，详细阐述了常绿果树分别在山地果园、丘陵果园和平地果园的轻简化栽培共性技术、装备和产品开发，重点介绍了五种常绿果树在建园、树形修剪、花果管理、肥水管理、病虫害绿色防控及设施栽培等方面的优质轻简高效栽培与管理技术。此外，精选近30个不同地区轻简化栽培技术成功应用案例，系统分析各案例的主要问题、解决方案、关键技术研发、技术集成示范和效果评价，以期有效推广果树轻简化栽培管理技术，实现降本提质增效，为果树产业可持续健康高效发展提供技术支撑。

本书适于广大果树生产者、农技推广人员、农业采摘园、家庭农场和企事业单位等使用，也可供农林院校园艺、果树等专业的师生参考阅读。

图书在版编目（CIP）数据

主要常绿果树优质轻简栽培技术/刘永忠主编. —
北京：化学工业出版社，2024.8
ISBN 978-7-122-45633-5

Ⅰ.①主… Ⅱ.①刘… Ⅲ.①常绿果树-果树园艺
Ⅳ.①S66

中国国家版本馆CIP数据核字（2024）第094983号

责任编辑：孙高洁 刘 军　　　　　文字编辑：李 雪
责任校对：王鹏飞　　　　　　　　　装帧设计：关 飞

出版发行：化学工业出版社
　　　　　（北京市东城区青年湖南街13号　邮政编码100011）
印　　装：北京天宇星印刷厂
710mm×1000mm　1/16　印张21¹⁄₂　字数421千字
2024年9月北京第1版第1次印刷

购书咨询：010-64518888　　　　　售后服务：010-64518899
网　　址：http://www.cip.com.cn
凡购买本书，如有缺损质量问题，本社销售中心负责调换。

定　　价：128.00元　　　　　　　　版权所有　违者必究

本书编写人员名单

主　　编： 刘永忠

副 主 编： 谢江辉　李建国　潘志勇　陈俊伟　李善军　张运涛

参编人员： （按姓名笔画排序）

王会良　王淑明　王　尉　王　鹏　井　涛　韦绍龙

申济源　田丹丹　朱　壹　刘永忠　刘浩强　孙少龙

孙　健　李迅东　李　凯　李建国　李鸿莉　李善军

李　震　宋　放　张运涛　张惠云　陈厚彬　陈香玲

陈俊伟　武松伟　林丽蓉　罗心平　周先艳　周登博

郑永强　赵明磊　钟传飞　段洁利　高兆银　彭良志

蒋桂华　曾祥国　谢江辉　鲍秀兰　熊又升　潘志勇

前言

　　中国已成为果品生产大国，目前果品市场相对过剩、竞争日趋激烈，质优价廉、食用安全、对环境友好的果品已成为获得市场竞争力、提高果园经营效益、促进产业持续健康发展的核心。柑橘、香蕉、荔枝、草莓和枇杷是中国南方果业的重要支柱产业，这些果树多处于高温多湿环境中，园区立地条件差、建园标准相对落后，果园生产管理主要靠人力完成。近些年随着劳动力短缺和老龄化现象加剧，用工成本大幅度增加，果园管理也很难到位，导致土壤恶化、树体高大郁密、病虫害滋生、果实品质和果园经营效益进一步下降，果园撂荒现象日渐普遍，产业发展受到严重影响。当前情况下，果树生产迫切需要采用优质轻简高效栽培技术，以实现"优质、降本、高效"的目标。反之，如果这些问题不抓紧研究解决，必定会对中国推进农业供给侧结构性改革、解决"三农"问题、落实乡村振兴战略等产生不良影响。

　　果园管理技术轻简化，是实现果树生产降本提质增效、果业持续健康发展的关键，包括三个层面，即技术简单化、机械化和智能化或智慧化。根据国内外学者提出的农业4.0概念：农业1.0是以人力和畜力为主的传统农业，农业2.0是以操控农业机械为主的机械化农业，农业3.0是以操控计算机为主的信息化或数字化农业，农业4.0则是以操控机器人为主的智能或智慧农业。中国果树产业目前基本处在农业1.0及向农业2.0过渡的一个阶段，栽培管理技术基本实现了简单化，部分园区还应用了农机装备或设施进行辅助管理。果树产业在实现中国乡村振兴战略中的地位非常重要，其果实是满足人民日益增长的美好生活需要的重要农产品。由于中国果树产业发展同样面临着土地资源约束、从业劳动力不足和老龄化、生态环境破坏压力加剧等问题，中国果业发展不得不加快向规模化、集约化和智能化生产方向转变。

加快果园与农机、农艺与农机、农机与信息相匹配的技术研发和应用，是果园管理技术提档升级、实现产业持续健康高效发展的重要保障。基于此，依据国务院《"十三五"国家科技创新规划》（国发〔2016〕43号）和国务院《关于深化中央财政科技计划（专项、基金等）管理改革的方案》（国发〔2014〕64号），中国实施了"主要经济作物优质高产与产业提质增效科技创新"重点专项。在重点专项之一的国家重点研发计划——"常绿果树优质轻简高效栽培技术集成与示范（2020YFD1000100）"项目的支持下，项目组成员针对柑橘、香蕉、荔枝、草莓和枇杷分别开展了优质轻简高效栽培的技术集成与示范工作，并就相应成果进行了总结成书，以期为后续研究或其他树种的研究提供参考。

本书由华中农业大学、华南农业大学、西南大学、中国热带作物科学研究院、湖北省农业科学院、浙江省农业科学院、广西壮族自治区农业科学院、云南省农业科学院、北京市农林科学院林业果树研究所、江西绿萌农业发展有限公司等10家单位联合编写完成，共分7章，各章的编写人员分别是：第1章由刘永忠、谢江辉、李建国、陈俊伟、潘志勇、李善军和张运涛等同志完成，第2章由李善军、李震、鲍秀兰、郑永强、林丽蓉等同志完成，第3章由刘永忠、潘志勇、彭良志、刘浩强、陈香玲、王鹏、武松伟、宋放、朱壹和周先艳等同志完成，第4章由李建国、陈厚彬、李鸿莉、罗心平、申济源、赵明磊、高兆银、张慧云等同志完成，第5章由谢江辉、井涛、王尉、段洁利、孙少龙、韦绍龙、李迅东、李凯、周登博和田丹丹等同志完成，第6章由孙健、张运涛、蒋桂华、曾祥国、鲍秀兰、钟传飞、熊又升等同志完成，第7章由陈俊伟、王会良和王淑明等同志完成，刘永忠负责全书的统稿工作。

本书是"常绿果树优质轻简高效栽培技术集成与示范"项目研究成果的总结，是项目研究成员共同努力的结果，可以为研究果树优质轻简化栽培理论和技术的科研工作者和第一线从业人员提供参考。书中如有不当之处，欢迎读者批评指正！

编者

2024年3月

目录

第3章　柑橘优质轻简高效栽培技术集成与示范　069

第4章　香蕉优质轻简高效栽培技术集成与示范　131

第5章 荔枝优质轻简高效栽培技术集成与示范 202

第6章　草莓优质轻简高效栽培技术集成与示范　261

第7章　枇杷优质轻简高效栽培技术集成与示范　295

第1章

主要常绿果树产业种植现状与栽培技术发展趋势

柑橘、香蕉、荔枝、草莓和枇杷是中国重要的常绿果树，在农业经济发展和满足人民生活需求中占据举足轻重的地位。2020年中国柑橘、荔枝、枇杷、香蕉和草莓的产量分别超过5000万吨、250万吨、90万吨、1400万吨和340万吨，除香蕉外，均为全球之冠。本章主要介绍这5种果树的产业种植现状以及栽培技术可能的发展趋势，为产业的发展决策提供支撑。

第1节
柑橘产业种植现状和栽培技术发展趋势

一、世界柑橘产业种植现状

1. 分布现状

柑橘属于亚热带常绿果树，常见经济栽培的种类主要包括柑类、橘类、橙类、柚类、枸橼（柠檬）类、金柑类、药用柑橘类和一些橘柚、橘橙等杂柑类。据FAO 2023统计，柑橘目前是世界第一大果树，主要分布在亚洲和美洲，种植面积超过世界总面积的80%，而种植面积排在前5位的是中国、印度、巴西、西班牙和美国，分别在265万公顷、98万公顷、70万公顷、30万公顷和28万公顷左右。

亚洲的柑橘主要分布在东亚、东南亚和南亚，以宽皮柑橘、橙、柚和柠檬四大类为主。宽皮柑橘主要种植在中国、土耳其、巴基斯坦等国，其中中国种植面积接近190万公顷，占亚洲宽皮柑橘种植面积的72%左右；橙类主要种植在印度、中国、巴基斯坦和伊拉克等国，占亚洲橙类种植面积的79%左右；柚类主要种植在中国、越南、泰国和孟加拉国等国，占亚洲柚类种植面积的87%左右；柠檬类主要种植在印度、中国、土耳其、伊朗和孟加拉国等国，印度柠檬种植面积有30多万公顷，超过亚洲柠檬种植面积的50%。

美洲的柑橘主要分布在南美洲的巴西、中美洲的墨西哥和北美洲的美国。橙类主要种植在巴西、墨西哥和美国三个国家，种植面积超过美洲橙类种植总面积的75%；柠檬主要种植在中美洲的墨西哥、南美洲的阿根廷和巴西，面积超过美洲柠檬种植总面积的70%；宽皮柑橘主要分布在巴西、墨西哥、美国、阿根廷等国。另外，欧洲柑橘主要分布在地中海沿岸国家和地区，如西班牙和意大利；非洲的柑橘主要分布在北非、东非和南非，如埃及、摩洛哥和南非；大洋洲的柑橘主要分布在澳大利亚南部的新南威尔士州、南澳大利亚州和维多利亚州，以及北部的昆士兰州。

2. 种植规模和结构变化

世界的柑橘种植在过去60年中一直处于增长阶段，其面积和产量分别由1961年的191万公顷和2360万吨增加到2019年的839万公顷和1.43亿吨（FAO数据）。不过五大洲中，只有亚洲和非洲的柑橘种植面积和产量一直处于上升状态。另外，世界各柑橘类型的种植面积结构也发生了显著变化。在20世纪60年代，橙类∶宽皮柑橘类∶柠檬类∶柚类为0.66∶0.18∶0.11∶0.05，2019年的橙类∶宽皮柑橘类∶柠檬类∶柚类的比例变为0.48∶0.33∶0.15∶0.04，橙类的比例下降了18个百分点，宽皮柑橘的比例上升了15个百分点。

二、中国柑橘产业发展现状

1. 柑橘分布较广泛

中国柑橘种植面积和产量均居世界第一位，种植主要分布在北纬20°～33°、东经95°～122°间的热带和亚热带地区，分布较广，包含19个省（自治区、直辖市）；其中广西、四川、湖南、江西、广东、湖北、重庆、福建和云南是柑橘重要分布地区。

广西主要种植砂糖橘、沃柑，其次是脐橙和金柑。砂糖橘主要分布在桂林市，沃柑主要分布在南宁市和崇左市，脐橙主要在富川，金柑主要在桂林阳朔和柳州融安等地。四川种植的柑橘品种较多，主要分布在眉山、泸州、广安、资阳、南充、达州和成都、乐山等市。湖南柑橘种植主要分布在湘南、湘西地区，以脐橙、冰糖橙、温州蜜柑和椪柑为主。江西柑橘以脐橙、南丰蜜橘、柚为主，主要分布在赣州、抚州、吉安和上饶四个地级市。广东柑橘种植面积萎缩，目前主要分布在粤中、粤北和粤西等地。湖北柑橘主要以温州蜜柑和晚熟脐橙为主，柑橘种植主要集中在宜昌市和十堰市。重庆市以中晚熟甜橙为主，柑橘分布较广，目前逐渐集中在长江沿线的长寿、万州、开州、云阳、奉节、巫山等地。福建的柑橘主要是蜜柚和椪柑（芦柑），主要分布在泉州、漳州和南平等地区。云南柑橘虽然面积不大，但是种植较广，主要分布在金沙江、南盘江、元江、澜沧江和怒江流域等地区。

2. 产业仍然处于稳步上升阶段

柑橘是中国第一大水果，在完成精准扶贫、实现乡村振兴、提高农民收入等方面起到了重要的作用。中国柑橘的种植面积和产量在20世纪80年代后基本上保持着快速增加的趋势，1981～2020年近40年间，种植面积从不到25万公顷增加至260多万公顷，产量从不到200万吨增加到5000万吨以上。

随着社会经济的发展，中国柑橘的分布逐步向优势产区集中和由发达地区向不发达地区、由沿海向内陆发展。目前柑橘向长江中上游和赣南-湘南-广西区域集中趋势明显，其中广西的柑橘种植面积接近全国柑橘总面积的1/5，产量超过全国的1/4；广东、浙江、福建等地区的柑橘种植面积在近10年下降明显，而广西、四川、云南等地产区的种植面积显著增加。

在柑橘规模扩大的同时，中国建立了较完整的研发体系（国家柑橘产业技术体系）和培育了较强的研发队伍，通过品种、区域布局和技术的应用，将柑橘由过去集中在10～12月份成熟上市变为周年上市，柑橘黄龙病得到有效控制。

3. 从业人员不足和老龄化

中国第七次人口普查结果显示，中国人口虽然比10年前增加了5.38%，但是60岁以上的老年人口（占18.7%）上升了5.44%、乡村居住人口减少了1.64亿（国家统计局，2021），农业劳动力不足和老龄化已成为中国农村的一个普遍现象。通过对全国300多个种植主体的调查发现，目前橘园管理者的年龄40岁以下的仅占20%左右，而橘园工人的年龄主要在50岁以上，其中50～60岁之间占52%左右、60岁以上的占23%左右，且工人以女性为主，占61.5%。由于从业人员不足和老龄化，用工成本大幅度增加，据调查，目前人均工价超过120元/天，用工成本接近橘园生产成本的50%。

4. 橘园管理技术仍以传统为主

通过对300多个柑橘种植主体的分析，发现柑橘栽培管理技术目前主要依靠人力来完成，只有少数种植户会利用一些机械设备或设施。

① 除草管理。目前橘园年均除草约4次，主要采用除草剂、背负式割草机和纯人工等三种方式，相应种植主体比例分别有57.5%、56.2%和47.4%，只有8.5%和15.0%的种植主体采用手扶式和坐式除草机械除草，不过大面积的缓坡平地橘园使用

除草机械的比例在增加。

② 施肥技术。超过60%的种植主体橘园主要采用人工开沟或撒施方式进行施肥，只有不到30%的种植主体采用滴灌方式施肥。不过随着橘园面积增加，采用滴灌施肥的比例增加趋势明显，> 500亩（1亩≈667m²）橘园的种植主体采用滴灌施肥比例达到49.3%。

③ 灌溉技术。橘园灌溉目前主要采用人工管道浇灌和滴灌方式，比例分别为53.1%和39.3%；不过采用滴灌的比例随着橘园面积的增加呈现增大趋势。另外，目前仍有少量橘园采用田间漫灌和喷灌，所占比例均接近7%。

④ 病虫害防控技术。种植主体橘园目前年平均打药11.5次，有超过70%种植户的橘园是采用管道方式打药，有23.2%的橘园仍然采用传统的背负式设备打药，而采用风送式机械和无人机设备打药的橘园比例还比较低，分别是14.7%和6.9%。

⑤ 修剪。目前橘园除冬季清园进行修剪外，还有部分种植主体（35.1%）的橘园会经常在生长季节修剪，不过主要是采用纯人工修剪方式，占比86.6%，少部分（10.8%）采用动力辅助方式进行修剪。

三、柑橘栽培管理技术发展趋势

不同地区柑橘栽培管理存在的问题有差异，通过对全国柑橘主要产区300多个种植主体调查，发现柑橘栽培管理过程中主要出现用工难、缺少合适的稳产优质的管理技术、生产成本高和果园基础设施落后等问题，其中位居首位的问题是用工难，占比50.6%。用工难第一体现在用工繁忙季节找不到人；第二是果园干活的人老龄化严重；第三是用工成本日渐增加，当前负责嫁接、修剪等工人日均工资超过350元。实际上，果园用工难致使传统果园管理技术很难做到位，是目前出现果实品质良莠不齐、安全问题不时暴发、生产成本增加的重要原因之一。

根据国内外果园管理现状划分，果园有传统、机械化、自动化和智能化等管理模式。果园传统管理是以一棵树为对象的精细管理，主要依靠人力来完成。果园传统管理强调因树操作，如因树势强弱进行施肥，因树势、枝梢类型等应用不同修剪手法修剪，一般管理效率较低，其效果依赖于修剪工的素质和技术水平，比较适合于小面积的能人式家庭果园。但是随着社会经济的发展和城市化加剧，农村劳动力减少和果园从业人员不足，小农户生产与规模化、商品化、标准化之间的矛盾逐渐凸显，中国果树种植开始从分散小户经营向规模化经营方式转变，逐步出现以应用机械为主的管理模式的果园。

在从业劳动力不足局势日趋紧张的情况下，为了实现丰产稳产、提质增效目标，柑橘的栽培管理技术必将朝着减少劳动力投入、提高劳动效率方向发展，栽培管理技术的轻简化是必然方向。轻简化包含技术或流程简化、机械化和管理智能化三个层面。目前中国柑橘园的栽培管理技术逐步向技术或流程简化、机械化方向发展；随着5G、大数据和物联网等技术的应用以及从业人员知识化、专业化程度的加深，橘园的栽培管理技术开始试水自动化、智能化或智慧化。为了应用轻简化栽培管理技术，柑橘栽培管理的发展趋势重点包括以下几个方面：橘园的种植模式将逐步向宽行窄株（缓坡平地橘园）或运输轨道+规范横向作业道（山地橘园）方向发展，树体将采用小冠形或单干树形，肥水管理将采用水肥一体化技术，病虫防控将与农艺相结合应用高效绿色防控技术，树体修剪将采用机械和"傻瓜"化的修剪技术等。

第2节
香蕉产业种植现状和栽培技术发展趋势

一、香蕉产业发展现状

香蕉属于芭蕉科中的芭蕉属，是典型的热带作物，主要生长在海拔1700m以下的热带、亚热带森林和河谷中。香蕉起源于亚洲南部，原产地是东南亚和印度等地，包括中国南部，其中心可能是马来半岛及印度尼西亚诸岛。目前在马来西亚的森林里还能够找到香蕉的野生祖先，如有籽二倍体的阿加蕉及其若干亚种等。之后，香蕉再由南太平洋各岛屿经马来半岛传到印度，经印度等地又传到非洲东岸及整个非洲大陆。10世纪由赞比亚传入刚果，15世纪传入西非和加那利岛，最后经过地中海，由葡萄牙和西班牙的航海者带进了美洲新大陆，并在欧洲商人的传播下，开始在美洲广为种植。20世纪，由于资本主义产业资本的介入和香蕉国际贸易的兴起，拉美地区如巴西、厄瓜多尔、哥斯达黎加等国开始大面积种植香蕉。目前香蕉分布已遍布东、西半球，南北纬度30°以内的热带、亚热带地区，世界上栽培香蕉的国家约有130个，以中美洲产量最多，其次是亚洲。

1. 世界香蕉产业现状

（1）生产状况　香（大）蕉是重要的水果和粮食作物。2020年世界香（大）蕉收获面积1172.0万公顷，其中香蕉520.4万公顷，占比44.4%；大蕉及其他蕉类651.7万公顷，占比55.6%。2020年世界香（大）蕉产量16295.0万吨，其中香蕉11983.4万吨，占比73.5%；大蕉4311.7万吨，占比26.5%。

① 香蕉。目前全球香蕉生产主要分布在拉丁美洲的厄瓜多尔、哥斯达黎加、巴西、哥伦比亚，亚洲的印度、中国、印度尼西亚、菲律宾、泰国，非洲的乌干达、

卢旺达、加纳、科特迪瓦，及加勒比海和南太平洋地区的岛屿型国家。

近几十年来，世界香蕉收获面积总体上呈波浪式上升。据联合国粮食及农业组织（FAO）统计，世界香蕉收获面积1961年为202.1万公顷、2020年为520.4万公顷。2020年，亚洲、非洲、美洲、大洋洲和欧洲的香蕉收获面积分别为198.4万公顷、174.1万公顷、136.0万公顷、9.9万公顷和1.9万公顷。2020年，世界香蕉收获面积前10的国家分别为印度（87.8万公顷）、巴西（45.5万公顷）、中国（35.4万公顷）、坦桑尼亚（32.3万公顷）、刚果（22.6万公顷）、菲律宾（18.8万公顷）、卢旺达（16.6万公顷）、布隆迪（16.4万公顷）、秘鲁（16.1万公顷）和厄瓜多尔（16.1万公顷），占世界香蕉收获总面积的59.09%。

从产量变化来看，世界香蕉产量总体呈平稳上升趋势，1961年为2149.3万吨，2020年为11983.4万吨，年均增长率为3.3%左右。2020年，亚洲、美洲、非洲、大洋洲和欧洲的香蕉总产量分别为6473.1万吨、3150.0万吨、2125.4万吨、169.6万吨、65.3万吨，世界前10位的生产国分别为印度（3150.4万吨）、中国（1187.3万吨）、印度尼西亚（818.3万吨）、巴西（663.7万吨）、厄瓜多尔（602.3万吨）、菲律宾（595.5万吨）、危地马拉（447.7万吨）、安哥拉（411.7万吨）、坦桑尼亚（341.9万吨）和哥斯达黎加（252.9万吨），占世界香蕉总产量的70.7%左右。

② 大蕉。FAO统计数据表明，世界大蕉收获面积从2001年的480.0万公顷增长到2020年的651.7万公顷，年均增长1.62%。2020年，非洲、美洲和亚洲的大蕉收获面积分别为534.3万公顷、74.5万公顷和42.8万公顷；世界大蕉收获面积前10的国家分别为乌干达（177.2万公顷）、刚果（110.6万公顷）、科特迪瓦（50.2万公顷）、尼日利亚（49.3万公顷）、加纳（41.8万公顷）、喀麦隆（31.4万公顷）、坦桑尼亚（30.3万公顷）、哥伦比亚（28.4万公顷）、菲律宾（26.4万公顷）和厄瓜多尔（12.8万公顷），占世界大蕉收获总面积的85.7%。

世界大蕉2001年的产量为2943.7万吨、2020年的产量为4311.7万吨，年均增长达2.0%。2020年，非洲、美洲、亚洲和大洋洲的大蕉总产量分别为2991.2万吨、759.1万吨、560.5万吨和0.9万吨；世界前10位大蕉生产国分别为乌干达（740.2万吨）、刚果（489.2万吨）、加纳（466.8万吨）、喀麦隆（452.6万吨）、菲律宾（310.1万吨）、尼日利亚（307.7万吨）、哥伦比亚（247.6万吨）、科特迪瓦（188.3万吨）、缅甸（136.1万吨）、多米尼加共和国（105.3万吨），占世界香蕉总产量的79.9%。

（2）贸易现状　根据FAO数据显示，2020年世界香（大）蕉总贸易量达5071.6万吨，进出口贸易额达307.3亿美元。其中香（大）蕉出口量从2011年的1920.9万吨增长到2020年的2596.1万吨（其中香蕉2449.7万吨、大蕉146.4万吨），香（大）蕉出口量年平均增长率为3.4%，总体保持上升趋势。另外，世界香（大）蕉出口额从2011年89.6亿美元增加到2020的142.5亿美元（其中香蕉133.6亿美元、大蕉8.9亿美元），出口额年均增长率为5.3%。2020年，世界香蕉出口前10位国家如图1-1（a），其中厄瓜多尔香蕉出口量为703.98万吨，占世界香蕉总出口量的27.1%。

世界香（大）蕉进口量2011年为1943.6万吨、2020年为2475.5万吨（其中香蕉2337.6万吨、大蕉137.9万吨），年平均增长率为2.7%；另外，世界香蕉进口额从2011年的136.8亿美元增加到2020年的164.9亿美元（其中香蕉156.1亿美元、大蕉8.8亿美元），年平均增长率为2.1%。2020年，世界香蕉进口前10位国家如图1-1（b）所示。

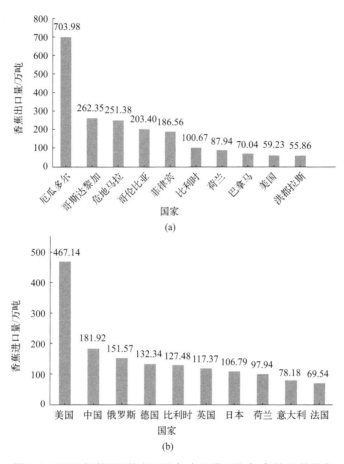

图1-1 2020年世界香蕉出口量（a）和进口量（b）前10位国家

2. 中国香蕉产业现状

中国香蕉种植主要分布在广东、广西、海南、云南、福建和贵州，重庆、四川、西藏和台湾也有少量种植。据《中国农业统计资料》、农业农村部南亚办和《中国统计年鉴》数据显示，除台湾以外，2001年中国香蕉种植面积为24.5万公顷，随着农业产业结构不断调整，中国香蕉种植面积不断扩大，2020年全国香蕉种植面积达到32.6万公顷，香蕉产量达到1151.3万吨。

（1）产量现状　据《中国农业统计资料》、农业农村部南亚办和《中国统计年鉴》数据显示，除台湾以外，2020年全国香蕉产量为1151.3万吨，其中广东478.7万吨、广西303.7万吨、云南197.6万吨、海南112.9万吨、福建45.82万吨。2001～2020年中国香蕉产量变化趋势如图1-2，在2006～2017年间总体呈上升趋势，随后呈下降趋势。

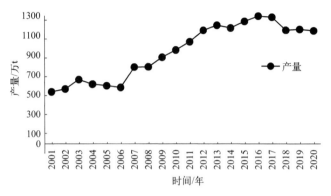

图1-2　2001～2020年中国香蕉产量变化趋势

（2）贸易现状　中国香蕉出口从2012年的0.8万吨上升到2021年的2.0万吨，总体呈上升趋势，上升幅度为150.0%，但总量较小；贸易值从581.9万美元上升到1843.9万美元。主要出口蒙古、俄罗斯、中国香港和中国澳门。

中国香蕉海关进口量从2012年的62.7万吨上升到2021年的186.3万吨，年平均增长率为12.9%；进口额从3.7亿美元上升到10.4亿美元，年平均增长率12.2%。2021年香蕉主要进口国为菲律宾、柬埔寨、越南和厄瓜多尔，分别进口84.7万吨、35.8万吨、35.4万吨和21.6万吨。从柬埔寨进口香蕉数量增长最为迅速，2019年从柬埔寨进口1.8万吨，2021年迅速增加到35.8万吨。另外，部分香蕉也从边境贸易进来，主要边境贸易进口国是老挝、缅甸、泰国和越南；2014～2019年从这些国家的边境进口数量占海关进口的59%～65%，虽有疫情影响，2021年边贸进口香蕉仍然有165万吨左右。

二、中国香蕉产业和科技发展历程

1. 产业发展历程

中国是世界上香蕉的原产地之一，战国时期的《庄子》和屈原的《九歌》中就记载了香蕉茎秆可以用作纺织，至今已有2500多年的栽培历史。中国香蕉产业的发展历程主要表现在以下几个方面。

第一，种植面积不断扩大，产量不断增加，单位面积产量不断提高。中国香蕉的产业发展大致划分为三个阶段：第一阶段是1989年以前，中国香蕉多为小面积零

主要常绿果树优质轻简栽培技术

星种植，缺乏先进的栽培技术，发展速度很慢，规模化或把香蕉作为一个产业来发展的很少，国家也没有将其纳入计划管理，属于自由购销商品，产量很低。1988年香蕉产量约205.8万吨，全国香蕉的种植面积为15.2万公顷。第二阶段是1989～1995年，中国香蕉产业出现了翻天覆地的变化，开始了真正的迅速增长。与1988年相比，1995年的香蕉产量是327.2万吨，年均增长率为6.8%；种植面积为20.5万公顷，年均增长率为4.4%。第三阶段是1995年之后至今，这一阶段香蕉产业开始初具规模，并朝专业化、标准化和高品质化方向发展。目前中国已是世界第二大香蕉生产国，仅次于印度。

第二，香蕉产业品种逐步多元化，产业品牌影响力增强。20世纪80年代前，由于技术落后，香蕉产品单一，大多数香蕉仅进行了简单的初加工；20世纪80年代开始，市场上开始逐步出现了香蕉干、香蕉脆片、香蕉罐头等深加工产品；香蕉泥、香蕉原汁饮料等产品多次获全国性食品交易会金、银奖；香蕉果酱、香蕉粉、香蕉软糖等高附加值产品逐渐增多，产业品种逐步多元化。中国的香蕉产业经过长期发展逐渐形成了一些具有影响力的香蕉品牌。如海南万钟公司的"尖峰岭"品牌、广西金穗公司的"绿水江"品牌、海南三合"绿盒子"香蕉品牌、广西坛洛镇金湖丰香蕉合作社的"洛洛香"品牌、广西武鸣区宁武镇一鸣红香蕉合作社的"一鸣红"品牌等。这些品牌不仅在国内市场具有较大的影响力，在国际市场上也具有一定的竞争力。

第三，香蕉贮藏和运输技术增强。香蕉富含果胶、糖类及各种酶类，容易腐烂、不易贮藏。随着国内科研机构和公司的科研力量投入加强，贮藏和运输技术方面都有了较大的突破。例如中国热带农业科学院的"香蕉及其他热带亚热带水果主要水果保鲜技术研究"，可提高香蕉商品附加值20%～30%，夏季常温下可贮藏25～35天，冬季常温下可贮藏60～90天。香蕉保鲜技术的增强也给其运输带来了极大的便利。

近年来，面对日趋激烈的国际竞争环境，中国采取了积极的产业扶持政策，香蕉产业正逐渐由传统产业向现代产业过渡，成为华南地区农业经济的支柱性产业之一。2020年香蕉在中国水果产量中排名第四，产量为1151.3万吨，仅次于苹果（3598.5万吨）、柑橘（2944.0万吨）、梨（1579.5万吨），在热带水果中排名第一。

2. 科技发展历程

回顾中国香蕉在资源引进、品种改良、种苗生产以及现代生物技术应用等领域的研究进展，可将中国香蕉科技发展分为4个阶段。

（1）发展停滞阶段（1949～1979年） 1949～1979年，中国香蕉多为小面积零星种植，品种培育和栽培技术几乎没有进展。第一部关于香蕉栽培的书籍是1960年福建林日荣撰写的《香蕉及其栽培》，里面既无相关科学研究报道，也无专业研究团队和研究机构介绍。

（2）引进和消化阶段（1980～1999年）　随着农村开始实施土地家庭承包责任制改革，特别是1986年党中央、国务院做出大规模开发热带作物资源的决定，香蕉等热带水果产业开始快速发展，由此也带来了对品种和技术需求的增加。此时，优良品种的引种试种和繁育成为香蕉研究的主要任务。20世纪末由中国热带农业科学院、中国科学院华南植物研究所等科研单位先后引进一些优良品种，具有代表性的有'Williams'（'威廉斯'）品种、'GrandNaine'（'大奈因'）和南美洲的'巴西蕉'等品种，其中'威廉斯'和'巴西蕉'逐步成为中国香蕉的主栽品种。同时，香蕉组培苗生产与工厂化育苗技术的研究快速推进，组培健康种苗开始推广应用。为规范香蕉生产，国家制定了第一项产品标准《香蕉》（GB 9827—1988）；1999年广东省农业科学院果树研究所完成的"香蕉种质资源的收集、保存、分类、评价与利用综合研究"获国家科技进步三等奖。在这一阶段，中国香蕉研究开始起步。

（3）良种配套和采后处理技术研究阶段（2000～2008年）　该阶段香蕉研究主要任务为由良种引进选育转向良种良法的配套栽培管理、营养施肥、保鲜和包装等技术的研发。国家和地方各级政府相继加大了对科技研究经费的投入，2003年国家农业部（现农业农村部）将香蕉产业化发展列为重要议事日程，香蕉"采后商品化处理技术"的引进与应用和2006年国家农业公益性行业科技专项"香蕉标准化种植技术研究"等先后立项实施，进而推动了研发队伍逐步成长壮大，香蕉产前、产中、产后的研究取得全面进展。代表性的成果有王壁生等完成的"香蕉真菌病害发生、病原菌鉴定及防治技术研究"获得2001年广东省科技进步奖一等奖；杨护等完成的"优质高效香蕉新品种组培繁育及配套栽培技术推广"获得2004年广东省农业技术推广一等奖；刘康德等完成的"香蕉组培苗技术产业化及推广"获得2006年海南省科学技术进步奖特等奖。此时，中国香蕉研究在原有的引进、消化的基础上开始集成创新和自主创新，创新能力与水平由跟跑逐步转向并跑。

（4）快速发展阶段（2009年至今）　此阶段，国家科技体制改革进一步深化，2008年国家农业部、财政部启动建设国家现代农业产业技术体系，2009年国家香蕉产业技术体系正式运行，围绕产业链，组建了从资源育种到采后加工全学科链共100多人技术研发团队，实现了稳定的经费支持。从此，中国香蕉各学科领域创新能力和水平突飞猛进，部分研究处于国际领先水平，由并跑开始向领跑跨越转变。在基础与应用基础研究方面，共获得国家自然科学基金资助138项，其中包括国际联合项目3项和重大项目1项。香蕉B基因组、果实品质调控与成熟衰老、枯萎病抗性机制等研究成果相继发表在 *Nature Plant*、*Plant Physiology*、*New Phytologist*、*Plant Biotechnology Journal* 等国际主流期刊。在资源与育种方面，金志强等完成的"香蕉功能基因挖掘与应用技术研究"获得2009海南省科技进步奖一等奖；林贵美等完成的"香蕉新品种桂蕉6号的选育与产业化"获2012年广西科学技术进步奖一等奖；易干军等完成的"高产、优质、矮化、抗枯萎病香蕉新品种选育与应用"获得

2016—2017年度神农中华农业科技奖科研成果一等奖；邹瑜等完成的"寒粉蕉新品种'金粉1号'的选育与应用"获2017年广西科学技术进步奖一等奖；金志强等完成的"香蕉辐射诱变及定向育种新技术"成果获得2018海南省技术发明奖一等奖。在栽培与采后保鲜研究方面，袁德保等完成的"香蕉果品质量劣变与控制"获2016年度海南省科技进步奖一等奖。

三、中国香蕉产业和栽培技术发展趋势

1. 产业发展趋势

（1）产量和面积　未来香蕉种植面积扩张会有限，单产将随着新技术的应用继续提高，不过增速将放缓。目前在乡村振兴战略全面推进中，香蕉产业是热带地区富民增收、产业振兴的重要依托，现代香蕉产业园将成为发展热区休闲农业和乡村旅游的重要组成部分，工商资本对香蕉产业投资也保持较高热度，因此香蕉种植面积总体会是稳中有增。在种植面积增加的同时，香蕉品种结构将进一步优化，生产布局不断调整，尤其是要适合农村三产融合发展趋势和消费升级需求，新奇特品种、适合采摘观赏或加工型的香蕉种植面积有望增加。

另外，随着生产技术水平相对较低的小规模散户的淘汰、优质香蕉园产能释放以及科技贡献率的提高，预计香蕉单产水平将持续小幅提高。

（2）产品消费　随着香蕉品牌建设加强，高品质香蕉的有效供给增加，消费者多元化的需求将会得到极大满足。同时，消费者收入增长和饮食西化有利于推动果汁、果浆、果酱、果泥、果片以及功能性香蕉制品的需求。另外，2018年底农业农村部等发布《农业农村部等15部门关于促进农产品精深加工高质量发展若干政策措施的通知》，提出要"加大果品等营养功能成分提取开发力度"；2020年7月农业农村部出台的《全国乡村产业发展规划（2020—2025年）》提出，"到2025年，农产品加工业与农业总产值比达到2.8∶1，主要农产品加工转化率达到80%"。因此预计未来香蕉深加工或迎来重要的发展机遇，加工消费量将出现稳定增长。

（3）贸易　居民收入水平提高和消费结构升级将推动香蕉进口消费的增长。同时许多国外香蕉企业、香蕉贸易商将中国市场作为重点开拓目标，国内规模化香蕉企业为了保障果品质量和稳定供应链，也不断扩大海外香蕉种植规模，直接推动香蕉进口量增长。

此外，香蕉产业加快转变增长方式，推进高质量发展，有利于全面提升香蕉质量，推动香蕉出口。其中标准化生产水平和采后处理水平提高，能够更好应对进口国的贸易技术壁垒；而香蕉产业组织化程度提高，优质香蕉企业和品牌不断壮大，有利于开拓国际市场，增强中国香蕉在国际市场的竞争力。

（4）销售价格　香蕉产能缓慢增长，供给量整体充足，使价格上涨动力偏弱，

不过随着产品质量整体提升，香蕉价格整体上还是会呈缓慢上涨趋势。

另外，香蕉价格分化加剧。随着香蕉消费需求升级，香蕉供给在品类、品种、品质上长期存在的同质化问题逐步缓解。果品质量、品牌溢价以及稀缺性愈加成为香蕉价格形成的重要因素，符合消费者需求升级，但相对短缺的优质、特色、有机、功能性、品牌香蕉的价格将持续走高，而相对过剩、同质化的普通香蕉果品市场竞争力弱，价格下跌风险较大。

2. 不确定性因素对产业发展影响

全球变暖、气象灾害和极端气候事件是导致香蕉生产与市场不确定性的重要因素。风灾、冷害、霜冻和暖冬等都会影响香蕉留苗管理，不仅会影响香蕉产量和品质，还会导致不同区域香蕉集中上市，扰乱市场节奏，加大香蕉价格波动风险。

病虫害不仅影响香蕉产量形成，也影响香蕉质量安全水平，从而对香蕉的发展产生不确定性影响。近年来，香蕉枯萎病、鞘腐病、黑星病、根结线虫等在个别地区不断加重，已成为中国香蕉优质高产和产业持续健康发展的重要制约因素，均对中国香蕉市场形势产生重要的不确定性影响。

技术进步是香蕉产业转型升级、提质增效的重要支撑，也是影响香蕉供给和价格的重大变数之一。香蕉产业正处在转型升级关键时期，培育综合性状优良的新品种是产业转型升级的关键要素，但优良品种推陈出新的速度、规模、性状表现、推广应用情况都存在一定不确定性。此外，香蕉产业仍然是劳动密集型产业，随着果农老龄化日益严重，精简化、机械化是香蕉节本增效的重要途径，发展替代人工的各类香蕉园机械有利于推动规模化生产、降低成本，但适应不同区域、不同品种、不同生产方式的香蕉园机械化设备研发存在不平衡，机械化水平的提升速度及对香蕉产业的影响难以准确估计，无形中增加了香蕉市场格局和价格走向的不确定性。

在国际贸易环境方面，国与国之间关系的不确定性，以及突发疫情等情况，对全球香蕉市场和贸易影响亦难以准确估计。

3. 栽培技术发展趋势

20世纪90年代以前，中国香蕉生产还处于房前屋后和分散的小农户种植模式，生产上应用的品种有几十个，种苗主要以吸芽苗为主，香蕉组培苗没有得到普遍应用。全国栽培面积约200万亩，基本处于低水平粗放管理状态，平均亩产只有880kg，不足同期国外平均亩产2000kg的一半，与国际水平差距甚大。香蕉产业的第一次科技革命发生在20世纪90年代，主要是'巴西蕉'和'桂蕉6号'（'V6'）两大优良品种的引进、选育及其组培苗产业化推广应用。从20世纪90年代中至今，两个品种一直是中国香蕉产业的当家品种，占香蕉生产面积的85%以上，累计推广面积6000

万亩以上，实现产值3000亿元，经济效益900亿元。同时，两个品种的组培苗在香蕉生产上得到普遍推广，应用率接近100%，生产上基本上不会再使用吸芽苗。香蕉产业的第二次科技革命发生在21世纪初，主要是香蕉标准化生产技术的应用和推广，这一时期，人们陆续研发节水技术、生物有机肥技术、平衡施肥技术、果实护理技术、机械化无伤采收技术、香蕉标准化保鲜包装技术等，全国建立标准化示范基地60余个，示范面积5万亩。香蕉优良品种、组培苗技术和重大关键技术的研发、推广、应用，使中国香蕉产业的天然优势得到充分展示，由此多次掀起种植高潮，推动中国香蕉种植水平达到世界领先水平。

虽然中国香蕉产业在近二十年得到飞速发展，但是中国香蕉生产中技术间的交叉、衔接、整合及相应设备设施等方面的配套研究欠缺，影响了标准化技术的推广效果。另外，香蕉安全生产技术还有很大提升空间。下面将从以下几个方面介绍香蕉栽培技术发展趋势。

（1）继续围绕香蕉枯萎病防控机制和技术开展研究　据不完全统计，目前中国共鉴定出香蕉病虫害57种，其中病害28种，包括18种真菌性病害、3种细菌性病害、3种病毒病和4种线虫病；害虫29种。香蕉枯萎病是中国乃至世界香蕉产区发生最为严重、最难防治的一种毁灭性真菌病害。目前在香蕉枯萎病致病机制和防控技术等方面中国处于国际领先水平。研究人员发现了香蕉细胞膜水解酶受体MaLYK1可选择性识别真菌细胞壁的组分，诱导香蕉SRO基因家族成员和自噬相关基因（MaATGs）的表达，产生过敏反应。一些长链非编码RNA和Mi-croRNA也参与香蕉植株对枯萎病的抗病调控。MamiR169a和MamiR169b在香蕉抗性品种中具有较高的表达水平。最近，研究人员又在植物细胞中过表达真菌基因，诱导病原菌基因沉默，赋予植株对枯萎病的抗性。枯萎病防控是香蕉植物保护领域研究的热点和重点，也是目前受国家自然科学基金资助最多的方向，主要涉及以下内容：①抗病新品种选育与栽培技术（如'桂蕉早1号''粉杂1号''突变体HD-1'）；②拮抗菌株的筛选与拮抗机制的研究（如卢娜林瑞链霉菌、薰衣草灰链轮丝菌）；③枯萎病致病机制分析（如香蕉枯萎病菌致病相关基因的克隆、致病突变体的筛选、组学分析致病因子）；④香蕉抗病机制（如抗性生理、枯萎病诱导香蕉组织学差异、根系分泌物与枯萎病侵染的关系、枯萎病诱导植株中差异基因筛选及DNA甲基化变化特征）；⑤香蕉枯萎病综合防控（有机肥和复合微生物菌剂联合施用、钾肥与生物有机肥配施、植物水提液和拮抗菌、新型杀菌剂、土壤微生物群落对枯萎病菌致病性的影响）。在总结国内外香蕉枯萎病防控研究的基础上，初步建立和集成了针对香蕉枯萎病的无病区、轻病区和重病区的三大综合防控核心技术体系。通过不同抗性品种的合理选配、无病基质种苗的培育、有机肥和生物菌肥的应用、栽培管理标准化等核心技术的进一步完善和推广，有效遏制了香蕉枯萎病在中国香蕉产区进一步蔓延和扩展的势头。

（2）建立病菌快速检测技术　病原菌快速检测方法是开展病害种苗是否带菌，从而实现种苗检疫的前提。台湾学者较为系统地开展了4号小种的检测方法的研究，目前已建立常规聚合酶链式反应（PCR）和定量PCR从植株中检测4号小种的检测方法。华南农业大学"枯萎病防控"研究团队在分析中国大量菌株的遗传变异性基础上，先建立了从植株和土壤中快速检测1号和4号小种的方法，随后系统开展了2个小种定量PCR和环介导等温扩增技术（LAMP）等系列检测体系的研究。目前已建立从植株和土壤快速、高效和稳定的2个小种的检测方法。基于该检测方法，可以从种苗植株和基质中检测是否含有枯萎病菌1号和4号生理小种。同时华南农业大学、中国热带农业科学院热带生物技术研究所利用该检测方法结合定向培养系统开展了枯萎病菌在土壤中的流行和定殖规律，为掌握枯萎病菌在土壤中的消长动态、评估不同防治方法对土壤病菌的影响奠定了重要基础。

（3）开展养分精准管理和轻简优质栽培管理技术研发和应用　香蕉营养与施肥研究始于20世纪90年代初，着重关注香蕉营养特性与施肥标准。2000年后，香蕉营养施肥研究系统全面展开，先后研究了香蕉大量元素、中量元素和微量元素的累积吸收规律，确定适于香蕉生长发育的控释氮、磷、钾比例，进而研制了香蕉系列控释配方肥。至今，通过众多专家学者的共同努力，中国香蕉营养施肥由经验施肥逐步向精量平衡施肥转变，尤其是香蕉专用同步营养肥的研制已处于国际领先水平，但养分综合管理技术研究还需进一步完善，与信息技术相结合的精准施肥技术研究仍是努力的方向。另外，专家学者们对耕作制度与种植模式也开展了系统研究。随着劳动力不足，所有栽培管理技术将朝向轻简智能化方向发展。

（4）大力提升果园生产机械化水平　果园生产机械化研究与应用在中国尚处于起步阶段，差距较大：①果园施药主要集中在喷雾器件和新型喷雾机的设计以及喷雾高效利用的基础研究领域。目前设计的一种双流体喷嘴，对于高黏度和低黏度的液体都有良好的雾化性能，并且可以灵活改变气压与液体流量来控制喷施距离、喷施量等特性参数，从而满足不同条件的喷施要求。②果园施肥主要集中在新的施肥机理研究及相关施肥机的设计方面。③国内果实采收机械研究尚未见报道。④果园运输主要围绕山地、丘陵地区果园运输机行驶和制动稳定与安全性能展开研究。

近年来，国内外研究学者和大型香蕉企业开始借鉴欧美的Dole、Chiquita、Delmonte和Fyffes等跨国香蕉企业，蕉园采用电脑自动控制，根据土壤的养分和水分情况，以及香蕉的生长情况确定灌水方案；澳大利亚香蕉的生产技术模式比较独特，从蕉园规划、种植方式、水肥管理、果实护理到采收包装都体现较高的机械化水平。蕉园生产机械化是中国香蕉生产今后的主要发展趋势之一。

第3节
荔枝产业种植现状和栽培技术发展趋势

一、荔枝产业发展现状

荔枝是原产于中国南方的大宗特色水果，营养丰富，味甜肉脆，品质极优，素享"中华之珍品"的美誉，深受国内外消费者喜爱。荔枝栽培历史虽已超过2300年，但直到17世纪，才开始陆续向国外传播，目前世界上有20多个国家存在商业种植。中国是世界第一大荔枝生产国和消费国，2020年荔枝面积和产量分别为48.2万公顷和238.0万吨，约占全世界的60%和70%。从面积来看，荔枝是中国仅次于苹果、柑橘、梨、葡萄和桃的第六大果树，是我国华南地区第一大水果。荔枝产业发展大致可划分为恢复发展（1952～1980年）、面积快速扩张（1981～2000年）、结构优化调整（2001～2013年）和产业提质增效（2014年至今）四个阶段。

1. 中国荔枝生产现状

从全国总体情况来看，荔枝产业集中度较高，除台湾外，主要集中在广东、广西、海南、福建、云南和四川六大产区，重庆和贵州目前种植规模尚小。广东省90多个县（市、区）都有荔枝分布，大致可分为粤西产区（包括茂名、湛江和阳江3个地级市）、粤中及珠江三角洲产区（包括广州、深圳、珠海、惠州、东莞、江门、佛山、中山、肇庆、云浮和清远等11个市）和粤东产区（包括汕尾、汕头、揭阳、潮州、河源、梅州等6个地级市）三大产区。广西荔枝主要集中在桂南产区（包括钦州、南宁和北海3个地级市）和桂东产区（包括玉林、贵港和梧州3个地级市）两大产区。海南省全岛18个县市均有荔枝分布，是中国优质荔枝最早规模上市的区域。福建省荔枝主产区为漳州市，占全省总面积90%以上。四川省是中国晚熟及特晚熟荔枝生产区域，主要分布在以合江县为中心的泸州地区，包括合江、江阳、龙马潭、泸县等县区，其次为宜宾和乐山等地区。云南荔枝主要分布于红河州屏边、元阳，玉溪市新平、元江，保山市隆阳，临沧市永德，德宏州盈江等县市区。以上荔枝地理分布在中国六大荔枝生产优势区，分别为海南特早熟与早熟优势区、粤西早中熟优势区、粤中桂东南中晚熟优势区、粤东闽南晚熟优势区、长江上游特晚熟优势区和云南高原立体生产优势区。

中国各省（自治区、直辖市）2016～2020年荔枝生产面积和产量见表1-1和表1-2。从表1-1可以看出，与2016年相比，2020年全国荔枝面积减少了11.2%，其中调减幅度最大的是福建，达49.5%，其次为广西，面积减少了20.4%，广东和海南则分别减少了7.3%和1.9%；四川省的面积增加最多，从2016年的0.67万公顷增加到2020年的2.15万公顷，已成为中国荔枝面积第三大省份；云南增加了4.1%，重庆和贵州分别增加了50.0%和20.0%面积，但总面积不大，对整个荔枝产业影响较小。从2020年各省区面积占全国总面积比例来看，广东省占据了中国荔枝的"半壁江山"，面积为25.41万公顷，占全国的52.77%；广西壮族自治区有16.26万公顷，占全国的33.77%；海南省和四川省面积相当，分别占全国的4.28%和4.47%；福建省排在全国第5位，占全国的2.93%。

表1-1　2016～2020年中国各省（自治区、直辖市）荔枝生产面积　单位：万公顷

区域	统计年份					2020年比2016年面积增减/%	2020年面积占比/%
	2016	2017	2018	2019	2020		
广东	27.41	27.42	24.60	24.87	25.41	−7.3	52.77
广西	20.43	20.29	20.15	16.31	16.26	−20.4	33.77
海南	2.10	2.08	2.04	2.05	2.06	−1.9	4.28
福建	2.79	2.72	1.54	1.39	1.41	−49.5	2.93
四川	0.67	2.47	2.30	2.14	2.15	+220.9	4.47
云南	0.74	0.77	0.64	0.75	0.77	+4.1	1.60
贵州	0.05	0.02	0.05	0.04	0.06	+20.0	0.12
重庆	0.02	0.02	0.02	0.02	0.03	+50.0	0.06
全国总面积	54.21	55.79	51.34	47.57	48.15	−11.2	100.0

资料来源：农业农村部农垦局。

从表1-2可以看出，2016～2020年5年平均年产量为233.9万吨，2018年是中国历史上产量最高纪录，属于"大年"，比5年平均产量增加11.5%；2019年则是近5年来产量最低的一年，属于"小年"，比5年平均产量减少13.8%；其他3年的产量与年平均产量差距都在3%以内，说明中国荔枝年产量在230万～260万吨区间波动将会成为常态。从各省区5年平均产量占比来看，广东省排在第一位，占全国的54.77%，广西壮族自治区次之，占29.03%，海南省比福建省稍高，分别占7.44%和6.03%，四川省和云南省相当，分别占1.33%和1.24%。

表1-2　2016～2020年中国各省（自治区、直辖市）荔枝产量　单位：万吨

区域	2016年	2017年	2018年	2019年	2020年	5年平均产量	5年平均产量占比/%
广东	124.6	131.5	140.0	109.2	135.1	128.1	54.77
广西	66.7	68.1	82.3	58.3	64.1	67.9	29.03

区域	2016年	2017年	2018年	2019年	2020年	5年平均产量	5年平均产量占比/%
海南	15.4	15.8	18.9	17.3	19.8	17.4	7.44
福建	18.2	18.4	14.3	9.1	10.6	14.1	6.03
四川	1.8	2.0	2.4	4.5	4.8	3.1	1.33
云南	2.8	2.5	2.7	3.0	3.5	2.9	1.24
贵州	0.1	1.0	0.2	0.1	0	0.3	0.13
重庆	0.1	0.1	0.1	0	0.1	0.1	0.04
全国总产量	229.7	239.4	260.8	201.6	238.0	233.9	

资料来源：农业农村部农垦局。

2. 中国荔枝栽培品种现状

中国拥有世界上最丰富的荔枝品种资源，目前年产量超过1万吨的主栽品种有13个，按成熟期先后分别为'三月红''妃子笑''白糖罂''白蜡''大红袍''黑叶''桂味''糯米糍''鸡嘴荔''灵山香荔''兰竹''怀枝''双肩玉荷包'。

据国家荔枝龙眼技术产业体系不完全统计，2019年中国主要荔枝品种生产面积和产量如表1-3。从表中可知，生产面积排在前5位的分别是'黑叶'（141.70万亩）、'妃子笑'（104.78万亩）、'怀枝'（68.69万亩）、'桂味'（63.14万亩）和'鸡嘴荔'（25.28万亩）；产量排在前5位的分别是'妃子笑'（42.52万吨）、'黑叶'（28.64万吨）、'怀枝'（14.15万吨）、'白糖罂'（8.31万吨）和'白蜡'（7.66万吨）。'黑叶'品种主要分布在广东茂名、惠州、汕尾、汕头，广西钦州和福建漳州等地，鲜食品质不如'妃子笑'，加工的果干品质不如'怀枝'，因此近10年来种植效益不如其他主栽品种，属于需要进行大面积调减的主栽品种。'妃子笑'品种由于具有栽培分布范围广（南至海南的陵水黎族自治县，北达四川泸州）、丰产稳产的栽培技术成熟、鲜食品质优、种植效益比较高等特点，将成为中国栽培面积和产量稳居第一的主栽品种，在保障中国荔枝产量稳定中起到"压舱石"作用。

近年来，部分特早熟和优质晚熟新品种在促进荔枝产业品种结构调整和提质增效中成效明显。由广西农科院园艺所选育的'桂早荔'在海南陵水成熟期为3月下旬～4月中下旬，成为中国上市最早的商业栽培品种。由华南农业大学园艺学院和东莞市农科中心选育的'冰荔'和'观音绿'是目前鲜食品质最优、价格最贵的两个新品种。由广东省农科院果树所选育的'仙进奉'因品质优、丰产稳产性好而成为推广面积最大的新品种，有望进入面积超过1万公顷的主栽品种之列。

表1-3　2019年中国主要荔枝品种生产规模及变动情况

品种	覆盖县区数目	生产面积/万亩	产量/万吨
黑叶	23	141.70	28.64
妃子笑	46	104.78	42.52
怀枝	16	68.69	14.15
桂味	26	63.14	3.37
白糖罂	19	20.40	8.31
白蜡	7	19.80	7.66
鸡嘴荔	10	25.28	6.34
三月红	9	15.99	3.59
双肩玉荷包	5	24.83	1.10
糯米糍	15	20.97	1.46
总计	176	485.18	117.14

注：数据来源于国家荔枝龙眼技术产业体系各综合试验站的上报数据。

3. 中国荔枝贸易现状

中国是荔枝生产和消费大国，荔枝以鲜销为主，加工比例占10%～20%，出口比例占5%～8%。近年来，中国荔枝鲜果出口量低于进口量，中国海关信息网数据统计显示，2020年中国鲜荔枝出口数量为18202.8t，进口数量为24414.1t。主要出口中国香港、美国、马来西亚、菲律宾和印度尼西亚，2020年出口数量最多地区为中国香港（6549.3t），其次是美国（2865.8t），第三是马来西亚（2471.9t）；进口主要地区为越南和泰国，2020年从越南进口数量23954t，从泰国进口数量460t。

二、荔枝栽培技术发展趋势

省力化、机械化和智能化是中国荔枝栽培制度革新发展的方向。根据荔枝的生长特性，通过合理稀植和树形改造，构建高光效能的果园群体和树体结构；完善果园基础设施，引进先进实用的小型机械，简化生产技术，以减轻生产者劳动强度，节省生产管理成本，提高优质果比例和种植效益为目标的轻简高效生产方式将成为中国荔枝栽培技术发展的必然趋势。

中国荔枝园基本在2000年以前建立，种植密度一般为390～495株/hm²，目前多数处于郁闭状态，且树体为高大圆头形树冠。因此，对现有果园进行"密改稀、高改矮、圆头变开心"的宜机化改造，应用省力化修剪机械和技术维持高光效树形是老果园改造的重要方向。在土肥水和花果管理方面，果园生草与机械刈割、枝叶粉碎与地面覆盖、肥水一体化技术、省力化物理控梢促花和疏花技术、化学调控技术将逐渐成为产业的主推技术。

荔枝病虫害防治在整个生产过程中，可以说是工作时间最长、劳动强度最大、用工最多的一项工作，在病虫害防治方面，应根据预测预报结合果园病虫害发生规律进行精准用药，减少用药次数和化学农药用量，开展绿色病虫害专业化统防统治，以确保荔枝高产、果质安全。

中国90%以上的荔枝都种植在丘陵山地，加之建园时很少考虑机械化需要，为荔枝生产机械化带来很大挑战。但果园机械化已是大势所趋，因此要加快研究开发出适合中国荔枝园特点的管理作业平台，建立配套的果园中耕、除草、修剪、施肥、喷药、采收等作业单元，形成多功能果园作业机械系统；开发运输、施肥、喷药、采收等多功能一体化轨道系统及拆卸式索道运输系统，降低果园管理作业的强度。此外，5G技术的逐渐成熟和人工智能技术的快速发展，也为智能农机与智慧荔枝园的发展提供了新的技术支撑和转型空间。

第4节
草莓产业种植现状和栽培技术发展趋势

草莓（*Fragaria×ananassa* Duch.）为蔷薇科草莓属多年生浆果类草本半常绿果树，是世界上栽培最为广泛的果树种类之一，因其色泽鲜艳、营养高、风味浓、结果早、采摘期长、效益好，素有"果中皇后"的美称。草莓不仅可以鲜食，而且还可加工成草莓酒、草莓汁、草莓蜜饯、草莓罐头等，是国际市场最畅销的高档果酱之一。草莓营养价值高，富含维生素C、维生素B_1等多种维生素，钾、磷、钙、铁等矿质元素，鞣花酸、类黄酮等多种抗氧化物质，在提高人体机体免疫力、抗衰老、预防癌症及多种疾病、促进肠胃吸收等方面有很好的功效。

一、世界草莓产业种植现状

草莓在世界范围内广泛栽培，在2009～2018年十年间，世界草莓种植面积有小幅增加，从2009年的31.8万公顷增长至2018年的37.2万公顷，产量从2009年的639.95万吨增长至2018年的883.7万吨。随着设施条件和栽培技术的进步，草莓的单位面积产量也有了一定提高，从20.1t/hm²增长至23.7t/hm²。虽与发达国家有差距，但高于世界平均水平。

据联合国粮食及农业组织（FAO）最新统计，2018年世界草莓种植总面积为37.2

万公顷，其中，中国草莓种植面积最大，为11.1万公顷，占世界草莓总种植面积的29.8%，其次为波兰（4.8万公顷）、俄罗斯（3.0万公顷）、美国（2.0万公顷）、土耳其（1.6万公顷）、德国（1.4万公顷）、墨西哥（1.4万公顷）、埃及（0.9万公顷）、白俄罗斯（0.9万公顷）、乌克兰（0.8万公顷）、西班牙（0.7万公顷）等。2018年世界草莓种植年产量为833.7万吨，中国草莓总产量为295.5万吨，占世界草莓总产量的35.4%，自1994年以来一直位居世界首位；其次为美国（129.6万吨）、墨西哥（65.4万吨）、土耳其（44.1万吨）、埃及（36.3万吨）、西班牙（34.5万吨）、韩国（21.3万吨）、俄罗斯（19.9万吨）、波兰（19.6万吨）、日本（16.3万吨）、摩洛哥（14.3万吨）等。目前世界各国草莓单位面积产量最高的国家为美国（65.1t/hm^2），其次为西班牙（49.0t/hm^2）、墨西哥（47.9t/hm^2）、以色列（44.2t/hm^2）及摩洛哥（43.8t/hm^2）。中国草莓单位面积产量为26.7t/hm^2，稍高于世界平均水平。

2018年，在世界各大洲中，欧洲草莓种植面积最大（16.4万公顷），占世界草莓总种植面积的44.1%，其次为亚洲14.6万公顷（占39.2%）、北美洲3.7万公顷（占9.9%），其余各洲面积较小，如非洲1.3万公顷、南美洲0.9万公顷、大洋洲0.3万公顷，三个洲草莓种植总面积不到世界的6.7%。世界各大洲草莓产量中，亚洲年产量最多，为388.9万吨，占世界草莓总产量的46.6%，其次为北美洲199.9万吨（占24.0%）、欧洲168.0万吨（占20.2%），而南美洲18.1万吨和大洋洲6.2万吨，共占不到10%。

欧洲草莓产量及种植面积在2015年后受世界其他新产区冲击及劳动力成本上升等因素影响，出现小幅回落，从2015年年产178.7万吨下降至2018年的168.0万吨，种植面积也出现小幅萎缩，由2015年的16.8万公顷下降至2018年的16.4万公顷。目前，在欧洲种植面积超过5000hm^{2}的国家有波兰、俄罗斯、德国、白俄罗斯、乌克兰、西班牙和塞尔维亚，其中西班牙单位面积产量最高，为49.0×10^4 t/hm^2，而种植面积较大的波兰（4.1×10^4 t/hm^2）、俄罗斯（6.7×10^4 t/hm^2）等单位面积产量较低。西班牙为欧洲最大草莓生产国，主要以塑料大棚避雨和小拱棚栽培为主，年产量达34.5万吨，但其与法国、波兰、德国一样，年产量较往年呈下降趋势。俄罗斯产量与往年基本持平，主要以大型集体农庄为单位，采用露地栽培方式，生产的草莓主要用于冷冻、加工或制果酱。英国草莓产量在近十年呈逐年上升趋势，由2009年年产11.0万吨增长至2018年年产13.2万吨，产量增长超过20%。波兰2018年草莓种植面积为4.78万公顷，目前仍是欧洲草莓种植面积最大的国家，在世界排第2位，但产量在欧洲排第3位、世界排第9位，主要原因是基本为露地栽培、管理较为粗放、单位面积产量较低。波兰主要生产鲜果用于加工、出口，草莓种植面积近些年呈逐年递减趋势。

亚洲草莓种植面积在2009～2018年增长较快，在十年间草莓种植面积由10.5万公顷增长至14.6万公顷，产量也从257.0万吨增长至388.9万吨。其中中国是亚洲第一大草莓生产国，草莓的产量和种植面积在这十年间迅速增长，日本和韩国在此期间草莓种植面积均有小幅下降，但其草莓产量基本持平甚至有小幅增长，主要以精细化的温室栽培为主，其中70%的种苗采用组织培养脱毒苗进行生产。日本目前草莓栽培面积最大的地区为栃木县，其次为福冈县。日本草莓栽培技术水平高，病害发生少，品质优良，并采用促成栽培技术提早鲜果供应，利用北海道冷凉的气候条件进行夏秋季生产，可基本保证全国草莓鲜果的周年供应。

北美洲的草莓种植面积呈增加趋势，从2009年3.4万公顷增长至2018年3.8万公顷，其年产量也从2009年的130.9万吨增长至2018年的200.0万吨，其中墨西哥草莓产业发展最为迅猛，在2009～2018年的十年间，其草莓种植面积从0.7万公顷增长至1.4万公顷，增长了1倍，产量也从2009年的23.3万吨增长至2018年的65.4万吨，增长近3倍。另外加拿大和哥伦比亚草莓种植面积也略有增长。美国是北美洲最大的草莓生产国，其草莓单产远高于其他国家。美国草莓种植分布广泛，介于北纬25°～49°之间，大部分地区属温带和亚热带气候，以露地栽培形式为主，全国共有37个州进行草莓生产，从南部的佛罗里达州沿大西洋向北、密西西比河谷及加利福尼亚州沿太平洋向北，形成了八大生产区域，其中加利福尼亚州为美国最大的草莓产区，种植面积占美国的72%，供应了美国近90%的草莓。佛罗里达州草莓产量在美国排名第二，种植面积占美国的20%，主要进行冬季草莓生产，一般收获期从12月中旬开始至第二年5月中旬结束。每年2～6月为美国草莓大量上市期，整个生产季可持续5～6个月；美国草莓生产和其他农作物一样，主要以大型农场为主，实行集约化经营、规模化生产、专业化管理和机械化操作。

在非洲，埃及目前是非洲草莓种植面积及产量最大的国家，2018年草莓种植面积为0.9万公顷，产量达36.3万吨，比2009年分别增长了54.1%和49.4%。南美洲草莓种植面积在2009～2018年间略有下降，但其产量却有较大幅度增加，从2009年的14.1万吨增长至2018年的18.1万吨，其中哥伦比亚草莓产量在南美洲排名第一，2018年草莓产量为5.8万吨，较2009年增长18.8%。另外产量排名第二的委内瑞拉草莓产业发展十分迅速，其草莓产量已从2009年的1.5万吨增长至2018年的4.8万吨，增长了2倍以上。大洋洲草莓种植面积很小，目前种植面积约0.3万公顷，产量为6.1万吨，其中澳大利亚草莓产量占大洋洲总产量的92.4%。

二、中国草莓产业种植现状

据中国园艺学会草莓分会统计，2018年中国草莓种植总面积17.3万公顷，总产量500万吨，全国各地均有草莓种植，其中山东、辽宁、安徽和江苏各省面积均超2万公顷。云南、贵州、新疆、西藏、青海、内蒙古等地草莓产业发展迅猛，由于西部地区海拔高、光照足、气候冷凉、昼夜温差大，可以生产出高品质的草莓。北方以日光温室为主，南方以塑料大棚为主，95%以上为保护地栽培，露地草莓面积很小。随着草莓观光采摘业的发展，在城郊和旅游点周边草莓的立体栽培也逐步增加。形成了辽宁东港、安徽长丰、山东历城、北京昌平、江苏东海和句容及云南会泽等知名产区。台湾省草莓面积 $600hm^2$，其中苗栗县大湖乡种植面积 $500hm^2$，为主产区，在休闲观光采摘方面很有特色，为世界知名的草莓小镇。近几年，在黑龙江、云南和河北及青海等地已实现四季草莓生产，总面积约 0.7 万公顷，产量 20 余万吨，云南会泽海拔 2000 多米的高山上，夏季气候冷凉，非常适合四季草莓生产，目前面积近 0.5 万公顷，采用"一栽多收制"，一次种植可以收获 3～4 年，既降低了每年苗木的费用，也降低了整地和栽苗的人工费用，主栽品种为'蒙特瑞'，主要用于烘焙。全国草莓主栽品种主要是'红颜''甜查理''章姬'，国产品种'京藏香''白雪公主''宁玉''越秀''艳丽'已成为部分地区的主栽品种。2017 年中国出口速冻草莓7.8 万吨，草莓罐头 1.38 万吨，鲜草莓出口 0.23 万吨，鲜草莓主要出口到俄罗斯和越南。中国已成为世界第一草莓生产大国和第一消费大国。

2012 年 2 月 18～22 日"第七次世界草莓大会"在北京的成功举办，促进了中国草莓科技和产业的快速发展。随着此次大会的成功召开，国外先进的育苗技术和理念传入中国，专业化育苗企业越来越多，苗木质量得到提升。育苗方式由单一的露地育苗向露地和基质育苗的多元化发展，人们开始尝试和改良扦插育苗、引插育苗、穴盘育苗、基质槽育苗、立体育苗和南繁北育等各种新型的基质育苗方式。专业化育苗的发展加速了中国异地育苗的进程，随着东部草莓老产区重茬问题的日益严重、气候变暖和物流运输业的快速发展，专业苗圃开始向夏季冷凉地区转移，不但苗木质量好，而且花芽分化早。云贵川和东北等地的苗圃已经形成一定规模，西北和华北等高原地区也聚集了一批育苗企业。但高原育苗尚处于初期阶段，仍面临着很多挑战，如南方高原夏季湿度大，存在病害风险，北方高原春夏气温过低导致其生长较慢。另外，高原夏季气温冷凉，虽然有利于炭疽病的控制，但增加了白粉病的防控压力。随着专业化和高原化苗圃的发展，育苗环境得到了改善，优质种苗供不应求成为限制产业升级的首要问题，急需建立以草莓脱毒 - 检测 - 繁育为核心的三级育苗体系。

浙江省建德市应用的育苗后期的控旺技术，达到了抑制营养生长，促进花芽分化的效果。近年来，中国大面积推广应用的基质育苗技术，使得控氮更容易。同时，适度干旱也可以促进花芽分化和提高早期产量。相比控肥水处理，温度和光照处理，效果更直接，但成本也更高，如抑制栽培和短日夜冷处理。低温短日照处理技术可促进花芽分化，但一直未获得大面积应用。

西部高原草莓种植业的兴起，使中国草莓鲜果供应期进一步延长，短日品种的鲜果供应期已达 9 个月以上，局部地区具备周年生产的潜力。如青海互助土族自治县，在促成栽培条件下形成 1 次定植，收获 2 年的模式，通过定期摘除老叶，促其萌发新叶，第 2 年几乎实现了短日草莓周年生产，且产量高于第 1 年。随着草莓产业发展，设施结构设计、材料和自动化得到了更新换代，北方新一代日光温室以全钢架组装式日光温室的性价比最高，后墙是钢架结构内填充保温材料，不需砖和土。全钢架结构的日光温室空间大、采光好，虽然蓄热不如传统日光温室，但保温性能良好，非常适合草莓这种喜冷凉的作物。南方草莓大棚向联栋大棚的方向发展，其在抗风雪、机械化操作、环境控制等方面优势显著。远程环境监测、自动卷膜开关风口、肥水一体化、滴灌、补光系统、微生物改良土壤、捕食螨生物防控等技术已经成为新一代设施的常规配置。同时种植者也开始尝试立体栽培、基质控温、臭氧消毒、UV-B紫外杀菌、施肥机等新技术。为了提质增效，科学家们还在研发草莓采摘机器人、转光膜、纳米碳等新质生产技术。陈一飞等研发了一种适合日光温室的电动式草莓立体栽培智能控制系统，实现了草莓采光随动控制和草莓根部加温控制。

近年来，随着草莓栽培面积的增加，病虫害已成为草莓生产中突出的问题，已经严重影响中国草莓产业的发展，其中叶螨、蚜虫、蓟马和斜纹夜蛾危害较为严重。危害草莓的害螨有红蜘蛛（二斑叶螨、朱砂叶螨、神泽氏叶螨等）、跗线螨。利用有益螨类控制有害螨类是当今国际上控制害螨的最佳途径。目前中国生物防治上常用的捕食螨有胡瓜钝绥螨、巴氏钝绥螨、加州钝绥螨、智利小植绥螨和斯氏钝绥螨等（按中国目前市场销售额排列）。

目前对草莓产量和品质影响最大的病害有炭疽病、白粉病、灰霉病、根腐病、红叶病、空心病等。炭疽病的发生近年来有上升的趋势，尤其是在草莓连作田，给培育壮苗带来了严重的障碍。红叶病是'甜查理'草莓产区中新出现的病害，严重时造成整行或整棚草莓苗死亡，并呈现逐年加重的趋势，给农户造成了极大的损失。'甜查理'草莓的红叶病发病植株症状表现为叶片下部由外缘向内缘变灰色，叶片上面呈现红色斑点状，严重时整个叶片枯死，而根茎结合部剖面未见有明显的变色，最终导致整个植株枯萎死亡。对草莓红叶病的病原菌进行了分离、纯化、形态观察以及分子生物学鉴定，结果显示该病原菌在平板上呈放射状，菌丝的颜色逐渐从白色变为黑色，菌丝体具有分枝和隔膜。分生孢子是梭形，并且由5个细胞组成。使用PCR法扩增该病原菌的ITS和18SrDNA的序列并进行DNA测序，根据测序的结果对病原菌的ITS和18SrDNA序列进行同源性对比和系统进化树分析，结果证明引起红叶病的病原菌为 *Pestalotiopsis clavispora*，为草莓红叶病的病害防控提供了科学依据。

中国草莓产区发现草莓病毒病主要包括草莓皱缩病毒（strawberry crinkle virus，SCV）、草莓斑驳病毒（strawberry mottle virus，SMV）、草莓镶脉病毒（strawberry vein banding virus，SVBV）、草莓轻型黄边伴随病毒（strawberry mild yellow edge-associated virus，SMYEaV）、草莓轻型黄边病毒（strawberry mild yellow edge virus，SMYEV）和草莓潜隐环斑病毒（strawberry latentring spot virus，SLRSV）等6种病毒。

目前在生产中的草莓种苗由于多年的自繁自育，大部分种苗都带有一种、两种或两种以上的病毒。病毒主要在草莓植株上越冬，通过蚜虫和线虫等媒介传毒，主要通过培育无病毒苗木、选育抗病毒品种和防控传毒媒介减少病毒的危害。

三、草莓生产存在的问题及发展趋势

1. 草莓生产面临的问题

（1）连作障碍问题严重和存在食品安全隐患　草莓多年连作，土壤退化严重，土传病害多发，严重威胁草莓产业可持续发展。在新兴产区，种植户对土壤消毒重视不足，连作障碍严重，存在病虫害暴发的危险，促使生产者增加农药的使用，很多地区在药物应用及以预防为主的病虫害防治方面仍然存在不足，这对草莓品质和安全性造成了较大的影响。

（2）无病毒苗木繁育体系不健全　许多地区种苗产业化程度低、质量较差，尚未形成完善的三级育苗体系，脱毒苗的应用率很低，育苗工作比较粗放；此外，许多农户利用生产苗进行育苗，造成品种的种性退化、秧苗质量差、病害严重、产量降低及品质下降，这必将大大制约草莓产业的健康、稳定和持续发展。近些年，在利益驱使下，部分育苗企业以假充真、以劣充优，将问题苗木进行销售，给种植户造成重大损失。同时，在集中连片产区，带病苗木输入增加了引入病虫害并大规模暴发的风险。健康苗木生产技术体系的建立是保障产业健康发展的重要依托。

（3）人工费上涨和老龄化严重　和其他农产业一样，随着中国经济发展以及城市化的逐步推进，中国草莓生产中劳动力紧缺和老龄化加重的问题逐步显现，逐渐影响了草莓的种植效益和产业的健康发展。

（4）草莓品牌塑造和新的机械产品研发推广有待完善　草莓果品质与环境相关性强，不同地区的果品在营养功能成分方面存在差异。丰富草莓地理标志产品内涵并进行品牌塑造和推广，能够大幅度提高草莓产业附加值。因此，各地有必要加强草莓营养功能方面的特异性挖掘工作，塑造自己的品牌。另外，发达国家的草莓做垄、覆膜、土壤消毒、肥水管理和病虫害防治基本实现了机械化，中国许多草莓产区草莓种植管理还是依靠人工为主，亟待开发经济实用的草莓新机械，并尽快应用于草莓生产。

2. 草莓生产的发展趋势

针对草莓生产中存在的问题，草莓生产将朝以下几个方向发展。

① 加强品牌塑造，重视龙头项目的带动作用。

② 种植管理向机械化、智能化方向发展。

③ 果品绿色化、有机化，以及满足人们对安全消费草莓需求。

④ 生产标准化、精细化，确保草莓果实高品质。

⑤ 品种多样化，新品种更新速度加快，丰富草莓市场。

第5节
枇杷产业种植现状和栽培技术发展趋势

枇杷是蔷薇科苹果亚科枇杷属植物，为中国原产的亚热带常绿果树。枇杷在中国栽培历史悠久，其名称在西汉司马迁的《史记》中就有记载。枇杷果实成熟期正值春末夏初的水果淡季，果实柔软多汁、甜酸适口，深受消费者喜爱，是中国一个特色的高档小水果。同时，据《本草纲目》载，枇杷果实有止渴下气、利肺气、止吐逆、润五脏之功能。因此，枇杷还是一种药食同源的水果。由于枇杷疏果、套袋、采摘等需要较多劳动力，加之成熟期短、果实不耐贮运，且对种植环境有严苛的要求，枇杷种植与产业发展受到制约，难以像大宗水果一样进行大规模种植。另外，枇杷秋冬开花坐果，因花果低温冻害，种植区域也受到限制。

一、枇杷产业发展现状

1. 面积与产量

枇杷虽然为小宗水果，但在中国的分布却很广。北纬33.5°以南的长江流域及长江以南的甘肃、陕西、河南、江苏、安徽、浙江、上海、江西、湖北、湖南、四川、重庆、贵州、云南、西藏、广东、广西、福建、台湾、海南等20个省区有栽培。据不完全统计（表1-4），中国枇杷面积超过12.7万公顷、产量超过100万吨，主产区为四川、福建、重庆、浙江等4个省区。

枇杷国外的栽培以西班牙、巴基斯坦、土耳其、日本为主，这几个国家的枇杷年产量在万吨以上。年产千吨以上的国家有摩洛哥、意大利、以色列、希腊、巴西、葡萄牙、智利、埃及等。

表1-4　中国各省枇杷面积与产量

省区	面积/万亩	产量/万吨	产值/亿元	年份
四川	70.0	30.0	40.0	2021
福建	30.6	33.6	33.0	2020
重庆	27.6	13.1	11.5	2020

省区	面积/万亩	产量/万吨	产值/亿元	年份
浙江	24.5	10.3	15.1	2020
湖北	8.0	4.0	5.0	2017
江苏	5.8	1.7	4.5	2021
云南	10.0	5.0	4.5	2019
贵州	10.0	2.0	3.0	2022
安徽	2.5	1.0	1.5	2022
广东	3.0	1.0	2.0	2022

中国传统的四大枇杷产区为浙江塘栖、江苏洞庭山、福建莆田、安徽三潭，但随着中国农业产业结构调整与效益农业的发展，枇杷栽培面积不断增长，涌现出一些新的产区，如浙江兰溪，白肉枇杷面积近1.5万亩。兰溪2015年、2021年分别举办了2届全国枇杷学术研讨会，推广了白肉枇杷延迟开花防冻、弥雾防日灼、山地大棚防冻促早与山地轨道运输等轻简化技术，被中国园艺学会枇杷分会原理事长林顺权教授誉为"中国第五个枇杷知名产地"；还有云南蒙自，枇杷成熟期在1～3月，目前栽培面积近0.6万公顷；贵州台江、开阳，湖北通山等是利用国家脱贫攻坚发展起来的新区，县域面积都超过0.3万公顷。

2. 栽培品种

中国是枇杷的原产地，种质资源丰富，仅福建农科院果树研究所国家枇杷种质资源圃收集的品种就有700多份。在长期的栽培中形成了南北亚热带种群。南亚热带品种群以福建的品种为代表，结果枝粗壮、花穗大、大果形。北亚热带种群以浙江、江苏的品种为代表，枝条细长、花穗中等、果形较小。枇杷栽培品种的地域性强，在传统的枇杷产区都以当地的地方品种种植为主。

枇杷按果肉颜色分为黄肉和白肉。黄肉也叫红沙种，果皮较厚，果肉黄色至橙红色，肉质多粗硬致密，果汁适中、风味浓郁。黄肉种通常花期迟、抗寒性好，抗裂果与日灼性优于白肉品种。黄肉类品种种植较多的有福建的'解放钟''早钟6号''长红3号'，四川的'大五星'，浙江的'大红袍''洛阳青''夹脚''宝珠'，安徽的'安徽大红袍''光荣'，湖北的'华宝3号'。目前通过与白肉品种杂交，也育成了一些肉质细腻度与白肉接近、风味优于现有黄肉主栽品种，抗性与主栽品种接近的杂交新品种，如浙江农科院的'漫山虹''浙园3-1''浙红16'，上海农科院的'火炬'等。

白肉品种也叫白沙种，果皮较薄，果肉黄白色至乳白色，细嫩多汁、味甜似蜜。白肉品种通常花期早、易受冻，抗寒性、抗裂果与抗日灼性均较差，抗性远不如黄肉枇杷。目前生产上栽培较多的白肉品种有浙江的'软条白沙''硬条白沙''宁海白''太平白'，江苏的'白玉''冠玉''青种''金玉'，福建的'贵妃''新白8号'，重庆的'华白1号''华白2号'。近年来，通过杂交育种选育了一些白肉枇杷新品种，这些新品种的抗性比原先白肉品种大大提高，甚至接近黄肉品种。如福建农科院杂交育成花期晚、抗寒与抗高温日灼的早熟品种'三月白''早白香''白雪早'及晚熟品种'香妃'；浙江农科院育成了可抗−9℃低温的'宁冠1号''迎雪''冰泰'等优质抗逆白肉枇杷新品种。

目前中国多数枇杷主产区黄肉品种占99%以上，如福建、四川、重庆等。但在浙江、江苏、上海等沿海发达地区，白肉品种占主流。随着各地进行品种结构调整和白肉枇杷抗性品种的育成与推广，今后中国枇杷产区白肉枇杷的种植比例将会稳步提高，如江苏省提出'十四五'期间发展到10万亩白肉枇杷面积的目标，四川、福建、重庆等主产区也在调整枇杷品种结构，增加白肉品种的比例。

3. 中国枇杷的产区分布

中国枇杷产区按地理与生态分布，分为4个产区，具体如下。

（1）东部沿海产区 该产区位于中国东部沿海，主要包括浙江、江苏、上海等地，属北亚热带枇杷产区。该区气候温和、雨量充沛，部分位于平原水网地带、大水体附近或海拔低于300m的山地，有大量适于枇杷种植的小气候区，露地枇杷的成熟期在4月底至6月初。

该区是中国重要枇杷品种资源的发源地，产生了'大红袍''洛阳青''软条白沙''宁海白''白玉''冠玉'等著名的枇杷品种。该区也是中国白肉枇杷的集中产区，白肉主栽品种有浙江的'软条白沙''宁海白''硬条白沙'，江苏的'白玉''冠玉''青种'，黄肉品种有浙江的'大红袍''洛阳青''夹脚''宝珠'等。由于该地地处种植枇杷的北缘地带，低温冻害是影响该区枇杷产业发展的最大问题。因此，在该区种植枇杷要关注园地气候条件是否满足枇杷商业化栽培的冬季温度，要选择临近水体或冬季温度高的地点进行建园种植。

（2）华南沿海产区 华南沿海产区是中国枇杷的重要产区，包括福建、广东、广西、台湾和海南等5省区。该区地处沿海、纬度较低，气候比浙江等东南沿海更为温暖，雨水丰沛，常年无雪或少雪，枇杷冻害少，但花期与成熟期高温对枇杷产量有影响。该区丘陵山地多，适于枇杷栽培，枇杷成熟期在3月到5月初。

（3）华中产区 该区包括安徽、湖北、湖南、江西和河南局部等。该区种质资源相当丰富，产生了一些著名的品种，如'三潭'枇杷。成熟期通常在5月中旬至6月上旬。低温冻害是影响该区商业化栽培的主要问题。因此，种植时要选择冬季与早春低温冻害轻的小气候环境建园种植。

（4）西南产区 该区是栽培枇杷的原产地，也是中国最大的枇杷产区，包括四川、重庆、贵州、云南、陕西南部、甘肃南部、西藏局部等。该区气候温暖、雨量适中，有大量适于枇杷栽培的区域，不同地区的成熟期有很大差异。如四川省利用不同生态区域种植枇杷，鲜果成熟期可从10月至翌年7月，贵州枇杷成熟期在4月底至5月，云南枇杷的成熟期在12月至翌年4月。

4. 枇杷的社会经济效益

枇杷单产相对于其他水果偏低，在无冻害的福建、四川的攀枝花、云南的蒙自等产区，露地栽培的黄肉品种一般亩产量为500～750kg，最高也仅达1000kg。在浙江等北亚热带产区，无冻害年份黄肉品种达500～750kg，白肉品种露地种植通常仅为400～600kg。遇到-9℃以下强低温，露地枇杷基本无产量。但在大棚栽培中，由于可以加温防冻，加上裂果、日灼等得到控制，白肉枇杷的产量也可超过1000kg/亩。

枇杷作为时鲜水果，单价相对较高。黄肉品种收购价达10～20元/kg，亩产值达7000～12000元。白肉枇杷虽然产量低，但收购价远高于黄肉类品种，通常为30～40元/kg，精品白肉枇杷的售价可达60～100元/kg。露地种植白肉枇杷亩产值可达10000～15000元，高者达20000元/亩；设施白肉枇杷亩产值可达20000～40000元，高的可达60000元/亩。

枇杷还是一、二、三产业融合发展的最适果树之一。果形大、外观美、品质优的优质果进行鲜销，果形小、外观差等的可榨汁加工成枇杷膏。250mL一瓶的枇杷膏售价达60～80元，效益不低于鲜果。国家卫生健康委员会2014年第20号、2019年第2号公告已分别将枇杷叶、枇杷花列为新资源食品。因此，除果之外，花、叶也可开发利用。枇杷花穗大，每一花穗仅留果4～6个即可。无冻害地区可通过疏花将花开发利用，制作枇杷花茶或加工成饮品。枇杷的叶片可加工制作枇杷露、枇杷膏。枇杷果、花、叶加工的枇杷膏、茶等产品都有润喉止咳的功效，食用后副作用小，适于老人、孕妇与儿童服用。枇杷花是优良的蜜源植物，花在冬天开放，此时自然界的杂花少，花香蜜多，蜜质纯净。枇杷花蜜富含多种维生素、微量元素和氨基酸，营养价值较高，是蜂蜜中的上品。枇杷蜜也是中医用于治疗多种疾病的保健品，民间用来治疗伤风咳嗽、哮喘气急、老积顽痰，有很高的医药价值。枇杷春末夏初成熟，正值鲜果的淡季，成熟期气温不高，适于休闲观光采摘。各个枇杷产区通过举办枇杷节带动第三产业的发展。浙江杭州塘栖枇杷产区，一个镇种植枇杷1.5万余亩，产量5800多吨，全镇有枇杷采摘点31处、枇杷农家乐31家、民宿12家，开发有枇杷花茶、枇杷酒、枇杷蜂蜜等农副加工产品。自1999年以来，连续举办了24届枇杷节。2021年的第23届枇杷节，吸引了游客75.2万人次，累计实现营业总收入21909.6万元，其中枇杷采摘和现场销售收入7242.5万元，枇杷电商、微商销售收入7841.9万元，餐饮（农家乐）销售收入6825.2万元，快递发单量24.1万单。枇杷一、二、三产业融合发展，带动了当地农民增收，在乡村振兴中发挥了重要作用。

5. 枇杷栽培技术发展状况

（1）枇杷整形　枇杷自然生长下层间距密、大枝多、树体高大，不利于管理。随着疏果、套袋等技术的应用，高大的树体管理效率低，枇杷的矮化整形与修剪得到重视。

目前枇杷的树形有主干分层形、小冠主干分层形、双层杯状形、杯状低冠形、变则主干形等树形。枇杷树的整形要视生态环境、栽培方式而定。无冻害的四川攀枝花以单层平面树形为主，有冻害的地区多以3～4层的分层树形为主。种植面积大的主体宜用矮化的双层树形，面积小的主体可适当增加层数，获得高产。枇杷整形宜在幼树结果前完成，以一个主干或多个主干的分层树形，层数控制在3～4层，每一层3～4个主枝，层与层之间距离控制在60～80cm，树高控制在3m以内，形成一个树冠结构合理、树体矮化、骨干枝粗壮、枝条分布均匀、通风透光、便于管理的树形。

（2）枇杷防冻栽培技术　中国多数枇杷产区都面临花果冻害问题。2016年1月下旬40年一遇的极寒天气，使枇杷幼果受到毁灭性冻害，全国枇杷因冻害产量损失80%左右。2021年1月的−9℃左右的低温，使浙江部分产区受到严重冻害，产量损失60%～80%。

传统枇杷防冻技术主要有选择适宜地点建园、营造防风林、选择晚花品种、花前晾根、束叶、果实套袋、熏烟等。其中选择适宜地点非常重要，在浙江兰溪虹霓山山地枇杷产区，冬季海拔63m山谷比海拔171m的山地中部暖温层最低温度低2～3℃。在浙江淳安的千岛湖枇杷产区，湖中岛冬季的最低温度比远离水体的山谷高5℃。果园熏烟是冬季防冻的有效措施，在山地果园，一般每亩6个熏烟点可提高果园平均温度2℃，且可防止霜的形成。果实套袋可提高袋内温度1℃左右，在低温临界点有一定的效果。花前晾根可以延迟花期，但会影响树势，建议慎用。束叶仅在低温临界点有一定效果。

枇杷花与幼果的抗寒性差异很大，花比幼果的抗寒性强。越迟开的花越耐冻，因此延迟开花是露地枇杷防冻的有效手段。2016年与2021年1月中国枇杷产区经历了2次强寒潮，枇杷园气温都低于−9℃。但观察发现，即使在−9℃以下，仍有部分低温正值花期或蕾期晚开的花能度过强低温存活。因此，推迟枇杷花期对防冻效果十分重要。通过春梢摘心、采后肥分次施与花期分次施氮等可以有效延迟白肉枇杷开花或拉长花期，在浙江省的枇杷防冻中发挥了重要作用。

枇杷防冻还有一个重要手段是设施栽培。自2016年后，设施栽培在浙江、江苏等地迅猛发展，面积由原来不足1000亩，到现在达到近万亩。设施栽培从原来的单体棚，发展到现在的连栋大棚、双膜大棚，相关技术获得多个发明专利。单层膜可提高温度2～3℃、双层膜可提高温度4～6℃。通过以物联网、互联网为核心的智能化管理，加上电燃油暖风机加温应用，可使棚内冬季最低温度保持在0℃以上，彻底解决设施枇杷由升温不足及辐射降温引起的冻害问题。目前设施枇杷的防冻增产效果明显，商品果产量达到1000kg/亩以上。

（3）**防裂果、防日灼**　枇杷果皮薄、果肉细嫩、柔软多汁，易发生裂果与日灼。2022年，浙江枇杷产区受高温与多雨气候影响，一些产区白肉品种日灼率达30%，裂果率达30%～40%，二者相加商品果损失达60%～70%，对产量造成严重的影响。

枇杷裂果和日灼的发生与品种特性有关。白肉品种比黄肉品种更易发生裂果与日灼。近年来，福建农科院选育了可抗高温日灼与裂果的白肉枇杷新品种'香妃'，浙江农科院杂交育成了一批抗裂果与日灼的白肉优系，如2022年通过浙江省林木良种审定委员现场考察的白肉杂交品种'迎霜''迎雪'。

套袋是提高枇杷商品性的重要途径。套袋不仅可防止日灼与裂果，还可减少锈斑、紫斑病，预防病虫与鸟害，保持果面着色均匀、茸毛完整。在透水性好的砂质壤土中，防止裂果最好的办法是套袋与全园地膜覆盖。但在成熟期多雨地区，采用避雨设施也是防枇杷裂果的有效方法。

防高温日灼，除套袋外，传统方法还有不选西向地建园、采用分层树形。目前，浙江枇杷产区多采用在枇杷园建立弥雾系统的轻简化方法防高温日灼。大棚内也可采用弥雾方法降低棚内温度。通过采用弥雾降温，可使棚内温度降低8～12℃、露地温度降低5～7℃。

（4）**枇杷的土壤管理**　枇杷生长需要含有多种营养元素、适量有机质与适宜pH的土壤。土壤管理就是根据枇杷生长的需求供给土壤各种肥料以使枇杷树体正常生长与结果。随着劳动力成本的上升，土壤管理趋向以轻简化为主。一般新建园通过挖机操作进行整体的土壤改良，使土壤有机质达到2%以上，免除了后期施有机肥进行改土。

为提高幼树时期的收入，通常在种后3年内的枇杷幼龄园内空地种植矮秆、浅根作物来增加收入。间作作物一般选择花生、大豆、叶菜类、辣椒、葱蒜类、萝卜类等，不宜种南瓜、丝瓜等攀蔓类。种后第4年枇杷结果后应停止间作。

幼龄枇杷园生草栽培是土壤轻简化管理的重要措施，特别是夏季高温期间生草可降低地表温度、减少水分物理蒸发，有利于幼树度过夏季高温。此外，生草有减少水土流失、提高土壤肥力等作用。目前生草分自然生草与人工生草。自然生草要铲除果园内深根、高秆等恶性杂草，培养浅根、矮秆草。人工生草主要种植黑麦草、三叶草、紫花苜蓿等。在果实成熟期与秋季施花前肥时进行割草，平时草过高时用割草机割草，9月结合改土或施花前肥要进行全园割草。

（5）**病虫的绿色综合防控**　枇杷果实成熟早、叶片革质，是病虫害较少的果树。但在规模化种植后，随着除草剂、化学农药等无序使用，病虫天敌的生态环境受到严重破坏，在气候异常下也会出现病虫暴发的现象。

在绿色生产与健康种植的理念下，枇杷病虫防治趋向绿色综合防控，推行以农业防治、生物防治、物理防治为主，化学防治为辅，对化学用药从严控制。

农业防治是病虫综合防治的基础，通过应用农业技术措施，改变有利于病虫害发生的环境条件，甚至直接消灭病虫害，能取得化学农药所不及的效果。目前主要农业防治措施有开沟排水、生草栽培、合理修剪、剪除病枝、刮除翘皮、冬季清园、树干绑缚草绳诱杀害虫、人工捕虫等。

物理防治指通过振频式杀虫灯、糖醋液、性外激素等诱杀，或用高压泵喷枝干，消灭在枝干上越冬的虫类。

生物防治指利用自然天敌控制害虫危害。害虫天敌主要有瓢虫、草蛉、小花蝽、捕食螨、蜘蛛和各种寄生蜂、寄生蝇等。这些天敌在喷药较少的枇杷园控制害虫的效果非常显著。

化学防治应用人工合成的农药防治病虫。目前使用化学农药趋势是要减少次数与数量。枇杷化学防治主要要抓住关键时期用药。一是枇杷花期，花期主要防治花穗腐烂病、木虱等；二是幼果期，主要防治木虱、梨小食心虫、果实腐烂病；三是新梢生长期，主要防治叶斑病、黄毛虫等。同时要重视天牛、拟木蠹蛾、枝干腐烂病、根腐病等的化学防治。使用生物杀虫剂和特异性杀虫剂是枇杷防控病虫的趋势。目前，枇杷害虫防治上用得较多的生物杀虫剂主要有阿维菌素、华光霉素、浏阳霉素、苏云金杆菌和白僵菌等。

二、枇杷栽培技术发展趋势

1. 发展满足不同层次消费市场需求的品种

枇杷是一种深受消费者喜爱的小水果，也是一种可以一、二、三产业融合发展的水果，更是一种适于家庭经营的共富水果。随着中国消费升级、电商快递的便捷化，人们对枇杷的需求会越来越多。因此，种植者在发展枇杷品种时要明确枇杷的消费者目标定位。以休闲观光采摘的要发展品质优、外观美、产量高的品种，如'宁海白''白玉''硬条白沙'，及一些新育成品种如'迎霜''漫山虹'等。面向高端需求的可通过设施栽培，发展品质极优的品种，如'软条白沙'。电商销售需要果形大、外观美、酸度低的品种，可以发展'冠玉''塘栖白沙'及一些新育成的品种，如'三月白''迎雪''华白2号'等。通过市场批发的可发展传统老品种'大红袍''解放钟''大五星''早钟6号'等。

2. 推进标准化建园与宜机化改造

针对中国劳动力成本上升、劳动力缺乏与劳动力老龄化等问题，进行农业生产管理的机械化，以"机器换人"是解决中国枇杷等果品产业劳动供应不足的根本出路。按照机械化作业要求，对建在丘陵、山地的果园进行宜机化改造，包括对果园内机械作业道路的改造、不同地块间的机械转移通行道路修建，建设适于运输机械与农机操作平台行走的标准化道路。在果园内部推广宽行密株，以适应除草机、旋耕机等果园机械在田间行走。通过加强农机农艺融合，全面提高枇杷园机械化作业水平。在山地果园，还要建设轨道运输设施，方便化肥等生产资料的运输。

在水肥管理上，新老枇杷园要安装水肥一体化设施，减轻施肥的工作量；安装枇杷园喷雾系统，满足降温防日灼的要求。

3. 推广应用矮化栽培、生草栽培、水肥一体配方施肥等轻简化技术

随着劳动成本上升与人口老龄化，原有树体高大的枇杷园已不适应现代果园管理的要求。未来枇杷产业要十分注重枇杷大树的矮化改造、枇杷幼树的矮化整形，建立矮化栽培的常态化修剪技术。

果园杂草是枇杷园日常农事管理用工最多的环节。枇杷因根系浅，不适宜用除草剂除草。进行生草栽培或铺除草布可减少除草用工。通常果园生草后用除草布覆盖使杂草枯黄后再揭开除草布，反复进行除草与生草。也可种植果园专用草。

枇杷园水肥管理智能一体化应用是未来枇杷园轻简化栽培、提高品质、防逆抗逆的重要手段。随着国家开始进行农机补贴，果园水肥系统更新改造将会越来越多。但目前水肥应用技术研究比较薄弱，在未来技术突破与智能化后，水肥一体技术不仅使肥料管理轻简化，还会使枇杷减少高温干旱对果实的影响，同时促进品质提升。

4. 推广枇杷综合防寒栽培技术，发展设施、避雨等保护地栽培

枇杷防寒栽培关系到枇杷产业安全，推广延迟开花技术是露地枇杷防冻的重要手段。此外，采用设施栽培也是彻底解决枇杷防冻的有效技术措施。目前枇杷设施栽培在浙江、江苏发展较快，不仅在平地枇杷园建立大棚设施，在浙江兰溪山地枇杷园也发展了大量枇杷大棚设施。枇杷设施由原来的单体棚，趋向连栋大棚，由原来的单膜大棚向双膜大棚发展。大棚内不仅配置了水肥一体化设施，还配备了喷雾设施、加温设施，并采用智能化手段进行水肥与温湿度管理，彻底解决了困扰枇杷产业发展的冻害、日灼、裂果、皱果等障碍因子。

5. 推广应用枇杷绿色优质标准化生产

目前中国枇杷品质不高、产量不稳的主要原因是果园管理不善，修剪、肥水与病虫防控的科学管理还不到位。未来中国枇杷的高质量发展要重视科技的应用，大力推广绿色优质标准化生产技术，在整形修剪、花果管理、水肥应用、防冻抗逆与病虫防控方面应用标准化技术进行科学管理，提高枇杷产业发展的科技含量。种养结合，大力发展循环农业，推广果园有机肥和食用菌基质腐熟再利用技术，进一步

降低农药化肥用量。

6. 一、二、三产业融合发展，发展枇杷新业态、新模式

在非粮化整治下，枇杷在平原地区发展受到限制。应结合山地绿化、美丽乡村村庄改造、湖江边绿化，大力发展多功能、多目标枇杷园，将枇杷产业与绿色生态、观光休闲、农旅采摘、研学结合，开展枇杷花、叶、果的综合利用，开发枇杷花茶、枇杷蜜、枇杷叶茶、枇杷膏、枇杷干、枇杷酒等加工产品，提升枇杷的附加值。推广以枇杷采摘、休闲、农家乐、民宿、农创等结合的新业态，突出创意，强化文化挖掘，创新体制机制，将枇杷产业与文化、健康、生态、共富等结合，推进枇杷产业一、二、三产业深度融合发展。

7. 大力推广精细化采摘与采后处理技术以适应现代枇杷销售的需求

枇杷果皮薄，是不耐贮运的水果之一。但随着线上销售的兴起及适于现代物流的枇杷包装的开发，枇杷不再局限于产地零售，通过线上销售即可到达全国。但要实现线上销售，对枇杷采摘、采后处理就有更高要求，要大力推广精细采摘、包装，推广单果包装，在采摘、包装、运输、销售全过程中实现无机械损伤。同时要重视适于枇杷采后包装、贮藏体系的开发与建设，发展冷链贮藏与运输，以延长枇杷的贮运时间，实现冷链运输与销售。

第2章

常绿果树轻简化管理主要装备

常绿果树主要处于热带和亚热带地区，部分处于设施中，其生长发育环境多是高温多湿，由于管理不善，多数常绿果树易出现土壤酸化、树体高大、果园郁密等问题；另外，劳动力不足和老龄化是当前果业生产过程中遇到的普遍现象。由于常绿果树以山地果园居多，主要还是以人力进行田间管理，如何降低劳动力投入和高效管理是目前常绿果园迫切需要解决的问题。2022年，中央一号文件强调提升农机装备研发应用水平，全面梳理短板弱项，加强农机装备工程化协同攻关，加快大马力机械、丘陵山区和设施园艺小型机械、高端智能机械研发制造等。本章针对当前常绿果树优质轻简高效栽培需求，介绍近几年果园轻简化管理过程中运输、施药、开沟施肥、除草、树体修剪和采摘等装备的开发应用情况。

第1节
果园运输装备

农资和果实的运输是果园的一个重要操作。缓坡平地果园，可以采用大型货车或中大型动力平台拖挂装货机具；而山地果园地形复杂，不便应用大型机械的省力化栽培模式，只能采用轨道运输装备进行纵向运输；而在等高梯面则采用小型的履带式运输装备进行横向运输。

一、轨道式运输装备

山地轨道式运输装备具有小型化、爬坡能力强、操作便捷等特点，可以在大于45°坡度的山地果园进行平稳运行，搭载各类果品、物资和小型机械，载重量最大可以到400kg，能够有效减轻人工运输工作强度，提高运输流通速度。

目前运输机根据驱动方式、动力类型、操作情况等划分有自走式单轨道山地果园运输机、自走式双轨道山地果园运输机、遥控双向牵引式单轨道山地果园运输机、遥控牵引式无轨道山地果园运输机、蓄电池式单轨道山地果园运输机、轨道供电式单轨道山地果园运输机等（表2-1）。

表2-1　几种山地果园运输装备特点比较

运输机类型	驱动方式	动力类型	操作情况	地形适应性
自走式单轨道山地果园运输机	链轮和链条配合驱动；齿形轨道	燃油机驱动	遥控操作和手动操作	0°～35°；适应转弯半径大于4m的任意地形
自走式双轨道山地果园运输机	轮对和钢丝绳配合驱动	燃油机驱动	手动操作	0°～45°；适应转弯半径大于8m的任意地形
遥控双向牵引式单轨道山地果园运输机	卷扬驱动结构；轨道结构	电动机驱动	遥控操作和手动操作	15°～60°；适应转弯半径大于4m的任意地形
遥控牵引式无轨道山地果园运输机	卷扬驱动结构；轨道结构	电动机驱动	遥控操作和手动操作	15°～60°；适应转弯半径大于4m的任意地形
蓄电池式单轨道山地果园运输机	链轮和链条配合驱动；轨道结构	电动机驱动	遥控操作和手动操作	0°～40°；适应转弯半径大于4m的任意地形
轨道供电式单轨道山地果园运输机	链轮和链条配合驱动；轨道结构	电动机驱动	遥控操作和手动操作	0°～45°；适应转弯半径大于4m的任意地形

1. 自走式单轨道山地果园运输机

自走式单轨道山地果园运输机由汽油发动机作为动力源，搭载遥控装置实现大于300m的有效遥控（图2-1）。该运输机应用了离合-制动-换向等多功能联动机构，根据拨叉控制爪盘与传动轴的左位、中间位和右位三种位置关系，分别实现前进、离合和后退三种功能，同时下一级的涡轮蜗杆传动配合皮带轮上的速度离合器实现自动刹车，主要技术参数如表2-2所示。其次，通过合理采用链轮链条机构做反向运动作为驱动机构，大大减少了轨道上齿的数量，同时保证任何时刻有3个链滚子与齿啮合，啮合度达到1.3以上，提高了运输机运行平稳性。此外，还搭载了物联网远程控制监测系统，实现了"人工驾驶→手动辅助→遥控→物联网"持续优化。整机优势在于其行驶在单轨道上，成本较低且转弯灵活；机身配备的"T"形夹紧轮与方管导轨进行有效配合，实现防侧倒、防脱轨、防卡死等功能，保证运输车中心始终位于轨道中心，保障工作的安全性。

2. 自走式双轨道山地果园运输机

该运输机动力源是汽油发动机，由轮对和钢丝绳配合驱动，通过安装在运输机首端的卷扬机，再配合一副驱动轮，达到驱动效果（图2-2）。双轨道的优势在于运输货箱工作时平稳性更佳，缺点是轨道铺设成本较大，转弯半径较大，主要技术参数见表2-3。

图2-1　自走式单轨道山地果园运输机　　　图2-2　自走式双轨道山地果园运输机

表2-2　自走式单轨道山地果园运输机参数

参数名称	参数值
汽油机功率/kW	7.5
承载重量/kg	≤200
最高车速/(m/s)	0.7
爬坡角度/(°)	≥45
垂直起伏弯半径/mm	≥4000
水平转弯半径/mm	≥4000
制动距离/mm	≤300
遥控距离/m	≥300

表2-3　自走式双轨道山地果园运输机参数

参数名称	参数值
汽油机功率/kW	11
承载重量/kg	≤1000
最高车速/(m/s)	1.5
爬坡角度/(°)	≥45
垂直起伏弯半径/mm	≥10000
水平转弯半径/mm	≥8000

3. 遥控双向牵引式单轨道山地果园运输机

该运输机由电动卷扬机、遥控器、遥控控制箱、驱动轮对、钢丝绳、导向槽轮、行程开关、拖车、轨道和可调节配重装置等组成（图2-3）。该运输机采用钢丝绳与驱动轮对配合辅助重力张紧装置实现双向牵引驱动系统，即钢丝绳在驱动轮对上绕"8"字形多道产生的摩擦力实现动力驱动，同时又与末端定滑轮配合实现钢丝绳循环，末端重力张紧装置自适应运输过程中钢丝绳长度变化，确保钢丝绳有足够的张紧力，主要技术参数见表2-4。其次配备有钢丝绳断裂保护系统，采用了上行、下行行程开关和防脱轨装置双重保护。运输机运行中一旦发生钢丝绳断裂、突然停电等事故，可保证人身与装备安全。最后该运输机搭载了拖车自适应坡度调节系统，可保证运输机在45°坡度内运行时货物不掉落。整机优势在于双向驱动，承载力大，运行稳定且适应复杂地形；操作简便，手动或远程遥控操作运输机前进、后退和停车等功能；单轨结构，成本较低且转弯灵活。

图2-3　遥控双向牵引式单轨道山地果园运输机

表2-4　遥控双向牵引式单轨道山地果园运输机参数

参数名称	参数值
电动机功率/kW	5.5
承载重量/kg	≤400
最高车速/(m/s)	0.7
爬坡角度/(°)	≥45
垂直起伏弯半径/mm	≥4000
水平转弯半径/mm	≥4000

4. 遥控牵引式无轨道山地果园运输机

该运输机由控制系统、牵引装置、运输车、钢丝绳、遥控装置、紧急制动机构、避障装置、行程开关和导向槽轮等组成（图2-4），主要技术参数见表2-5。整机特点在于该运输装备安装简便，成本较低，运行安全可靠，符合运输线路笔直、长距离、大坡度果园运输的需要。

表2-5　遥控牵引式无轨道山地果园运输机参数

参数名称	参数值
电动机功率/kW	5.5
承载重量/kg	≤400
最高车速/(m/s)	0.56
爬坡角度/(°)	15～60

5.蓄电池式单轨道山地果园运输机

该运输机由控制系统、遥控装置、运输机、货运拖车和轨道等组成（图2-5），以蓄电池为动力源，主要技术参数如表2-6所示。整机不足在于爬坡速度受装载质量影响较大，大负载运行时蓄电池电流会超过20A，不宜长时间运行。

图2-4　遥控牵引式无轨道山地果园运输机　　　图2-5　蓄电池式单轨道山地果园运输机

表2-6　蓄电池式单轨道山地果园运输机参数

参数名称	参数值
电动机功率/W	600
运输装备及拖车质量/kg	≤75
最大装载质量/kg	100
平地行驶车速/(m/s)	0.6～0.8
爬坡角度/(°)	≥40

6.轨道供电式单轨道山地果园运输机

该运输机由轨道供电系统、控制系统、遥控装置、运输机和轨道等组成（图

2-6），驱动方式采用无刷电机为主驱动，利用电机恒转矩的特点，使得轨道运输机在低速运行区间也可获得足够扭矩，主要技术参数见表2-7。另外，该运输机利用了轨道滑触线共轨技术，该技术改变轨道的截面获得特定形状，将供电线融入其中，使轨道和供电、系统合并为统一结构，提高供电稳定性和可靠性。此外，减速机构为涡轮蜗杆减速器，利用其自锁特性，在意外断电或特殊情

图2-6　轨道供电式单轨道山地果园运输机

况时保障运输机处于刹车状态，保障生产安全性。如果整机配备物联网远程控制与监测系统，手机移动端或PC端就可以监控运输机运行，无遥控距离限制完成前进、后退、停车等各项工作。整机优势在于结构紧凑、控制精准、噪声低、无尾气污染。

表2-7　轨道供电式单轨道山地果园运输机参数

参数名称	参数值
电动机功率/kW	5.0
制动距离/mm	≤300
最大装载质量/kg	200
行驶车速/(m/s)	0.2～0.7
爬坡角度/(°)	≥45

二、履带式运输装备

履带式运输装备以履带为行走和支撑系统，与土地接触面大，重心低，运行平稳，在坡度小于25°的丘陵果园和等高梯面横向运输通过性好。

1. 单履带运输装备

中国传统果园空间狭小，路面复杂，常用的运输车难以适应。单履带运输车尺寸较小、结构轻简，比较适合传统果园运输。华中农业大学研究团队研制的手扶式单履带运输车如图2-7所示。

该履带车主要由单履带行走装置、车架、传动装置、动力系统组成。采用汽油机提供动力，满载货物的周转筐放在运输车车架上，通过油门把手控制车辆速度，刹车把手可对车辆进行减速，人们可以手动进行车辆前进、后退、转弯等操作，操作简便。车身宽度小于1m，可以并列放置三个果箱，最大载重75kg。另外，其最大爬坡角10°、最大过沟宽度300mm、最大过沟高度100mm，行驶速度1.2m/s，能实现左右20°的倾斜不发生侧翻。

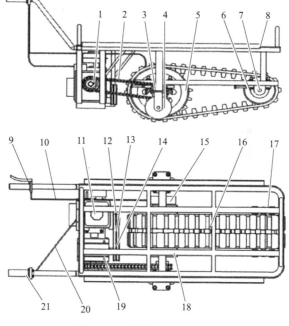

图2-7 手扶式单履带运输车

1—小链轮；2—链条；3—大链轮；4—防翻轮；5—驱动轮；6—导向轮；7—UCP204轴承座；8—角钢防翻弦；9—刹车把手；10—刹车线；11—汽油机；12—V带离合器；13—V带；14—大皮带盘；15—刹车盘；16—履带；17—车架主体；18—UCP206轴承座；19—蜗杆涡轮减速器；20—油门线；21—油门把手

2. 双履带运输装备

双履带式运输装备（图2-8）的接地面积和载荷较大，相较于轮式运输车、单履带运输车，在丘陵果园行走具有更好的稳定性和通过性。日本食品产业技术综合机构研发的双履带式丘陵果园运输机，车身长1.7m，宽60～69cm，为了便于操作和能够正常转向，操作盘可以在位于两侧的操作盘支架上变换放置，适合丘陵果园的运输作业。

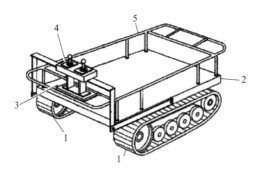

图2-8 双履带式运输车

1—履带；2—货箱；3—操作盘支架；4—操作盘；5—护栏

另外，中国农业大学研究团队也设计了一种基于重心自适应调控的丘陵山地果园运输车。整车外形尺寸为2000mm×2000mm×1500mm，最大负载为150kg，转弯半径≤1m，采用电力驱动，续航时间超过3.5h。西北农林科技大学研究团队设计了一种丘陵山地果园自动卸筐无人双履带式运输车（图2-9），由履带底盘、抬升机构和自动导航系统组成。运输车尺寸为1500mm×1000mm×1000mm。抬升机构通过电磁铁的通断电，可以控制弹簧的压缩程度，来调节抬升支架后端的高度；抬升支架后端被抬升时，果筐可以沿着该倾角卸到指定位置。自动导航系统通过三维激光雷达实时获取果园环境的三维点云信息，完成果园地图的创建、履带运输车的自主定位导航。

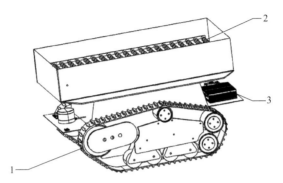

图2-9 丘陵山地果园自动卸筐无人双履带式运输车

1—履带底盘；2—抬升机构；3—自动导航系统

三、履带式动力平台

履带式动力平台是构建丘陵山地机械管理的核心部件，可以拖挂不同机具（如割草、打药和采收机具）进行田间管理。华中农业大学研究团队研制了一款适合在果园灵活作业的全液压履带式动力平台［图2-10（a）］，该动力平台也可以实现遥控操作［图2-10（b）］。

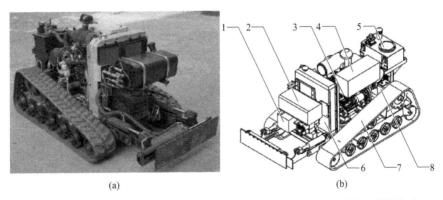

(a)   (b)

图2-10 果园全液压履带式动力平台（a）及遥控动力底盘整机结构示意图（b）

1—蓄电池；2—柴油箱；3—柴油机；4—控制电控箱；5—液压油箱；6—散热水箱；7—三角履带；8—液压马达

该动力平台可以搭载多种小型作业机，主要参数如下：

① 整机尺寸为2260mm×1300mm×1140mm。动力系统和闭式柱塞泵通过联轴器连接，同散热器一起放置在两侧三角履带之间，使得整机尺寸控制得当，重心低，通过性高。

② 动力输出控制灵敏便捷。采用变量泵-定量马达的泵控调速方案，调速更加便捷，满足丘陵山地对整车行驶作业灵活性的要求。

③ 动力平台提供前置作具快速更换系统。前置作具通过卡扣和前置挂板连接，作具更换方便；同时提供三组动力源，丰富输出要求，满足不同工况；前置作业平台还可在液压油缸的作用下实现举升、横移动作，扩大作业面积，应对丘陵山地复杂多变的作业环境。

④ 加装油水一体散热器。对柴油机冷却液和液压油进行冷却，确保液压油油温长时间处于正常工作油温范围。

⑤ 动力平台采用双摇杆发射器控制整机行驶作业，控制方式简单，延时低，接收器位于整机尾部，遥控距离最远可达150m。

四、轮式运输装备

轮式运输装备是一种广泛应用于果园的果品和物资运输机械。该类装备具有功率大、稳定性高、活动灵活、操作方便、价格低廉等特点，容易被果农接受。与履带式运输装备相比，轮式运输装备对地面压强相对较小，因此适宜在平地硬质路面进行运输作业，但由于在潮湿泥泞或松软土壤上容易出现陷车、打滑等问题，偶尔才应用到丘陵山地果园。

改革开放前，轮式拖拉机是中国重要的果园运输装备。20世纪80年代后，中国逐渐出现运输型小拖拉机和三轮运输机。目前，轮式运输装备的发展不断趋于汽车化与大型化，发动机功率、行驶速度和货箱长度等配置相比以前均有大幅提升。图2-11分别是丘陵轻便式轮式车、典型的三轮运输机和四轮运输机。

(a) 丘陵轻便式轮式车　　　　(b) 三轮运输机　　　　(c) 四轮运输机

图2-11　不同样式轮式运输车

丘陵轻便式轮式车［图2-11（a）］最小转弯半径2m，坡道负载150kg，平地负载250kg，最大爬坡角度15°，汽油驱动，转向系统采用摩托车形式的手扶转向车把。目前不同品牌的三轮运输机和四轮运输机的主要参数见表2-8和表2-9。

表2-8 三轮运输机主要参数

品牌/性能参数	光明7YJ-850A	和平7YP-975	鲁翔7YJ-850	五征L7YPJ-975A
功率/kW	8.1	9.7	8.1	9.7
标定转速/(r/min)	2200	2000	2200	2000
整车质量/kg	640	650	620	612
载重质量/kg	500	750	500	750
最高车速/(km/h)	37.0	37.7	38.3	38.5
爬坡度/(°)	10	10	10	10

表2-9 四轮运输机主要参数

品牌/性能参数	巨力WJ905	黑豹WD1005	飞彩FC1205	海山TY1608W
功率/kW	9.56	11.8	13.2	15.6
标定转速/(r/min)	2200	2450	2400	2600
整车质量/kg	870	860	960	980
载重质量/kg	500	750	500	750
最高车速/(km/h)	50	50	50	50
爬坡度/(°)	10	10	10	10

近年来，中国一拖集团有限公司针对果园作业空间低矮狭小的问题，研发了全新的传动系统和提升悬挂系统，研制出紧凑型爬行器、紧凑型末端传动装置、外置立式强压入土装置和紧凑型悬挂机构等关键零部件。这些部件不仅减小了整机尺寸，而且提高了产品可靠性。通过技术整合优化，形成SG系列轮式拖拉机［图2-12（a）］，该装备整机结构紧凑、机动性好、功能齐全，配套相应的机具即可进行喷药、旋耕、开沟、覆膜、施肥等作业。

由于中国部分地区的平地果园种植缺乏规划管理，果园密闭，果树密植，难以形成完善的交通运输网络。为解决轮式运输装备因轮距较宽、体积和自重较大而难以在传统果园中推广应用的问题，华南农业大学的研究团队在集中式电机驱动运输装备的技术基础上，研发了以轮毂电机驱动的轮式运输机［图2-12（b）］。该运输机使用36V铅酸蓄电池作为驱动电源，采用双后轮独立驱动方式，并具备电子差速转向系统。

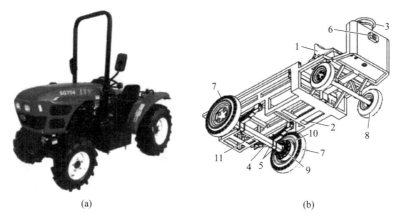

图2-12 东方红SG704型轮式拖拉机（a）和轮毂电机驱动运输机（b）

1—座椅；2—车架；3—方向盘；4—钢板弹簧；5—弹簧固定支架；6—前照灯；7—后轮；8—前轮；
9—无刷力矩轮毂电机；10—制动鼓；11—后轴

第2节
果园施药设备

植保机械作为施药的工具与手段，其发展经历了人背机器、机器背人、人机分离、智能喷雾完全无人4个典型历程。随着国内外对植保农药减量增效的重视，依托农药、施药技术、电子信息技术和人工智能的发展，果园适用轻简化施药装备得到快速发展，主要包括便携式静电喷雾器、搭载型风送喷雾装备、管道自动喷雾装备、植保无人机和精准变量喷雾装备等，改变了果园传统粗放式施药模式，向着更高效、节能、省工、省力、精准、智能的方向发展。

一、管道喷雾装备

管道喷雾装备是替代背负式喷雾设备而衍生的一种喷药装置，主要由固定的配药池、喷药泵和布在田间的输药液管道构成。喷药管道每隔25～50m有一个喷药枪头接口，可以接上喷头连接管对附近的树体进行喷药。该装置不需要人背负药桶，缺点是灵活性不足，且喷药距离受泵压力控制。相应地产生了移动式管道喷药装备，即用1t的配药桶替代固定的配药池，用拖拉机将配药桶、喷药泵拖到需要打药的位置，然后接上喷头连接管就近打药。只要能通行运输拖拉机的地方，就可以较快速完成喷药。

近年来人们又进一步开发了管道自动喷雾装备（图2-13），由喷雾首部、喷雾管道、自动喷雾控制器及喷雾小组组成。喷雾首部包括喷雾机组与恒压控制系统。喷雾机组中的变频电动机和药液泵可实现对药液的加压和稳压，恒压控制系统包括压力变送器、恒压控制装置及变频器，可实时将管道内药液压力控制在设定压力范围内，保证药液有足够的压力而达到较好的雾化效果，同时保证喷雾管道不至于因压力过大而发生爆裂。喷雾作业时，喷雾首部将药液加压并稳压后流入喷雾管道，利用自动喷雾控制器控制安装在管道上的电磁阀，按照预先设定的程序逐次打开或关闭喷雾小组，安装在每棵树旁边的喷雾杆就会对树体喷雾。该装置可以手动控制喷雾作业。控制喷雾小组的电磁阀持续开通8s即可保证喷雾的有效性；采用这种管道自动喷雾设施的喷雾作业效率为2.61hm²/h，与人工喷雾相比，提高了喷雾作业的效率。

(a) 弥雾喷雾首部　　　　　　　　　　(c) 田间弥雾管道

(b) 弥雾喷雾首部　　　　　　　　　　(d) 弥雾喷雾效果

图2-13　管道自动喷雾装备

管道喷雾装备大大降低了人工投入及喷药强度，提高了喷药效率，但是对于大范围的自动喷雾喷药，对环境条件要求高，如果有风，或处于较高位置的果园，药雾容易出现飘移，产生次生伤害。

二、风送喷雾施药装备

风送喷雾施药机通过控制风机转速或出风口截面积调整风量实现变量喷药。国内不同机构已经研制出不同类型的果园风送式喷药装备（图2-14）。

为了方便山地果园喷药，设计了履带自走式（对靶）自动风送喷雾施药机（图2-15）。该施药机型较小，适用于低矮密植型果园。此外，该施药机可以将风送施药

图2-14　不同样式的风送式喷药装备

图2-15　履带自走式自动风送喷雾施药机

技术与物联网技术相结合，且弥雾机上的每个喷雾头都配有一个超声波探头，通过手机设置超声波传感器的探测阈值，可实现不同行距的果树对靶喷药。通过判断靶标是否处于超声波传感器的探测阈值范围内，控制喷头的电磁阀开闭，从而实现对靶间歇式喷雾作业的目的，能够实现精准喷药，有效降低农药损失率，同时提高喷药的均匀性。

三、静电风助喷雾器

静电风助喷雾器分为便携式静电风助喷雾器［图2-16（a）］和搭载型风送式静电喷雾装备［图2-16（b）］。

便携式静电风助喷雾器采用静电喷雾结合风送喷雾技术进行施药，高压静电发生器的负极输出端直接与药箱中的药液接触，使雾滴带上负电荷，正极输出端接地，使地面和作物表面带上正电荷。如此药液与大地之间形成静电场，带电雾滴在静电力、气流曳力、重力等作用下定向运动，快速沉积到靶标上，降低药液表面张力和雾化阻力，促进雾滴破碎，显著增加雾滴在叶片背面的沉积量，节省喷雾药量；荷电雾滴在风机气流曳力的作用下，具有更高的雾滴运动速度和较强的穿透性，能够有效地沉积于冠层内部以及叶片背面，是扩大喷雾范围最有效、最常用的方法。

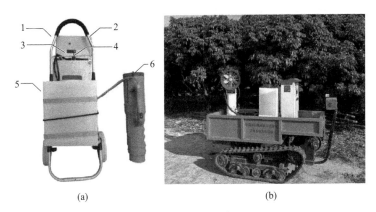

图2-16　静电风助喷雾器

1—搭载车；2—控制箱；3—液晶显示屏；4—压力调节阀；5—药箱；6—送风筒

便携式静电风助喷雾器技术参数如表2-10。与传统的背负式施药器械相比，静电技术使得该喷雾机具有更好的雾化性能，其雾滴分布更加均匀，果树冠层的药液沉积量更多；在满足沉积质量的情况下，该喷雾器喷雾作业效率提高32.6%，节省药液23.3%。便携式静电风助喷雾器由于轻简和便携，更适用于小型柑橘园、大棚种植的草莓园等。

表2-10　便携式静电风助喷雾器技术参数

项目	参数
车身尺寸/cm	33（长）×28（宽）×105（高）
喷雾器长度/mm	620
出风口风速/(m/s)	16
射程/m	3.69
药箱容量/L	30
喷雾压力/MPa	0.3～0.9
体积流量/(L/min)	1.1～1.6
静电电压/kV	10
电源电压/V	12
整机净重/kg	10

搭载型风送式静电喷雾装备采用独立的锂电池供电，整体进行了轻量化设计，静电喷雾装置可搭载在动力三轮车、拖拉机、履带车等果园运输车上，相关参数见

表2-11。使用大功率风机辅助喷雾，通过调节风筒上下俯仰角和风机转速控制植保装备最远射程和有效喷施距离，调整风筒左右角度控制喷雾作业方向，保证喷雾装备能适应复杂地形，多方位进行植保作业。该喷雾装备喷施距离可达15m，适用于大中型平地果园，将喷雾装备搭载于华南农业大学研究团队研制的电动履带车，还可在20°坡度内的山地果园进行植保作业。喷雾装备提供控制箱本地操控和远程遥控两种模式控制作业，达到省时、省力和安全的目的，提高作业效率及作业质量。

表2-11 搭载型风送式喷雾装备主要技术参数

参数名称	数值
整机额定工作电压/V	DC48
整机额定功率/kW	0.75
液泵工作压力/MPa	0.7
液泵额定流量/（L/min）	3～5
有效喷施距离/m	10～15
风筒水平转角/（°）	±180°
风筒俯仰角/（°）	−10°～55°

四、植保无人机施药装备

植保无人机不需要飞行员驾驶，可以实现人机分离、人药分离，具有作业风险较小、机动性强、高效省工、节水省药、智能化程度高和地形适应性好的特点。植保无人机可根据果园果树分布进行果树行间或果树上方连续或定点喷雾，并可根据生长状况实现仿地飞行，确保植保喷雾距离的稳定性、精准性和安全性，适用于平原、丘陵、山地等大型果园植保作业（图2-17）。无人机喷药的不足之处在于一次载药量少、电池续航能力差，大树冠内膛、树冠下部喷药效果差。

图2-17 喷药无人机及无人机喷药现场

五、精准变量施药装备

变量喷雾是果园实现精准施药的一种重要技术手段，是利用红外光电传感器、超声波测距传感器、激光测距传感器和激光雷达技术实现果树冠层检测和三维重构模型，是农药变量喷施的重要环节，也是建立施药量模型、多喷头流量模型，实现果园植保喷雾智能化的关键技术。图2-18所示是基于二维激光雷达实现的果园精准变量喷雾装备，其基本工作原理是激光雷达执行扫描任务并返回点云数据到上位机控制器，控制器分析、处理冠层点云数据，得到某种树冠特征参数及表征该种特征参数的对应的决策系数，根据决策系数得到相应的施药量计算模型，计算动态喷施所需的流量。通过PID控制器（proportional-integral-derivative control）实时调节水泵的转速来实现压力的稳定，确定控制电磁阀的脉宽调制（pulse width modulation, PWM）占空比，调整电磁阀的开启数量以及各电磁阀对应的输出流量，构建不同数量喷头对应的流量模型。当系统进行变量喷雾时，根据计算得到的不同区域的冠层参数，确定每个电磁阀的工作参数，实现对冠层的不同部位进行不同流量的喷雾。与同样环境下基于红外传感器的对靶喷雾、无任何检测和控制的连续喷雾相比，其节省药液分别为35.52%和50.84%，省药效果显著。

图2-18　基于二维激光雷达的果园精准变量喷雾装备

1—系统电源；2—红外传感器；3—LiDAR；4—电磁阀与喷头；5—喷雾机组

精准变量喷雾技术主要包括冠层探测技术、施药量计算模型和变量喷雾调控技术。

（1）冠层探测技术　冠层探测技术包括超声波、视觉传感器以及二维激光雷达。通过测量超声波发射和返回时间来测量喷嘴与果树冠层之间的距离；通过CCD相机计算靶标与摄像头之间的距离，可以使用深度相机获取周围场景，对果树进行三维建模，为变量喷雾提供所需的数据。二维激光传感器具有探测范围广、精度高、抗干扰强等特点，是目前冠层体积测量最为有效的方法。使用激光雷达获取果树点云数据，结合三维靶标重构算法、三维图像重构算法等对数据进行处理，进而计算喷嘴与树冠的距离。

（2）施药量计算模型　施药模型为计算靶标所需喷雾量提供理论支撑，准确的模型是在确保病虫有效防治的前提下做到节约成本和保护环境的有机统一。目前主要有3种方式计算的施药模型，分别是基于果园面积的计算模型（GA）、基于叶墙面积的计算模型（LWA）和基于冠层体积的计算模型（TRV）。

（3）变量喷雾调控技术　果树的树冠形状、树叶密度、树龄及树与树之间的间距各不相同。普通喷雾装置无法根据树冠的大小和形状进行喷药，造成农药的过度喷洒。变量喷雾调控技术可以控制喷头的喷量和射程，实现对目标喷雾。喷雾量控制主要包括压力调节、喷口截面调节和脉冲宽度调制（PWM）3种方法，其中PWM方法是目前应用最多的一种。

近年来，定位与导航传感器、5G等通信技术的发展应用，能对变量喷雾系统位置及果园环境信息进行精确测量，获取果树位置信息，构建果园三维地图，完成变量喷雾系统自主作业，实现真正的果园无人作业和精准喷雾。智能化无人喷雾更适用于大规模果园植保作业。

第3节
开沟施肥装备

传统果树施肥主要靠人工开沟、施肥、覆土，劳动强度大、效率低。开沟机是一种沟渠开挖的专用机械，广泛应用于管道和线缆铺设、农田水利建设、市政工程及军事工程等开沟作业。随着中国工业经济的发展和新农村建设步伐的加快，近几年以开沟机和肥料容器相结合的开沟施肥装备应运而生，大大减少了人力、物力投入，降低了果园管理成本。

目前，果园开沟施肥机械在实际应用中存在一些不足，主要表现为消耗功率大，耗油量高，不利于环保；刀具易磨损，寿命短；开沟质量不高，易出现激烈振动、跑直线度差等状况；通用性、兼容性及适应性较差等。

随着果园生产机械化步伐的加快，自动化控制、光电控制、电子监视器等高新技术及产品不断应用于果园开沟施肥机械，果园开沟施肥也朝智能化方向发展，达到精准高效的目的。

一、手扶式开沟机

山地丘陵果园受地形条件限制，分布较为分散，不适合大型开沟机械进入。需要根据山地丘陵地形特征要求，制造机身小巧灵活、操作方便、使用简单的小型开沟机械，制造的微型手扶开沟施肥设备。如华中农业大学的山地柑橘园开沟施肥机[图2-19（a）]和江西省农业科学院团队研制的2FF-100小型丘陵果园施肥覆土机[图2-19（b）]。山地柑橘园开沟施肥机选用的动力源为10kW汽油机，并通过同步带传动、齿轮传动等传动方式，将动力从汽油机分别传至开沟主轴和行走轮，机型轻便，整体尺寸较小，便于在狭窄的山地柑橘园中作业。开沟器采用旋转式开沟器，开沟刀片采用旋耕弯刀，其最低抛土速度为200r/min。选用链传动，将行走轮动力传递给排肥轴，实现排肥系统动力的传输。其覆土装置采用刮板式覆土板，悬挂于开沟机尾部。两块刮板呈"八"字形放置，利用整机的移动，将沟槽两侧的土回填至沟内。覆土装置采用了仿形结构，在竖直方向上，能够实现上下高度差为80mm的仿形，同时在该开沟施肥机两侧加装了防侧翻装置，利于机器的平稳运行。在该开沟机的基础上，增设施肥装置、覆土装置、防侧翻装置，以实现开沟、施肥、覆土联合作业，提高橘园作业效率，减轻果农劳动强度，实现柑橘园的增产保质。2FF-100小型丘陵果园施肥覆土机采用外槽轮式排肥器和螺旋搅拢覆土装置，可将肥料深施于宽30cm左右的沟内，同时完成覆土作业，施肥量0.3～1.0kg/m，覆土宽度1m，排肥均匀，满足了丘陵果园开沟施肥覆土的农艺要求。

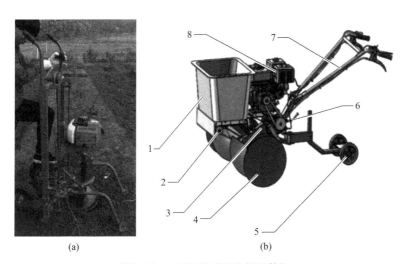

图2-19　小型手扶式开沟施肥装备

1—肥料箱；2—排肥器；3—变速箱；4—螺旋搅拢覆土装置；5—辅助后轮；
6—离合器操纵杆；7—手扶操纵装置；8—汽油发动机

二、铧式犁开沟机

早在20世纪50年代初，美国就出现了以铧式犁为主要工作部件的开沟机械，被用于农田建设当中，其主要分为悬挂式和牵引式。这种开沟机结构简单，零部件较少，开沟深度为30～50cm，开沟效率较高；缺点是不宜在较坚硬的土壤里进行开沟作业，开沟形状很不规则，而且靠拖拉机的牵引动力开沟，功率消耗非常大，需要用斯大林80拖拉机才能拖动，甚至需要用两台拖拉机才能拉动开沟机。

近年来人们针对果树种植行距不均匀施肥困难的问题，设计了一种通过液压系统调节沟深和施肥量的沟施肥机。该机有单沟施肥装置和双沟施肥装置（图2-20），两种施肥装置可相互替换。当机器配合单沟施肥装置时，可以给行间距较小的果树施肥，配合双沟施肥装置时，可对行距较大的果树进行施肥。这样可以使开沟施肥靠近果树根部，开沟、施肥、覆土作业同时完成，提高工作效率。

图2-20 双沟状态的开沟施肥

三、螺旋式开沟机

螺旋式开沟机是在螺旋叶片边缘开刃或安装开沟刀片，通过螺旋叶片转动带动开沟刀片切削土壤并升运抛出。这种类型开沟机优点为作业效率高、牵引阻力小、土壤适应性好、开沟质量好，适合开宽而深的沟渠；缺点是加工装配工艺要求高，开沟刀磨损较快。

华中农业大学团队研制了另一种履带底盘式的倾斜螺旋式开沟机（图2-21）。其结构主要由倾斜螺旋式开沟部件、沟深调节部件、动力传动部件、履带底盘、行走控制部件等组成。动力由柴油机提供，离合器控制动力传递与切断，螺杆升降机调节沟深，行走控制部件调节前进速度、方向，主要技术参数如表2-12所示。该山地果园开沟机优化了部件，进行了直刃刀、曲刃刀与齿形刀对比，开沟功耗方面曲刃刀与齿形刀较优且差异不大，直刃刀较差。

表2-12 果园履带式多功能作业装备参数

参数名称	参数值
柴油发动机功率/kW	25
整机质量/kg	≤1500
沟面宽度/mm	200～350
沟底宽度/mm	200
开沟深度/mm	0～380

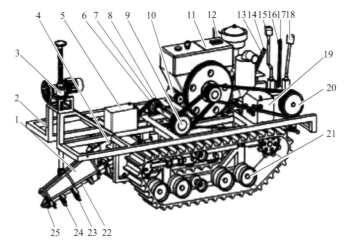

图2-21 履带底盘式的倾斜螺旋式开沟机

1—弧形挡土板；2—机架；3—螺杆升降机；4—锥齿轮减速机；5—蓄电池；6—开沟传动皮带轮；7—轴承座；8—开沟传动轴；9—开沟传动离合器总成；10—启动马达；11—柴油机；12—座椅；13—左转向离合器操纵杆；14—右转向离合器操纵杆；15—换挡杆；16—开沟传动离合器操纵杆；17—行走离合器操纵杆；18—高低速杆；19—行走变速箱；20—行走离合器总成；21—橡胶履带底盘；22—开沟主轴；23—螺旋叶片；24—开沟刀片；25—入土刀片

四、圆盘式开沟机

圆盘式开沟机的开沟关键部件是安装刀片的圆盘，一般分为单圆盘和双圆盘式，其中双圆盘式开沟机可开出矩形沟或倒梯形沟。圆盘式开沟机的优点是开沟质量好、土壤适应性好，缺点是作业效率低、结构复杂、体积庞大、单位功耗大。这种开沟机的主要工作部件是一个或两个高速旋转的圆盘，圆盘四周是铣刀，铣下来的土壤按不同的农艺要求，将土壤均匀地抛掷到一侧或两侧5～15m范围内的地面上，也可将土壤成条堆置在沟沿上形成土埂。螺旋式开沟机的开沟断面呈上口宽，沟底窄的倒梯形，沟形整齐，无需辅助加工，牵引阻力小，适应性强，碎土能力强；但是行走慢，一般为50～400m/h，传动复杂，结构庞大，制造工艺要求高，单位功率消耗大，效率低。不过新疆农科院农业机械化研究所研制的1FK-40型偏置式果园开沟施肥机（图2-22）结构简单、效率高、成本低，由于开沟部件向右侧偏置，开沟时可以减少树冠和树叶的影响。其肥料箱容积达到900L，是普通300L肥料箱容积的3倍，因此延长了持续作业的时间，提高了作业效率，有较高的稳定性和安全性。

中国农业机械化科学研究院研究团队设计了一种圆盘式开沟机（图2-23）。工作时，拖拉机输出轴将动力传递给开沟刀盘，刀盘转动使开沟刀与土壤接触并发生切削行为，随着拖拉机悬挂机构的下降，开沟深度逐渐加深，当限深轮调节杆上的刻度值达到指定深度时，拖拉机悬挂机构停止下降，整机平稳前进，开沟刀盘便会开

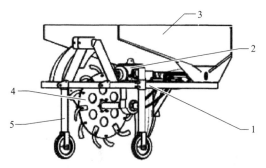

图2-22　1FK-40型偏置式果园开沟施肥机结构示意图

1—机架；2—齿轮箱总成；3—偏重式肥料箱；4—刀盘总成；5—地轮构成

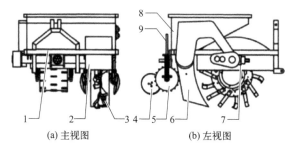

(a) 主视图　　　　　　　(b) 左视图

图2-23　圆盘式开沟机结构示意图

1—机架；2—刀盘护罩；3—开沟刀盘；4—覆土盘；5—限深滚筒；
6—输肥管；7—齿轮箱；8—肥箱；9—沟深刻度表

出横截面为25cm×50cm的矩形沟。开沟过程中，肥料通过输肥管流入沟底，覆土盘将开沟时抛出的土壤回填，一次性完成开沟、施肥和覆土作业。

　　另外，目前也有一种动力独立不依靠前机PTO动力输出的新式电动开沟施肥一体机（图2-24）。其采用电力模块，在一定程度上减小了整机的空间和动力损耗，更加有利于在丘陵果园穿行工作，减少对果园作物、地形的破坏干扰。开沟部件采用圆盘形式并搭配旋耕刀进行作业，旋耕刀的回转半径为225mm。悬挂装置放置最低时，机具入土深度可达到275mm。

图2-24　圆盘式电动开沟施肥一体机

五、链齿式开沟机

20世纪70年代末期，链式开沟机开始兴起。链式开沟机是一种用于挖掘地下深坑的机械，其工作原理是链轮的转动带动链条传动，链条上的链刀切削土壤，链条将被切下的土壤传送至螺旋排土器；螺旋排土器将土壤推至沟渠的一侧或两侧，进而达到开沟目的。链齿式开沟机结构简单，效率高，所开沟壁整齐，沟底不留回土，易于调节沟深和沟宽，适于开窄而深的沟渠；但刀片易磨损，功耗大。

链齿式开沟机（图2-25）由传动系统、电气控制系统和液压系统三部分组成。传动系统是由电动机通过三角皮带轮带动减速机构转动，再由减速器输出轴通过联轴节带动主副卷扬机的回转运动和行走机构的直线运动；液压系统的作用是在挖掘过程中实现对工作装置的支撑以及驱动行走机构和副卷扬机的回转运动；电气控制系统是控制整个机器正常运转的部分。该机在单纯行走时，可以直接连接拖拉机的传动V带，实现快速行进。作业时，柴油机输出动力经V带传动到附加加速器，然后通过链传动到达变速箱，进而带动主机行走；从附加减速器的中间轴经链传动带动开沟链开沟，切削下来的土壤被螺旋排土器推至沟的两侧。该机如果装有遥控接收装置，可以控制机具前进、停车、转弯，并能通过液压装置控制开沟链条上下移动，调节开沟的深度，机具整体尺寸小巧，能够在空间狭小的果园内作业。

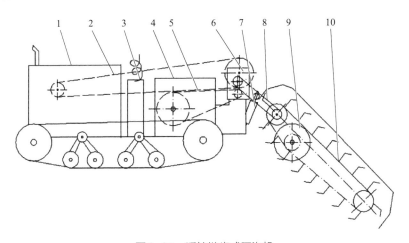

图2-25　遥控链齿式开沟机

1—柴油；2—V带传动；3—遥控接收装置；4—变速箱；5—链传动Ⅰ；
6—附加减速；7—液压缸；8—链传动Ⅱ；9—螺旋排土器；10—工作链

在选择不同类型的开沟施肥机时，要综合考虑多种因素，例如土壤特点、开沟要求等。铧式犁开沟机适用于土壤坚实度不大、开沟深度要求不高的果园；圆盘式和链式开沟机适用于土壤硬度大、砂石含量较高的果园；螺旋式开沟机适用于土壤黏重、含水率高的果园。

第4节
果园除草装备

常用的除草机械有化学除草机械、松土与翻土锄草机械和在土表面割草机械三类。化学除草机械主要采用喷雾机械，锄草机械采用的是旋耕机、犁耕机等机械，割草机械采用的是割草机、剪草机、割灌机等机具。

化学除草是通过喷洒除草剂达到除草目的，化学除草成本相对较低，作业效率高。主要方法有：①叶面处理选用触杀性或传导性除草剂对杂草作叶面喷布，可控制杂草生长，又能保留一定数量的草覆盖果园。此方法适于梯田或土层浅、石头多不便机耕的果园。②土壤处理选用残效期长的除草剂，并在杂草旺盛生长季节结合触杀性或传导性除草剂除去漏网杂草，保持柑橘园无草状态。这种方法可完全排除杂草对柑橘生长的影响。③结合机耕的化学除草，这是一种经济实用除草方法。在机耕后，杂草萌芽前用残效期长的除草剂作土壤处理，并于杂草旺盛生长季节用触杀性或传导性除草剂除去一些漏网杂草。此种方法既可提高药效，又克服了长期采用化学除草免耕产生的果树浅根现象。化学除草机械主要以机动喷雾机为主，包括悬挂式机动喷雾机、自走式喷雾机和背负式机动喷雾器。锄草机械是在翻土、松土、犁地等机械作业的过程中，切断草根，干扰和抑制杂草生长，达到控制和清除杂草的目的。机械多数以拖拉机等为动力，牵引旋耕、犁耕、松土、开沟等机具或采用微耕机等进行作业，机械化程度较高，效果好。由拖拉机牵引的旋耕机、犁耕机动力较大，适用于平原、缓坡和果树行距较宽的果园进行中耕锄草。微耕机以小型柴油机或汽油机为动力，整机具有重量轻、体积小、结构简单、操作方便、易于维修、油耗低等特点。微耕机可爬坡、越埂，广泛适用于平原、山区、丘陵的果园进行旋耕、犁耕、开沟起垄等作业，旋耕作业在浅旋耕的同时可到达锄草的目的。割草机是由刀盘、发动机、行走轮、行走机构、刀片、扶手、控制部分组成。按行进方式分为智能化半自动式拖行式、后推式、坐骑式、拖拉机悬挂式；按照动力方式分为人畜力驱动、发动机驱动、电力驱动、太阳能驱动；按刀盘结构可分为圆盘式、甩刀式、往复式和滚刀式。中国南方规范的大面积果园不多，下面重点介绍目前主要适应南方果园的割草设备。

一、背负式割草机

背负式手持旋转割草机一般配置无刀切割盘，使用高强度尼龙绳作为草切割部件，柔性结构，不怕碰到刚性障碍物，使用比较安全，更换也很方便。柴油动力背负式割草机［图2-26（a）］动力足、割草效果较好，但是振动和噪声较大；目前逐步使用以蓄电池为动力的背负式割草机［图2-26（b）］，虽然动力略差，但是对使用者相对友好一些。

(a) 柴油动力背负式割草机　　　(b) 电动背负式割草机

图2-26　背负式割草机

二、手扶式割草机

手扶圆盘式割草机由动力及传输系统、切割器、行走及支撑系统、排草装置等组成［图2-27（a）］，汽油机提供动力，可实现空挡、行走挡、慢割挡和快割挡之间的转换。切割器分为横向切割系统和纵向切割系统，横向切割系统主要负责单株生长较高较粗的硬草的切割工作；纵向切割系统刀盘垂直于地面，为双刀盘结构，分别位于横向切割系统刀盘的两侧，主要负责藤蔓型杂草和一些较高较软型杂草的侧生茎秆的切割工作。横向切割系统刀盘转速为900r/min，纵向切割系统刀盘转速为1500r/min。割草机的割幅为600mm，割茬高度为10mm。

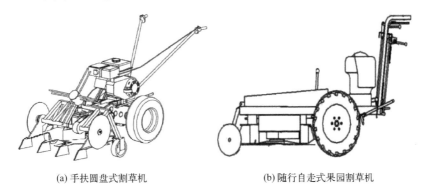

(a) 手扶圆盘式割草机　　　　　(b) 随行自走式果园割草机

图2-27　手扶式割草机

随行自走式果园割草机［图2-27（b）］采用双离合结构，可独立控制行走机构和割草刀具运动，除草机器人割幅为60cm，割茬高度调节范围为5～10cm，传动系统由传输带、涡轮蜗杆及三对齿轮副组成，传动系统稳定性较好，但是机构繁杂，功率损失大。

三、智能割草机器

割草是一个比较重的体力活，占用劳动力比较多。在劳动力不足情况下，如何降低劳动投入、提高割草效率是亟待解决的问题，履带式和智能割草机械应运而生。

1. 履带式和智能小型割草机

履带式割草机［图2-28（a）］的切割器与机架进行双点接触，为了调节切割器高度实现仿形功能，切割器下方设有与液压缸连接的支撑，通过液压装置来升降切割器达到仿形效果。

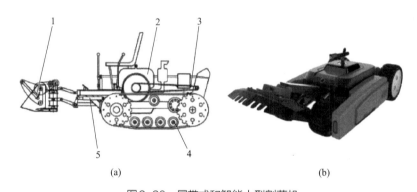

图2-28　履带式和智能小型割草机

1—执行机构；2—动力机构；3—传动机构；4—行走机构；5—升降机构

智能小型割草机［图2-28（b）］兼具越野汽车的运行原理和运行特点，由升降臂式割草装置、越野防滑轮胎、前置动力电机、广角摄像头、高压喷雾枪、车臂蓄电池、蓄水箱、充电口等部分组成。同时根据充电桩的工作原理，对其自动充电性能进行优化，利用路径规划技术和避障技术，提高智能割草机的安全性和可靠性。

2. 柔性避障甩刀式除草机器

由于果园大量存在的攀缘草本植物极易缠绕刀具从而产生卡死现象并损坏机器，目前逐渐应用甩刀式除草装备。甩刀式刀盘采用螺旋对称排列，通过高速旋转，在离心力作用下，刀片会逐渐相对甩刀轴趋于稳定，刀片切割侧与甩刀轴正下方草茎进行碰撞接触，实现碎草功能，具有适应性强、碎草性较好的特点。华中农业大学研究团队目前设计的一种柔性避障甩刀式除草机器人（图2-29），其主刀头采用甩刀式结构，通过电机驱动甩刀轴转动，进而带动刀片旋转，在刈割生草秆茎的基础上粉碎秆茎，刀轴转速可达3000r/min；主刀头可通过电动推杆灵活控制割茬高度。

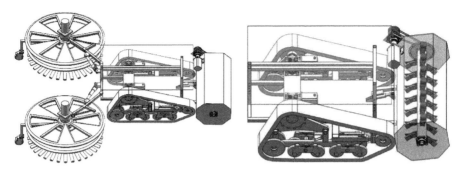

图2-29　丘陵果园柔性避障甩刀式除草机器人

3. 遥控三轮自走式果园除草机器

遥控三轮自走式果园除草机器（图2-30）由小车本体、动力电池组、割草系统、转向系统、悬架机构等组成。通过驱动电机驱动除草机器人在果园行间行走，利用丝杠滑台调节割盘高度，使用超声波模块检测果园中障碍物的距离，实现除草机器人的自主避障。

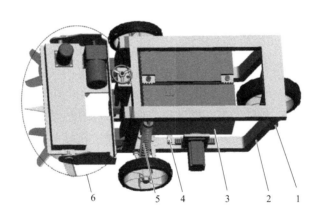

图2-30　遥控三轮自走式果园除草机器

1—驱动电机；2—机器人本体；3—动力电池组；4—转向机构；5—悬架机构；6—除草机构

4. 全电动轮式果园避障除草机器

全电动轮式果园避障除草机器（图2-31）采用全电动形式，利用电池组给驱动电机、除草电机、转向电机及电动推杆供电；在进行除草作业时，除草电机运转，升降电动推杆收缩，刀具切削土壤进行除草；激光扫描仪检测到树干后，电动推杆推动左右侧刀盘进行避障，完成果树株间除草，实现了变幅宽和避障的功能。

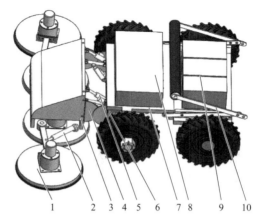

图2-31　全电动轮式果园避障除草机器

1—除草装置；2—避障装置；3—刀盘架；4—限位机构；5—升降结构；6—连接架；
7—移动平台；8—控制箱；9—电池组；10—扶手机构

第5节
果树修剪装备

在果树生长过程中，需要定时对果树的老弱枝条进行修剪，以调整树冠各部分的疏密度、枝叶的分布方向和叶面积系数，进而提高果树叶片的光合能力、果树的代谢能力，改善果树的营养分布，实现果树丰产优质。

中国果园主要是鲜食果生产，果树修剪主要是靠熟练技术的人员完成。随着劳动力不足和老龄化逐渐加剧，果园迫切需要修剪辅助机械和修剪机械，以减少人力投入，完成树体修剪。

一、人工辅助修剪装备

1. 手持式修剪刀

早期果树修剪使用最多的作业装备如图2-32（a），通过手柄转动转移剪枝力，完成枝梢修剪。此类修剪装备都采用人工操作，劳动强度大、工作效率低，不适用于大面积作业。

2. 气动式辅助修剪刀

气动式辅助修剪刀是用空气压缩机将空气压缩通过气管传递给气动剪刀剪断枝

梢［图2-32（b）、（c）］。气动剪多采用双活塞设计，可以提供更大的剪切能力，减小了活塞和手柄的直径，减少了反作用力，增加了操作舒适性。由于气动剪刀动力强大，修剪机上都安装有安全装置。意大利CAMPAGNOLA公司Star35气动修枝剪，作业时剪切力可达2.12kN，每秒可剪切3次，适合剪枝难度较高场合。

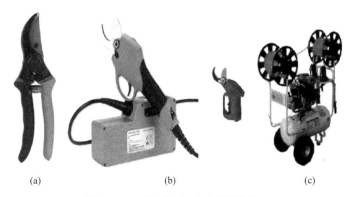

(a)　　　　　　　　　(b)　　　　　　　　　(c)

图2-32　手持式和气动式辅助修剪刀

3. 背负式果枝修剪机

背负式果枝修剪机（图2-33）是以汽油机作为修剪动力，通过软轴将动力传递给旋转锯片或锯齿转动，从而切断枝梢。操作杆可以一定范围内自由伸缩，从而完成对不同高度直径小于25mm的果树枝条的修剪工作，具有携带方便、操作灵活的特点。根据动力源的不同，可将其分为以小型汽油机、蓄电池和气动为动力源的背负式修剪机。

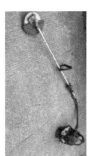

图2-33　背负式果枝修剪机

4. 升降辅助剪枝平台

升降平台是为了方便果农进行高枝修剪作业而设计的修剪辅助装备。早在20世纪60年代开始，欧美等西方国家先后发展出单工位、多工位等机型的升降平台。通过试验发现，采用作业平台的工人修剪效率比使用扶梯的工人修剪效率平均提高了34%，同时使用作业平台的工人手臂抬高、躯干前弯、重复性、心率和自感劳累程度均低于使用梯子作业的工人。由于种植模式和地域的差异，欧美地区的升降平台大多采用轮式移动地盘提供动力，升降机构主要分为剪叉式、曲臂式、直臂式和链条式等，果园作业平台中使用较多的为剪叉式和曲臂式结构两种，其自动化程度和作业效率较高，作业效果较好，大多适合规模种植的大型果园，但因其体型较大、价格昂贵，暂时不适合中国零散种植的果园。

国内专门针对果园的作业平台研究和使用起步比较晚，且现有产品大多是对国外产品进行仿制和小的创新改进，除了实现辅助剪枝外，有的机型还可实现采摘和运输功能。根据行走方式，果园升降平台底盘分为轮式和履带式，轮式底盘多用于平地果园，丘陵果园主要以小型履带式为主。

二、机械修剪作业装备

机械修剪作业装备大多采用整株几何修剪形式，通过把修剪装置固定在牵引机具上，依靠可以上下移动及左右回转的作业臂，对树冠修剪出一定的几何形状。机械修剪作业装备的切割装置多采用液压驱动，作业效率高，适合规模化种植的果园。根据修剪刀具类型不同分为往复式修剪机械、转刀式修剪机械和圆盘锯式修剪机械。

1. 往复式修剪机械

该修剪机械由机架、切割器和液压系统组成。其中，切割器由一组往复运动的动刀片和座底刃的定刀片组成，靠驱动机构连接切割器动刀片，以定刀片作为支承件，在刀杆方向进行往复直线运动。往复式割刀结构简单、功耗小、机械效率高、割茬整齐、修剪质量好，该类修剪机械适合修剪矮化密植栽培的果树，尤其适合葡萄、苹果等枝条的修剪作业。由于往复惯性力较大，振动大，限制了作业速度；但相对于转刀式割刀和圆盘式割刀工作方式更安全可靠。代表机型有意大利Rinner公司设计的一种双往复式修剪机，在机架顶部和侧面分别安装一个往复式切割器，通过液压油缸调整角度，实现对葡萄的修剪，该修剪机械可以通过调节顶部修剪刀的角度来修剪矮化密植栽培的果园。新疆农业大学龙魁等设计了一种往复式葡萄藤修剪机（图2-34），往复式切割器在液压马达的驱动下进行切割修剪，修剪宽度和高度可根据行距和生长情况自由调节。

2. 转刀式修剪机械

转刀式修剪机械由液压马达、液压缸、旋转刀片组成。液压缸控制刀台伸缩、角度调节，适用不同幅宽和角度的植株修剪，液压马达带动刀片高速旋转来切断枝条。具有运转平稳、可靠性好、切割效果好等优点，但功率消耗较大。由于割刀是靠高速旋转工作的，易造成枝条飞出，产生安全隐患，但切割能力较强，适于高速作业，并只适用于修剪比较细嫩的枝条。

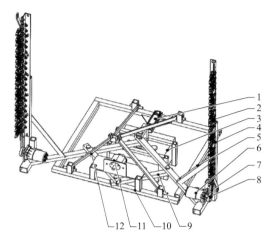

图2-34　往复式葡萄藤修剪机示意图

1—液压缸；2—往复式割刀；3—油箱；4—割刀固定架；5—割刀加强杆；6—液压马达；
7—拉杆；8—曲柄圆盘；9—手动仿形机构；10—机架；11—液压泵；12—三点悬挂架

国外的转刀式果园枝条修剪机的发展较为迅速，样式较多，一般用于像葡萄藤等枝条较软的规模化果树枝条的修剪作业。切割刀一般采用"L"形或者"C"形的排布，以实现特定树冠形状的整株修剪。针对国内规模化果树（多见葡萄）种植的农艺要求，国内转刀式修剪机的切割刀一般采用"L"形或门式的排布。其一般前悬挂于拖拉机前托架上，液压系统提供动力，借助一排交错布置的切割刀高速旋转切断果树枝条。

3.圆盘锯式修剪机械

由两排安装在刀架上作回转运动的旋转刀盘组成切割器（图2-35）。利用刀盘的高速回转，削断枝条，液压系统控制着刀盘的转动和刀架位置的变动，可以实现对苹果、梨等较硬果树枝条的修剪。圆盘锯式修剪机结构紧凑，不需要惯性力平衡，也不会出现堵刀的现象，切割能力较强，适于中、高速作业；比起往复式割刀和转刀式割刀更适合联合作业。

图2-35　回转圆盘锯式修剪机

采用标准往复式刀具和圆盘锯片作为切割器可以与履带式液压动力平台或轮式大马力的拖拉机平台配合使用。如拖拉机输出轴经万向节与机身上的农机对接点对接后通过1:2转轴增速器和弹性联轴器与叶片泵连接，驱动液压系统运作，切割器在液压马达的驱动下进行切割修剪，通过电磁换向阀等控制元件根据柑橘树宽度、高度、树形等实际情况完成调整后进行作业。

第6节
果园采摘装备

随着人们生活水平的提高，除了鲜果市场的需求，果汁行业对水果采收的需求越来越大，人们对能够减轻劳动强度并提高作业效率的机械收获装备需求日益旺盛。国内外学者对机械振动收获技术展开了广泛的研究，研制出适合规模化种植平地果园的机械化采收装备。

一、半自动辅助采收平台

20世纪60年代后期，意大利等欧美国家研制出半自动化采收辅助平台（图2-36），通过拖拉机或移动平台牵引，配套液压驱动升降机构、横向调节机构，将人输送到合理的采摘位置进行人工采摘，采摘后的果实放入收集袋或通过滑行管道等传送装置送入果箱内，实现果园的半自动机械化收获。国外虽有成熟采收机具销售，但其产品一般都是大型机具，作业空间要求较大，适用于稀疏果园，而且价格昂贵，对操作人员的要求较高。

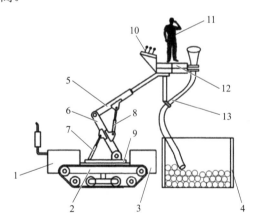

图2-36　履带式果园采收平台结构示意图

1—柴油机；2—履带式移动平台；3—油箱；4—果箱；5—伸缩臂；6—支撑臂；7，8—变幅液压缸；9—回转台；10—操控台；11—工人；12—采摘平台；13—果品滑行软管

二、机械化采收装备

收获作业的自动化和机器人的研究始于20世纪60年代的美国，作为全美柑橘产

业主产区的佛罗里达州，其柑橘总产量的95%都是用于果汁加工。由于不用考虑机械化采收过程中的果实损伤，科研人员开始探索采用机械化采收方法对柑橘进行高效率收获，研发出多系列机械收获装备。收获方式可分为气力式、振动式和接触式3种。

1. 气力式收获装备

气力式收获机是最早被用于果品收获的机型之一，其工作原理是利用大功率风机，通过特殊设计的导流板产生多股高速间断气流，迫使果实随着树枝的振动而产生加速度，当果实振动过程中的离心力大于果实与果柄结合力时，果实在连结最弱处与果柄分离而脱落，最终达到分离的目的。气力式收获机通过高速气流分离果实，有效减少机械接触对果树的刮伤、折损。但高速气流对配套的风机功率要求高，一般在250kW以上，作业成本高。

2. 振动式收获装备

连续式收获机核心部件振动机构由惯性振动器、悬臂和卡箍组成。振动器采用振摇机构中的曲柄滑块或偏心质量块产生往复作用力，通过操纵悬臂调整卡箍器的位置，卡紧在树干或主枝使其连续振动，达到分离果实的目的。连续式采收方式的收获效率和果实成熟度有密切关系，在成熟晚期更有利于进行机械化采收。在采收过程中，连续式收获机的力直接作用于果树，容易给果树带来物理损伤，严重时会导致果树死亡。

3. 接触式收获装备

接触式收获机是利用往复式、旋转式、混合式的振动器击打果树冠层使果实脱离。脱落的果实由人工捡拾或者通过树下的收集装置经传送带输送至与收获机同步移动的运输车果箱内。针对树冠面积大的常绿果树柑橘，接触式收获机可以通过悬臂将钉齿状的振动元件半伸入树冠内部，进行局部采收作业。与振动式收获装备相比，其收获效率较低，且很大程度取决于果树分布和操作人员的熟练程度。

目前，用于果品大规模收获的振动机械主要有两种类型：树干振动收获机［图2-37（a）］和接触式树冠收获机［图2-37（b）］。主要由Oxbo、Korvan和BEI公司制造。一般来说，人工采摘柑橘的效率是0.5t/h，而树干振动收获机的采收效率为10t/h，接触式树冠收获机的采收效率甚至达到25t/h。但同时，接触式树冠收获机械的应用可能产生10%左右的柑橘损失并对树体造成一定损伤，影响下一收获期的产量，且下坠的果实难免产生碰撞损伤，不利于水果商品化。为了提高振动采收过程中的落果率并减少树冠损伤，研究人员除了研究收获机械的结构本身，也对适合于机械收获的种植模式、树形规范等农艺技术进行了研究。为了便于柑橘的机械化采摘，采摘前给柑橘树喷施专用的果实脱落剂（如萘乙酸）也成为一种行之有效的辅助手段，可使柑橘果实在振动过程中更易脱落，从而提高柑橘的采收率。

（a）   （b）

图2-37　树干振动收获机和接触式树冠收获机

三、机器人采摘装备

平地果园生产中，针对可一次性收获作物的半自动辅助采收平台和机械化收获装备，发达国家技术发展较为成熟，作业已达到了高度自动化。然而仍有大量果蔬作物具有发育和成熟度不一致的生长特性，需要分批次或个性化选择性收获。即使在欧美发达国家高度自动化收获作业水平下，选择性收获装备及技术仍处于"无机可用、有机难用"阶段。相比现有选择性收获机器人，人工选择性采收的优势在于功能多样性导致其成本边际效应低，因此现阶段产业工人采收仍然有其成本优势。然而在从业老龄化、劳动力短缺和成本持续提高情况下，各国都在加大选择性机器人的研发以降低果品生产成本。作为农业机器人最重要的组件之一，机械手已经应用到了农业的各个领域，例如收获水果和蔬菜、嫁接、移植和修剪等。但目前，机械手在农业、食品和生物等领域的发展尚不如在制造业中成熟，这主要有以下几点原因：

1. 非结构性和不确定性的农业环境

果实的生长是随着时间和空间而变化的，生长的环境是变化的、未知的和开放性的，直接受土地、季节和天气等自然条件的影响。这就要求果蔬采摘机器人不仅要具有与生物体柔性相对应的处理功能，而且还要能够顺应变化无常的自然环境，在视觉、知识推理和判断等方面具有相当高的智能。

2. 作业对象的娇嫩性和复杂性

果实具有质地脆弱、易擦伤的特性，且其形状复杂，生长发育程度不一，相互间差异很大，导致难以被夹紧。果蔬采摘机器人一般是作业、移动同时进行，行走不是连接出发点和终点的最短距离，而是具有狭小的范围、较长的距离及遍及整个田间表面等特点。

主要常绿果树优质轻简栽培技术

3. 良好的通用性和可编程性要求高

由于作业对象具有多样性和可变性，这就要求采摘机器人具有良好的通用性和可编程性。只要改变部分软、硬件，变更判断基准，变更动作顺序，就能进行多种作业。例如温室果蔬采摘机器人，更换不同的末端执行器就能完成施肥、喷药和采摘等作业。

4. 操作对象和价格的特殊性

果蔬采摘机器人操作者是农民，不是具有机电知识的工程师，因此要求果蔬采摘机器人必须具有高可靠性和操作简单的特点。另外，农业生产以个体经营为主，如果价格太高，就很难普及。

除此之外，考虑到农产品的利润较低、季节性较强等特点，需要严格控制采摘机械的成本。由于上述因素的存在，应用在农业中的机械手对材料的选择、抓取方式的设计、控制和识别算法的设计都提出了更高的要求。机器人采收过程中需要完成三项任务：果实识别、定位、分离。其中果实识别和定位任务由机器视觉系统完成，分离则通过末端执行器实现。法国在1985年率先开启了果实采收机器人的研究，开发了双机械臂采收机器人雏形。经过多年发展，当前条件下的采收机器人可以实现采收作业，但由于受自然环境、种植模式等因素影响，各团队研发的采收机器人采收效果和效率各不相同，采摘成功率集中在67%～90%，采摘速度为6～15.4s/个。

在苹果收获机器人领域，目前最具市场化前景的初创公司为以色列的FFRobotics［图2-38（a）］和美国的Abundant Robotics［图2-38（b）］。前者开发了一种伸缩式三指末端执行器，通过串行PPP（prismatic-prismatic-prismatic）方式接近采摘目标、伸缩抓取和扭断果梗实现果柄分类的快速采摘苹果。后者则开发了一种具有基于真空吸入的末端执行器的并行机器人。两者都是采用深度相机方式识别和定位苹果，极大地缩短了苹果收获时间。

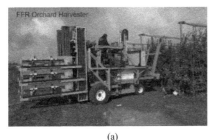 

|(a)|(b)|

图2-38　果蔬采摘机器人

机器人采摘技术最重要的目标是高效率、低损伤、鲁棒性和低成本。其技术水平可参考的衡量指标包括收获效率、识别成功率、收获成功率、产品损伤率和人工收获比。收获效率是指单位时间内收获数量，识别成功率是指成功识别的可采收果实数量占符合选择指标果实数量的比例，收获成功率是指成功集箱的果实数量占符合选择指标果实的数量比例，产品损伤率是指损伤果实数量占成功集箱的果实数量比例，人机收获比是指符合选择指标果实的人工收获质量与机器人收获质量比例，该指标可作为机器人收获能力的综合评价特征。上述指标的重要程度依选择性收获实现难度、投入产出比、技术成熟度、产品市场化程度和选择性收获需求程度的具体情况存在差异，可作为采摘装备选择的参考依据。

第3章

柑橘优质轻简高效栽培技术集成与示范

柑橘是中国南方重要的果树，在中国农村产业扶贫和乡村振兴中起到非常重要的作用。柑橘种类多、风味多样、营养丰富，富含维生素C等抗氧化物质、膳食纤维和矿质营养等，经常食用有益于保持身体健康，也是实现人们对美好生活需要的重要物质基础。不过中国柑橘多数种植在丘陵山地，立地条件差，加上近年来劳动力不足和老龄化日渐严重，导致橘园管理很难到位，且其树体高大郁密，病虫害多有发生，严重影响了果实品质和果园经营效益，对产业发展已产生不利影响。研发和应用柑橘优质轻简高效栽培技术对保证产业实现其社会效益、促进产业持续健康发展则显得非常重要。

第1节
柑橘优质轻简高效关键技术研发

一、宜机化园区新建和改造技术

随着劳动力不足日渐严重和劳动成本的逐步增加，果园的管理逐渐由以人工为主转向以机械为主。但传统的果园因历史原因在建园时尚未考虑到机械化应用，使得目前果园机械推广受到限制。因此，新建设的果园需要根据农机应用来规划园区。

另外，许多老果园还有较长时间的使用价值，可以通过宜机化改造技术使其适应农机操作。

宜机化橘园是指适宜机械作业、配套省工省力设施、采用轻简高效栽培技术进行管理的柑橘园。宜机化橘园一般拥有标准的小区布局、便利的道路系统、有利于机械管理的宽行窄株栽培模式以及水肥一体化管理系统等。

1. 宜机化园区新建技术

新建一个果园首先要选址，考虑气候、交通、环境条件等诸多因素，然后合理规划小区和交通布局以及水电、水肥一体化系统等，是一项较为复杂的工程。

（1）园地选择　规划建设的柑橘园宜选择气候适宜、水源充足、交通方便的地方。尽量选择平地、缓坡地或坡度≤20°的丘陵山地；土壤地下水位1.0m以下；土壤、空气环境需符合《绿色食品 柑橘类水果》（NY/T 426—2021）的规定，灌溉水源质量宜符合《农田灌溉水质标准》（GB 5084—2021）的规定。

（2）果园规划　面积较大的橘园，根据地形、地势等条件可将全园划分为多个生产小区，地势平坦的橘园按照50～100亩划分一个生产小区；地势比较复杂的丘陵、山地橘园按照10～30亩划分一个生产小区；平地、缓坡地可采用长方形小区，长边要因地势向等高方向弯曲。

道路方面，宜规划一条衔接干线公路，且与果园办公仓库区相连，宽度为6～8m，果园每个作业区之间规划一条宽3～4m的支道，且与主干道相连；在间距约50m的适当地点设置会车道。园区内规划与各行间、支路或主路相衔接的机械作业道，坡度≤15°的丘陵山地或缓坡平地果园机械作业道宽不小于2.5m，在同一个作业区内形成循环闭合。对于坡度＞15°的丘陵山地或地形复杂的果园，规划等高水平梯田（梯面≥2m），间隔100～200m安装一条纵向运输轨道。

水电方面，面积50亩以内的橘园至少配置有220V电源，面积50亩以上的橘园必须配置380V电源；果园输电、配电工程规划宜与园区道路、灌溉加压等工程结合。在橘园合适位置按20m³/亩的标准建设蓄水池。根据园区实际情况安装水肥一体化系统或轨道式水肥药一体化系统。根据园区地势实际情况分别建设拦山沟、主排水沟、排水沟、排水背沟及其沉沙函等。排水系统沿果园边界红线或种植区外围及坡面上方建设拦山沟；在园区汇水线上以园地地下水低于80cm为原则、以"沟边带路"或"盖板成路"的形式建设主排水沟；在来水方向因地制宜设置排水沟；在梯地后壁下设置排水背沟并在适当位置和出水口设置沉沙函。

（3）园地整理　果园整地一般在苗木定植前3个月完成。对于平地和坡度≤15°的缓坡地块，采用机械优化调整地形，将园区内的田坎削除，使地块尽量合并，地面削高填低，形成平整的地面或均匀的坡面，并使坡面向汇水线或排水沟倾斜。对于坡度15°～25°的地块，用机械沿等高线挖掘形成带状水平梯地，大弯随弯、小弯取直；梯壁保持适当的倾斜度，梯面宽2m以上。

根据种植行距，平地橘园沿南北向用石灰等在定植行中心放线，缓坡地橘园顺坡用石灰等在定植行中心放线，山地橘园沿等高线在离梯面外边1/3处放线。然后用挖掘机挖种植沟，沟宽0.5～0.6m、深0.3～0.5m，挖出的土壤放到沟的一边。在种植沟中填充秸秆、菇渣等粗有机质，并在粗有机质上每亩均匀撒入150kg过磷酸钙、150kg有机无机复混肥。对pH值低于5.5的土壤，同时撒入适量石灰、白云石或氧化镁等；对pH值高于7.5的土壤，可加入适量硫酸亚铁或硫黄粉，将种植沟土壤pH值调整到5.5～6.5。将大部分种植沟的土与粗有机质和肥料混匀，并填平种植沟。然后将剩余的土壤铺在种植沟上，垒成宽1.5～2m、高30～40cm的垄。

苗木定植前安装输送水肥的二级主管和支管，二级主管道与一级主管道（与贮水池和首部控制枢纽连接）相连，与种植沟垂直、紧贴种植沟布置，深40cm以上；采用符合质量要求的给水管，管径40～90mm，然后在每个种植沟的中线位置从主管上垂直安装一根支管（管径16～32mm），高出地面20～30cm。

（4）苗木定植　选用枳砧无病毒容器大苗或无病毒裸根壮苗，苗木质量符合GB/T 9659—2008的规定。容器苗在春、夏、秋季均可定植，气温高、无霜冻的地区冬季也可以定植；裸根壮苗可春栽或秋栽，土温低于12℃时不适宜栽植，春梢或秋梢萌芽和生长期不宜种植。

苗木定植密度为株距0.8～2.0m，行距3.5～5.0m。待所起的垄基本定型后，首先根据株距在改好土的种植垄中线上用石灰或腐熟有机质定栽植点，然后挖一个比容器土球稍大、深度与土球高度基本一致的坑。然后对容器苗或带土球大苗进行简单抹土松根处理后，立即放到栽植坑中填土踩实即可；若是裸根苗，先对苗木进行剪枝、修根和打泥浆处理，即根据裸根苗高度和粗度情况留30～60cm短截，去掉主干20cm内的辅养枝、小树冠内病虫枝、细弱枝和平剪受伤主根或过长主根，然后在栽植坑内垒个小土堆（5～10cm高），将裸根苗立直、根系展开摆好在小土堆上，再培土踩实即可。

培土时注意与苗木根颈齐平，不要埋没根颈，注意不要碰伤苗木；定植后及时安装毛管（标配的滴灌管或滴灌带，管径16～25mm，1m有3个滴水孔）。安装时，毛管直接固定在垄上中间位置。及时给裸根苗滴定根水，每株5～10L，根据天气情况间隔3～6天滴水一次，直至苗木成活。

2. 宜机化园区改造技术

对于树龄在20年以上，因肥水和树体管理失当而导致树体郁闭、营养失调、产量和品质严重下降的果园，可以通过老果园改造技术使其适宜农业机械应用，实现产量品质提升和节本增效。老果园宜机化改造包括栽植密度改造、树冠改造、道路设施改造等。

（1）栽植密度改造　平地和缓坡地柑橘老果园改造后的密度为：行距≥4.0m，株距≥3.0m。山地果园应根据坡度情况进行，坡度过于陡峭、梯面宽度≤2.0m的，可隔梯间伐；梯面大于3.0m，株距≤2.0m时，可隔株间伐。间伐宜选择在秋季采果后至翌年春季萌动前进行，优先选择秋季采果后进行。

间伐改造可以选择一次性间伐和分年度间伐，前者对行距≤3.0m的郁闭果园可隔行间伐，对株距≤3.0m的可隔株间伐；后者则将柑橘树分为永久株（行）和临时株（行），当年秋冬季对临时株（行）的树冠进行重修剪，留下部分果枝结果，翌年秋冬季再移除。

临时株间伐后，立即将树蔸清理干净并消毒；永久株间伐后需进行土壤改良和增施有机肥，适度修剪树冠，剪除距离地面50～60cm以下的裙枝，树冠外围的直立枝可向行间进行拉枝处理，树冠内膛枝过密或中上部的直立徒长枝或扰乱树形的枝条可适当疏除。

（2）树冠改造　在有冻害威胁的产区宜在翌年春季萌动前改造树冠；在无冻害威胁的产区宜在秋冬季采果后改造树冠。树冠的改造可分为缩冠改造（大冠改小冠）、树形改造等方式，通过改变或改造树形、降低树冠、缩小冠幅、减少主枝数量等措施，树冠高度控制在2.5m以内，主干高不小于50cm，主枝开张、骨干枝减少到3～4个，树冠呈开心形。椪柑、南丰蜜橘、砂糖橘等树形直立、分枝多的类型，以减少骨干枝数量及开张角度为改造重点；橙柚类等树冠高大类型，以缩冠改造为主。

老果园树冠改造可在春季一次或春夏两次修剪更新。对于树冠较矮、中下部及内膛叶片较多的老果园可在春季或秋季进行一次性改造。密集繁杂的枝干中选定方位较好、角度开张的3～4个骨干枝作为树体骨架予以保留，然后疏除或回缩其余的骨干枝，在保留的骨干枝上留1.2～1.8m短截露骨更新，保留枝干上萌发的新枝条，宜疏除部分直立旺长枝，在春夏季对保留的长势强的枝条进行摘心或短截，促分枝，形成结果母枝1年后疏除树冠距地面0.5m以下的裙枝。

进行春夏两次修剪改造时，春季疏除部分中上部直立大枝，适当疏除多余的骨干枝。对于计划保留的骨干枝，宜适当回缩或短截。对椪柑、南丰蜜橘等直立性品种，疏除着生在主干上的直立大枝，保留3～5个角度较开张的主枝；对脐橙和温州蜜柑等品种，疏除位于树冠中上部的1～2个大枝，然后在中早秋梢萌发前进行夏季改造。回缩主枝延长枝，对主枝上的多个侧枝，采用间隔回缩，对徒长枝进行重短截，对过密枝或弱枝进行中重回缩。

树冠修剪后，对于暴露的主干、主枝，及时用树干保护商品涂剂或石灰水（按生石灰10kg、硫黄粉1kg、食盐0.2kg、水30kg的比例配制）涂白，对直径2cm以上的伤口，用伤口保护专用商品涂剂或接蜡、桐油、凡士林等杀菌防护剂涂抹，防枝干日灼和开裂。

（3）道路设施改造　大中型老果园应与主干道或机耕道及交通干线相连接，园区道路密度以果园内任何一点到主干道或机耕道的直线距离≤75m为宜。主干道路面宽≥4.5m，一般为水泥硬化或碎石路面，机耕道路面宽度3m以上，一般为碎石路面。道路坡度应≤20°，便于农用机械通行。

二、宜机化橘园树形培育和管理

宜机化管理的果园虽然对树体大小没有硬性规定，但是为了方便机械操作，或者提高机械使用效率，宜机化管理果园不宜再采用高大树形，主张树体高度在3m以下、冠径控制在2m以内，且要求树体大小基本一致、呈篱壁式排列。宜机化管理果园的树体应该具有两个特点：一是树体矮（1.5～3m）、小（冠径在2m左右）、扁（行间方向冠径1～1.5m），以提高机械管理效率和对树冠内膛的病虫害防治效果；二是树体骨干枝少（不超过4个）、结构简单（骨干枝+结果枝组），目前柑橘适合机械管理的主要有两种树形，即小冠树形和单干圆柱树形。

1. 柑橘小冠树形培育

方便宜机化管理的柑橘小冠树形定义为高度不超过2.5m，冠径不超过2m，主干高度40～60cm。经过研发，小冠树形的培育主要包括以下几个方面。

（1）选用健康的单干无病毒容器苗或带土球苗　柑橘是菌根依赖果树，只有产生了菌根，才能从土壤吸取充足的养分供树体生长发育，而宜机化管理果园要求果园中树体大小基本一致。因此选择柑橘苗木时，要采用粗度基本一致、单干健康容器苗或带小土球的壮苗（嫁接口上10cm处径粗≥1cm），以保证在养分管理相对一致的情况下树体生长速度基本一致。

（2）定植后及时定干扶直　在春季萌芽前，苗木按正常方法定植后，在主干40～70cm处的壮芽上方进行短截，一般降雨量少、干旱地区留干40～50cm处短截，雨量充沛、湿度较大的地方留干60～70cm处短截。短截后到萌芽期间及时在主干旁边立一根支柱，将主干绑直在支柱上。萌芽期间，主干顶部10～15cm位置留2～4个

图3-1　幼苗定植后定干绑直和主干套防水纸筒

壮梢不处理，抹除其他部分的分枝，或定植后及时套上防抽生萌蘖的黑色皮管、塑料筒或防水纸筒等（图3-1），通过这种方式，可以减少2/3用于除萌蘖的人工，同时有助于树体上部分枝梢的生长。

（3）及时除萌和施促梢肥　苗木定植后当年生长季节，及时去除主干上的萌蘖，确保养分供给上部枝梢生长。对主干上部所抽生的新梢，选择方位和角度较好的枝梢进行1～2次摘心或剪梢处理，其他新梢自然生长；也可对主干上部分所抽生的新梢不进行摘心或短截处理，让其自然生长。

每一批次新梢生长过程中，应科学进行养分管理。一般前期以高氮养分为主，以促进生长，后期以高钾养分为主，以促进枝梢老熟。已有试验表明，在合理水肥管理的前提下，当年种植的柑橘苗木，当年树体高度可以超过1.5m，这个时候需要及时通过控水或控氮控制新梢生长、促进新梢老熟，并加强病虫害防控、保护好叶片，以促进枝梢的部分芽完成花芽分化，翌年开始适量结果。

（4）适时修剪，维护树形　小冠树形在第1年结果后，需要及时进行修剪，以维护树形和控制树冠。冬季温暖的地方，可以在果实采收1个月之后进行修剪；而冬季存在低温危害风险的地方，则在翌年春季萌芽前进行修剪。主要采用回缩方法，回缩中部过高的直立大枝，延伸过长的下垂枝和大的结果枝组；采用疏枝手法去掉强旺徒长枝、病虫枝和枯枝、过密枝。

小冠树形培育完成后，每年要在稳定产量的基础上，利用肥水精准管理控制新梢生长，并结合冬春的简易修剪平衡营养生长和生殖生长，维护树形和控制树冠。

2.柑橘单干圆柱树形培育

柑橘的单干圆柱形是参照苹果细纺锤树形研发的一个适宜机械管理的树形。柑橘顶芽会发生自剪，因此该树形培育的中央干为假轴型，高度不超过3m，一般在假轴型中央干上每间隔10～15cm培育一个结果枝组，冠径控制在1.5m之内。

经过研发，柑橘单干圆柱树形的培育主要包括以下几个方面。

（1）选择适宜的苗木　苗木选择与柑橘小冠圆头形树形培育要求一致。

（2）定植定干，搭架、立杆、绑直　春季萌芽前按照常规方法定植，萌芽前在主干高度50～60cm处留健壮芽短截；随后在株间每隔8m立一根长3.0～3.5m、内径65mm左右的钢管或边长12cm左右的方形水泥柱（0.5m埋在地下），在离地1.0m和2.0m处分别牵一根钢丝绳；每棵幼树旁插一根3.0～3.5m长、直径1.5～2.5cm竹竿或细钢管，竹竿/细钢管与钢丝交界处用扎丝固定，将定好干的苗木绑直在竹竿或细钢管上。

（3）及时除萌蘖和绑缚新梢　整个生长季节要随时将植株顶梢绑直在立杆上，并抹除或摘心其他节位萌发的新梢，尽量让苗木当年长到目标高度（2.5m左右）。通过对比试验，结果发现，及时对主梢旁边的新梢摘心可以促进主梢生长，给予科学的肥水管理，一般当年可以达到目标高度；而没有及时进行处理的苗木会逐渐形成小冠树形（图3-2）。

（4）科学施肥，促进萌芽分枝和生长

培育单干树形时，在当年春季萌芽前定植完成后，要进行合理肥水管理和及时绑缚扶直（图3-2），尽量让中央干长粗、长高，让苗木当年长到目标高度（2.5m左右）；第二年春季萌芽前通过疏除中央干上的分枝、刻芽或其他激素处理措施促使中央干上叶腋下的侧芽春季萌发、促进分枝，可以结合7～8月份留桩10～20cm短截，整齐促发早秋梢、培育翌年的结果母枝。正常情况下，第三年可以结果。在每一批新梢生长

图3-2　单干圆柱树形绑缚（左）和对主梢旁的新梢摘心效果（右）

时，建议保证根系区域土壤相对含水量在60%～80%，一梢3次肥，前两次原则上滴施高效的高氮低钾营养肥，后一次为高效的低氮高钾营养肥，施肥量多少根据生长的生物量确定。柑橘单干圆柱树形培育不需要对枝梢采取拉枝等开张角度的措施，在第2年的中早秋梢形成后，要及时控水、控氮，或者叶面喷施钾肥等，促进末级秋梢及时老熟、完成花芽分化，确保第3年开始坐果。

（5）适时修剪、维护树形　培育的单干圆柱树形开始坐果后，在7月底～8月上旬疏除未结果的过密枝、徒长枝，或留矮桩（≤5cm）短截徒长枝，回缩未结果的弱枝组等，以改善光照和培养高质量的秋梢结果母枝。采果后的第2年春季萌芽前，回缩顶部枝梢，将树冠高度控制在目标高度内，回缩长且下垂枝组，疏除过密枝、病虫枝和过壮或旺枝，回缩弱枝组等，将树冠冠径控制在1.5m内。

无论是小冠树形还是单干树形培育，新梢抽生比较频繁、生长量比较大，需要加强病虫害防治，保护好新梢，因此要频繁用药。受降雨天气和劳动力不足等影响，有时很难防控住病虫害对新梢或叶片的危害。通过滴施内吸性噻虫嗪发现，1年生幼树每棵滴施3g左右，可以保护新梢或叶片30～40天不被虫害危害，可以在降低劳动投入的情况下保护好新梢。不过滴施的持续效果与滴施药量以及当地气候条件密切相关，而且需要注意交替滴施不同内吸性杀虫剂，避免产生耐药性或抗药性。

三、高光效树形培育和管理

宜机化小冠或单干树形多适用于新建的机械化果园。但由于地形复杂等，一些产区不适合大规模机械化，或一些老果园需要相应的改造。培育高光效树形并进行

合理的管理维护，对方便人简单管理和机械管理，达到轻简、省力、节本增效的目的具有重要意义。

柑橘高光效树形是指主干高度0.4～0.5m，树冠高度2.0m以下，冠径≤2.0m，主枝3～4个，绿叶层厚度1m左右，树冠覆盖率75%～85%，形成多主枝开心形且通风透光良好的树形。

1. 高光效树形培育和维护

（1）苗木选择和要求　苗木选择2年生及以上无病毒容器苗或假植大苗，苗木高＞80cm，嫁接部位在砧木离地面10cm以上，嫁接口愈合正常，嫁接口上方2cm处主干粗＞0.8cm，主干直立、光洁，嫁接口高度在10cm以上，有三个长15cm以上、非丛生状的分枝。枝叶健全，叶色浓绿，富有光泽，无潜叶蛾等病虫严重危害，无曲颈，砧穗结合部曲折度＜15°。主根直，长15cm以上，根系部分均匀完整，侧根、须根发达，根颈部不扭曲。假植大苗带土团重量≥15kg。

（2）定植后树形培育　大苗定植后至萌芽前去掉40cm以下主干上的辅养枝，在60～70cm处留健壮芽进行短截处理，培育3～4个骨干分枝，去掉其他强旺枝和保留弱枝培育高光效树形，要求大枝不宜太多，以免树冠内部、下部光照不良［图3-3（a）］。定植后第2年树冠高度可以达到1.2～1.5m，培养开心形树形，树体通风透光，光照良好，修剪上以轻剪为主，培养3～4个主枝，每个主枝2～3个骨干枝，主干高40cm左右，适当疏删过密枝组，不采用过多的疏剪和重短剪，剪除所有晚秋梢。

（3）初结果树树形培育　初结果树继续选择培养和短剪各级骨干枝的延长枝，培养开心形树冠，保证树体通风透光良好，光照充足［图3-3（b）］。树体修剪仍以扩大树冠为主，对于方位分布不良的各级骨干枝，通过拉枝合理分布，在这个前提下适度挂果，挂果量以能保证秋梢正常生长为宜。采用抹芽放梢即抹除顶部夏梢，促发健壮秋梢，以此来控制结果和枝梢生长。一般在各次梢抽发时，于晴天树上无水

　　　　　　（a）　　　　　　　　　　　　　　　　　（b）

图3-3　定植后和初结果树高光效树形

时进行抹芽，过长的营养枝留8～10片叶摘心。对于生长旺盛的初结果树，除了采取地上部缓和生长势外，可于9～10月对地下部进行适当断根或适度干旱，有利于养分积累和枝梢发育。

（4）盛果期树形维护　盛果期需维持开心形树形，保持生长与结果的相对平衡，将树冠高度控制在2.0m以下，冠径控制在2.0m以内，绿叶层厚度1m左右，树冠覆盖率控制在75%～85%［图3-4（a）］。

春季萌芽前回缩过高（>2m）、过长（>0.7m）大枝，及时回缩结果枝组、落花落果枝组和衰退枝组。剪除枯枝、病虫枝；对较拥挤的骨干枝适当疏剪开出"天窗"，将光线引入内膛。对当年抽生的夏、秋梢营养枝，通过短截其中部分枝梢调节翌年产量，防止大小年结果。花量较大时适量疏花疏果。

（5）衰老期树形更新维护　柑橘树衰老后，枝梢枯弱，结果很少［图3-4（b）］，必须进行更新复壮。更新方法应根据树的衰老程度决定。若衰老树只有部分枝条衰退，部分枝条还可结果，可将部分衰退枝条于3～4年生的侧枝上进行短截，在2～3年内逐步更新全部树冠。若柑橘树衰老严重，进行全部短截更新。

(a)　　　　　　　　　　　　(b)

图3-4　柑橘盛果期树形和衰老树形的更新维护

2. 肥水管理

（1）幼树肥水管理　幼树期间，有条件的果园可采用水肥一体化系统施水溶肥，施肥时间在春、夏、秋梢抽生期间，每次隔10天左右；施肥量按照N：K_2O≈1：（0.6～0.8），每次每株10g氮肥和6～8g K_2O，秋梢最后一次施肥时间不超过8月中旬。没有水肥一体化系统的果园，在每批新梢萌芽前每株施250g左右的高氮低钾复合肥。

新梢生长期间保持土壤相对含水量在60%～80%，干旱及时灌溉，涝害及时排水。

（2）结果树肥水管理　对于高光效树形的结果树，保证施足基肥和壮果肥。基肥的施肥时间在10～11月，采用深沟施肥方法，即在离主干50～60cm的位置开宽30cm、深40cm左右的施肥沟，每株施饼肥2～4kg和钙镁磷肥1～2kg。有条件的果园，在5月下旬～7月中旬采用水肥一体化系统施促梢壮果肥，每50～70kg果施

60～80g 的氮肥和 180～250g 的 K_2O，分 3～5 次滴施。没有水肥一体化系统的果园，在第 2 次生理落果完成后开宽 30cm、深 40cm 左右的沟施促梢壮果肥，每株施 1kg 左右的低氮高钾复合肥和适量钙镁磷肥。

另外，根据果园土壤墒情，适时排灌水。春梢生长期间保持土壤相对含水量 60%～80% 之间，夏梢和秋梢生长期间通过微起垄和覆盖园艺地布将土壤含水量保持在 55%～65% 之间。

3. 病虫害防治

柑橘高光效树形树体管理过程中，新梢生长期重点防治潜叶蛾、蚜虫、凤蝶、叶甲、介类、螨类、粉虱等害虫，以及溃疡病、疮枷病、炭疽病等病害。

（1）防治原则　病虫害防治采取"预防为主、综合防治"的原则，合理采用农业、生物、物理和化学等防治手段。

（2）防治方法　①农业防治。加强冬季管理，采果后或春季萌芽前，做好清园消毒，清除枝梢上的介壳虫、粉虱、蚱蝉，溃疡病、疮痂病、树脂病、炭疽病等病虫枝叶，集中深埋或移出果园外烧毁。对 50cm 以内的主干和 20cm 以内的一级分枝，以涂白剂 [生石灰 : 硫黄 : 食盐 : 水 = 10 : 1 : 0.2 :（30～40）] 刷白。清除修剪后的残枝枯叶及落叶落果，将病残枝叶带出园进行无害化处理。采后 2 周内于晴天，以杀螨剂结合 150～200 倍矿物油混合液全园喷雾，然后再喷 1～2 次石硫合剂或波尔多液进行消毒。

种植防护林和果园行间生草栽培，创造一个良好且有利于天敌繁殖的生态环境。加强栽培管理，平衡施肥，增施有机肥，提高树体营养水平，增强树势，提高树体自身抗病能力。通过开"天窗"和开"边窗"简化修剪，形成合理的开心形树冠，使整个树体通风透光良好，形成高光效树形，以创造不利于病虫害滋生的环境。同时通过控夏梢和统一放秋梢技术措施，减少病虫危害。

② 生物和物理防治。采用果园挂灯、树干挂袋、树冠挂黄色板等"三挂"生物和物理绿色防控措施，因园制宜，每 30～50 亩挂 1 台频振灯，每亩挂黄板 20～30 张，每株树挂捕食螨 1 袋，每 3～5 株树挂糖醋液罐 1 个。

③ 化学防治。严格按照病虫害防治指标和防治时期用药，控制施药量。采用化学防治时禁止使用高毒、高残毒或有三致作用的药剂。冬季和春季用药要特别注意药物的安全性，注意保证药物安全间隔期。

四、柑橘花果管理技术

合理的花果管理离不开人们对柑橘品种特性和物候期的了解，这是柑橘丰产优质的重要保证。

1. 培养充实健壮的秋梢

多数柑橘品种春梢作为结果母枝，内膛结果，果小皮薄；夏梢作为结果母枝，粗皮大果、风味不佳；充实健壮的秋梢是优良的结果母枝，产量高、品质好；晚秋梢结果母枝，果小皮厚。因此，培养好秋梢是柑橘丰产优质的重要生产管理环节。各地因气候不同，放秋梢的时间有所差异，最佳的放秋梢时间是秋梢能够在入冬前充分成熟和完成花芽生理分化，不萌发晚秋梢和冬梢。北亚热带产区通常放秋梢时间在7月中下旬、中亚热带在8月上中旬、南亚热带在8月下至9月上旬。重庆市8月高温伏旱，多数年份很难在8月上中旬放出秋梢，一般在9月初降温降雨后萌发秋梢，入冬前难以充分老熟，对开花结果不利。

放秋梢前7～10天需要施尿素等氮肥，同时配合在树冠外围短截部分枝条，促进萌芽整齐；秋梢萌发后，适量施用1～2次低氮复合肥，喷药时加入0.3%～0.5%磷酸二氢钾，可加快秋梢老熟。沃柑等易萌芽过多的品种，要及时抹除过多的萌芽，每根枝保留2～3个分布均匀的秋梢萌芽。

2. 控制开花数量

"一树花半树果，半树花一树果"，说明适量开花对柑橘十分重要，过量开花消耗大量养分，导致树体衰退、果小质劣。已有研究发现，在开花量较大情况下，成年'纽荷尔脐橙''兴津温州蜜柑'和'沙田柚'脱落的蕾、花和幼果所造成的单株养分损耗为 N 49.2 ～ 119.4g、P_2O_5 4.3 ～ 10.1g、K_2O 30.1 ～ 76.2 g、MgO 2.5 ～ 7.1g、Zn 24.0 ～ 81.5mg 和 B 65.5 ～ 170.2mg，相当于1.5 ～ 3.5kg豆粕的养分含量。因此，适度控制开花数量十分重要。容易成花的品种入冬前施用速效氮肥，采果后删除弱枝、短截部分枝条。不易成花的品种在花芽生理分化时喷布磷酸二氢钾、多效唑、烯效唑等促花，必要时采用拉枝、扭枝、拿枝、环割、干旱等措施促花。

3. 花前复剪

"疏果不如疏花，疏花不如疏枝"。花前复剪是花果省力化管理的重要措施，特别是坐果率高的'温州蜜柑''有核沃柑''椪柑''W默科特''春见''大雅''金秋砂糖橘'等品种。花前复剪能有效控制开花数量，减少开花养分消耗和后期的疏果工作量。花前复剪时间在春季萌芽后可见花蕾时及时进行，删除过多的花枝，特别是花多的弱枝要删除，花多的中枝、强枝采取短截减少花量，这类枝太多的花也可删除一部分，保留花量适中的中枝、强枝。

4. 合理施用春肥

春肥在柑橘生产管理中十分重要，春肥过量或不足都会给柑橘花果管理带来不利影响。春肥过多时，春梢旺盛生长、叶片成熟推迟，营养生长与生殖生长竞争养分，最终导致大量落果，尤其是无核的'温州蜜柑''脐橙''091无核沃柑'等品种。春肥过量极易导致大量落果甚至绝收，幼果期遭遇高温干旱尤其如此。

春肥不足也会导致坐果困难，特别是在花量过大情况下，春梢短、叶片少、叶小而薄，出现大量落蕾、落花和落果，幼果即使不落，因养分不足也会严重影响细胞分裂和扩大，导致果小皮薄，产量和质量下降。

合理施用春肥要综合考虑土壤肥力、上年结果情况、冬肥施用状况和树体生长状况等因素，缺肥的果园在春芽萌动时开始灌施1～4次氮磷钾复合肥液或充分腐熟的有机液肥，间隔10～20天一次，也可在根系附近挖浅沟施用复合肥后充分灌水；不缺肥的果园不施春肥或少施春肥。中国柑橘园缺锌普遍且严重，缺硼果园也较多，可在花期喷布1～3次叶面锌肥和硼肥，但硼肥过量极易中毒，要控制硼肥喷布浓度和次数。

5. 合理使用保果剂

柑橘生产上的保果剂主要有三大类，一是生长调节剂保果剂，二是养分保果剂，三是生长调节剂和养分混合保果剂。

对柑橘幼果有保果作用的生长调节剂有细胞分裂素类（如人工合成的6-苄基腺嘌呤，简称6-BA）和赤霉素（简称GA）。生长素类如2,4-D对柑橘幼果的保果效果表现不稳定，尽管有时也能临时阻止幼果的脱落，但最终坐果效果并不理想。不过，2,4-D对防止采前落果很有效。6-BA对防止柑橘第一次生理落果（带果柄脱落）很有效，但对防止第二次生理落果（不带果柄的脱落）效果差或没有效果。GA则对防止第一、二次生理落果均有良好作用。生产上常将6-BA和GA混合使用，使保果效果得到充分发挥。不过，因溶解性、渗透性和稳定性不同，不同厂家的6-BA和GA制剂的保果效果差异较大。GA使用浓度过高或次数过多会引起果皮粗厚，化渣性和风味下降；一般使用浓度不超过50mg/kg，不同品种和树势的幼果对GA的敏感性不同，推广前应预先试验，摸索出适宜使用方法。

养分保果剂仅对养分缺乏的柑橘树有一定保果效果，对养分过剩的柑橘树则没有保果效果，甚至加重落果。生长调节剂和养分混合保果剂的保果功效主要来自生长调节剂的作用。

6. 疏果

优质整齐的果品生产通常需要疏果2～3次，第1次疏果在生理落果结束后的6月下旬至7月上旬，疏掉畸形果、小果、病虫果、过密；第2次疏果在高温日灼期的7～8月进行，疏掉容易被日灼的果；第3次在高温日灼后的9月进行，疏掉日灼果、病虫果，晚熟的'沃柑'等品种此时正常果太多，也要疏掉一部分，以利于果形增大。

7. 防止日灼与裂果

防止果实日灼有很多方法，诸如盖遮阳网、套袋、涂白、喷白、间隙喷雾、设置防护林、生草栽培等，生产上综合效果较好、较易实行的防日灼方法是通过修剪，形成树冠内部结果为主的结果习性。花前短截部分外围枝，使其萌发一些春梢营养枝；6～7月短截部分外围枝，使其萌发部分夏梢，对果实起到遮阳作用。需要注意的是，对不易坐果的品种，春梢营养枝和夏梢的萌发会加重幼果的生理落果。

裂果主要与品种特性和砧木有关，防止裂果没有特别简单有效的方法，加厚活土层、改良土壤、培养健壮树势、防止干湿交替、建防护林、生草栽培、地面覆盖等都有一些效果。避雨栽培对防裂果有特效，但成本高。

8. 防止采前落果

柑橘采前落果主要发生在果实成熟或即将成熟时，既有生理性的，也有病源性的、虫源性的，田间有时是三种情况并存。生理性的采前落果原因主要有低温、土壤积水、养分失衡、树势衰弱等；病源性的主要有疫菌褐腐、炭疽等；虫源性主要有果实蝇、吸果夜蛾等；有些品种还有鸟害落果。不同原因的采前落果要采取针对性的防治措施。2,4-D等苯氧酸类植物生长调节剂对防止生理性的采前落果仍是目前最有效的方法，但需要在低温来临前使用，喷布浓度为10～30mg/kg。有些容易落果的品种在11月～次年1月需要喷布2～3次，但春芽萌动前1个月一般不宜喷布2,4-D，否则容易导致春梢畸形。

花果管理过去主要是通过人力完成。随着宜机化建园和轻简管理树体的推广应用，可以应用机械和设施以及利用化学药剂等进行花果管理，以此适应劳动力不足的现状，实现柑橘花果管理轻简化。

五、柑橘肥水一体化精准管理技术

1. 柑橘需肥规律与精准管理

（1）柑橘养分需求量　植物体内灰分元素多达70多种，但并非全是植物所必需，目前国内外公认高等植物必需营养元素有碳、氢、氧、氮、磷、钾、钙、镁、硫、铁、硼、锰、铜、锌、钼、氯、镍等共17种。空气中二氧化碳为植物提供碳和氧，水为植物提供氢和氧，其他必需营养元素大多由土壤提供。其中氮、磷、钾在自然状态下常常不能满足植物生长需要，必须经常以施肥形式加以补充，所以称为肥料"三要素"。柑橘对氮、磷、钾、钙、镁需求量较大，施入过多、过少既不利于柑橘健康生长发育，也不利于果实产量、品质形成。适宜的用量既是柑橘果实高产的需要，更是果实优质的需要。足量氮素促进柑橘成花、坐果及果实膨大，有利于提高产量，叶片全氮含量在1.70%～2.75%时，果实产量与叶片氮含量正相关。磷主要分布在柑橘的花器官、种子以及新梢、新根生长点和细胞分裂活跃的部位，在植物碳水化合物合成、氮代谢、果实增大、果实品质和果实耐贮性等方面起着重要作用。研究表明，土壤供磷水平在25mg/kg时，'纽荷尔脐橙'生物量、根系发育最好，根系体积和总表面积最大，且有利于叶片氮、钾、钙、镁、铜积累；适宜磷用量能增加柑橘产量，更能增糖、降酸。钾被称为"品质元素"和"抗逆元素"，柑橘对钾需求量较大，钾素能够不断向代谢作用最旺盛部位转移，是柑橘最重要的阳离子，尤其是果实中优势成分；适宜的钾用量既能够提高柑橘果实产量又能增加糖、酸含量而改善风味，但钾用量过高反而导致减产。

柑橘为多年生果树，长期生长在稳定场所，不断消耗大量养分；柑橘果实氮、磷、钾（N、P、K）的养分吸收分配系数为30%～50%、45%～71%、50%～72%，当季利用率为50%、20%、50%。果实作为最终产品，可以通过"以果定肥"的养分带走量表征其养分需求量。湖北省柑橘园1t柑橘果实养分平均携出量依次是N 1.18～1.90kg、P_2O_5 0.39～0.62kg、K_2O 1.78～3.14kg、CaO 0.50～1.46kg、MgO 0.27～0.32kg。综合中国柑橘主产区陕西（'温州蜜柑'）、湖北（'温州蜜柑'和'脐橙'）、湖南（'椪柑'和'脐橙'）、福建（'芦柑'）、江西（'南丰蜜橘'和'脐橙'）和广东（'沙田柚'）采样调查结果，每吨柑橘果实养分平均携出量依次是N 2.08kg、P_2O_5 0.52kg、K_2O 3.06kg、CaO 1.46kg和MgO 0.36kg。综合国内外数据，每吨柑橘果实养分平均携出量依次是N 1.89kg、P_2O_5 0.50kg、K_2O 2.76kg、CaO 1.07kg和MgO 0.31kg。按照果实氮、磷、钾积累量分别占整株的比例40%、50%和60%，估算出每生产1t柑橘果实需要消耗N 4.73kg、P_2O_5 1.00kg、K_2O 4.60kg，氮、磷、钾总量为10.33kg，对酸性土壤柑橘园可以推荐与氮、钾等量的CaO和与磷等量的MgO。

柑橘植株上年度养分储备是当年生长的主要来源，土壤分析不能够反映果树营养状况，故叶片养分含量是柑橘树体营养状况更为精准的诊断指标，是查明柑橘养分障碍和调整施肥方案的有效参考。综合国内外报道的柑橘树体养分含量及分级标准，提出了叶片养分诊断推荐值：N 2.5%～2.9%，P 0.13%～0.17%，K 1.0%～1.6%，Ca 2.8%～4.5%，Mg 0.28%～0.45%；Fe 60～120mg/kg，Mn 20～90mg/kg，Cu 5～15mg/kg，Zn 25～70mg/kg，B 30～100mg/kg，Mo 0.1～1.0mg/kg。植物养分或者果树叶片养分是植物营养状况的真实反映，也是土壤养分状况的生物反映。因为养分元素间相互作用如Ca和Mg拮抗，以及环境因素如土壤含水率低时，即使土壤速效养分含量高植物也无法吸收，所以植物养分缺乏并不一定表示土壤养分缺乏。为了更准确地反映柑橘园养分丰缺状况，提出了叶片-土壤分析联合诊断柑橘园养分丰缺，基于中国主产区柑橘园土壤理化和叶片养分分级状况结果，柑橘Ca、Mg、B、Zn缺乏与土壤酸化及P、Fe、Mn、Cu过量是中国柑橘园营养突出问题，但施肥的首要任务要补充土壤"缺乏"，即"因土补肥"，指根据土壤速效养分丰缺诊断结果补充缺乏养分的肥料；而树体营养"失调"需要通过补充、减量、改土等措施综合调节。

研究表明，中国柑橘施肥情况从氮、磷、钾用量不足，氮用量多而磷、钾不足，到氮、磷、钾用量都过多，偏施氮磷钾肥且比例不合理而轻视有机肥、中微量元素肥料问题特别突出。柑橘施用氮磷钾肥料精准定量即"以果定肥"以及"因土补肥"成为柑橘园养分精准管理最紧迫的现实需求。

（2）柑橘养分需求的物候期　柑橘生命周期长，能够生长在同一块土地上十几年甚至几十年，每年既要有足量的养分满足当年生长结果及花芽分化的需要，又要有充足的养分积累为次年开花和生长发育提供物质基础。柑橘吸收养分，随物候期表现出有规律的季节性变化，如'温州蜜柑'，新梢积累氮、磷、钾三要素从4月份开始迅速增加，6月份达最高，7～8月份下降，9～10月份又稍下降，氮、磷积累在11月而钾在12月基本停止；果实中磷的积累从6月逐渐增加，8～9月达高峰以后趋于平衡，氮、钾积累从6月份开始增加，至8～10月出现最高峰，因此4～10月份是柑橘年周期中养分吸收积累最多的时期。

柑橘根系分为垂直根和水平根，根系水平分布通常为树冠高度的2～4倍，柑橘根深达1.5m左右，但分布在表土下10～60cm土层的根占全根量80%以上。长江流域柑橘生长的4月中旬是春梢抽生、开花末期，5月为夏梢生长期，6月为根系生长最旺期，7月下旬早秋梢抽发而根系生长势减弱，早秋梢转绿以后，果实膨大至9月中旬暂停，根系却出现迅速生长，这段时间的根系生长量可占全年生长量约三分之一。所以，成龄柑橘园深翻改土结合翻压绿肥或有机肥以及酸性土配施石灰，以夏、秋季柑橘发根高峰前为最佳时期，此时断根后诱发新根快、数量多。

成年柑橘园施肥重点及目标是调节树体营养生长与生殖生长的关系，通过肥料分期施用与调节，确保足够的营养枝生长，使每年抽生的新梢有1/2或1/3成为结果母枝，获得连年高产稳产。一般柑橘发芽前一个月左右施入萌芽肥，以速效氮、磷为主，氮肥用量占全年的20%～30%；5月中下旬施用稳果肥，肥料用量要根据树势和结果数量多少而定，结果少而树势旺长则可不施或少施，结果多而树势中庸或偏弱应多施，以速效钾、磷为主，配合适量氮、镁，氮肥用量占全年用量的10%；7月以后果实迅速膨大，8月下旬施用壮果促梢肥，强调以氮、钾为主，氮、磷、钾配合，氮肥用量占全年的20%～30%；采果前10天或采果后即可施用采果肥，也称为基肥，可结合扩穴改土，要重施有机肥及改土剂（如施用石灰等改良酸性土壤），氮肥用量占全年用量的30%～35%，为次年春梢萌发积累更多的养分。柑橘周年施肥时期、比例因柑橘品种、气候条件及土壤性状、肥料特性而调整，早熟品种基肥秋施，晚熟品种基肥春施；也有提出晚熟柑橘"春季重氮、夏季重钾、秋季重磷"的肥料调配模式，春季柑橘春梢发育、新叶生长、开花和幼果发育需要氮较多，开花后经历2次生理性落果且花期磷消耗量是全年的32%，宜及时施用稳果肥以补充养分，4～6月谢花至果实膨大期既需要追施钾肥也需要施用磷、硼、钙肥，幼果发育膨大期更需要较多钾、钙等，因此肥料分配应贴近柑橘物候期。夏天既是柑橘幼果发育也是夏梢抽生阶段，可以考虑采取以果控梢或控肥控梢来减少或抑制夏梢，既可以减少消耗养分，也可以控制病虫滋生。

2. 柑橘需水规律与精准管理

（1）柑橘园季节性水分需求变化　柑橘根系生长适宜温度为23～31℃，高于37℃即停止生长，生产上常利用水分调节根系环境的温度。柑橘水分需求分为4个阶段：春季即柑橘发芽期到幼果期，进入梅雨季节降水增多，土壤相对湿度增大甚至水分过度饱和，尤其是地势低而土层薄的柑橘园，遇暴雨洪涝会使树根长期浸泡导致根部腐烂甚至死亡，所以应关注降雨情况，降雨频繁无需灌溉，还要及时清沟排水；盛夏气候温度高（≥35℃），树体蒸腾速率最大，容易形成高温干旱天气，又是柑橘果实膨大期，要求每月有120～150mm降水量，否则水分不足会导致抽梢减少和果实"日灼""硬脐"以及小果、酸果、落果等，尤其是'南丰蜜橘'喜湿润气候，要求年降水量在1500mm左右、土壤相对湿度要保持60%～80%；秋季以后，柑橘水分需求较少但需维持一个相对稳定的需求量；采收后冬季来临，气温降低，树体蒸腾速率下降进入休眠，要减少水分以免产生冻害或只依靠雨雪补充水分，如若遇到干旱少雨雪等特殊气候也可少量灌溉。长期干旱遇雨会产生大量裂果，导致柑橘减产和品质下降，所以，6～9月柑橘园水分管理至关重要。

（2）柑橘园灌溉水量的调节　在多雨或梅雨季节，柑橘园无需灌溉而要注意排水，夏秋持续15天高温无雨水或极少雨水、秋冬天持续20天以上无雨时需要灌溉。可根据土壤和叶片相关指标指导灌溉，如果园土壤（0～40cm，40～60cm）的含水率，砂质土＜5%、壤质土＜15%、黏质土＜25%就需要灌溉，3种土壤含水率大于40%则需要注意排水；观察树体叶片，叶片蒸腾量减少三分之二就需要灌溉，叶片出现轻微卷曲萎蔫应该马上灌溉。灌溉时间保证在叶片出现明显萎蔫情况前，避免高温时间段即宜在清晨或傍晚进行，喷施也应选择阴天和气温低的时间。成年树在旱季每次滴灌时间控制在4h左右，使根系分布层的土壤湿度达到土壤田间最大持水量60%～80%；灌溉时间短或达不到湿润程度容易引起土壤板结；遇到土壤极度干旱情况不可一次性大量灌溉，否则易导致裂果，这时候需少量多次灌溉。

3. 柑橘水肥一体化精准管理技术与应用

（1）水肥一体化　水肥一体化技术是管道灌溉与科学施肥的有机结合，就是将肥料溶解在水中，通过管道灌溉系统，灌溉和施肥同时进行，适时适量、方便快捷地将水分和养分输送到作物根部，满足作物水肥需求，实现水肥一体化管理和农业节水技术的高效利用。

（2）水分精准管理　①灌溉模式。按照灌溉设备分为喷灌、微灌两种模式。喷灌是借助喷头等辅助设备将有压力的水喷洒成水雾落到土壤和植物表面供水，缺点是极易受风力影响，且雾化后的水分蒸发量大。微灌是根据植物各生长阶段需水规律，持续且均匀地将水分输送至植物根系附近的灌溉方式，又包括滴灌、微喷灌等多种方式，缺点是投入成本高、对水质及肥料可溶性要求高，以及维护、管理要求高。微喷灌是通过低压管道系统控制水的流速和流量，使水流以较快流速通过微型喷头喷出，形成细小的水滴或水雾状，实现低压、低流量供水，能有效防止喷水器堵塞，节水节肥效果好。

② 灌溉系统。设计砌砖结构半沉池，搭建蓄水池，收集雨水，将河流和水井等水作为补给水源。自动灌溉系统包括变频控制器、水泵、过滤器、压力表和空气阀等，实现程序化操作。及时清理过滤器和过滤网，使水质满足《农田灌溉水质标准》（GB 5084—2021）要求。输配水管网包括供水管、干管、支管、滴灌带和控制阀等，根据地块形状铺设支管和滴灌带。支管布设方向与种植行向垂直，滴灌带铺设与种植行向同向，支管与滴灌带呈"丰"字或"梳子"形，滴头间距50～70cm，流量2～3L/h；微喷灌按每棵树1个喷头，流量100～200L/h，安装在两树之间。

③ 精准灌溉。采用滴灌，根据柑橘树冠大小每株安装4～6个滴头，每个滴头流量2L/h，4h可使每棵树有32～48L水。一般滴灌3～4h或微喷20～30min可以使柑橘园0～60cm土层处于湿润状态。可以采用20cm和60cm土层埋设张力计来监测土壤水分，20cm土层张力计读数为−15kPa时开始滴灌，而60cm土层张力计读数为0时停止灌溉；也可以采用土钻在滴头下方取土，通过指测法了解土壤水分状况。应保持柑橘整个生长季节根层土壤湿润，特别是果实膨大期，如果土壤含水量不稳而波动太大，容易造成严重裂果现象；中国南方柑橘产区4～6月份多为雨季，6～9月才是水分管理的关键时期，在果实采收前30天左右一般应停止灌溉。

（3）养分精准管理　①施肥系统。在柑橘园主要推荐重力自压式施肥法和泵吸肥法。重力自压式施肥法适用于丘陵山地柑橘园。引用高处水源或抽山脚水源存入蓄水池，在蓄水池旁边用水泥建造高于池面敞口式容积为0.5～5.0m³的配肥池，池底安装肥液排出管，出口安装PVC球阀，与蓄水池出水管相连；池内用20～30cm长的大管径（如φ75mm或φ90mm）PVC管，管入口用100～120目尼龙网包扎，还可在管壁上钻一系列孔并用尼龙网包扎，以扩大肥液过流面积。施肥前，先计算每轮灌溉区所需肥料种类、用量，倒入配肥池，加水溶解、混匀；施用时，先打开主管道的阀门开始灌溉，然后打开配肥池管道，肥液经主管道水流稀释带入灌溉系统，通过调节球阀开关位置控制施肥速度；施肥结束时，如采用滴灌施肥，需继续一段时间清水灌溉冲洗管道。

泵吸肥法适合于几十公顷以内面积的柑橘园，利用离心泵直接将肥料溶液吸入灌溉系统。在吸肥管的入口包上100～120目滤网（不锈钢或尼龙）防止杂质进入管道，在吸水管上安装逆止阀防止肥料溶液倒流入水池而污染水源。施肥前，先计算每轮灌溉区所需肥料种类、用量，倒入配肥池或敞口容器，开动水泵，注水溶解肥料；施肥时，打开出肥口处开关，肥液被吸入主管道，面积较大灌区吸肥管用50～75mm PVC管，以便通过管上阀门调节施肥速度；配肥池或桶上画刻度，以便一次性配好当次肥料溶液，后按刻度分配到每个轮灌区。此法优点是不需外加动力、结构简单、操作方便，但施肥时要有人照看，肥液快完时应立即关闭吸肥管上阀门，以防吸入空气影响泵的运行。

② 精准施肥。精准施肥需要根据柑橘树龄、目标产量及土壤肥力特性确定氮、磷、钾以及中微量元素肥料用量及施用方案。如年产50kg果实的单株柑橘树，氮、磷、钾肥理论用量0.45～0.50kg、0.15～0.20kg、0.40～0.45kg。根据中国柑橘园立地条件和气候特点，推荐采用"基肥+水肥一体化追肥"养分管理模式，即秋冬季开沟施好基肥，一般每株施用优质有机肥10kg左右、柑橘专用肥（$N-P_2O_5-K_2O$三者含量35%～40%，含有需要补充的中微量元素如镁、硼、锌、钼等）1.5kg左右，采用水肥一体化系统分次追施剩余的氮、磷、钾肥料。

采用水肥一体化技术施肥，应强调科学配方和少量多次。科学配方就是利用柑橘生长发育和养分需求的季节性变化来调节肥料用量和配比，做到施肥与需肥匹配，避免片面、过量施肥引发柑橘旺长徒长和产量品质下降。所用肥料应水溶性好、养分配比科学，建议选用技术含量高、针对性强的柑橘专用水溶肥，或者购买溶解性好的单质肥料如尿素、硝酸钾、氯化钾、硫酸钾、磷酸氢钾等。按适宜的养分比例配合施用，还可以与腐熟过滤的有机液体肥混合施用。少量多次，就是不管是微喷还是滴灌，全年水肥一体化施肥20次左右，即开花前后3～4次，果实发育期约12次（一般15天一次），成龄树秋梢期2～3次。采用"基肥+水肥一体化追肥"模式可以在开花前后及雨季施肥5～6次，主要结合抗旱施肥。

六、橘园行间生草土壤管理技术

橘园行间生草是一种常见的土壤管理措施，不仅可以调节土壤理化性质、促进根系养分吸收，还能改善和美化果园生态环境，方便田间机械作业。其本质是在果园行间种植一年生、多年生豆科或禾本科植物。但在果园生草栽培中，草种选择有误或栽培技术不当，可能会导致生草与果树争夺养分，并增加劳动力成本。全世界目前已发现的草种有5000种，但可用于果园生草的只有1000多种。中国在果园生草的草种筛选及应用较少，在橘园上有应用的草种不到20种。因此，如何选择适宜的草种、降低生产成本和增加经济效益是推行果园生草栽培模式急需解决的关键问题。

1. 发展现状

目前欧美等发达国家的果园生草栽培面积占果园总面积的55%～70%，中国果园生草栽培技术起步晚于欧美国家，于1998年作为绿色果品生产技术开始在全国推广。经过30年的研究推广，中国果园生草面积虽有增加，但果园生草总体发展较慢，现有生草果园面积仅占果园总面积的20%。因此，探究并推广简便可行的果园行间生草模式是目前推动果园优质高效可持续发展的重点。沟叶结缕草（*Zoysia Matrella*）又称马尼拉草，属于禾本科结缕草属，为多年生暖季性草坪草，其生长迅速，适应性强，经济效益高，在园林绿化、景观设计中已普遍应用，但其在果园的种植鲜有报道。研究人员在纽荷尔脐橙园中开展了果园行间种植马尼拉草坪草的试验，摸索了一套简便可行的种植技术，并发现该种植模式相较于清耕栽培能显著提高果园的经济效益。

2. 马尼拉草栽培技术

（1）定植时间　马尼拉草属于暖季性草坪草，夏季生长迅速，定植时间一般选在2～3月，有利于在入夏前形成草坪。

（2）定植前土壤处理　种植马尼拉草前需平整行间土地，旋耕后每亩的行间施用0.5t有机肥作底肥［图3-5（a）］，每亩施用60.0kg尿素和120.0kg复合肥，促进草坪快速生长。

（3）日常管理　马尼拉草在苗期对水分要求较高，因此在定植后需及时灌溉定根水，并在之后每2～3天灌溉一次，保证草坪正常生长。在定植前一周喷洒960g/L的精异丙甲草胺，以抑制行间阔叶杂草生长。定植一个月后［图3-5（b）］，用铲子清理单子叶杂草，同时再次喷洒960g/L的精异丙甲草胺清除阔叶杂草。

（4）草坪草修剪　马尼拉草为多年生草坪草，从第二年开始，在4月和9月各修

(a)

(b)

(c)

(d)

图3-5　橘园行间种植草坪草流程

剪一次，修剪高度应保持在4～6cm［图3-5（c）］。如果长到12cm以上，割草机操作难度大，同时容易损坏机器。

（5）回收草坪　马尼拉草一次种植多次回收。首年定植的草坪草在当年9月即可收获一次［图3-5（d）］，每次收获后补施化肥，每亩施用60.0kg尿素和120.0kg复合肥。

3. 种植马尼拉草效果分析

设置生草园和清耕园两个试验园各20亩，两园柑橘的日常管理措施一致。生草园［图3-6（a）］采用行间生草栽培模式，清耕园［图3-6（b）］采用行间清耕模式，统计2020年两个试验园的生产成本和经济效益。

(a)　　　　　　　　　　　　　(b)

图3-6　橘园行间种植草坪草和清耕管理

生草园与清耕园的柑橘除行间管理不同外其他管理一致，因此果实产量并无差异，均为2500kg/亩。按2021年果品市场收购价2.0元/kg计，两园的果品收益均为5000.0元/（亩·年）。生草园的草坪草每年能收割两轮，产量720.0m²/亩，单价按2021年市场价10.0元/m²计算，因此生草园的草坪草收益为7200.0元/（亩·年）（表3-1）。由此可计算出，生草园的总产值为12200.0元/（亩·年），而清耕园为5000元/（亩·年）。

表3-1　生草园与清耕园的经济效益比较　　　　　　　　单位：元/（亩·年）

项目	生草园	清耕园
果实产量/kg	2500.0	2500.0
果实产值/元	5000.0	5000.0
草皮产量/m²	720.0	0.0
草皮产值/元	7200.0	0.0
投入总成本/元	5667.0	1772.5
纯利润/元	6533.0	3227.5

经核算生草园总投入成本为5667元/（亩·年），纯利润为6533.0元/（亩·年）；清耕园总投入成本为1772.5元/（亩·年），纯利润为3227.5元/（亩·年）。因此，生草园比清耕园的纯利润高3305.5元/（亩·年）。

七、柑橘病虫害绿色防控关键技术

柑橘种植过程中，十分容易发生病虫害。传统方法一般会借助农药来处理病虫害，这样虽然可以取得立竿见影的效果，保证柑橘的稳产高产，但容易引起农药污染问题，不能满足绿色农产品或有机农产品的生产要求。并且高频高浓度地使用农药，会显著提升柑橘病虫害的抗药性，因此必须深入推广柑橘病虫害的绿色防控技术。

1. 检疫控制措施

（1）严格检疫　针对柑橘黄龙病、柑橘溃疡病、蜜柑大实蝇，要严格执行检疫措施，严格检验柑橘苗木、接穗、果品等国际和国内不同省间的调运，以避免传入检疫性病虫。

（2）选育无病苗木　商业规模化种植柑橘，一定要选择无病苗木，以保证园区健康，减少不必要的损失。

（3）隔离种植　新果园要与老果园尽量隔离，以减少病虫害的自然传播。新柑橘园选址时，最好3年内未出现过柑橘溃疡病及其他检疫性病虫，有条件的地方要在园区内建立2～3个监测点，进行持续监测，及时发现和上报各种有害生物。一旦送检确认，则需要结合实际情况运用封锁、防除、扑灭等措施，避免病虫危害范围扩大。

（4）合理选址　柑橘园的建设地址选在具有较高地势、排水系统良好、灌溉便捷、易于实施机械化等特点的地块。如果建园于平地或水田，则需要运用深沟高畦措施，以降低根腐病、脚腐病等病虫害的发生率。

2. 农业防控

（1）合理选择砧穗品种　为了规避柑橘溃疡病的出现，需要合理选择抗性强的无病毒苗木，比如一些橙类和宽皮柑橘易感溃疡病，'温州蜜橘'等则具有较强的抗性，可以根据当地情况合理地选择种植品种。砧木方面可以尽量采用枳等抗病砧木来防治柑橘脚腐病；在地下水位较高的或密植的橘园，应避免使用甜橙、红橘等砧木；育苗时适当提高嫁接部位，适当浅栽，嫁接口要露出地面，减少发病机会。

（2）科学修剪　每年12月份左右，将介壳虫类、粉虱类等严重病害的枝梢剪掉，同时对过度郁闭的衰弱枝、干枯枝等进行修剪，集中处理这些剪掉的枝干。通过这样的修剪处理，可以改善树体的通风透光条件，减少树上的越冬虫源。

（3）做好清园翻耕工作　对青苔、煤烟病发生严重的果园，在柑橘树采摘后无果状态，宜添加对病菌铲除性、氧化性强的杀菌剂，先喷后剪，待修剪后再喷一次。经常使用的药剂有木醋液、乙蒜素等。

橘园冬季修剪完成后，要及时清除和销毁园内的各种枯枝落叶、病虫枝等。利用矿物油、晶体石硫合剂等对橘园进行喷洒，通过翻耕土地消灭浅层土壤虫蛹。对于大小实蝇危害的果实，要彻底捡拾落在园内的虫果，集中收集后采用磷化铝等药剂处理；对有天牛蛀孔的大枝、主干，要用药棉、毒扦、药泥堵塞蛀口，消灭害虫，保护树体。

（4）做好栽培管理工作　要做到有机平衡施肥，一般秋冬施用有机肥时，需施加矿物肥；还可以喷施不含化学激素的高效氨基酸叶面肥，这样树体的生长势头可以得到增强，抗病虫害能力得到提升。每年3～6月，可以在树盘地面覆盖一层宽幅地膜，以控制土地的温度、湿度，并及时清除各种杂草；果实成熟期可套袋保护，既可以防虫防病，又可以提高果实品质。早熟品种一般在8月中旬至9月上旬进行。

3. 物理防控

（1）灯光诱杀　利用害虫的趋光特性，合理安装频振杀虫灯、太阳杀虫灯等，促使趋光害虫的发生率显著降低；在开灯过程中，需严格控制每天的开灯时段，不能过多、过密安装杀虫灯，否则易对害虫的自然天敌造成杀伤作用，从而无法保持生态平衡。

（2）人工捕杀　如果有蛀干性害虫出现于柑橘树体中，如天牛、褐天牛等，可以用铁丝掏、刺被害孔内幼虫进行灭杀，也可以在蛀孔中塞入蘸取敌敌畏、溴氰菊酯等溶液的脱脂棉，以有效杀死幼虫。

4. 理化诱控

（1）黄板诱杀　该技术主要是利用害虫的趋色特性，结合柑橘园的规模合理控制黄板的悬挂数量，以有效诱杀蚜虫、粉虱等害虫（图3-7）。需要注意不要过多、过密悬挂黄板，否则害虫的自然天敌会遭到大量杀伤。

（2）性诱剂诱杀　合理使用性诱剂诱芯，可对柑橘鳞翅目害虫进行诱杀；也可以使用甲基丁香酚等对柑橘小实蝇进行诱杀，减小果园虫口基数。

（3）食诱剂诱杀　研究发现，柑橘大实蝇成虫在产卵前往往会出来觅食，以便满足自身的营养需求。可以结合这一特性，运用食诱剂诱杀技术。一般诱剂的制作材料为糖酒醋敌百虫液或敌百虫糖液，利用可乐瓶等容器制作药液，悬挂在树枝上，可以有效诱杀成虫。

（4）诱蝇球诱杀　该诱杀装置包括球体、黏胶和引诱剂。根据仿生学原理，虫子会在果实表面取食和产卵，将球表面涂满可耐高温达6个月以上，还能耐紫外线、耐雨水冲刷的胶体，从而诱杀柑橘大实蝇等害虫。

5. 生物防控

可以将捕食螨（抗药性巴氏钝绥螨、胡瓜钝绥螨）等释放于柑橘园内，防治柑橘红蜘蛛、黄蜘蛛等螨类害虫（图3-8）。一般每株悬挂1袋左右的捕食螨，在柑橘中下部主枝分叉处悬挂，注意释放口的方向，以免雨水进入。要合理选择悬挂时间，

图3-7　果园悬挂黄板

图3-8　捕食螨悬挂释放

在阴天或雨天不能悬挂。对于虫口基数较大的果园，最好在释放捕食螨前半个月喷施一次杀螨剂降低虫口密度。

6.化学防治

化学防治是使用化学药剂来防治病虫、杂草和鼠类的危害。一般采用浸种、拌种、放毒饵、喷粉、喷雾和熏蒸等方法，其优点是收效迅速、方法简便、急救性强，且不受地域性和季节性限制。化学防治在病虫害综合防治中占有重要地位。但长期使用性质稳定的化学农药，不仅会增强某些病虫害的抗药性，降低防治效果，并且会污染农产品、空气、土壤和水域，危及人、畜健康与安全和破坏生态环境。生产上可以选择一些高效低毒的化学农药进行防治，常用的农药及防治方法如表3-2和表3-3。

表3-2　柑橘生产中常用的农药

农药名称	主要防治对象	稀释倍数	安全间隔期/天	每年最多使用次数	最高残留限量/(mg/kg)
15%哒螨灵（速螨酮）EC	红黄蜘蛛、锈螨	1000～1500	3	2	
73%克螨特（螨除尽）EC	红黄蜘蛛、锈螨	2000～3000	30	3	全果3
25%三唑锡（倍乐霸）WP	红黄蜘蛛、锈螨	1000～1500	30	2	2
50%苯丁锡（托尔克）WP	红黄蜘蛛、锈螨	2000～3000	21	2	全果5
20%双甲脒（螨克）EC	红蜘蛛、锈螨	1000～1500	21	春梢3次、夏梢2次	0.5
25%单甲脒AS	红蜘蛛、锈螨	800～1200			
5%唑螨酯（霸螨灵）SC	红黄蜘蛛、锈螨	1000～2000	15	2	全果2
5%噻螨酮（尼索朗）EC	红黄蜘蛛	1500～2000	30	2	全果0.5
5%氟虫脲（卡死克）EC	红蜘蛛、锈螨	600～1000	30	2	全果0.3
	潜叶蛾	1000～2000			
24%螺螨酯（螨威多）SC	红蜘蛛、锈螨	4000～6000			
30%嘧螨酯（天达农）SC	红蜘蛛	4500～5000			

农药名称	主要防治对象	稀释倍数	安全间隔期/天	每年最多使用次数	最高残留限量/(mg/kg)
20%氟螨嗪SC	红蜘蛛	3000～4000			
1.8%阿维菌素（害极灭）EC	红蜘蛛、锈螨、潜叶蛾	2000～3000	14	2	0.01
94%机油EC	红蜘蛛、矢尖蚧	50～200			
0.5%苦·烟（果圣）AS	介壳虫	500～1000			
50%辛硫磷（倍晴松）EC	花蕾蛆	500～800			全果0.05
90%敌百虫（毒霸）晶体	椿象、黑刺粉虱	500～1000	21		
80%敌敌畏EC	柑橘潜叶甲、卷叶蛾、黑刺粉虱	500～1500			0.2
	天牛类	5～10			
25%喹硫磷（爱卡士）EC	介壳虫、蚜虫	600～1000	28	3	全果0.5
40%杀扑磷（速扑杀）EC	介壳虫	800～1000	30	1	全果2
40%乐果EC	介壳虫、蚜虫	800～1000	15		2
48%毒死蜱（乐斯本）EC	介壳虫、蚜虫、锈螨	1000～2000	28	1	0.3
25%噻嗪酮（扑虱灵）WP	矢尖蚧、黑刺粉虱	1000～1500	35	2	全果0.3
20%除虫脲（敌灭灵）SC	潜叶蛾、柑橘木虱	1500～3000			1.0
5%c氟苯脲（农梦特）EC	潜叶蛾	1000～2000	30	3	全果0.5
5%虱螨脲EC	潜叶蛾、锈螨	1000～2000			
25%噻虫嗪（阿克泰）WG	矢尖蚧	4000			
	蚜虫	8000～12000			
20%丁硫克百威（好年冬）EC	蚜虫、锈螨	1000～2000	15	2	全果2
98%杀螟丹（巴丹）SP	潜叶蛾	1000～1500	21	3	全果1
2.5%氯氟氰菊酯（功夫）EC	鳞翅目害虫	2000～4000	21	3	全果0.2
20%氰戊菊酯（速灭杀丁）EC	鳞翅目害虫、蚜虫、椿象	2000～3000	7	3	全果2
2.5%溴氰菊酯（敌杀死）EC	鳞翅目害虫、蚜虫	1000～2000	28	3	全果0.05
30%氟氰戊菊酯（保好鸿）EC	鳞翅目害虫、蚜虫	4000～8000			
10%氯氰菊酯（安绿保）EC	鳞翅目害虫	1000～2000	7	3	2
20%甲氰菊酯（灭扫利）EC	鳞翅目害虫、红蜘蛛	1000～2000	30	3	全果5

农药名称	主要防治对象	稀释倍数	安全间隔期/天	每年最多使用次数	最高残留限量/(mg/kg)
10%吡虫啉（蚜虱净）WP	潜叶蛾、粉虱、蚜虫	1000～1500			
3%啶虫脒（莫比朗）EC	蚜虫（橘二叉蚜、橘蚜）	4000～5000	14	1	0.5
	潜叶蛾	1500～2500			
	黑刺粉虱	1000～1500			
45%石硫合剂结晶	白粉病、黑斑病、锈壁虱、叶螨	早春180～300 晚秋300～500			
波尔多液0.5∶0.5∶100	溃疡病、炭疽病、疮痂病、黑斑病	0.5%等量式			
30%氧氯化铜（王铜）SC	溃疡病、炭疽病、疮痂病、黑斑病	600～800	30	5	
77%氢氧化铜（可杀得）WP	溃疡病、炭疽病、疮痂病、黑斑病	400～600	30	5	0.1
14%络氨铜AS	溃疡病、炭疽病、疮痂病、黑斑病	200～300	15		
25%噻枯唑（川化018）WP	溃疡病	500～800			
25%嘧菌酯（阿米西达）SC	疮痂病、炭疽病	800～1250			
80%代森锰锌（大生M-45）WP	炭疽病、疮痂病、黑斑病、锈壁虱	400～600			
25%腈菌唑EC	黑斑病、疮痂病	3000～4000			
80%三乙磷酸铝（疫霉灵）WP	苗期苗疫病	400～500			
	脚腐病	100			
70%甲基硫菌灵（甲基托布津）WP	炭疽病、疮痂病、黑斑病	1000～1500			≤10
25%甲霜灵（瑞毒霉）WP	脚腐病	100～200			
	立枯病	200～400			
75%百菌清WP	疮痂病、沙皮病	800～1000		3	
50%多菌灵（苯并咪唑44号）WP	炭疽病、疮痂病、黑斑病、青霉病	500～1000			
45%噻菌灵（特克多）SC	贮藏病害	300～450	10	1	全果10
25%咪鲜胺（施保克）EC	贮藏病害	500～1000		1	5

农药名称	主要防治对象	稀释倍数	安全间隔期/天	每年最多使用次数	最高残留限量/(mg/kg)
50%抑霉唑（戴唑霉）EC	贮藏病害	1000～2000	60（距上市时间）	1	全果5，果肉0.1
40%双胍辛胺乙酸盐（百可得）WP	贮藏病害	1000～2000		1	全果4，果肉1
75%棉隆（必速灭）WP	线虫	3.2～4.8kg加水75L			
95%棉隆（必速灭）TC	立枯病	30～50g/m²			
10%硫线磷（克线丹）GR	根结线虫	4000～6000g/（亩/次）	120	2	0.005

注：EC表示乳油；WP表示可湿性粉剂；AS表示水剂；SC表示悬浮剂；TC表示原粉；SP表示可溶性粉剂；GR表示颗粒剂；WG表示水分散粒剂。

表3-3　主要病虫害防治方法

防治对象	主要习性、为害特点或被害状	为害高峰时期	防治时期或指标	防治方法
橘全爪螨	喜光、趋嫩，树冠外围、上层、中层发生多，幼树、幼苗发生重，叶片受害呈灰白色小斑点	3～6月，9～11月（幼树幼苗）	花前1～2头/叶；花后和秋季5～6头/叶	幼树幼苗以化学防治为主，花前多采用化学防治；6月以后多用生物防治，干旱时灌水及根外追肥，花前用噻嗪酮、哒螨灵、氟虫脲、唑螨酯、嘧螨酯、螺螨酯等，花后用附录B中其余杀螨剂
柑橘始叶螨	喜阴湿，树冠内膛、中下部、叶背丝网下发生较多，春梢受害重，老叶受害呈黄色斑块，嫩叶扭曲畸形	3～5月，9～11月	春梢芽长1cm左右，1头/叶	防治药剂同橘全爪螨，但单甲脒和双甲脒效果不理想，有机磷剂防效好
锈壁虱	喜欢荫蔽，叶背主脉两侧多，树冠中下部和内层发生多，果实从果蒂周围及阴面先发生，受害叶、果呈褐色	6～9月	叶上或果上10倍放大镜2～3头/视野；当年春梢叶背出现被害状；果园中发现一个果出现被害状	局部发生时，挑治中心虫株，达防治指标及时施药。锈壁虱发生时尽量不用波尔多液等杀菌剂，使用药剂同橘全爪螨，但噻螨酮和苯特无效，单甲脒和代森锰锌效果好
侧多食跗线螨	为害夏、秋梢嫩梢、腋芽（温室、网室严重）和果实，受害叶片纵向反卷，丛生状，果实受害处呈米汤状薄膜	6～9月	发生严重的苗圃或果园，在夏、秋梢嫩芽长0.5cm或个别果实受害时	药剂同橘全爪螨，0.5%苦·烟（果圣）水剂效果好，而哒螨灵、尼索朗、单甲脒和双甲脒防效不好

防治对象	主要习性、为害特点或被害状	为害高峰时期	防治时期或指标	防治方法
矢尖蚧	喜欢荫蔽、潮湿，树冠中下部、内层先发生，大树、郁蔽的果园发生重，受害叶果呈黄色斑点，枝叶枯死	5月中、下旬，7月中、下旬，9月中、下旬	当地枳砧锦（甜）橙初花后25~30天为第一次防治时期；花后观察雄虫发育情况，发现果园中个别雄虫背面出现白色蜡状物时，之后5天内为第一次防治时期。第一次施药后15天到20天施第二次药，发生相当严重的果园，第二代2龄幼虫再施一次药。第一代防治指标：有越冬雌成虫的秋梢叶达10%以上，时间在5月中、下旬和7月中、下旬	剪除虫枝、干枯枝和郁蔽枝，改善通风透光条件，释放日本方头甲和湖北红点唇瓢虫等天敌
吹绵蚧	喜温暖潮湿，枝干、叶背多，使枝叶枯黄	4~7月	若虫发生盛期（4月下旬~6月和7月下旬~9月初）	以生物防治为主，防治药剂同矢尖蚧，但机油乳剂效果差，有机磷防效好
糠片蚧	喜欢荫蔽和灰尘较多的枝叶，枝干较多，果蒂附近多，树冠下层多，受害叶、果呈黄绿色斑点	7~11月	6~7月上、中旬	防治措施和化学防治同矢尖蚧
红蜡蚧	橘类受害重，主要聚集在当年生春梢枝条上	6~7月	当年生春梢枝上幼蚧初见后20~25天施第一次药（6月中、下旬），15天左右一次，连续2~3次	加强栽培管理，提高树势，剪除虫枝，药剂种类同矢尖蚧
黑刺粉虱	喜欢荫蔽环境，大树、郁蔽果园发生多而重，树冠中下部、内层叶背多，主要为害当年生春梢、夏梢和早秋梢，叶被害黄化，枝发黑	各代1、2龄若虫盛期：5~6月，6月下旬~7月中旬，8月上旬~9月上旬，10月下旬~11月下旬	越冬代成虫初见日后40~45天施第一次药，第一次药后20天左右施第二次药。发生严重的果园各代若虫期均可用药：5月中旬，7月上、中旬，8月下旬~9月上旬，11月上、中旬	防治方法和药剂同矢尖蚧，另外吡虫啉、啶虫脒和敌百虫防效较好
柑橘粉虱	同黑刺粉虱，被害枝短、弱	5~6月，6月下旬~7月中旬，8月中、下旬~9月上旬	5月中、下旬，7月上、中旬，8月上旬~9月上旬	同黑刺粉虱

防治对象	主要习性、为害特点或被害状	为害高峰时期	防治时期或指标	防治方法
蚜虫类	为害幼嫩枝叶、幼果和花蕾，受害叶扭曲、畸形，传播衰退病	春、夏、秋梢嫩梢期（4~6月，9~10月）	4~6月，9~10月	修剪时剪除越冬虫卵，天敌数量少时喷洒吡虫啉、啶虫脒、丁硫克百威、乐果或菊酯类药剂
黑蚱蝉	雌成虫将产卵器插入枝梢造成"爪"状卵窝，导致枝梢干枯；成虫吸食幼嫩枝梢汁液，若虫吮吸根部汁液	雌虫活动和产卵盛期：7~8月	6~8月	修剪带卵枝条，烧毁。6~8月用网捕成虫，或夜间举火把，再摇动树冠，使其扑火烧死，或用黑光灯诱捕成虫
长吻椿	若虫和成虫将口器插入果皮吸取汁液，引起落果	7~8月低龄若虫发生盛期	1~2龄若虫盛期	人工捕捉成、若虫，5~9月人工摘除卵块，1~2龄若虫盛期用敌百虫或菊酯类农药防治
天牛类	星天牛为害蛀食主干基部和主根，褐天牛蛀食距地面33cm高以上的主干和主枝，绿橘天牛蛀害枝条，引起枝干枯死	5~7月	清明前后，5~7月，立秋前后	5~7月白天中午捕捉星天牛和绿橘天牛，闷热晴夜手电捕捉褐天牛；夏至前后星天牛产卵处有唾沫状液，可削除其卵和幼虫，5~7月在枝干孔口附近削除流胶或刷除裂皮，杀死褐天牛卵和初孵幼虫；剪除受害嫩梢；立秋前后和清明前后钩杀幼虫或排除木屑后，用废纸蘸乐果或敌敌畏塞入洞中，泥土封孔
爆皮虫	以幼虫蛀食主干、主枝皮层，伤害形成层，受害树皮层爆裂	5~7月	5月成虫出洞盛期，6月下旬~7月中旬卵孵化盛期时	4月前清除被害枯木，烧毁。5月前刮去枝干的裂皮后涂抹10倍乐果或敌敌畏或喷上述药剂，幼虫孵化盛期削除幼虫或用乐果10倍液涂被害处
恶性叶甲	新梢害虫，春梢受害严重，管理粗放和近山区果园受害严重。将叶肉吃掉留下表皮或吃成缺刻孔洞，嫩叶枯焦脱落	4~5月	同爆皮虫	清除地衣、苔藓、园内杂草；春季捡拾落叶，集中销毁；4月在主干上捆扎稻草诱吸幼虫化蛹，集中烧毁；4~5月幼虫期喷敌敌畏、敌百虫、乐果、喹硫磷或菊酯类药剂
橘潜叶甲	近山地果园受害重，春梢受害重。幼虫潜食叶肉，形成较宽弯曲虫道；成虫吃去叶肉留下叶面表皮或吃成孔洞、缺刻	4~5月	4月上旬~5月中旬成虫活动和幼虫为害盛期各1次	及时清除、烧毁被害叶片，药剂防治用敌敌畏、敌百虫及菊酯类药剂

防治对象	主要习性、为害特点或被害状	为害高峰时期	防治时期或指标	防治方法
潜叶蛾	为害夏、秋梢嫩叶，苗木和幼树受害重，以幼虫7月潜入嫩叶嫩梢表皮下蛀食，形成弯曲隧道	6～9月	多数新梢嫩芽长0.5～2cm时喷药，7～10天一次，连喷2～3次	达防治指标时喷阿维菌素、啶虫脒、吡虫啉、除虫脲、丁硫克百威、杀螟丹
卷叶蛾类	以幼虫为害新梢嫩叶、果实，将叶和果实缀合在一起，躲在其中取食，幼果受害脱落	4～9月	各代幼虫盛期：4月中旬～5月上旬（盛花第一次生理落果期）和6月上中旬（第二次生理落果期）	修剪虫枝，扫除地下枯枝落叶；4月中下旬、5月上旬和6月上旬摘除卵块，捕杀幼虫，此时可置糖酒醋钵（红糖:黄酒:醋:水=1:2:1:6），液面深1.5cm于果园，钵底距地面1m处，每公顷30钵诱杀成虫。谢花后期、幼果期或果实成熟前幼虫盛孵期用敌百虫、敌敌畏和菊酯类农药防治成虫，产卵期释放松毛虫赤眼蜂
凤蝶类	以幼虫为害嫩梢嫩叶，取食叶肉或将叶咬成小孔，甚至将叶肉吃尽仅剩叶脉或叶柄。苗圃和幼树受害重	5～8月	嫩梢期	网捕成虫，人工杀卵、幼虫蛹，幼虫多时喷敌敌畏、敌百虫或菊酯类农药
尺蠖类	取食叶片，可将整片果园叶片吃光。幼虫喜荫，阴天及夜间取食量大；成虫昼伏夜出，趋光性强，土中化蛹	5～9月	第一、二代1～2龄幼虫（5月上旬～6月下旬、7月上旬～8月中旬）	成虫羽化期每30亩地安装1盏40W黑光灯诱杀成虫；成虫羽化盛期早、晚在树干及叶背捕捉，上、下午捕捉撑在枝条分叉处的幼虫；成虫产卵期间刮除主干、叶背的卵块，集中销毁；各代盛蛹期在距树干50～60cm内挖土1～3cm，收集土中蛹集中消灭；1～2龄幼虫期喷敌百虫、敌敌畏、辛硫磷和菊酯类农药
吸果夜蛾类	成虫以口器插入果肉吸食汁液。夜间活动，丘陵山区受害重，早熟、皮薄品种受害重。幼虫为害其他作物	9月下旬～10月		山地或近山地果园不种早熟品种；铲除木防己等幼虫寄主或集中种植寄主；幼虫盛期用敌百虫或菊酯类农药杀灭；果实实行套袋保护，果园四周安装40W的黄色荧光灯或白炽灯，15m一盏，灯高1～2m，可驱避成虫

防治对象	主要习性、为害特点或被害状	为害高峰时期	防治时期或指标	防治方法
柑橘大实蝇	成虫产卵于幼果中，幼虫孵化后蛀食果肉和种子，使被害果未熟先黄，黄中带红，未熟先落；土中化蛹，成虫喜食糖、酒、醋液，阴山果园紫色土发生重	6～9月	4～5月，9月下旬～11月上旬，6月上旬～7月中旬	加强检疫，严禁在疫区调运果实、种子和苗木，严禁疫区育苗；摘除受害果，收捡落果，集中杀灭；4月下旬～5月和10月下旬～11月上旬用辛硫磷、敌百虫或菊酯类农药地面喷雾；6月用3%红糖液混敌百虫，上午9时喷全园1/3植株的1/3树冠，每周1次，连续2～3次，与此同时果园可按照诱杀卷叶蛾的办法置糖酒醋钵；4～7月用纤维板或棉纱吸附引诱剂和少量农药，分放在为害区，杀死雄虫；人工饲养获得大量小实蝇蛹，用9rad 60Co-γ射线辐照雄虫后期蛹，获得不育雄虫，在为害区释放，减少后代数量；果实套袋保护
花蕾蛆	成虫在花蕾上产卵，幼虫为害花器；受害花不能开放，花瓣上多有绿点，形似灯笼；入水化蛹，成虫多在傍晚活动	3月下旬～4月中旬	现蕾时，花蕾直径2mm时和幼虫入土时（现蕾后半月左右）	受害重的果园现蕾时和幼虫入土时，地面用辛硫磷、敌百虫或菊酯类农药喷射地面，用上述药剂在花蕾直径2mm时喷树冠；人工摘除受害花蕾集中处理；现蕾时用薄膜覆盖全园地面，阻止成虫出土，谢花后揭膜
脚腐病	主干基部发病，引起皮层腐烂、须根死亡，病部皮层变褐色，水渍状，流出褐色胶液	4月，8月	4～9月	利用抗病砧木；10年以下树龄的植株靠接3株抗病砧木，初夏查病斑，纵刻病部，涂甲霜灵或三乙磷酸铝
炭疽病	弱寄生菌，为害叶片、枝梢及果实，引起叶斑、落果。枯枝病斑多在叶尖叶缘呈近圆形浅灰绿色，排成同心轮纹状，急性型似热水烫伤。橙类和柚类发病较重	春、夏梢嫩梢期和果实成熟期	春、夏梢嫩梢期和果实接近成熟时，均需喷药，15～20天一次，连续3～4次。4月下旬～5月下旬，9～10月	加强栽培管理，增强树势，发病初期喷波尔多液、代森锰锌、多菌灵、溴菌腈、氢氧化铜、络氨铜、硫菌灵等药剂
黑斑病	主要为害果实和叶片，果实上呈暗紫色或黑褐色小圆形病斑。橘类中'椪柑'发病较重，柠檬、柚类、'夏橙'发病重，老年树比幼树重	春梢期和幼果期	花后一月至一月半施药，15天左右一次，连续3～4次。5月下旬～6月下旬	剪除病枝叶，清扫落叶落果集中烧毁；增施有机肥；适当修剪，避免郁闭；花后1～1.5天施药，使用药剂同炭疽病

防治对象	主要习性、为害特点或被害状	为害高峰时期	防治时期或指标	防治方法
疮痂病	靠近山边，雾大露重，密蔽，管理粗放或偏施氮肥的果园易发病。'宽皮柑橘'发病较重。为害嫩梢、嫩叶和幼果，春、秋梢嫩叶易感病。多发生在叶背，病斑周围组织圆锥状向背面突起，叶正面凹陷，果皮上长出许多散生或群生的瘤状突起	春、秋梢抽发期和幼果期	春梢新芽萌动至芽长2mm前及谢花2/3时喷药，10～15天再次喷药，秋梢发病地区需喷药保护	修剪病梢病叶，适当修剪，使果园通风透光，使用药剂同炭疽病
溃疡病	可为害叶片、枝梢和果实，苗木、幼树及嫩梢嫩叶受害重。风雨、昆虫、工具、人及枝叶交接传播，远距离传播通过带病苗木、接穗、果实及带病菌的种子和土壤。高温、多雨，尤其是暴风雨病害流行。甜橙感病，柚、柠檬、枳次之，'宽皮柑橘'抗病。病斑近圆形，油渍状，正背两面隆起呈暗黄色、暗褐色，周围有晕环，后期中央呈火山状开裂	4～10月春、夏、秋梢嫩梢期幼果期	夏、秋梢新芽萌动至芽长2cm左右及花后10～50天喷药，每次梢期和幼果期均喷3～4次	严格执行检疫，严禁从病区调运苗木；接穗、果实和种子零星发病区采取砍烧病区的措施；清洁果园，带病枝叶、落果集中处理；适时施用络氨铜、氢氧化铜、波尔多液或噻枯唑等药剂

八、设施柑橘优质轻简关键技术

柑橘设施栽培是在大棚设施环境中，通过控制柑橘生长发育环境因子（包括光照、温度、水分、二氧化碳浓度、土壤条件等）的措施，促使果实成熟期提早或延后的一项综合性栽培技术。其能增强果树抵御风雨、日灼、冻害等自然灾害的能力，具有改变上市期、提高品质、丰产稳产等作用。近十年来，研究人员经过学习国外技术和当地实践探索，已总结积累了大量科研成果和生产经验，基本解决了设施保温栽培中的温湿度管理、土肥水管理、花果管理等一系列关键技术问题，使果实品质明显提高。

1. 立地条件

柑橘设施栽培应选择海拔高度在300m以下，坡度在5°以内，面东或南的避风地形，且排水良好的地方建园。排水差的水稻田宜起垄栽培，种植园要求土层深0.5m以上，地下水位1.0m以下，经改土后土质疏松肥沃，土壤pH值5.5～6.5，有机质含量1.5%以上；另外，要保证水源充足、交通便利、环境无污染。

2. 设施形式与建设

设施主要有避雨型、保温型和加温型大棚。避雨型大棚是在大棚的四周覆膜，避免雨水侵入；保温型大棚则采取双膜覆盖，进行保温，以避免冬季果实遭受冻害；加温型大棚则是采用木炭、生物质燃料、液化天然气、电、空气源热泵等加温设备，以提高棚内温度。以上三种设施可以结合天窗、遮阳网、换气风机、湿帘、水空调及地膜等辅助设施，以调控大棚内温度和空气、土壤湿度。

大棚立地条件以缓坡平地为宜，并要求排灌条件良好，面积要求1000m²以上，过小则不利于保温和温湿度管理。斜坡地建设避雨棚，一般要求大棚顶部与梯田平行，采用拱顶；或顶部与坡度平行，采用平顶或拱顶，宜采用连栋拱顶大棚，单栋大棚宽度一般为6～10m，树冠顶部与覆盖薄膜间的距离应保持在1.5～2.0m，肩高与顶高相差1.5m左右；假若树高为2.5m，则顶高应为4.5m，肩高3m，树体离薄膜的距离一般为0.5m以上，棚架上及四周先拉防虫网，再覆盖薄膜设置顶部天窗，开设的宽度应在1.2m以上，对全年覆膜的大棚，天窗要求设置在树冠正上方，天窗部位的防风网一般可选用网眼1cm左右孔径的绿色或蓝色渔网，有防风、防鸟、防夜蛾、减轻日灼等作用。在垄下应预设排水管，即引入暗渠排水设施，在地下水位高的地区添加排水泵等；根据根系深浅，排水管的深度为0.5m左右，钢架大棚的材料规格与质量应符合国家规范。

3. 品种与栽培模式选择

（1）品种的选择　选择的品种需满足以下几点：①需冷量低，早熟、特早熟、晚熟及特晚熟；②花粉量大，自花结实力强，早实丰产性好；③树体紧凑，易于调控，适于矮化密植栽培；④品质优，色泽红艳，适应性广，抗病性强。主要推荐柑橘品种见表3-4。

表3-4　设施栽培推荐柑橘品种

品种类型	推荐品种
宽皮柑橘类	'宫川''上野''本地早''砂糖橘'等
杂柑类	'红美人''媛小春''晴姬''金秋砂糖橘''春香橘柚''甜橘柚'等
柚类	'鸡尾葡萄柚''火焰葡萄柚''胡柚'等

（2）栽培模式的选择　11月下旬前成熟的品种，如'温州蜜柑''红美人''鸡尾葡萄柚''金秋砂糖橘'等，可选择套袋、避雨、防霜网、保温、加温等设施栽培；1月份后成熟的品种，如'媛小春''甜橘柚''不知火''濑户香'等，可选择保温（双膜、三膜）、加温等设施栽培。

（3）密度和高度　受设施结构和成本制约，设施柑橘种植的密度和高度应综合考虑各个方面的因素，比如品种长势、设施高度、单栋宽度、机械类型等，但都要保证有足够的行间距，使配套小型机械能够进入设施果园作业；同时设施栽培投入大，对产量要求高，又受农村劳动力老龄化、妇女比例大影响，一般选择低矮树冠、限根密植的方式，既有利于早结丰产，又方便栽培管理。

4. 设施栽培要点

（1）温湿度管理　设施柑橘花期采用薄膜顶部覆盖，以避免雨水进入园内，特别是花期多雨的年份要及时覆盖，当土壤含水量太大时，应保持通风换气；在柑橘生长初期，温度控制在15～25℃之间最为适宜；二次生理落果后到果实膨大期间要打开顶部薄膜，当最高气温高于35℃时，用透光率70%以上的遮阳网覆盖，以降低温度，防止裂果和日灼果；果实成熟期5天的平均最高温度降至20～25℃时，先进行顶膜覆盖，地面也可覆盖反光地膜；在霜冻来临前，及时进行全封闭薄膜覆盖，但当10～16时气温接近20℃时，打开侧膜通风降温，以免温度继续上升，将最高温度控制在25℃以下，该管理方法一直持续到果实采收。

（2）肥水管理　有机肥施用量占总施用纯氮量的50%以上，合理施用无机肥；建议采用测土配方施肥，从生产高糖度果实和无公害栽培考虑，严格控制氮肥的施用量，适当增加磷和钾比例，氮∶磷∶钾以1∶（0.6～0.8）∶（0.8～0.9）为宜。设施栽培中均应重施采果肥，施足有机肥，施肥量占全年总施肥量的40%～60%，钙镁磷肥应与有机肥一起腐熟后施用；芽前肥以氮、磷为主，占全年总施肥量的15%～25%；稳果肥以钾、氮肥为主，配合施用磷肥，占全年总施肥量的20%～40%；以小果形果实为优质果的品种，如'温州蜜柑''本地早'等，应重施春肥；以大果形果实为优质果的品种，如'红美人''葡萄柚'等，应重施夏肥，注意叶片缺素症的发生和防治，主要通过喷施叶面肥以缺补缺；如出现隔年结果，休闲年的施肥则与露地相同。

设施栽培灌溉采用喷灌和滴灌方式，喷头应置于树冠底部上方，喷灌面积应尽量覆盖整个树冠投影；增设地膜覆盖的，应采用膜下滴灌，采用低浓度液肥。多次滴灌同时应该保证果实生长发育初期和中期的水分供应充足，土壤含水量稳定在70%～80%。建议采用果园生草及地面覆盖的方式稳定土壤湿度；在土壤发生中度干旱时要及时进行灌溉；遇高温天气时，灌溉应在上午10时之前或下午4～6时；在果实成熟转色期，必须适当控制水分的供应，将土壤田间持水量控制在60%左右，以提高果实内含物的含量；采果后，应及时灌水并施肥，以恢复树势，促进花芽分化，为第二年橘园继续丰产打好基础。

（3）花果管理　设施栽培由于采收晚，消耗大量储藏养分，易发生隔年结果的现象，但管理得当，可实现连年结果。促进花芽分化和提高花质是实现连年结果的关键性措施，如在采收后可立即喷有机叶面肥，棚内继续保持干燥，在不受冻害的前提下尽量保持低温，增加昼夜温差等，可以促进养分积累，诱导花芽分化；对开花过多的弱势树，在花期剪去部分花枝，盛花期喷1～2次保果剂；对生长势强的树疏去树冠中上部旺长的春梢，或采用环割（剥）等，保果疏花宜尽早进行，尽量保留树体的营养；疏果一般在第2次生理落果后按叶果比（见表3-5）分布进行，留果量略多于露地；尽可能疏除病虫果、畸形果、裂果、直立朝天果、荫蔽果、特大果，最终每亩留果量在2500～3500kg范围内。

表3-5 设施栽培疏果时期及叶果比

品种	初疏果	精细疏果	
		开始时期	叶果比
早熟温州蜜柑	6月下旬	8月中旬	25～30
红美人	6月下旬	8月中旬	70～90
葡萄柚	6月下旬至7月上旬	8月下旬	160～200
春香橘柚	6月下旬	8月下旬	60～80
甜橘柚	6月下旬	8月中下旬	40～60
天草	6月下旬	8月中下旬	70～90

对于结果很多的树，可在第1次生理落果后开始疏除病虫果、畸形果等；在果实膨大后期采用局部枝条全疏果，或树冠上部全疏果，疏去树冠顶部和上部外围的果梗大的、果皮粗的向天果等。这两种疏果方法，疏果后不会明显促进果实膨大，但可显著提高果实品质，有效促进翌年开花。此外，对结果多的树还要做好果实支撑或吊枝工作。

（4）整形修剪 柑橘设施栽培一般选用主干形或自然开心树形；树冠矮小，高度应控制在2.5m左右，主干高度50cm左右，主枝3～4个，绿叶层高度保持在1.5～2.0m。春季萌芽前修剪时，采用大枝修剪，疏除树冠中上部的直立大枝，控制树冠高度、打通光路，改善树冠中下部的光照条件，培养健壮的结果枝组和结果母枝来促进结果、提高果实品质。春梢和秋梢均是良好的结果母枝，当春梢生长量不足时，应控制夏梢，培养健壮的秋梢，可以采用抹芽放梢法或夏季修剪法促发秋梢。

（5）病虫害防治 相对露地而言，设施内虫害减少，病害增加。由于冬季大棚内较暖和，其温度很适于红蜘蛛等螨类的繁殖与生长，因此在加强防病的同时，还要加强螨类的检查和防治；嫩梢期注意蚜虫和食叶性害虫的防治。柑橘设施栽培的环境相对封闭，提倡设施调控结合人工生草栽培营造适宜的小生态，通过悬挂捕食螨、释放异色瓢虫等天敌进行病虫害的绿色防治。

5.果实采收

设施栽培的目的是获得最大的经济效益，因此最佳采收期的确定，既要考虑果实品质，又要考虑销售价格、树势的恢复和隔年结果等问题。设施柑橘可分三次采收，一是在九成熟时，采摘树冠上部和外围的1/4左右果实，主要采收畸形果、朝天果、日灼果、密生果，即品质最差的果实，作等外果低价销售；二是在果实完熟后再疏去1/4左右品质中等的果实，即树冠上部、中部及外围果实；三是留下树冠中部、下部的精品果实，作优级果销售。这样既可获得最佳的经济效益，又有利于保持树势。

第2节
丘陵山地橘园优质轻简高效栽培技术集成与示范

一、井冈山优质轻简高效栽培技术集成示范

1. 基本情况

井冈山优质轻简高效栽培技术集成示范主要是以'蜜柚'（'金沙井冈蜜柚'）为对象开展，试验示范地主要布置在吉安市井冈山市拿山镇江边村强顺果业种植专业合作社金沙井冈蜜柚种植基地（图3-9），同时在吉安永新县布置了一个约1000亩的示范辐射点。

图3-9 井冈山优质轻简高效栽培技术集成示范园

井冈山强顺果业种植专业合作社成立于2014年，2015年开始在拿山镇江边村流转租赁1200亩山地，其中有800亩地种植'金沙井冈蜜柚'（图3-10）。2015年被吉安市果业局评为井冈蜜柚标准示范园，其中株距3～5m，行距4m；在较陡峭位置建有简易梯田，山上建有蓄水池，是一个相对规范的山地果园。其种植的'金沙井冈蜜柚'2018年开始坐果，2020年开始进入盛果期。

图3-10　井冈山强顺果业种植专业合作社‘金沙井冈蜜柚’种植基地

2. 主要问题和解决方案

（1）主要存在问题　通过现场调查，综合分析认为示范基地目前存在以下三个方面的问题：

① 果园总体不规范。果园是山地果园，虽然主干道基本硬化，但是园间作业道宽窄不一，有的地方甚至没有预留作业道，不仅不能机械作业，甚至行走也不方便；果园部分地区比较陡峭，没有安装纵向运输轨道，导致果实和农资运输困难；果树种植株距不合理，株距3.0～5.0m不等，平均每亩仅30～50株，果园产量较低。

② 劳动力不足，劳动成本高，田间管理很难到位。由于果园不规范，大部分田间管理工作主要靠人工完成，导致劳动用工成本高居不下。2020年果园年生产成本126万元，其中人工成本（劳动力成本+管理人员工资）75万元，占生产成本59.5%。另外，该果园同样存在劳动力不足和老龄化问题，田间管理很难到位。

③ 技术不规范、设施不健全，导致产量低、品质不稳定。果园管理者和当地从业人员过去很少种柑橘等果树，基本上是边干边学，加上从业人员年龄较大等，因此果园管理操作不规范、技术执行很难到位；另外，虽然果园有200m³灌溉蓄水池1座，50m³灌溉蓄水池2座，深水井1座（抽水流量4m³/h），但是由于资金等问题，整个果园仍然没有安装水肥一体化管理和高效喷药设施。以上因素导致果园产量不稳定、品质良莠不齐。该基地蜜柚2016年定植，2018年试挂果，产量仅为22500kg；2019年产量190000kg，品质较好；2020年产量375000kg（平均亩产不超过750kg），品质一般。

（2）解决方案　针对橘园存在的问题，从以下四个方面提出解决方案。

① 园区轻简化管理改造。在陡峭部位安装纵向运输轨道，解决农资和果实纵向运输问题。在株间补种大苗，将株距控制在1.5～2m；补苗同时整理作业道，使等高行间作业道>1m，相对平整，且等高行与行之间的作业道相通，确保小型作业机

械或横向运输车可以行走整个园区。完善水肥一体化设施，在不能机械喷药的园区，安装管道喷药系统。

② 优化树体、花果管理技术。优化树体修剪技术和树形维护技术，将树冠控制在高＜2.5m，行向冠径在1.5～2m之间。通过简化修剪培育结果母枝、合理叶面喷施和控水促进花芽充分分化，以及精准肥水管理进行保花保果、提质等，确保产量和品质稳定。

③ 研发和应用精准水肥管理技术。利用水肥一体化设施优化蜜柚的肥水管理，形成控树、丰产、优质的精准肥水管理技术规程。

④ 优化病虫害管理技术。通过调查分析，结合当地果园病虫害发生类型和规律，形成冬季清园的规律，结合树体控制和物理防控（挂黄板、绿板），采用高效喷药系统的轻简绿色的病虫害管理技术。

3. 关键技术研发

由于疫情防控政策和项目时间关系，结合当地果园对树体控制和生产稳定品质迫切需求，在试验示范园以'金沙井冈蜜柚'开展了产量、养分管理和覆盖园艺地布对控梢提质的影响研究。

（1）产量对果树新梢生长和果实品质的影响　示范园内采完果后1个月左右每棵树施20kg左右自己沤制的有机肥（50t秸秆+1t菜粕+0.5t钙镁磷+100kg尿素+1套菌种），稳果后每棵树滴施100mL高钾型戴乐^{R}营养素［N+P$_2$O$_5$+K$_2$O（13+06+36）］水溶肥（壮果肥）。通过调查每棵树的坐果数和主干直径，计算出每厘米主干直径坐果数，根据次数分布法将所调查的柚树分为6个小组（表3-6），每厘米主干直径坐果数分别为1.8个、3.2个、4.3个、5.4个、6.6个和7.8个，各组每厘米主干粗度的坐果数存在显著差异。进一步测定单果重和计算每棵树的产量，发现1～6组的单棵树的平均产量分别为10.8kg、24.7kg、35.1kg、46.8kg、57.9kg和58.5kg。

表3-6中，各组之间的树冠高度差异不显著，但是产量愈高，冠径有增加的趋势；而单位大枝粗度的夏、秋梢数量及其平均长度则随着产量（单位主干粗度的坐果数）的增加呈现减少趋势，其中第1组的秋梢数量是第6组的2倍多。

由表3-7可知，各组之间单果重的差别主要体现在第1组，单果重量只有其他5组的60%～80%，其他各组的单果重差别不明显。不过各组之间的产量差别比较大，第1组的产量最少，每亩只有455.7kg，第5组和第6组产量最高，每亩超过2400kg，是第1组的5倍多。比较各组可溶性固形物（TSS）和可滴定酸（TA）含量发现，亩产高的果实中的可溶性固形物含量最高，超过12%，可滴定酸含量较低，固酸比（TSS/TA）超过30；而产量低的前3组，可溶性固形物含量较低，且可滴定酸含量较高，固酸比在22～28之间。因此在一定条件下，产量增加对果实品质有很好的促进作用，通过改变产量可以控制新梢的生长和改变果实品质。

表3-6 产量对树体、新梢生长的影响

组号	每厘米主干直径坐果数/个	单株平均产量/（kg/株）	树高/cm	东西冠幅/cm	南北冠幅/cm	每厘米大枝的夏梢数量/个	每厘米大枝的秋梢数量/个	夏梢平均长度/cm	夏梢平均粗度/cm	秋梢平均长度/cm	秋梢平均粗度/cm
1	1.8±0.3f	10.8±4.0e	268.0±33.1	232.4±29.9b	228.4±35.9c	6.2±1.1	3.1±0.5a	22.0±4.3a	0.54±0.06	45.0±8.1a	0.80±0.13
2	3.2±0.3e	24.7±4.5d	252.6±14.9	231.4±17.3b	212.6±22.8c	5.1±0.9	2.4±0.3a	22.2±4.3a	0.58±0.09	45.8±6.7a	0.79±0.12
3	4.3±0.3d	35.1±6.5c	266.5±18.9	261.5±25.7ab	245.5±28.5bc	5.6±1.0	2.0±0.8ab	20.3±3.5ab	0.51±0.08	44.8±8.6ab	0.77±0.12
4	5.4±0.4c	46.8±6.4b	276.5±31.3	269±40.3ab	245.7±24.1bc	5.2±1.6	2.2±1.1ab	20.6±4.2ab	0.52±0.09	44.8±8.6a	0.79±0.13
5	6.6±0.4b	57.9±8.5ab	291.75±13.5	276.25±22.2ab	271.25±18.2ab	5.1±1.3	1.6±0.6ab	19.9±4.8ab	0.52±0.08	45.4±4.7a	0.79±0.11
6	7.8±0.4a	58.5±6.6a	238.5±8.2	285±19.7a	295±24.7a	4.9±0.8	1.4±1.0b	18.7±3.0b	0.51±0.05	39.2±6.1b	0.74±0.14

注：同一列有相同小写字母表示彼此之间差异不显著（$P>0.05$）。下同。

表3-7 产量对果实重量、可溶性固形物和可滴定酸的影响

组号	单果重/g	亩产/kg	TSS/%	TA/%	TSS/TA
1	588±88.9b	453.6	11.24±0.78bcd	0.47±0.13ab	25.41±11.71ab
2	742±106.8ab	1037.4	10.57±0.23d	0.40±0.09ab	27.69±7.3ab
3	752±126.1ab	1474.2	11.53±0.57bc	0.51±0.05a	22.73±2.43b
4	853±63.6a	1965.6	10.77±0.44cd	0.38±0.07b	29.01±4.14ab
5	888±49.5a	2431.8	12.02±0.57b	0.39±0.02b	31.09±2.53a
6	800±48.9a	2457.0	12.85±0.50a	0.41±0.04ab	32.00±3.68a

注：亩产按株行距3.5m×4.5m、亩42株计算，即亩产＝单株平均产量（见表3-6）×42。

（2）不同氮钾比对果树新梢、产量和品质的影响 示范园生理落果结束稳果后，选择树体产量（单位主干横切面积的坐果数）基本一致的果树，然后设置N：K_2O分别为1：3、1：2、1：1和2：1（K_2O固定，改变氮的用量），在整个夏季和秋季调查每棵树抽生的新梢数，在果实成熟采收时调查每棵树的果实数，测定果实大小、相应产量和果实品质。结果发现不同N：K_2O的壮果肥，果实数量在各处理之间没有发生显著变化，而N：K_2O为1：1或1：2的树的高度高于其他处理。调查夏梢和秋梢抽生数量来看，高钾肥确实对夏秋梢抽生和伸长生长都有抑制作用（表3-8）。

表3-8　施肥设计对新梢、产量和品质影响

N：K₂O	每厘米大枝的果实数量/个	树高/cm	南北冠幅/cm	东西冠幅/cm	每厘米大枝的夏梢数量/根	每厘米大枝的秋梢数量/根	夏梢平均长度/cm	秋梢平均长度/cm
1：3	3.46±0.56	256.0±10.20ab	240.60±8.91	241.00±19.60ab	4.43±1.02b	1.23±0.53b	17.57±3.53	34.65±8.46c
1：2	3.81±1.06	265.0±8.37a	221.00±28.18	214.00±27.28b	4.63±0.39b	1.08±0.35b	19.92±5.53	33.00±7.21c
1：1	4.08±0.47	265.0±8.37a	219.00±26.34	216.00±29.39b	6.33±1.46a	1.66±0.32b	18.85±4.10	40.57±3.79b
2：1	3.47±0.80	247.5±13.46b	246.25±23.82	257.50±16.00a	5.85±0.65ab	2.39±0.21a	20.65±4.95	46.06±8.34a

进一步比较N：K₂O比例不同的壮果肥处理对果实品质的影响，发现高氮或高钾都不利于增加产量和提高单果果实重量，过高钾含量会显著增加可滴定酸含量，适度N：K₂O比例有利于提高果实的固酸比（表3-9），改善果实风味。

表3-9　施肥设计对产量和果实品质的影响

N：K₂O	每厘米主干的单株平均产量/kg	单果重/g	TSS/%	TA/%	TSS/TA
1：3	2.45±0.59	705.6±129.53bc	11.3±0.80	0.50±0.07a	22.8b
1：2	3.25±0.88	857.7±39.24a	11.5±0.71	0.37±0.05b	31.1a
1：1	3.32±0.50	810.9±51.53ab	11.6±0.74	0.40±0.04b	29.0ab
2：1	2.32±0.65	661.2±63.91bc	11.7±0.67	0.42±0.08ab	27.8ab

（3）果实膨大和成熟期覆盖园艺地布对'井冈蜜柚'的新梢、产量和品质的影响　在3种不同N：K₂O比例的壮果肥基础上，果实膨大期、成熟期分别增加了覆盖灰黑色园艺地布处理。结果表明，在高钾壮果肥情况下，覆园艺地布有增加新梢抽生和伸长的趋势，而低钾情况下则有降低夏梢抽生的趋势（表3-10）。这种差异的存在可能是覆园艺地布改善了树盘下根际土壤的环境，促进其吸收功能增加的缘故。

表3-10　施肥和覆园艺地布对树体和新梢的影响

N：K₂O	处理	每厘米大枝的果实数量/个	树高/cm	南北冠幅/cm	东西冠幅/cm	每厘米大枝的夏梢数量/个	每厘米大枝的秋梢数量/个	夏梢平均长度/cm	秋梢平均长度/cm
1：3	覆地布	3.7	253.00±4.00	219.40±21.60	220.20±15.18	5.42±0.47	1.47±0.61	17.86±3.42	41.32±8.28
	对照	3.5	256.00±10.20	240.60±8.91	241.00±19.60	4.43±1.02	1.23±0.53	17.57±2.81	34.65±8.4

N：K₂O	处理	每厘米大枝的果实数量/个	树高/cm	南北冠幅/cm	东西冠幅/cm	每厘米大枝的夏梢数量/个	每厘米大枝的秋梢数量/个	夏梢平均长度/cm	秋梢平均长度/cm
1：2	覆地布	3.9	261.20±23.40	204.00±23.01	229.20±36.94	5.12±1.00	1.48±0.28	18.34±3.00	43.78±8.22
	对照	3.8	265.00±8.37a	221.00±28.18	214.00±27.28	4.63±0.39	1.08±0.35	19.92±5.53	33.00±7.21
1：1	覆地布	3.7	271.00±26.53	228.20±17.34	231.00±24.58	4.90±0.60	2.10±0.53	19.07±4.06	40.64±11.41
	对照	4.1	265.00±8.37a	219.00±26.34	216.00±29.39	6.33±1.46	1.66±0.32	18.85±4.10	40.57±3.79
2：1	覆地布	3.8	265.00±16.20	251.75±34.16	245.00±55.00	4.65±0.82	2.38±0.39	21.32±4.54	48.97±8.73
	对照	3.5	247.50±13.46	246.25±23.82	257.50±16.00	5.85±0.65	2.39±0.21	20.65±4.95	46.06±8.34

进一步分析对产量和果实品质的影响，发现覆园艺地布对产量和果实品质的影响不显著；但是多数情况下，覆园艺地布有增加产量和果实重量的趋势，可溶性固形物含量和可滴定酸含量有降低的趋势，固酸比有增加趋势（表3-11）。

表3-11　施肥和覆园艺地布对产量和果实品质影响

N：K₂O	处理	每厘米主干的果实数量/个	每厘米主干的单株平均产量/kg	单果重/g	TSS/%	TA/%	TSS/TA
1：3	覆地布	3.7	2.69±1.18	723.37±59.43	10.82±0.66	0.39±0.06b	28.0
	对照	3.5	2.45±0.59	705.61±129.53	11.34±0.80	0.50±0.07a	22.8
1：2	覆地布	3.9	3.61±0.44	932.99±86.50	11.20±0.54	0.36±0.07	31.3
	对照	3.8	3.21±0.93	843.66±45.39	11.48±0.71	0.37±0.05	31.1
1：1	覆地布	3.7	3.37±0.71	904.54±50.36a	11.34±0.42	0.37±0.02	30.6
	对照	4.1	3.32±0.50	810.92±51.53b	11.64±0.74	0.40±0.04	29.0
2：1	覆地布	3.8	2.86±0.45	755.60±88.24	10.46±0.39b	0.39±0.03	26.5
	对照	3.5	2.32±0.65	661.16±63.91	11.74±0.67a	0.42±0.08	27.8

4. 技术集成示范和效果评价

通过项目2年的执行，按照预先制定的技术路线（图3-11），先后在示范园安装了纵向运输轨道、水肥一体化系统，园区进行了补种树苗，结合肥水优化管理控梢提质技术，应用"掐头、去尾、缩冠、疏枝"8字口诀树体简化修剪和维护技术（图3-12），果实套袋、挂黄/绿板和采用无人机以及管道喷药等病虫害轻简绿色防控和果实安全生产管理技术（图3-13），最后集成山地橘园轨道运输系统、水肥一体系统、高光效树形轻简维护、水肥精准施用调控果树新梢和提质、病虫害绿色高效防控等技术于一体，形成了一套井冈蜜柚山地橘园优质轻简高效栽培技术体系。

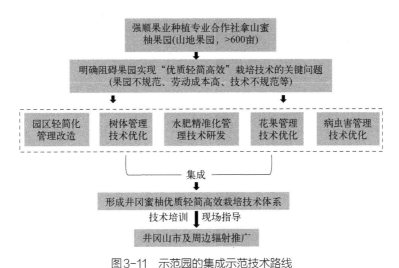

图3-11　示范园的集成示范技术路线

图3-12　示范园集成山地运输轨道、水肥一体化、简易树体修剪维护技术和补种树苗

(a)　　　　　　　　　　(b)　　　　　　　　　　(c)

图3-13　示范园所集成的挂黄板、绿板，管道打药和无人机打药等病虫害防控技术

2022年11月17日，来自华南农业大学等相关专家对示范园进行考察，认为示范园已经形成了一套集成山地橘园轨道运输系统、水肥一体化系统、高光效树形轻简维护、水肥精准施用控梢提质、病虫害绿色高效防控等技术于一体的山地'井冈蜜柚'园优质轻简高效栽培技术模式。通过查证研究记录和计算，表明平均每亩人工成本投入降低67.0%、每亩节本670元（按3年日人均用工工资100元计算）；示范园比对照园的果实大小变异系数减少63.7%、优质商品率提高32.7%、产量增加24.4%，按近3年平均售价为8元/kg计算，因优质商品率提高，每千克售价平均提高0.8元，亩产增效5827.4元；总体计算示范园节本增效41.1%；另外，示范园可溶性固形物增加11.9%、可滴定酸降低19.6%、固酸比提高38.5%。

二、重庆山地优质轻简高效栽培技术集成示范

1. 基本情况

截至2020年底，重庆市柑橘种植面积24.8万公顷，产量358.2万吨，总产值约300亿元，产量和面积均位居全国第7。国内大部分柑橘品种在重庆均有商品栽培，主要由甜橙、杂柑、宽皮柑橘、柚、柠檬五大类组成，甜橙主要品种为'脐橙''血橙''夏橙''锦橙'等，宽皮柑橘（含杂柑）主要品种有'W墨科特''沃柑''091无核沃柑''红橘''红美人''不知火''春见''金秋砂糖橘''阳光一号橘柚'等，柠檬主要品种为'尤力克'；柚类主要品种为'梁平柚''垫江白柚''长寿沙田柚'等。

重庆属亚热带季风气候，四季分明，具冬暖、春旱、夏热、伏旱、秋冬多阴雨，无霜期长，光照少、云雾多、垂直气候明显等特点。重庆年平均气温17.5～19.0℃，降雨量1000～1600mm，夏季降雨占全年40%左右，春季和秋季各占27%左右，

冬季约5%；年日照时数1050～1600h，重庆市长江上游段年日照时数较少，仅1050～1200h，涪陵以下年日照时数逐渐增加，万州、云阳1300～1500h，奉节、巫山1500～1600h。

重庆地势东高西低，西部多为低山丘陵地貌，往东逐渐变为低山和中山地貌，地表起伏，地形破碎，山地地表缺水、土层瘠薄，丘陵地质疏松，自然植被少。重庆柑橘园地貌以低山和丘陵为主，长寿区以下的橘园绝大多数为山地和丘陵，平地和缓坡橘园主要分布在长寿以上区域。橘园土壤类型主要有紫色土、黄壤、水稻土、粗骨土，少量黄棕壤。紫色土是分布最广的土壤类型，低山丘陵区的土壤近40%为紫色土。橘园土壤除水稻土的土层较深外，其余土壤瘠薄，耕作层多为砂砾层，土层多在30cm以下，保水保肥性能差，水稻土果园虽然土层较深，但土质黏重，排水透气性能差。

重庆市柑橘园的建设因立地条件不同，平地橘园多数由水田改建而来，主要采用挖沟排水建园，2～3行树挖一排水沟，形成可以种植2～3行树的简易垄面，果园周边开挖围沟或主排水沟，柑橘行距4～5m。因水田普遍存在犁底层土壤黏重问题，所以排水较差，导致排水沟多，严重影响园内通行。另一种水田建园方式是聚土起垄，把4～5m范围内的耕作层土壤聚拢在一起，形成高40～60cm、底宽2.5～3m的土垄，垄上种柑橘。此种建园方式排水好、行间畅通，便于机械管理。重庆坡地果园占80%以上，部分果园的坡度超过25°，特别是万州区以下的陡坡果园占有很大比例。坡地果园的建园主要有两种方式，一种是台地果园，先在坡上开挖2～5m的台地（梯面），在台地上种柑橘；另一种是直接栽在坡上挖穴种柑橘。坡地果园的设施普遍较差，机械化程度很低。

2. 管理模式

20世纪末开始，由重庆市政府主导实施了百万吨优质柑橘产业化项目，引进了一大批企业管理果园，大企业管理的橘园超过2000hm²，小的也有67hm²以上。由于果园难于机械化、劳动力紧缺和效益不佳等，近十多年来，企业管理的果园逐步减少，农户果园在全市仍占主导地位，但农户果园一般不到0.7hm²。不过，因不存在土地租金和劳动力短缺等问题，农户橘园普遍效益好，是产区农户的主要收入来源。例如，奉节2万公顷脐橙园成为30多万农民的主要收入来源，有"一棵脐橙树养活30万人"之说。

3. 主要问题和解决方案

（1）土地质量较差及解决方案　对重庆15个柑橘主产县（区）567个代表性橘园土壤分析显示，土壤pH值变幅在4.1～8.7，仅有21.0%的土壤pH适宜柑橘生长（pH值5.5～6.5）。土壤有机质匮乏，有机质偏低或缺乏比例达68.8%。土壤有效Fe、Mn、Zn、Cu、B含量处于适宜及以上水平的比例分别占77.1%、0.2%、53.6%、

73.0%、23.3%；总体上土壤有效Fe、Cu含量水平较高，有效Zn、B含量较低，有效Mn缺乏。拟通过园间间作、生草栽培、生物质覆盖和施用有机肥等方式来解决。

（2）水土流失与解决方案　紫色土占三峡库区耕地面积的69.2%，是一种侵蚀型岩性土，结构松散，易于流失。另外，重庆三峡库区采用清耕、中耕的柑橘园比例比较大，尤其是奉节、巫山等老柑橘产区，坡度在10°～35°，导致水土流失严重。拟采用水土保持工程，如坡改梯和生草栽培来解决水土流失等问题。

（3）肥药浪费大及解决方案　受生态条件和技术水平的限制，重庆柑橘的肥料和农药浪费较大。发达国家生产1t柑橘鲜果的纯氮用量一般为4～6kg，氮磷钾比例为1：（0.3～0.5）：（1.0～1.3），而重庆纯氮用量普遍在12kg以上，氮磷钾比例不合理，导致养分失衡。拟通过平衡施肥和采用合理施肥方法，如滴灌施肥来提高肥效、解决肥料浪费等问题；农药方面拟通过加强冬季清园、培养健壮树势、生草栽培、保护天敌、使用低毒无残留农药、农药交替使用、释放天敌、物理防治等来减少农药用量、提高农药利用效率。

（4）果园郁闭及解决方案　重庆柑橘由于采用'红橘''资阳香橙'和'卡里佐枳橙'作砧木，目前果园整体表现为树冠高大、果园郁密，导致内膛枯枝、病虫害泛滥、树冠表面结果、品质下降、地表植被死亡、土壤板结等诸多问题。拟采用老果园改造技术疏树、疏枝，以及轻简树体管理技术等，解决树冠高大、果园郁密问题。

（5）劳动效率低及解决方案　由于地块零碎，土地整理水平低，老果园建园时没有考虑机械的使用，新果园虽考虑了机械的使用，但受地形限制，能机械化管理的果园很少，每个劳力管理的橘园平均不到10亩地。20年以前，柑橘价高、农资便宜、青壮劳力多，劳动效率不太受重视，如今情况反转，产业可持续发展面临严重冲击。拟通过果园宜机化改造和采用机械辅助管理模式解决。不适合机械化的平地和缓坡果园通过整地、移树、填沟（暗沟排水）、修路等，实现机械作业；陡坡果园采用索道、轨道运输，无人机、恒压管道或车载移动软管喷药；所有果园均可采用水肥一体化的滴灌施肥。

4. 关键技术研发

（1）适应机械管理的山地柑橘建园技术　针对重庆山地重丘地形特点和果园机械化管理的要求，研发集成坡改梯、加宽梯面、起垄种植、安装水肥一体化和管道恒压系统山地宜机化建园技术，如重庆市云阳县耀灵镇柏木村山地脐橙示范园（图3-14）。

（2）季节性自然生草栽培技术　针对重庆4～6月多雨和水土流失严重、7～8月高温伏旱特点，研发了4～6月自然生草防治水土流失，7月中旬割草覆盖减轻高温伏旱，9～10月自然生草改善环境，11～12月成熟期控草促进果实成熟的季节性

图3-14 重庆市云阳县耀灵镇柏木村山地重丘宜机化脐橙园

自然生草栽培技术。只需在第一年铲除深根、高秆、藤蔓类等恶性杂草，此后每年都可自然生长浅根矮秆的良性杂草，每年3月和9月对地面均匀薄撒复合肥即可促进草茂盛生长，采果后旋耕压草改土。

（3）土壤和叶片分析配方施肥技术　对代表性柑橘园土壤和叶片进行土壤养分分析和叶片营养诊断，在此基础上，根据当年预计产量，计算全年的氮、磷、钾、镁养分需求量，按生产1t鲜果用6～10kg纯氮（视土壤质量而定），氮磷钾镁比例1：（0.4～0.5）：（1.0～1.2）：（0.2～0.3），各次用量按照春肥20%～30%、壮果肥40%～60%、采后肥20%～30%比例施用；微量元素缺乏的果园，在新梢叶片展开期叶面补施1～3次缺乏的微量元素。可溶性化肥在生长季节采用滴灌施肥或高压枪注射施肥，有机肥和难溶性肥料在采果后撒施再旋耕压埋。

（4）绿色植保技术　研发集成了培养健壮树势、通风透光修剪、清除枯枝落叶、用杀菌剂封堵大锯口、生草栽培、无毒无残留矿物油杀虫、每年化学杀虫剂不超过2次、释放人工繁殖的捕食螨、悬挂杀虫灯和粘虫板、悬挂实蝇引诱剂等综合防治技术方案。

（5）大枝修剪技术　针对郁闭果园，研发了大枝修剪疏枝压冠技术，疏除重叠枝、交叉枝、并立枝，在树冠上删除部分中大枝开小窗，光线照到内膛。疏枝程度以地面有星罗棋布小太阳光斑、可以稀疏生长杂草为准。压冠则是"压矮、压小"，适用于'脐橙''血橙''锦橙''金秋砂糖橘'等较紧凑的品种，树冠高度控制在2.0～2.5m；'沃柑'等高大品种树冠高度控制在2.5～3m，行间树冠间距≥1.2m，株间树冠间距≥0.4m。

5. 技术集成示范和效果评价

（1）重庆归来果业有限公司技术集成示范　重庆归来果业有限公司柑橘示范园位于江津区先锋镇麻柳村，面积有51hm²，浅丘地形，缓坡地和坡地各占一半左右。2012年定植，种植密度4m×4m，品种为'脐橙''沃柑'和'金秋砂糖橘'。采用测土和叶片诊断为基础的滴灌施肥、自然生草栽培以及每年冬季施用一次有机肥+旋耕，每年用电动修枝剪大枝修剪，清除枯枝，矿物油+杀虫灯+诱蝇球防虫。果园日常管理由原来的17人降至9人；喷药次数由原来的每年4～5次降低到2020年的3次、2021年的2次，已处于全市最低水平；化肥用量降至每公顷纯氮270kg、磷180kg、钾300kg，比原来降低了1/3以上；产量每公顷达到30～37.5t，比原来提高10%左右。

（2）重庆昌萌生态农业有限公司技术集成示范　重庆昌萌生态农业有限公司脐橙示范园地处云阳县耀灵镇柏木村，面积35hm²，山地重丘地形，坡地果园。2020年秋季改土建园，全园贯通机耕道，坡改梯、加宽梯面使大部分梯面可以通行中小型农机，聚表土起矮垄定植，垄面覆盖防草布，垄下自然生草栽培；水肥一体化滴灌，恒压管道和无人机喷药。与同等的常规果园相比，肥料和农药用量减少约40%，果园水土流失减少2/3以上，单位面积的劳动力投入减少一半以上。轻简高效管理的效果十分突出，现已成为云阳县技术最先进的柑橘示范园。

三、丹江口山地优质轻简高效栽培技术集成示范

1. 基本情况

丹江口市地处秦岭山系武当山隆起与大横山余脉之间，属亚热带季风气候，光照充足，年日照时数为1950h，雨量丰富，年降雨量900mm左右，年均温度16℃，适宜柑橘的生长。丹江口市北有秦岭余脉，南有武当雄峙，有效阻隔了冬季低温寒潮对柑橘树体的危害，且丹江口水库大水体的"湖泊效应"明显，特别是丹江大坝加高后其效应更加明显，有利于进一步减轻冬季低温冻害的不利影响，这些因素共同造就了丹江口市作为中国柑橘最北缘产区的重要地位。

丹江口市柑橘主栽品种为'温州蜜柑'，柑橘是丹江口库区最具发展潜力和发展优势的农业支柱产业，也是丹江口库区农民最为重要的增收渠道。丹江口市柑橘产业的发展解决了库区25万移民最基本的生产生活保障，带动了1万多户贫困户脱贫增收，是产业扶贫精准脱贫的重要支撑产业，同时也是丹江口库区作为国家南水北调中线工程水源地和国家一级水源保护区的重要生态屏障。

2. 主要问题和解决方案

历经50余年发展，柑橘产业从无到有，从小到大，已成为丹江口市乡村振兴和农民增收的重要支柱产业，但丹江口柑橘产区也面临着一系列的问题。一是果园基础设施落后、抵御自然灾害风险能力弱；二是农村劳动力日益缺乏，生产成本不断上涨；三是果实品质参差不齐、先进栽培技术应用少、标准化栽培程度低；四是果

园郁闭，难以开展轻简化或机械化栽培管理；五是农药化肥过量使用，造成土壤板结和周边水域环境的恶化；六是柑橘主栽品种以'温州蜜柑'为主，品种结构和熟期结构不合理、集中上市销售压力大。这些不利因素很大程度上制约了丹江口市柑橘产业的健康发展和乡村振兴的顺利实施。针对这些问题，提出如下解决方案。

（1）营建高标准宜机化果园，提升果园基础设施水平　研究示范柑橘老果园密度改造、树冠改造、品种更新、主侧枝更新等技术，按1.5m×4.5m的株行距、四周留4～6m机耕道的方式营造适宜机械化生产的果园，节省劳动力，解决老果园郁闭导致病虫害集中暴发的问题，同时提高树体的生产能力和果实品质。

（2）研发并集成柑橘优质轻简高效栽培技术体系，促进柑橘产业全面提质增效　集成应用水肥一体化、轻简化高光效树形、省力化花果管理技术和轻简化农机装备等技术和设备，形成一套柑橘优质高效栽培管理技术体系，并在丹江口柑橘产区示范应用，提升果园标准化、轻简化和机械化生产水平，减少果园劳动力需求和劳动强度，同时提高柑橘果实品质和精品果率，实现省工、省力和高品质生产的目标，促进丹江口柑橘产业全面提质增效。

（3）示范应用柑橘化肥农药减施增效技术，打造生态环境友好型绿色农业　丹江口市是南水北调的核心水源区，生态环境保护的约束，要求特色产业必须绿色发展。在分析诊断橘园土壤和叶片营养的基础上，结合柑橘肥水需求规律，制定精准施肥方案，充分利用管道系统，采用水溶肥进行追肥；同时结合丹江口库区柑橘主要病虫害及发生规律，优化柑橘病虫害综合防治技术和精准用药技术，进而达到化肥农药减施增效的目的，在丹江口库区打造生态果园，生产绿色、有机食品。

3. 关键技术研发

（1）省力化花果管理技术　针对丹江口库区柑橘日常管理成本高的问题，需结合小型省力化的橘园修剪机械，优化柑橘花果管理技术，提高柑橘产量和质量。对于结果量较大的树，现蕾后至开花前，采用自动化修剪机械，及时疏除无叶花序枝、无叶单花枝、细弱花枝、密生花枝等，短截部分长花枝，保留有叶单花枝和有叶花序枝，减少花量。结果量较少的树，采用自动喷药机械，在第一次生理落果后可喷洒10～20mg/kg的芸苔素、赤霉素进行保果；在花蕾露白期、谢花后、第一次生理落果结束后各喷一次叶面肥进行树冠喷施，补充树体所需营养，促进花果生长。对于树势过旺、梢多花少的旺长树，则保留中庸、偏弱的春梢，抹除同一母枝花枝上方的无花春梢，及时抹除6月底前萌发的夏梢，缓和梢果矛盾，提高坐果率。通过科学且轻简的花果管理技术，进一步降低果园的日常管理成本，促进丹江口柑橘产业提质增效。

（2）精准施肥用药技术　针对丹江口柑橘产区化肥农药过量使用造成土壤板结和环境恶化的问题，在分析诊断橘园土壤和叶片营养的基础上，结合柑橘周年肥水需求规律，制定精准施肥方案，充分利用管道系统，采用水溶肥进行追肥；建设合适的水肥一体化系统，同时建立适宜的使用规程。对于传统养分管理，改成1年两次施肥，春季谢花前后开沟施肥，在两株树之间用挖机开沟（深40cm，宽30cm左右），100kg产量施优质有机肥4～20kg、优质复合肥1kg、钙镁磷肥1kg，可以将绿肥埋入沟中；10～11月开沟施底肥，每株施优质有机肥4～10kg、优质复合肥0.5kg、钙镁磷肥1kg。

针对湖北柑橘主要病虫害及发生规律，优化柑橘病虫害精准用药技术，并结合一体化杀虫灯、性诱剂、黄绿色板、捕食螨等技术，开展病虫害绿色综合防控，进一步减少农药的使用。通过精准施肥和用药技术研发与示范，形成针对丹江口柑橘产区的特色化肥农药减施增效技术，建立生态绿色果园，生产绿色食品，保护丹江口柑橘产区的土壤条件和生态环境，保障丹江口库区作为国家一级水源保护区的重要地位。

（3）柑橘山地果园轨道运输＋小型农机设备应用技术　针对丹江口柑橘产区机械化、轻简化水平低，缺乏适用于山地果园小型化农机设备的问题，开展小型轻简化山地轨道运输机、除草机、开沟机和果枝修剪设备的应用（图3-15）。按每30亩果园一条轨道、呈单线或环线铺设遥控式单轨运输机，帮助果农运输农资和果实；同时应用小型山地果园除草机，结合防草布和行间种草，进一步减少果园杂草，降低果园除草所需人工；应用开沟深度可调的果园单侧开沟机，在山地果园梯田内侧

(a)除草机

(b)单轨运输机

(c)开沟机

图3-15　山地小型轻简化农机设备

作业道上，沿滴水线开沟施肥，结合精准施肥用药技术研究，减少施肥次数和肥料用量，降低果园管理成本。最后应用不同类型果枝修剪装备如省力化大平剪、背负式电动果枝修剪机等，以回缩和疏剪为主要修剪方式，降低柑橘修剪的复杂度和劳动强度。

4. 技术集成示范和效果评价

（1）技术集成示范　通过现场考察选点，在十堰市丹江口市蔡家渡果园场发展了700亩连片示范基地，包括已投产的'温州蜜柑'400亩、'脐橙'80亩和新建标准化脐橙园200亩、'大分四号'10亩。在丹江口柑橘产区应用示范了老果园改造技术、高标准宜机化果园改造技术、轻简化高效树形培育技术、省力化花果管理技术、精准施肥用药技术、柑橘山地果园适用的农机设备应用等。

（2）效果评价　通过这些优质轻简高效栽培技术的应用，一方面能减少化肥和农药使用，节省用工，降低劳动强度，节约生产成本；另一方面，高品质和标准化的栽培技术也使果实品质提高、优质果率增加，增加了鲜果销售的经济效益。根据现场绩效评价，丹江口示范基地和相关果园劳动力成本减少50%，优质果率增加15%，化肥减施10%，农药减施35%，每亩节本增效525元，取得了显著的经济效益。

技术集成示范促进了丹江口库区柑橘产业的安全健康发展和全面提质增效，更好地为丹江口库区移民脱贫致富、库区环境提供保护；同时通过现场培训和专场培训会的开展，培训新型职业农民和技术骨干200余人次，筑牢了柑橘产业的基层人才基石，进一步推动了新品种、新技术和新模式在丹江口柑橘产区的推广，通过科技和人才支撑产业兴旺和乡村振兴。另外，项目有效地减少了农药和化肥的施用量，大大降低了农业面源污染，进而改善了库区生态环境，保障了水源地的生态安全。

四、怒江山地优质轻简高效栽培技术集成示范

1. 基本情况

怒江傈僳族自治州位于云南西北部，地处东经98°09′～99°39′，北纬25°33′～28°23′之间。东连迪庆藏族自治州、大理白族自治州、丽江地区，西邻缅甸，南接保山市，北靠西藏自治区林芝市察隅县，境内国境线长449.467km。怒江州南北最大纵距320.4km，东西最大横距153km，总面积14703km²。

境内除兰坪县的通甸、金顶有少量较为平坦的山间槽地和江河冲积滩地外，多为高山陡坡，可耕地面积少，76.6%的耕地坡度均在25°以上。怒江州柑橘种植区域主要集中在福贡县以下、泸水市以上的怒江峡谷沿岸。怒江州天气变化大，具有年温差小、日温差大、干湿季分明，四季之分不明显的低纬高原季风气候的共同特点；同时因受地貌和纬度差异的影响，具有北部冷，中部温暖，南部热；高山寒冷，

半山暖，江边炎热；部分地区雨季开始特别早，干季短暂，温季持续时间长，无春早，立体气候显著的独特气候特征。怒江州内海拔最低738m，最高5128m，显著的海拔高差和复杂的地域环境影响热量条件的再分配，各地温度有差异。海拔1400m以下的低热河谷区，气温最高，热量丰富，年平均气温16.8～20.1℃，最热月气温21.7～24.7℃，最冷月气温11.1～13.6℃，年极端最低气温−2.8～3.7℃，大于或等于10℃积温5530～5019℃。

怒江栽培柑橘已有上百年的历史，由于受到地形的限制，产业面积不大、不成规模、建园不规范，栽培管理粗放等。自2017年来，在国家对"三区三州"产业扶贫的重视下，怒江州柑橘种植面积逐年上升，截至2020年7月，怒江州柑橘种植面积为797hm²，主要种植在泸水市、兰坪县和福贡县，主要品种以'沃柑''香橼'为主，少量种植'冰糖橙''柠檬''默科特''椪柑''柚''皱皮黄果'等。其中'沃柑'的种植面积最多，为430hm²，目前投产26.7hm²，产量为1200t。

2. 主要问题和解决方案

（1）土壤条件差及解决方案　该地柑橘种植的地土层薄、砂石多，82.6%的土壤碱解氮缺乏，86%以上的土壤缺乏微量元素Fe、Cu，43.48%的土壤普遍缺Zn，有87.0%的土壤存在Mn过量。拟通过土壤深翻、增施有机肥和微生物肥料、生草栽培等方式，改善土壤的物理、化学、生物性质，提升果园土壤质量。

（2）劳动力欠缺，人力成本较高，果园机械化程度低及解决方案　目前农村青壮年大多外出务工，村里多为老弱人员，劳动力缺乏，工价成本显著增加，产业可持续发展面临严重冲击；此外怒江柑橘果园整体坡度较大，地块零碎，土地整理水平低，建园时老果园没有考虑机械的使用，新果园虽然考虑了机械的使用，但受地形限制，能机械化管理的也很少。拟通过引进水肥一体化灌溉设施、移动软管喷药车、无人机喷药、电动修枝剪、电动修枝锯、背负式割草机、小型履带割草机等一批施肥、植保、修剪、除草实用机械，降低劳动力投入，提高果园生产效率。

（3）管理技术水平不高，病虫害为害严重，优质果品率低及解决方案　当地柑橘种植缺乏管理技术，种植企业、合作社、果农还是"摸着石头过河"的层面，部分技术碎片化严重，果园管理落后、不到位，导致果园病虫害危害严重、果实综合品质不高。拟通过研发应用轻简优质绿色栽培技术，加强培训来提高种植者的管理水平，确保合理的种植管理技术到位。在病虫害管理方面，采取多种手段综合防控方式，以防为主，结合病虫害生态监测，了解并根据各类病虫害的发生及发展规律，采用生物防治、农业防治、化学防治等多种方法进行防治，提高病虫害的防治效果及减少防治过程中对农药的依赖。

3. 关键技术研发

（1）病虫害绿色综合防控技术　结合轻简高效修剪技术，研发集成了用杀菌剂封堵大锯口、生草栽培、无毒无残留矿物油杀虫、释放人工繁殖的捕食螨、悬挂杀虫灯和粘虫板、悬挂实蝇引诱剂等综合防治技术方案。

（2）果药复合种植技术　通过在柑橘园套种滇黄精、天门冬等中药材，以及通过良种健康种苗、标准化种植、科学化管理等技术集成应用，打造高标准果药复合种植生态园，在柑橘基地实现1+1＞2的生态复合效益。

（3）中小型机械化应用技术　针对坡地果园，引入了水肥一体化灌溉设施、移动软管喷药车、无人机喷药、电动修枝剪、电动修枝锯、背负式割草机、小型履带割草机等实用机械，根据每个果园的具体情况进行机械配套。

4. 技术集成示范和效果评价

示范园集成测土配方施肥技术、轻简高光效树形培育技术、病虫害绿色综合防控技术、果药复合种植技术以及中小型机械化应用示范，形成山地橘园优质轻简高效栽培技术模式，在怒江州山地橘园进行示范，已取得较好成效。目前在洛本卓乡已有3.3hm²沃柑进入投产期，预估产量125t；老窝镇已有2.7hm²进入投产期，预估产量100余吨；泸水市六库镇的付益脱贫攻坚造林扶贫合作社、老窝镇多多橘园、泸水市兴康达农业科技发展有限公司等柑橘基地通过项目的实施已取得显著成效；福贡县的香橼产业也稳步推进。通过技术集成示范使基地的果园日常劳动力投入普遍减少15%以上，目前的挂果量普遍比去年增加70%，同期的农药用量下降约1/3，原来很难对付的红蜘蛛等害螨在使用矿物油后，喷药杀螨次数下降了一半以上。

第3节
缓坡平地和设施橘园优质轻简高效栽培技术集成与示范

一、夷陵缓坡地优质轻简高效栽培技术集成示范

1. 基本情况

湖北宜昌市属于亚热带季风性湿润气候，气候温和，光照充足，雨量适中，具有得天独厚的柑橘种植条件，是全国市、州最大的'宽皮柑橘'基地，现有柑橘栽培面积超过13万公顷、335万吨；夷陵区柑橘种植面积超过2.1万公顷，产量超过79.8万吨，综合产值超过60.0亿。

宜昌市境内地形多样，主要以山区、丘陵、平原为主，地势自西北向东南倾斜，在

其境内山区占69%，丘陵占21%，平原占10%，夷陵区的橘园多位于山地与丘陵地区。

2. 主要问题和解决方案

作为柑橘种植老产区，养分管理主要凭经验，灌溉设施不足，传统果园基础设施落后，树体高大郁闭导致果园机械化程度低；在病虫害防治方面过度依赖农药。针对这些问题，以夷陵缓坡地橘园为对象，拟采用宜机化园区改建、轻简化管理树体改造和培育、水肥轻简化管理和病虫害绿色防控等技术，建立一套柑橘优质轻简高效栽培技术体系。

3. 关键技术研发

（1）柑橘行间草坪草种植技术 针对宜昌柑橘园土壤管理和减肥减药的要求，研发了行间植马尼拉草坪草的行间种草模式：

在3月中旬，每亩行间施用0.5t有机肥作底肥，旋耕后每亩施用60.0kg尿素和120.0kg复合肥；然后将购买的马尼拉草皮切割成长宽均为11.0cm的小草块，每个小草块按前后33.0cm的间距均匀种于行间并覆盖上表层土，灌溉定根水后完成定植。由于草坪草栽种一次可回收10次以上，每年可收获2次，因此在第1年定植马尼拉草之后，5年内不需要再次定植草坪草。定植后根据杂草生长情况，分别在3月和6月喷施960g/L的精异丙甲草胺，除去单子叶杂草外的其他杂草，一年共打药4次。种植马尼拉草后，当年10月收获一次，收获前用割草机将草坪草修整平齐，然后人工将草坪草切块收割，装箱售卖。

（2）病虫害绿色防控技术 针对病虫害防治问题研发了绿色防控技术，即采用物理防治、生物防治和化学防治进行综合防治，同时安装了柑橘病虫害检测系统，实时掌握病虫害信息。物理防治主要采用杀虫灯和粘虫板，利用害虫的趋色特性来灭杀害虫；生物防治采用有益生物消灭害虫的方法，利用捕食螨，对红蜘蛛有很好的防治作用；在物理防治和生物防治的基础上，合理使用低毒化学农药。这种绿色的病虫害综合防治手段在降低防治成本的同时，也能满足绿色果品生产的基本要求，是宜昌柑橘向绿色果品发展的必经之路。

4. 技术集成示范和效果评价

洋红农贸公司柑橘种植基地位于湖北省宜昌市夷陵区鸦鹊岭镇（北纬30°35′41″，东经111°34′28″），地处鄂西山区向江汉平原过渡的丘陵地带，雨量充沛，光照充足，以缓坡地为主。其栽培面积为800亩，行间距多为5m×2m，主栽品种有'大分四号''纽荷尔''金秋砂糖橘'等。该柑橘基地利用气象站监控和土壤检测确定水肥一体化的施肥量和具体时间，集成了宽行窄株矮冠栽培、行间草坪草种植、水肥一体简化管理、杀虫灯+捕食螨+低毒农药+机械喷药防治病虫害等优质轻简关键技术（图3-16）。

图3-16 湖北夷陵缓坡平地柑橘优质轻简高效栽培集成示范园

通过初步估算，目前橘园因采用行间生草每亩产值增加了7200元，每亩纯收益增加了3305元；果园优质果品率和良果率相较于普通果园分别提高了20%和15%，果园管理成本节约了10%以上。

二、当阳缓坡地优质轻简高效栽培技术集成示范

1. 基本情况

湖北当阳地处鄂西山地向江汉平原过渡地带，由西北向东南倾斜，地貌类型多样，其中丘陵岗地占56.4%，成土母质多种多样，土壤类型较为复杂，除地带性黄棕壤土类外，非地带性土类有紫色土、石灰（岩）土、潮土和水稻土；处于中纬度地区，属亚热带季风性湿润气候，四季分明，年平均日照时数1701.6h，年平均降水量992.1mm，地形地貌和气候都十分适宜柑橘种植。当阳是中国'宽皮柑橘'优势产区和湖北省优质柑橘板块建设县（市），柑橘产业已成为其特色支柱产业。截至2021年，全市柑橘种植面积2.33万公顷，年产柑橘约50万吨，主栽品种为'温州蜜柑'和'椪柑'，有少量'由良''大分4号''日南1号'等特早熟品种。

2. 主要问题和解决方案

当阳柑橘产业化肥施用变异较大，且随经济效益波动明显，尽管化肥施用量低于其他柑橘主产区，但重大量元素肥料、轻中微量元素肥料，有机肥施用量偏低，果实品质整体低下，生产效益偏低；当阳柑橘园土壤速效B、Zn含量较低而N、K、

Mg、Fe、Mn含量较高，Mg、Fe、Mn超量的比例分别为72.0%、76.0%、88.0%；叶片缺N、P、K、Zn严重，占比依次高达96.0%、100.0%、100.0%、92.0%；果实可滴定酸含量偏高而维生素C含量偏低。因此，改良土壤酸性、调节氮磷钾比例、补充中微量元素，是解决当阳柑橘化肥减施、提质增效的必要措施。

当阳柑橘以炭疽病、沙皮病、绿斑病（青苔病）、根腐病为害最严重；害虫以红蜘蛛、潜叶蛾、柑橘大实蝇为害最严重，其次是蚜虫、天牛、爆皮虫、蜗牛。农药用量相对比较大。拟通过精准用药，达到绿色防控的目的。

3. 关键技术研发

（1）防护林抵御寒潮技术　当阳市处于柑橘北缘产区，冻害仍然是柑橘生产的主要威胁之一。如2018年1月的2次雨雪霜冻天气过程，极端低温降至−11.6℃，部分柑橘园不同程度发生冻害，尤其是橙、柚、杂柑类果园受冻率均达到100%，受冻程度普遍达到4～5级；柑橘园冻害发生程度顺序为：库区<岗地<坡地<平地<低洼地<盆地。防风林对于抵御寒潮有明显的效果，果园规划时要以山脊、道路两侧、坡地的北边为重点建设防风林网，林带之间以相隔80～100m为宜。

（2）柑橘矫正施肥技术与专用肥产品　针对橘园调节氮磷钾比例，有效补充中微量元素；增加土壤有机质，缓解土壤酸性，成为柑橘园树体健康、提质增效、生态安全急需解决的问题。以柑橘提质增效为目标，分析柑橘果实高产优质与氮磷钾养分用量、比例，中、微量元素和有机、无机配施，土壤肥力、叶片养分含量等关系，形成"以果定肥、因土补肥、依树调肥"的柑橘矫正施肥技术，即根据果实产量和养分含量确定氮磷钾养分施用量，根据土壤测定结果确定需要补充的中、微量元素以及需要消除的障碍因子；根据叶片养分含量、果实品质、树龄、品种等调配养分比例。作物专用肥是根据区域土壤肥力状况和作物需肥特性，将氮、磷、钾和中微量元素等营养元素进行科学配比，供指定区域指定作物使用的肥料；将柑橘矫正施肥技术融入肥料加工工艺，将施肥技术与肥料产品融合、针对性与普遍性结合，实现柑橘施肥大量元素与中微量元素、有机与无机、养树与养地的配合，配制含有机质、中微量元素且氮、磷、钾比例适宜的柑橘专用肥，以矫正柑橘缺素症状，提高坐果率，提早着色以及降酸、改善化渣和提高可溶性固形物含量。

（3）病虫绿色防控技术　坚持"绿色、生态"理念，集成应用生态、物理、生物和化学防控技术。

对老果园进行隔行间伐或缩冠改造、去除裙枝，通过大冠改小冠将树冠由3～5m降低到2.5m以下，可显著改善果园透风透光问题，又可大幅减少病虫基数。同时采果后重视冬季清园，剪除枯枝和病枝，短剪徒长衰弱枝，铲除杂草，清除落叶、烂果，用30%矿物油·石硫微乳剂400倍液或0.8～1.0波美度的石硫合剂喷洒全园以消灭越冬虫、卵，并用石灰刷白树干。日常管理过程中，及时去除重叠枝、弱枝、霸王枝，及时摘除小果、畸形果、病果、裂果和清除落果，保留良性杂草或生草以改善果园生态、促进益虫繁衍；并在果园按每20亩安装1盏杀虫灯诱杀金龟子、椿象、潜叶蛾、粉虱等；每年3月上旬按15块/亩在柑橘园树内侧荫蔽处吊挂黄板黏附、诱杀害虫，黄板有效时限为4个月，即8月可以第2次吊挂；5月中下旬在柑橘树冠内膛阴凉处悬挂柑橘大实蝇诱杀球，每隔1棵树挂1个球，15天后，再隔1棵树挂1个球；当橘园虫果率大于10%时，可于6月中下旬对橘园及周边5m内杂树或杂草丛喷施1次自配糖醋诱杀剂（90%敌百虫晶体500倍液中加入3%红糖、1%白醋、1%白酒、1%甘油，其中90%敌百虫晶体可用吡虫啉或阿维菌素等药剂代替）；当虫果率大于30%时，还需在成虫返园产卵初期连喷2次（每次间隔7～10天）自配糖醋诱杀剂。结合实际需求，应用生物防治技术。每年5月上旬开始释放扑食螨防治红蜘蛛，小于6龄树每株释放1袋（每袋螨量600～1000头），大于8龄树每株释放2袋，于傍晚在一级树干隐蔽处吊挂，用防水袋遮盖防止雨水渗漏；距离果园30～50m外围每间隔6m吊挂1个诱虫瓶，4～8月每间隔25天添加性信息诱剂1次，9～11月橘小实蝇虫口密度大时，隔15天添加1次；柑橘园适度养鸡，不但可以啄食落地的烂果和幼虫，还可以吃掉土壤中的虫蛹。

4. 技术集成示范和效果评价

集成冬季清园、柑橘专用肥、果园生草或种植绿肥、起垄改土、树形改造、病虫绿色防控等技术，在湖北当阳、秭归、宜都、枝江、夷陵、丹江口等柑橘产区示范推广。2020年11月15日专家组在湖北当阳半月镇凤凰山椪柑示范园现场考察、测产和品质鉴评，结果为示范柑橘园的化学肥料减量36.7%，化学农药减量40.5%，果实增产9.49%；果实平均可溶性固形物含量、单果重显著增加而含酸量显著下降，品质明显提升；柑橘叶片钾、锌、硼含量及土壤有机质含量提高，树势健旺；优级果率达98.7%，质量安全合格率100%，亩节本增收1000元以上。

三、南宁平地优质轻简高效栽培技术集成示范

1. 基本情况

南宁位于北回归线南侧，属湿润的亚热带季风气候，阳光充足，雨量充沛；地貌分平地、低山、石山、丘陵和台地5种类型，以平地为面积最大的地貌类型。南宁柑橘产业因'沃柑'一跃而起，种植面积和产量分别从2012年的0.52万公顷、12.63万吨发展成为2021年的7.27万公顷、202万吨，其中'沃柑'的种植面积约为6.0万公顷，产量189万吨，占广西'沃柑'产量70%以上，是广西乃至全国最大的晚熟柑橘生产基地，成为农民增收、脱贫致富的重要产业。

南宁市柑橘主产区主要集中在武鸣、隆安、西乡塘、上林等地，柑橘大部分种

植在平地或缓坡地。据不完全统计，南宁市柑橘千亩以上的种植企业23家，百亩以上的种植企业、大户264家。龙头企业、社会组织建立30多个柑橘果实自动分选生产线和服务中心，成立广西柑橘产业协会、武鸣沃柑产业联合会、西乡塘区柑橘联合会等区域性合作组织，创建甜弯弯、鸣鸣果园、桂柑、祝柑、向阳红、沃康红、顾柑等品牌，武鸣沃柑、武鸣砂糖橘获国家地理标志农产品登记或证明商标注册，在龙头企业的带动下，以桂洁公司、鸣鸣果业、万锦公司、起凤橘洲公司等为代表的柑橘标准化生产基地已逐步形成。

2. 主要问题和解决方案

（1）主要问题 南宁沃柑园管理水平参差不齐，产量品质差别大。南宁'沃柑'种植者多为无农业从业经历者，生产中易出现技术不过关、管理水平不足等一系列问题。技术及管理水平较低的果园日灼果比例高、果实偏小、可溶性固形物含量低等现象较严重，与技术到位、管理水平高的果园形成鲜明对比。其次，南宁雨热同季，枝梢生长旺盛，病虫害多发，尤其是溃疡病和黄龙病，危害越来越严重，影响品质，同时防治成本高。再者，技术工人稀缺、人工成本逐年攀升也成为制约南宁柑橘产业健康发展的重要问题。随着大量沃柑园、采后车间、育苗圃等建设，工人紧缺现象越来越普遍。传统的果园管理中定植、除草、打药、剪枝、施肥、采收等大部分工作都需要人工，在平时的生产管理中，熟悉沃柑生产技术的技术性工人十分紧缺，许多企业都面临招人难的问题，特别是春节前后采果时需要大量的工人，人工费高达150元/天。

（2）解决方案 通过研究总结推广优质'沃柑'栽培技术（科学留果、精准施肥、合理修剪、综合病虫害防治等），提高果实品质；同时引进集成推广优质轻简栽培新技术，实现果园全程机械化，解放生产力，减少对人工的依赖。

3. 关键技术研发

（1）沃柑合理叶果比定果技术 针对不同负载量对果实内在品质和外观的影响进行研究，总结合理负载量为叶果比（20～27）：1，产出果品大小适中，内在品质优良，外观色泽好；反之，负载越多，如叶果比为（10～15）：1，则果实越小，果实横径在60～70mm，单果重126～140g，可溶性固形物含量12%～13%，外观橙黄，商品果率等级大大降低。

（2）'沃柑'简化整形修剪技术 '沃柑'进入投产前的1～2年期间，除了适当定干、摘心、抹梢，其他基本不修剪，利用1～2年时间尽快形成树冠，可实现早结丰产。立地条件好、管理水平高的果园可实现种植第二年试产，株产10kg以上。成年树树形的培养宜2～3年逐步完成，采用"扫低去高抽枝除密"的修剪方案，结合引进的电动修枝剪，可在大规模果园实现高效率修剪，节约人工成本。在修剪时间上，作为跨年的晚熟柑橘品种，研究表明，全年较大的修剪整形工作在采收后的1～3月均可进行，对当年成花坐果均无显著影响，但不宜在4～5月进行大量修剪。

"扫低去高抽枝除密"修剪方案主要做法分为四步，先剪除树冠下部的长弱枝、低垂枝（从枝梢分枝基部处不留枝桩动剪），再剪除树冠上部超过2.5m高的枝梢（从枝梢分枝基部处不留枝桩动剪），然后对中部直立大枝选不同方位抽除（从枝梢分枝基部处不留枝桩动剪，全树按不同冠幅疏除3～5个大枝为宜），最后对目测枝梢交叉过密的部位再稍作疏枝（从枝梢分枝基部处不留枝桩动剪）。修剪总体原则为每年疏除30%左右，逐年培养形成均匀分布主枝，修剪完成后树体枝叶分布总体上通风透光、易于管理。

4. 技术集成示范和效果评价

示范基地之一是广西云展农业科技有限公司武鸣生态果园（以下简称云展公司），位于广西南宁市武鸣区锣圩镇。建园初衷以实施机械化管理为主，尽可能在果园管理环节实现省力化，减少人工投入，主要创新集成示范"宽行窄株/避雨栽培＋水肥一体＋高垄限根＋行间生草"的生态沃柑园果园栽培模式（图3-17）。

图3-17　广西云展农业科技有限公司武鸣生态果园

该生态果园推行"宽行窄株＋水肥一体＋生草栽培"模式，设计株行距为2.3m×5.5m，每亩植53株。建园步骤主要分为五步：第一步是用拖拉机进行全园翻整，深度50～60cm，用挖土机开种植沟（宽30cm，深50cm）；第二步施基肥，每亩施用有机肥2t，集中在种植沟施用，混匀回填；第三步利用推土机推出高垄，控制垄面高30cm，垄面宽1.5m，沟宽3.5m；第四步将植株种于垄中间偏右（留出一条人工作业道）；第五步，安装水肥一体滴带，创新采用避雨棚栽培模式，给'无核沃柑'"撑伞"式避雨栽培，实现水分和肥料供应可控、喷药时间和效果可控。

云展公司建成集机械化种植、标准化生产于一体的生态农业示范园，得益于主推的"宽行窄株+水肥一体+生草栽培"模式，"宽行"方便挖机、翻耕机等机械进行农事操作，大大减少了人工的使用；"窄株"有利于提高果园产量，提早收回果园成本。种植第二年，基地种植整齐划一，长势健壮，形势喜人，成为南宁柑橘主产区内首屈一指的标杆基地；果树冠幅已达 $2m^2$ 以上；同时推广行间生草栽培，培植生物多样性，改善生态环境，培肥地力。幼树土壤管理采取垄面盖膜压草，创新采用在种植过程行间和垄面轮换移动盖膜除草，实现生草还田。另外，云展公司创新采取避雨设施栽培'无核沃柑'，探索桂南地区柑橘高效防治病虫害的栽培模式，有效降低由雨水多、湿度大、光照强等引起的外观和内在品质的下降及溃疡病等感染与传播的途径，实现全面提升果品质量。

沃柑优质轻简高效种植示范基地二为广西桂洁农业开发有限公司基地，主要集成创新应用了"水肥一体+地膜覆盖+有机肥施用+简易修剪+树冠喷白+多种植保方式配合"等核心轻简技术。应用水肥一体化精量施肥+地膜覆盖技术，减少传统施肥方式的人工费用80%以上，实现生产与资源环境的良性循环。幼树果园采用地膜覆盖种植，杜绝使用除草剂，保障根系在一定范围内良好的生长发育，提高果实产量、提升产品品质。应用有机肥替代部分化学肥料，提高土壤有机质含量，改善土壤理化性状，综合提高植株抗性和果实品质。

通过应用轻剪化修剪栽培技术，减小劳动强度、大幅度提高修剪效率，减少修剪用工；控制果树高度和宽度，推行"矮化"模式，果树高度控制在2.5m以下，宽度控制在2.2m左右，方便果树修剪、喷药、采果等农事管理，提高生产效率，节省劳动力。

选用不同的喷药方式，针对不同时期不同病虫害发生种类，采用多种植保方式（无人机、风暴机、风送式喷药器械、管道式结合人工喷药等）配合，实现高效防治沃柑园病虫害。与此同时，把握喷药时机，科学喷施农药进行病虫害防治，减少喷药的盲目性。在害虫发生初期用药，或根据常发多发害虫（如锈壁虱、潜叶蛾、蚜虫等）的发生消长规律，提前有针对性地预防病害。在日灼病高发夏季，采用自行研发喷白剂全园喷白，果实防日灼率达90%以上，同时兼防溃疡病；在雨季频发的时期，适当科学使用无人机飞防，避免病虫害趁机高发。

四、设施橘园优质轻简高效栽培技术集成与示范

1. 基本情况

柑橘设施栽培是在玻璃、塑料薄膜等材料搭建的设施中进行栽培，可以对柑橘

果树生长发育所需的温度、水分等环境因子进行调控，具有促进成熟、提高品质、丰产稳产等作用。近些年来在台州、宁波、衢州、丽水、温州等柑橘产地，陆续开展了延后采收的保温栽培研究和实践；在经济较发达地区还会通过加温设施来打破柑橘休眠，人工控制环境条件使柑橘的物候期提前，在冬末春初萌芽开花，秋初即可完熟采收，比常规采收期提前 1～2 个月，错开上市高峰期。

近年来随着人们生活水平的提高和全国柑橘产量的增加，消费者对柑橘新鲜果实品质的要求也越来越高。柑橘设施栽培作为一种新型的柑橘栽培模式，能有效改善柑橘鲜果品质，调整柑橘鲜果供应期，提升柑橘种植效益，符合柑橘产业发展的趋势。但是柑橘设施栽培技术涉及生态环境、品种选择、栽培管理和产品质量安全等方面，专业化程度较高，随着设施柑橘产业的快速发展和农村劳动力结构的变化，目前设施装备及相关栽培技术已不再适应产业发展的需要，研究集成设施柑橘优质轻简高效栽培技术进行推广应用，是满足设施柑橘产业发展，激发产业动能的一项刻不容缓的工作。

2. 主要问题和解决方案

（1）设施柑橘土壤盐渍化及其解决方案　由于长期覆膜遮挡了雨水，设施柑橘土壤容易出现盐渍化现象，严重影响柑橘根系水分和养分的吸收功能，导致叶片缺素和黄化现象频发。因此，通过大棚增设天窗，完善大棚结构技术研发，使得柑橘树盘能根据需要得到淋雨冲洗，可以有效降低设施栽培柑橘根围土壤盐渍化程度，降低柑橘避雨设施栽培的用工成本以及改善棚内环境的温湿度和土壤的质量；另外，通过行间生草，有利于减缓盐渍化、促进根系养分吸收和果实品质提升。

（2）柑橘设施管理难和宜机化管理方案　为降低劳动强度应配套小型机械进入设施橘园作业，树体应矮化紧凑，易调控，保持树高和冠径均在 2.5～3m，行间距设置为 4～6m，机械耕作道大于 1.5m，悬挂式喷杆空间不小于 0.5m。机械行进路线参见图 3-18，配套大棚单栋跨度可选择以下 3 种：10m 双拱、8m 双拱、6m 单拱，长度不宜超过 50m。

① 树势中等的品种可选择 10m 双拱大棚，株行距 5×（2～4）m，初期密植每亩栽 66 株，5～7 年后间伐每亩栽 33 株，实现打药、除草、施肥、翻耕等小型机械入园。

② 树势偏弱的品种可选择 8m 双拱大棚，株行距 4×（2～4）m，采用单株喷雾打药、肥水一体。

③ 树势强盛的品种可选择 6m 单拱大棚，株行距 6×（2～4）m，每亩栽 37～56 株，实现打药、除草、施肥、翻耕等机械化。在棚内两端预留小型机械通道，在种植垄下铺设暗管排水，进一步方便小型施肥、割草及喷药等机械的通行和作业；在树盘下铺设水肥一体自动滴灌带，通过根域限制、水肥控制、植调剂应用等生理

生化措施调节营养生长；结合省力化大枝修剪，降低树冠高度和幅度，进一步有利于机械施肥和喷药，降低劳动强度；柑橘树盘还应覆盖防草布，以减少除草剂的应用，避免柑橘浅根与草根间的养分竞争。

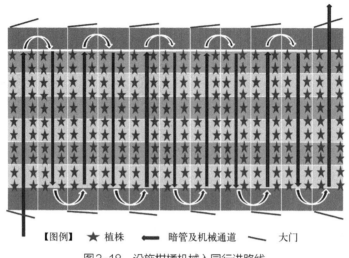

【图例】 ★ 植株　◀━▶ 暗管及机械通道　━ 大门

图3-18　设施柑橘机械入园行进路线

3. 关键技术研发

（1）设施柑橘的限根栽培技术　包括筑墩高畦、地膜覆盖、箱栽、防根无纺布等限制根系扩大的方法，辅之以水分控制，具有提高品质的效果，也是柑橘省力低成本栽培的一个方向。各种各样的控根栽培作为提高果实品质的生产技术，已在柑橘、葡萄、桃等植株上达到实用化，通过将根系生长控制在一定的范围内，根系生长相对密集，根系附近的水分消耗也多，便于根系、树冠的管理和树势的调节，进入结果期时间可以明显缩短，尤其适于密植栽培和一些较易落花落果的强树势品种。

在控根栽培的情况下，土肥管理比露地栽培也大大减少。管理上主要应注意多培土，多施用有机质肥料。在柑橘设施栽培的具体实践中，以开挖定植沟改土后的起垄栽培并结合膜下滴管与暗管排水的方式最为实用有效（图3-19）。另外，设施内部的透光性较差，果园行间铺设地膜，可改善树冠内膛和下部的光照条件，解决下部果实着色不良的问题。

图3-19　设置膜下滴灌的根域限制栽培模型

（2）设施栽培'鸡尾葡萄柚'轻简高效树形培养技术　设施栽培只有立体结果，才能达到高产与高效的要求。经调查，'鸡尾葡萄柚'设施栽培的理想树形为单主干分层或多主干分层树形，这样的树形产量高抗性强，亩产可达2500kg以上，比目前常规生产上采用的自然开心树形，更易于机械作业。具体培养方法为：定植时苗木在嫁接口上方30～40cm处定干，第二年在主干40cm处，选留角度合适、生长健壮的3～4枝作为第一层主枝，选择一个向上延长枝作为主干，在与第一层分枝60cm处选留3个分枝作为第二层主枝，但与第一层错开，两层之间的萌芽一律除去；再在第二层主枝上部60cm处选留3个分枝培养；第三层主枝一般达到4层左右的层次，树冠高度控制在2.5m左右，再通过拉枝形成适宜的树形。

（3）设施柑橘的保花保果技术　适宜的花果比例和良好的花果质量是柑橘优质高产的关键，设施栽培通常会缩短柑橘从休眠到开花的时间，花粉生活力低于露地栽培，因此适当的保花保果尤为重要。可以采用以下措施：①花芽分化期适当进行低温控水处理，保证花芽分化质量；②减少氮肥用量，适当控水防止春梢、夏梢旺长，疏除过多徒长枝，在春梢展叶后摘心或者疏枝，通过控梢保果，幼果期及果实膨大期要保证充足的水分；③高温季节及时通风降温，抑制树体营养生长；④在盛花期过后进行环割和环剥，人为控制营养物质流向生殖生长；⑤及时摘叶和摇花，使幼果尽早接触阳光进行光合作用，提高坐果率，控制病虫的发生，防止出现大量落花落果。在花量过大、坐果过多时，要合理疏花疏果，控制果实数量，减少树体负担，防止"大小年"现象出现。

（4）设施柑橘的土壤改良技术　针对设施柑橘生产中化肥施用量大、施肥方式不合理等现状，根据测土配方施肥技术和养分专家推荐系统确定施肥量，采取"机械深施有机肥＋配方定量施用专用肥"，在橘树滴水线四周或行间，通过打孔机或开沟机等器械打孔开沟，将有机肥等肥料施入沟（孔）中后覆土。通过有机肥部分替代化肥，减少化肥用量，通过沟施、孔施和土壤覆盖方式，减少化肥损失量，提高化肥利用效率。针对柑橘园杂草种类多、大量使用除草剂、果园生态环境恶化等问题，在柑橘园株行间种植豆科绿肥，实行全园覆盖，起固氮、保墒、降温、培肥、减少面源污染等作用；针对茭白、甘蔗产生的农业废弃物缺乏科学循环利用技术，造成资源浪费的同时，引起环境污染等问题，将茭白叶和甘蔗渣在柑橘园进行冬季和夏季覆盖，冬季防寒、夏季降温保水，提高土壤缓冲能力，改善土壤肥力，提高柑橘抗逆能力。

（5）设施柑橘大棚的智能化控制　为提升设施柑橘生产工作效率，大棚内应安装实时监控系统，该系统基于精准的农业传感器对柑橘园实时监测，利用云计算、数据挖掘等技术进行多层次分析，提高对自然环境风险的应对能力和高效率生产。现代化产业系统通过对空气温度、空气湿度、光照强度、二氧化碳浓度、土壤温度、田间持水量、pH值、EC值以及病虫情监测捕捉等参数的监测，将数据传输至处理中心，一键式联动控制温室大棚的风机、外遮阳、内遮阳、顶窗、侧窗、湿帘、加温、补光、喷滴灌、水肥药等常用设施设备，实现远程智能管理；并通过手机、掌上电脑（PDA）、计算机等信息终端向种植户推送实时监测、预警信息与农机知识等。

（6）设施柑橘病虫害的综合防控技术　设施内的环境多为高温高湿，空气流动少，环境调控不当会造成病虫害蔓延，因此，种植者需定期清理设施内部环境，修剪枝条、落叶并将其及时带出室内，统一处理，减少虫卵寄生的机会。此外，应结合病虫实时监控预警采取及时有效的防治措施，应用果园风送式喷雾机或悬挂的智能化打药设备对叶片、花果、枝条喷施药剂保证柑橘的安全生产。树体上悬挂黄板粘捕蚜虫、介壳虫；通过果园生草和释放增加寄生蜂、瓢虫、草蛉的数量，利用害虫天敌，实行"以虫治虫、以螨治螨"。

4. 技术集成示范和效果评价

通过将物联网、云计算等现代信息技术与优化树形、宽行密株、小型机械、设施改良等轻简化栽培技术深度融合，能大幅提升设施柑橘生产工作效率，降低劳动强度，节约劳动力成本。按每亩产果实2.5t计，可节省人工15%以上，节省化肥、农药、灌溉用水20%以上，增产15%以上，优质果率新增20%以上，能全面提升产品营养、质量安全和外观品质，实现节本提质、增产增效。与露地栽培相比，柑橘设施栽培可以克服不良环境对柑橘果树生长的影响，设施内的日灼果、裂果和病虫害果明显减少，商品果率达90%以上，每亩产量可达2500kg以上；设施柑橘新鲜果实上市期的固酸比高，果肉极易化渣，风味口感特佳，果皮色泽鲜艳，品质综合性状明显好于露地柑橘，因此，果实销售价格和经济效益可提高数倍。

第4章

香蕉优质轻简高效栽培技术集成与示范

香蕉是热带水果，主要分布在中国广东、广西、海南、福建、云南和台湾等地区，从业人员超过200万，是中国热带地区单一作物产值最大的产业，约占热带作物总产值的1/5，因此在中国香蕉产区产业扶贫和乡村振兴中起到非常重要的作用。不过中国香蕉生产目前仍然受到香蕉枯萎病危害，生产以人力为主、劳动力成本持续升高；另外，蕉园土壤酸化严重、山地蕉园立地条件差、作业难，缓坡平地蕉园则农机与农艺不匹配，导致果实采收损伤大，严重影响了果实品质和果园经营效益。因此研发和应用香蕉优质轻简高效栽培技术对防控香蕉枯萎病、降低香蕉生产成本和保证品质、提高经营效益，以及促进产业持续健康发展、实现其社会效益等具有非常重要的意义。

第1节
香蕉优质轻简高效关键技术和产品研发

一、香蕉专用肥研发

香蕉生产中习惯应用水溶性强的肥料，施该种肥料不仅施肥量大且费工费力。针对水溶性强肥料存在肥效短、流失淋失、挥发等浪费严重的问题，根据香蕉营养特性研究香蕉包膜控释肥料，为轻简施肥提供物质保障；此外，针对蕉园土壤酸化、有机质含量低等难题，在探明蕉园土壤地力退化原因的基础上，研发应用碱性长效功能肥料以改良和培肥土壤，提升蕉园地力。

1. 香蕉包膜肥料的研制与性能研究

包膜肥料是指在传统化肥表面包裹一层疏水性或者半疏水性材料，可以通过改变包膜材料的降解速度来延缓肥料在土壤中的释放速率。因此，包膜肥料可以有效提高化肥的利用率、减少施肥次数和降低劳动成本。为此，研发了一款木质素基包膜控释肥料，为实现香蕉的轻简化施肥奠定了很好的基础。

木质素基包膜控释肥料样品LF-1.00、LF-1.25和LF-1.50的傅立叶红外光谱见图4-1。可以看出，所有样品均呈现相似的振动峰，表明在不同—NCO/—OH摩尔比条件下反应获得的木质素基膜材化学结构相似。另外，1618cm^{-1}、1514cm^{-1}和1460cm^{-1}（木质素芳环骨架特征峰）吸收峰均呈现在所有样品的红外光谱中，表明该反应未破坏木质素原本的芳香结构。

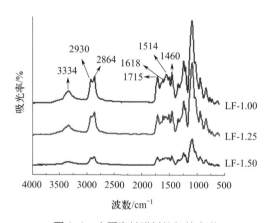

图4-1　木质素基膜材的红外光谱

研究表明包膜尿素膜的良好热稳定性有利于包膜尿素的储存和运输。—NCO/—OH摩尔比对木质素基膜材（LF）热稳定性的影响见图4-2。所有研制的木质素基膜材在热降解过程中均分为4个阶段，其温度范围分别为100～330℃、330～360℃、360～410℃和410℃以上［图4-2（a）］。其中，最大热解温度（T_{max}）为最大热解速率所对应的温度。根据图4-2（b）曲线可以看出，随着—NCO/—OH摩尔比的增加，LF的T_{max}从398.91℃增加到404.31℃，但无明显差异。总之，通过调控反应参数，木质素和聚乙二醇与六亚甲基异氰酸酯反应研制的LF具有良好的热稳定性，有利于其应用于包膜尿素的创制，便于木质素基包膜尿素的储存和运输。

膜材的水接触角和吸水率可以反映其疏水程度，从而影响包膜尿素的养分释放周期（图4-3）。通常，将低于60°的水接触角称作亲水接触角，而将高于60°的水接

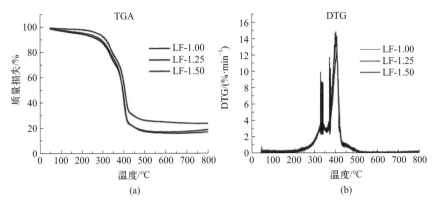

图4-2 木质素基膜材的热重分析

触角称为疏水接触角。图4-3（a）表明LF的水接触角介于60.08°～82.36°之间，随着—NCO/—OH的增加，LF水接触角呈升高趋势，其中LF-1.50疏水性能最好。此外，从图4-3（b）的吸水率可以看出，随着—NCO/—OH摩尔比的增加，LF吸水率逐渐变低，表明LF疏水性能增强，与图4-3（a）的水接触角测试相吻合。

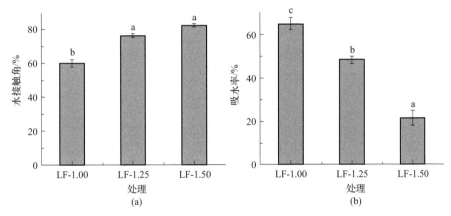

图4-3 木质素基膜材的水接触角和吸水率

不同小写字母表示样品间差异显著（$P < 0.05$）

　　木质素/环氧树脂基复合包膜尿素的养分释放曲线见图4-4。在包裹单层膜的条件下，木质素基单层包膜尿素（LCU）初期养分释放率高达49.85%，而环氧树脂基单层包膜尿素（ECU）仅为6.77%。对于养分释放期而言，ECU的养分释放期为21天左右，远远长于LCU[图4-4（a）]。从图4-4（b），图4-4（c），图4-4（d）可以看出，在—NCO/—OH摩尔比相同的条件下，随着包膜率由3%增加到7%，木质素/环氧树脂基复合包膜尿素（LECU）的初期养分释放率无明显差异，其值在5.63%～9.78%之间；在包膜率相同的条件下，随着—NCO/—OH摩尔比由1.00增加到1.50，LECU的初期养分释放率逐渐降低，累积养分释放率曲线呈现相同的变化趋势。对于LECU

的累积养分释放率而言，在—NCO/—OH摩尔比相同的条件下，其值随着包膜率的增加而减少。在包膜率相同的条件下，随着—NCO/—OH摩尔比的增加，LECU的累积养分释放率逐渐减少。LECU的养分释放期呈现与累积养分释放率相同的变化趋势，即—NCO/—OH摩尔比或包膜率越高，其研制的LECU的养分释放期越长。综上所述，在包膜率为7%的条件下，不同—NCO/—OH摩尔比条件下获得的LECU的养分释放期均大于LCU和ECU，在—NCO/—OH摩尔比为1.50和包膜率为7%的条件下，获得的LECU养分释放期最长，其超过了30天。基于此，随后采用同等条件研制的LCU和ECU的扫描电镜和硬度进行了测定，评估其相互之间表面形貌和抗压性能之间的差异，以期为研制木质素/环氧树脂基复合包膜尿素提供理论支撑。

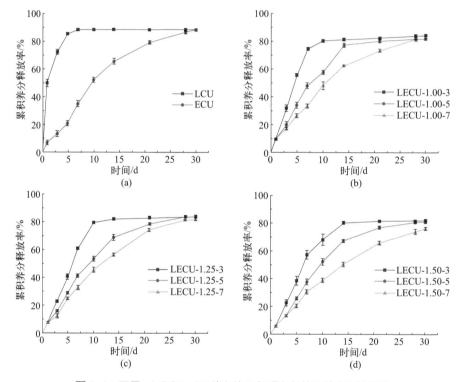

图4-4　不同—NCO/—OH摩尔比和包膜率条件下养分释放曲线

（a）在包膜率为7%的条件下—NCO/—OH摩尔比为1.50的LCU和ECU的养分释放曲线；（b）、（c）、（d）　在—NCO/—OH摩尔比（b：1.00；c：1.25；d：1.50）和包膜率（3%、5%和7%）条件下研制的LECU的养分释放曲线

　　包膜尿素膜层形貌（表面形貌和切面形貌）在一定程度上影响其养分释放速率。通常，以表面光滑且疏水性较好材料制备的包膜尿素的养分释放周期相对较长。由于在不同的研制条件下，获得的木质素/环氧树脂基复合包膜尿素均呈现相似的表面和切面形貌。因此，这一部分重点对比木质素基单层包膜尿素（LCU）、环氧树脂基单层包膜尿素（ECU）和木质素/环氧树脂基复合包膜尿素（LECU）的膜层表

面和切面形貌差异（图4-5）。可以看出，在放大1000倍的情况下，LCU表面相对光滑，但不平整［图4-5（a）］。对于ECU膜层而言，其表面光滑且黏附微小颗粒［图4-5（b）］。然而，LECU的表面粗糙，且凹凸不平［图4-5（c）］。从切面形貌可以看出，LCU粗糙不平，同时呈现许多孔隙［图4-5（d）］。ECU呈现局部平整和局部粗糙的现象［图4-5（e）］，且有微小孔隙出现，而LECU则表面光滑且无孔隙［图4-5（f）］。总之，三种包膜尿素由于其包膜材料之间的差异，其膜层的表面和切面形貌不同，可以直接影响包膜尿素的养分释放性能。

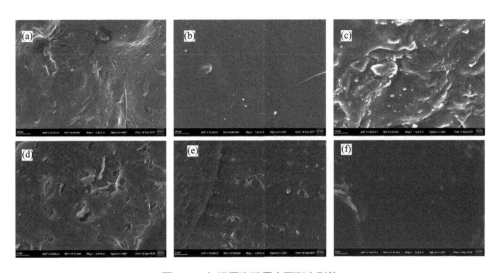

图4-5　包膜尿素膜层表面形态形貌

（a）、（b）和（c）分别为LCU、ECU和LECU的表面形貌；（d）、（e）和（f）分别为LCU、ECU和LECU的切面形貌

木质素基包膜控释肥料在运输搬运的途中会发生碰撞，如果控释肥料没有良好的抗压性能，则直接影响肥料的质量，进而影响其经济效益。因此，包膜尿素抗压性能的强弱对其整体效益起至关重要的作用。以尿素（U）作为对照，将同等条件研制的LCU、ECU和LECU的硬度进行了测定，结果显示，U在包裹一层木质素基膜材的情况下，木质素基膜材未使尿素硬度明显提高，即LCU的抗压性能未得到有效提高。同样，U在包裹一层环氧树脂基膜材的情况下，环氧树脂基膜材在一定程度上可以提高尿素的抗压性能。当U同时包裹木质素和环氧树脂两层膜材时，研制的LECU

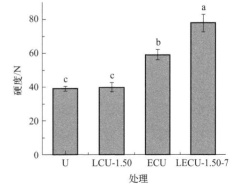

图4-6　不同类型尿素的硬度

不同小写字母表示样品间差异显著（$P < 0.05$）

的抗压性能显著提升（图4-6）。说明通过将环氧树脂基包膜液喷涂在木质素基包膜尿素颗粒表面获得的木质素/环氧树脂基复合包膜尿素，其硬度最高，有利于LECU的运输搬运。

2. 香蕉专用腐植酸碱性液体肥料

中国是香蕉种植大国，主要产区为广东、广西、福建、云南等南方地区，温和湿润的气候能为香蕉生长提供适宜的环境条件。然而，近年来大量施用化肥导致蕉园土壤严重酸化，进一步带来诸如土壤重金属活化、病虫害加剧等一系列土壤障碍问题。研发具有治酸改土的碱性肥料是解决以上问题的根本出路。腐植酸（humic acid，HA）是动植物残体通过复杂的生物及物理化学作用形成的天然有机高分子混合物。由于腐植酸的特殊结构和官能团赋予它对植物生长的刺激和促进作用，若将腐植酸的特殊功能与碱性肥料相结合，可为香蕉园土壤培育奠定基础。

表4-1结果表明，腐植酸碱性液体肥（AF1、AF2和AF3）处理的株高均显著大于Comp和AF0处理的株高，其中比Comp增加了2～4cm，比AF0增加了3～5cm。AF1、AF2和AF3处理的叶面积明显大于Comp和AF0处理的叶面积，其中比Comp增加了50～65cm²，比AF0增加了85～100cm²。另外，AF1、AF2和AF3处理的叶片SPAD值明显大于AF0。由此可见，腐植酸碱性液体肥能更好地发挥其碱性与腐植酸的协同效果，从而增加叶面积和叶绿素的含量，促进香蕉生长。

表4-1　腐植酸碱性液体肥（AF）对香蕉株高、茎粗、叶面积和叶片SPAD值的影响

肥料类型	腐植酸/（g/L）	株高/cm	茎粗/cm	叶面积/cm²	叶片SPAD值
Comp	0	27.75±1.44bc	27.22±0.60b	571.10±8.91ab	52.52±0.73c
AF0	0	26.52±0.77c	28.44±0.43ab	536.12±29.23b	56.14±1.63bc
AF1	10	29.80±0.51ab	28.33±0.40ab	621.23±12.29a	61.02±1.17a
AF2	30	31.63±1.06a	28.82±0.67ab	635.89±37.53a	59.87±1.13ab
AF3	50	31.26±1.17a	30.18±0.77a	625.96±30.94a	57.20±1.79ab

注：同一列没有相同字母表示彼此之间数值存在显著差异（$P < 0.05$）；下同。

腐植酸型碱性液体肥有利于香蕉生长和光合作用的效果还体现在能明显提高香蕉的生物量。与Comp和AF0相比，腐植酸碱性液体肥料（AF1、AF2和AF3）处理的根鲜生物量分别提高了10.2%～15.1%和5.9%～10.7%。AF1、AF2和AF3处理的茎鲜生物量比Comp和AF0处理分别提高了16.1%～26.0%和8.1%～17.4%，AF3处理显著高于其他2个处理。AF1、AF2和AF3处理的叶鲜生物量比Comp和AF0处理的分别提高了27.6%～41.8%和13.4%～26.1%，以AF3最高，较AF1和AF2提高了6.3%～11.2%（表4-2）。说明腐植酸具有明显的促生效果，而腐植酸与碱性液体肥

的复合更能显著提高香蕉的生物量。

表4-2　腐植酸碱性液体肥（AF）对香蕉单株鲜生物量的影响

肥料类型	腐植酸/（g/L）	根/g	茎/g	叶/g
Comp	0	21.83±0.44b	104.17±2.21d	71.54±2.46d
AF0	0	22.71±0.42b	111.80±3.36c	80.49±3.23c
AF1	10	24.08±0.36a	122.97±3.21b	95.41±3.33b
AF2	30	24.05±0.52a	120.89±2.58b	91.25±3.00b
AF3	50	25.13±0.40a	131.29±2.18a	101.46±1.30a

进一步分析了肥料对土壤脲酶和酸性磷酸酶活性影响。5个处理的脲酶活性大小依次是 AF2 > AF3 > AF1 ≥ AF0 > Comp，其中AF1、AF2和AF3处理的脲酶活性比Comp处理的分别增加了25%、91%和61%，比AF0处理的分别增加了7.0%、64.4%和38.3%。AF0和Comp处理的脲酶活性也有明显差异，前者比后者增加了16%[图4-7（a）]。另外，AF1、AF2、AF3的土壤酸性磷酸酶活性均显著高于Comp和AF0处理，不过3个腐植酸碱性液体肥料之间的酸性磷酸酶活性无差异［图4-7（b）］。综合说明，腐植酸碱性液体肥较常规肥料在提高土壤脲酶和酸性磷酸酶活性方面功能更强，从而能改善香蕉的氮、磷营养。综合土壤脲酶活性和土壤酸性磷酸酶活性，肥料中腐植酸用量为30g/L为宜。

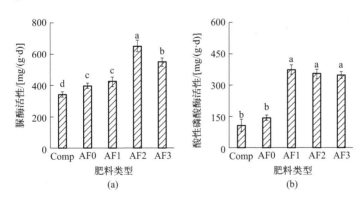

图4-7　腐植酸碱性液体肥（AF）对土壤脲酶（a）和酸性磷酸酶（b）活性的影响

土壤矿质态氮是土壤中铵态氮（NH_4^+）与硝态氮（NO_3^-）之和。在施氮量相等的条件下，AF1、AF2、AF3处理土壤的铵态氮含量均显著高于对照处理（Comp和AF0）[图4-8（a）]，说明施用碱性肥料并未导致氨挥发而损失氮素，而腐植酸的加入明显增加了香蕉可利用的氮。另外，腐植酸碱性液体肥处理（AF1、AF2和AF3）和常规肥料处理（Comp）、无腐植酸碱性肥（AF0）间硝态氮含量均无显著差异

［图4-8（b）］，说明无论是碱性肥料还是常规肥料并未影响土壤的硝化作用。由此可见，施用腐植酸碱性液体肥不但不会造成土壤氮素损失，反而能够明显地增加土壤的矿质态氮含量，从而提高土壤供氮量，改善香蕉的氮素营养。

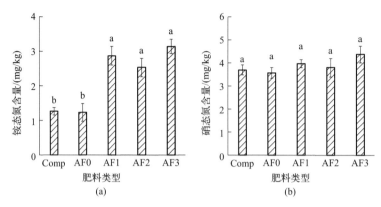

图4-8 腐植酸碱性液体肥（AF）对土壤矿质态氮含量的影响

施用腐植酸碱性液体肥可明显增加土壤有效磷含量（图4-9）。腐植酸碱性液体肥处理的土壤有效磷含量比未添加腐植酸的Comp和AF0处理增加了1倍多，其中AF3处理比Comp和AF0的平均增加了近2倍，AF1和AF2处理比Comp和AF0平均增加了近1倍。

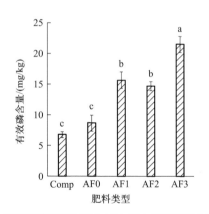

图4-9 腐植酸碱性液体肥（AF）对土壤有效磷含量的影响

另外，表4-3发现碱性腐植酸肥料处理中的细菌、真菌和放线菌数量均明显大于Comp和AF0。在碱性腐植酸肥料中，随着肥料中腐植酸用量的增大，土壤的细菌、真菌和放线菌数量随之增加，当腐植酸的用量为50g/L（AF3）时数量最大。说明土壤施用碱性肥料与腐植酸协同（腐植酸碱性液体肥）是增加土壤微生物数量、改善土壤微生物结构、促进植物生长的有效措施。

表4-3 腐植酸碱性液体肥（AF）对土壤微生物数量的影响

肥料类型	腐植酸/ （g/L）	细菌/ （10^5 cfu/g）	真菌/ （10^4 cfu/g）	放线菌/ （10^3 cfu/g）
Comp	0	1.28±0.12c	6.34±0.43cd	1.76±0.44de
AF0	0	1.74±0.38c	2.82±0.30d	3.32±0.42d
AF1	10	2.01±0.36c	11.08±0.65c	4.51±1.09b
AF2	30	5.20±0.55b	16.36±1.55b	4.03±0.40bc
AF3	50	18.44±0.50a	169.08±0.80a	6.67±0.39a

二、蕉园专用机械研发

1. 智能变量喷雾机

果园病虫害防治主要还是靠化学农药。在施药过程中，农药使用过多又会导致农药残留，降低果品质量，严重时会导致生态环境污染，威胁食品安全；农药使用过少不仅达不到防治病虫害的效果，还会导致二次作业浪费劳动力。果农为了减少生产成本，在喷雾作业时往往会选择多喷和连续喷来达到一次性作业效果。这种粗放式喷雾作业是导致果园农药残留的主要原因之一，对靶喷药和变量喷药是减低农药残留的有效手段，其核心关键技术是动态靶标探测和变量喷药控制技术。

（1）动态靶标探测技术　目前，果树冠层靶标探测用到的主流传感器有红外、超声波、图像以及激光雷达等，各技术发展现状如表4-4所示。

表4-4 果树冠层靶标识别方法

靶标探测	采用技术	对靶喷雾应用	发展水平
果树位置	红外传感器	根据靶标有无进行喷雾开关控制，用于降低果树间隙药液沉积	技术比较成熟、样机产品化
果树外形和体积	超声波传感器	根据靶标外形和体积分布，调节各喷头不同位置处的喷雾量，用于降低靶标内部药液沉积不均性	技术较成熟、样机产品研发
果树内部结构和稠密度	激光雷达	结合体积信息和稠密度信息，计算靶标不同位置药液需求量，并进行对靶喷雾	技术前景好、试验样机研发
果树病虫害程度	光谱和图像技术	根据果树病虫害程度，有针对性地按需精准喷雾	技术不成熟、实验室试验

从表4-4可见，激光雷达可以探测果树的位置信息、体积及树冠的稠密度，因此可以有效地用于果树冠层靶标动态探测系统中，是用于动态靶标探测的主流方法。

① 基于激光雷达的动态靶标探测系统。该系统主要由动态靶标探测处理装置、二维线扫激光雷达、旋转编码器以及电源组成，可以解决动态靶标探测系统位置信

息和果树冠层靶标信息两个方面的问题。对靶探测系统运行时，先以激光雷达为坐标原点建立世界坐标系，旋转编码器在激光雷达正下方安装。喷雾机从当前位置标记原点并开始行走，走到虚线处结束，激光雷达用来获取目标的位置及距离信息；旋转编码用来获取喷雾机的位置信息，并实时检测喷雾机的行驶速度及距离，激光雷达每检测一次读取一次旋转编码器的值。具体采集过程如图4-10所示，当动态靶标探测系统行进时，二维线扫激光雷达扫描路径是一个螺旋体路径。

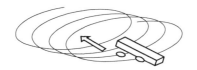

图4-10 动态靶标探测系统行进时激光雷达扫描路径示意图

② 数据预处理。二维线扫激光雷达可在一个周期内通过旋转360°，采集大量的距离数据，其数据格式是以激光雷达为原点的极坐标数据，需进行数据预处理，把极坐标转化成空间笛卡尔直角坐标系，才能用于冠层分析和探测。动态靶标探测系统的空间笛卡尔直角坐标系将激光雷达起点位置设定为坐标系原点；对靶喷雾机的前进方向为z轴；雷达探测果树冠层厚度的方向为x轴；垂直地面向上方向为y轴（图4-11）。激光雷达获得的第i帧极坐标值是平面xy的数据集合$\{(\rho(j,i), \theta(j,i))\}_1^M$，其中M是果园激光雷达旋转扫描点数，$\rho(j,i)$、$\theta(j,i)$分

图4-11 果园激光雷达坐标系

别是第i帧中第j个点到果园雷达的距离及对应角度。由于果园雷达进行两侧点云数据采集，所以将第i帧中每个采集点的极坐标值转化成平面xy时，x轴上坐标需保持为正值，即有公式（4-1）和公式（4-2）：

$$x(j,i) = |\, \rho(j,i)\cos \theta(j,i) \,| \tag{4-1}$$

$$y(j,i) = \rho(j,i)\sin \theta(j,i) \tag{4-2}$$

③ 树冠体积建模。果树冠层体积测量原理如图4-12所示，其中三轴坐标定义与上述坐标保持一样。果园雷达的扫描周期为Δt，即经过周期Δt，果园激光雷达采集完了单位帧的点云数据，获取的激光雷达点云数据在与xy平面平行的平面里。然后将单位测量时间内的相邻两个测量点P_i、P_{i+1}之间的果树冠层部分离散化为长方体，最后用长方体体积累加近似替代单侧树冠体积，即有公式（4-3）和公式（4-4）：

$$V_{\text{tree}} = D_d D_s v_{\text{car}} \Delta t \tag{4-3}$$

$$D_d = D_c - D_O \tag{4-4}$$

式中，V_{tree} 是单帧相邻点间单侧树冠体积；Δt 是果园雷达采集周期；D_O 是 P_i、P_{i+1} 点在 x 轴方向上树冠外缘平均距离；D_c 是树冠中心 x 轴方向距离；D_s 是 P_i、P_{i+1} 两点之间在 y 轴方向距离；v_{car} 是小车的行走速度；D_d 是 P_i、P_{i+1} 点的单侧树冠层均匀厚度。

④ 动态靶标探测装置探测性能。通过动态靶标探测装置对果树靶标识别进行研究分析，并对试验结果数据与真实情况的效果进行对比。使用动态靶标探测系统采集果树冠层靶标数据，将非靶标点去除后效果图如图4-13所示。

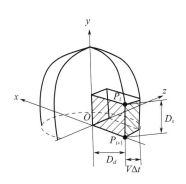 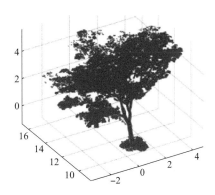

图4-12　果树冠层体积计算示意图　　图4-13　果树冠层探测

通过设置果树靶标感兴趣区阈值试验获取的靶标点云数据（图4-14），将靶标点云数据投影到 xz 平面上，x 轴上有一条红色短线表示树木靶标数据帧所在范围。在试验时首先确定果树感兴趣区域，再通过设置阈值范围检测出靶标的数据帧的位置，这样可以将三维降到二维，确定主干位置，为后续的体积计算做出铺垫。

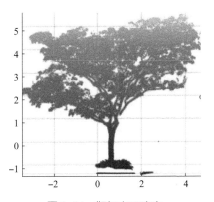

图4-14　靶标主干确定

用主干到激光雷达的距离减去激光获得冠层的距离，求得的差值作为高，乘以对应的面积，最后累计所有点云数据求和得出果树体积。通过人工测量进行对比，分别在果树主干1000mm、1500mm、2000mm处对果树进行探测，探测结果见表4-5。

表4-5　果树体积探测的结果

靶标测量	测量距离/mm					
	1000		1500		2000	
	平均值/mm³	相对误差	平均值/mm³	相对误差	平均值/mm³	相对误差
1	225021500	10.35	226251400	9.86	223992400	10.76
2	223490400	10.96	224042600	10.74	222812700	11.23
3	221005500	11.95	224494400	10.56	220955300	11.97

（2）基于PWM的变量喷雾控制技术

① 变量喷雾控制整体结构。基于PWM的变量喷雾技术流量调节范围广，流量控制精度高，系统响应实时性强，工作稳定，各喷头流量可独立控制，是对靶变量喷雾方案变量控制的最佳选择。基于PWM的变量喷雾技术采用单片机控制器生成自定义的PWM波驱动电磁阀改变单位时间内的通断时间之比实现变量控制，变量喷雾控制整体结构如图4-15所示，主要由液晶触摸屏、单片机控制器、电磁阀驱动器、电磁阀、喷头组、电源组成（图4-16）。

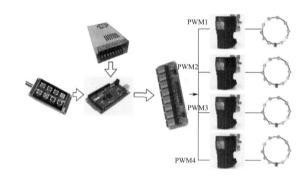

图4-15　变量喷雾控制整体结构图

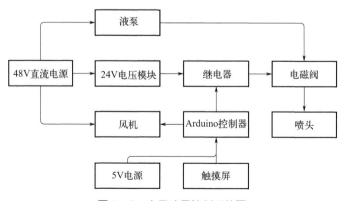

图4-16　变量喷雾控制系统图

② 变量喷雾控制系统试验。PWM变量喷雾性能的好坏主要取决于电磁阀性能的

好坏。应用该变量喷雾方案要求电磁阀响应敏捷、快速，通常电磁阀流量孔径越小，其能达到的响应速度越快。因此在电磁阀响应性能满足要求的前提下，流量也应满足使用需求，故电磁阀的选型至关重要。

为了选择性能更好的电磁阀，对常用几款性能较好的电磁阀进行了变量性能测试（图4-17）。结果发现亚德客2V025-08型和亚德客2W030-08型电磁阀流量调节范围大，在测试频率（10Hz）下可达Burker-6213型电磁阀的4倍之多；其中亚德客2W030-08型电磁阀流量线性关系略优于亚德客2V025-08型，且流量大于亚德客2V025-08型，综合考虑各因素，选择亚德客2W030-08直动常闭型的电磁阀作为该系统的变量喷雾执行装置。

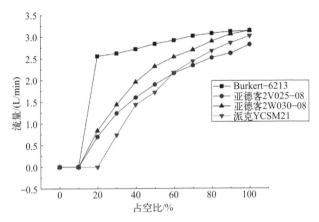

图4-17　几款性能较好的电磁阀占空比-流量曲线图（10Hz）

完成变量控制系统的搭建后，在0.4MPa、0.6MPa、0.8MPa压力下分别测试了6Hz、8Hz、10Hz、12Hz的流量曲线（图4-18）。由试验结果可知，压力一定的条件下，PWM频率对喷雾流量影响很小，在0.8MPa压力和10Hz、12Hz频率条件下，电磁阀在占空比低于20%时无法响应，因此随着喷雾压力变大，电磁阀的响应性能也会受到影响。

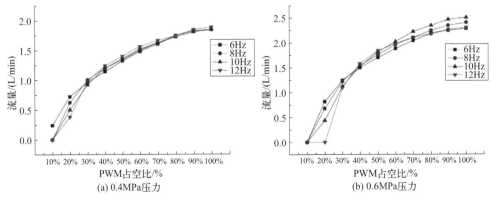

图4-18

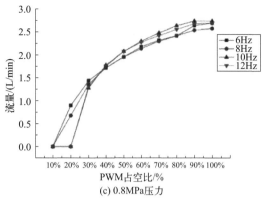

图4-18　不同压力测试的流量曲线

对不同频率下测试的流量曲线进行测定（图4-19），发现在PWM频率一定的条件下，喷雾压力越大，流量越大；在压力、频率一定时，PWM占空比越大，喷雾流量越大，且近似于线性关系。且在电磁阀能正常响应的前提下，频率越高，变量范围越大。

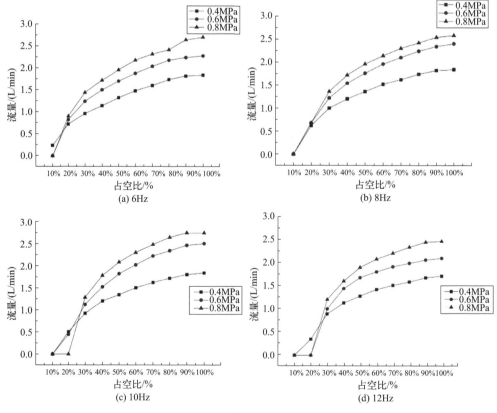

图4-19　不同频率下测试的流量曲线

2. 全电动果园风送式对靶喷雾机

根据果园的特点，研制开发了一台适用于经过宜机化改造的丘陵山地果园的喷雾机（图4-20）。该喷雾机主要由全地形移动履带底盘、喷雾执行机构、弱电控制箱、强电控制箱、药箱、泵以及激光雷达等组成。全地形移动履带底盘负责喷雾机的整体运动以及向执行机构供电，由人工控制无线遥控器进行底盘的进退与转向；喷雾机执行机构由风塔、风机组件、电磁阀、喷头等组成，其中风塔内部沿周向对称分布十四个风道，与十四个喷头一一对应，满足仿形喷雾要求；强弱电路分开布置，避免信号干扰，适应果园复杂作业情况；激光雷达用以采集果树冠层信息，作为对靶喷雾传感器。

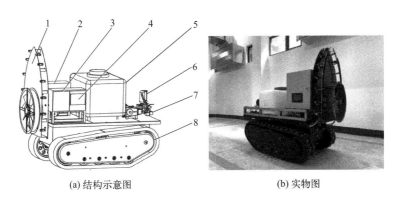

(a) 结构示意图　　　　　　　　　　(b) 实物图

图4-20　全电动果园风送式对靶喷雾机

1—喷雾执行机构；2—弱电控制箱；3—强电控制箱；4—触屏；5—药箱；6—药泵；
7—激光雷达；8—履带底盘

电动喷雾机主控制系统由信息采集单元、供电单元、喷雾控制单元组成。主控制系统原理如图4-21所示。信息采集单元主要包括激光雷达和旋转编码器，负责采集果树行距、冠层体积信息以及计算喷雾延时。供电单元统一采用72V锂电池作为动力源为底盘驱动电机、风机驱动电机、泵驱动电机以及控制系统供电。同时经72V-12V稳压电源为信息采集单元、喷雾控制单元供电。自动喷雾作业时，STM32主控制器根据信息采集单元的果树行距、冠层体积、行驶速度等数据，以电磁阀作为执行元器件，输出每个电磁阀相应的PWM波形来控制电磁阀的频率，从而达到喷雾姿态自适应调节精准对靶喷雾的目的。

3. 开沟施肥覆土一体机

中国香蕉的农业生产比较落后，特别在施肥环节存在盲目施用大量化肥、化肥利用率低下、缺少科学管理等问题，急需开发与之适应配套的施肥装备。目前中国蕉园精准变量施肥技术研究仍处在空白区域，基于香蕉根系根构型及生长环境的特殊性，市面上现有的施肥装备暂时满足不了蕉园施肥作业需求。精准农业技术的发

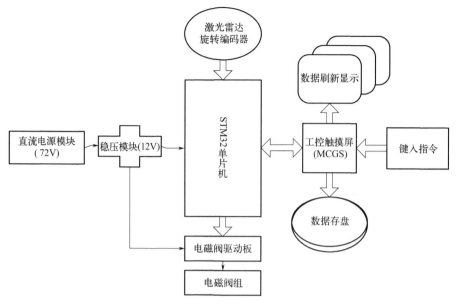

图4-21 电动喷雾机主控制系统原理图

展为基于香蕉假茎表型测量的变量施肥技术研究提供了技术支持，蕉园变量施肥技术可为中国香蕉种植提质增效提供技术支撑，有利于精准农业技术在中国香蕉生产中的使用和推广。

（1）基于香蕉假茎表型的精准变量施肥技术　果树表型是建立其需肥模型、实现精准变量施肥的前提基础。香蕉球茎、根系生长在地下部，表型特征难以观察，而香蕉假茎直立粗大如圆柱体，表型特征比较规则和明显，可建立香蕉假茎表型与球茎、根系表型生长相关模型，通过假茎表型参数来预测球茎表型特征。基于香蕉假茎表型测量的蕉园变量施肥技术实现方式如下：①首先研究香蕉假茎、球茎直径以及根系水平分布长度的生长特性。通过对图像预处理、边缘检测表征出蕉株模板信息，根据实际标尺与图像中像素的距离关系，设置虚拟标尺，合理选取测量区域进行测量，记录香蕉假茎和球茎直径以及根系水平分布长度等相关参数。然后通过对测量结果数据分析和函数拟合等操作，分析假茎与球茎、根系水平分布长度的相关性，建立如图4-22所示的相关模型。由图可知，香蕉假茎与球茎直径、根系水平分布长度之间存在强相关性，且可建立简单的关联函数描述该关系，因此，可通过香蕉假茎直径来表征香蕉球茎直径及其根系水平分布长度。进一步通过全生长周期的数据统计，可获得假茎直径生长规律、球茎直径生长规律及根系水平分布长度生长规律。结果表明，假茎、球茎及根系水平分布表型在香蕉整个生长期内呈现"S"形变化规律，遵循作物先缓慢、中期加速、后期缓慢的生长特点。

② 通过根系分布特征建立施肥量化依据。采用图像处理、像素统计、数据分析

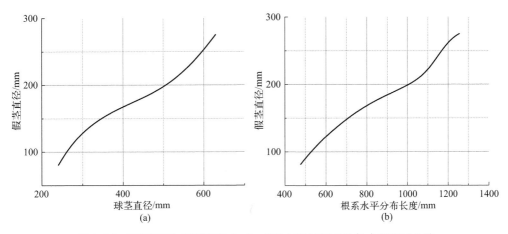

图4-22　香蕉假茎与球茎直径（a）、根系水平分布长度（b）的关联函数

和函数拟合等方法，得出单株香蕉根系面积的水平分布规律。其分布特点是中间高、两边低呈钟形，可近似视为正态分布曲线，故可将单株香蕉根系构型定义为正态分布，每相邻两株蕉苗吸收根系分布为非连续正态分布。按照作物根系分布及需求和土壤肥力情况等因素进行按需施肥，在吸收根分布密集的地方多施肥，在作物根系分布稀松的地方少施肥，不存在作物根系的地方停止施肥的原则，可建立基于香蕉根系正态分布特征的施肥量化分级标准，为变量施肥提供决策依据。

③ 香蕉假茎表征算法与变量施肥。基于香蕉假茎表型测量的蕉园变量施肥主要原理是通过RGB-D相机沿作物行间自主行走自动识别出假茎直径大小，通过假茎直径大小制定单株香蕉的施肥决策，按照决策命令执行相应的变量施肥动作，完成蕉园变量施肥。图4-23展示了香蕉假茎直径信息智能感知算法的流程，具体包括：通过处理采集深度图像，设置合理的投入产出比（ROI），进行点云数据计算和降噪，采用鲁棒性最小二乘法重构假茎三维信息，而后通过粒子群优化算法将假茎重构曲面拟合为圆，根据相机内外参数标定信息，提取出假茎图像中的直径参数。田间测量试验结果表明：平均测量误差为4.06mm，相对误差为2.34%；平均计算处理单个

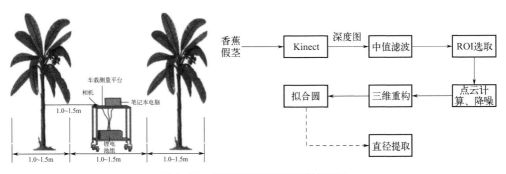

图4-23　香蕉假茎直径提取算法流程

香蕉的假茎直径的时间为0.83s，验证了香蕉假茎测量方法具有较好的处理效果。

（2）精量排肥装置与控制系统　排肥装置是实现精准变量施肥的关键核心机械部件，其机械结构和控制系统的工作性能关系到排肥的稳定性和精准性。针对现有的外槽轮排肥器多是通过螺纹轴、弹簧和阻塞套的配合进行手动调节，准确性较低且操作烦琐，而且满足不了实时调节工作长度的功能需求等问题，创新设计了外槽轮排肥装置及其控制系统。

外槽轮排肥装置的机械结构如图4-24，内芯挡环通过螺钉固定在排肥器外壳一侧，用于限制槽轮内芯的轴向移动，使其只有一个自由度绕轴旋转；外芯支撑板用于减小槽轮外芯轴向往复移动时产生的振动，保证机构运动的稳定性；两个半圆形垫片通过螺钉固定在槽轮外芯一侧，并与法兰以间隙配合的方式连接，保证槽轮外芯的轴向移动与绕轴旋转两个运动互不干涉；电缸推杆通过法兰与槽轮外芯连接控制其轴向运动。排肥机构未收到施肥指令时，槽轮初始开度（槽轮内芯的有效工作长度）为设定值，电缸推杆位于相对坐标系原点位置，此时推杆处于最大伸长状态。当收到施肥指令时，步进电机驱动电缸推杆轴向移动，推杆开始缩短，槽轮内芯的有效工作长度变大，施肥量由零开始慢慢变大，当施肥机的排肥口行进到香蕉假径中心位置时，即香蕉根系最密集的地方，施肥量达到最大，槽轮开度达到最大，施肥机继续往前运动，电缸推杆开始伸长，槽轮内芯有效工作长度开始减小，施肥量开始减少，直至为零。香蕉单株施肥量为电缸推杆运动一个周期，即槽轮外芯轴向移动周期，在串口屏预先设定的施肥量和施肥长度决定槽轮内芯最大有效工作长度和槽轮外芯的轴向移动周期。

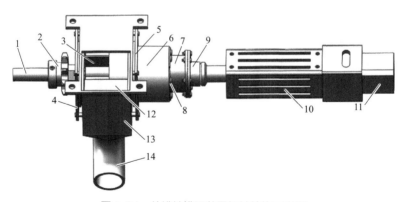

图4-24　外槽轮排肥装置机械结构示意图

1—排肥轴；2—链轮；3—槽轮内芯；4—内芯挡环；5—外芯支撑板；6—槽轮外芯；7—外芯连接法兰；8—半圆形垫片；
9—电缸推杆连接法兰；10—电缸推杆；11—步进电机；12—阻肥刷；13—排肥器外壳；14—排肥管

以上述的外槽轮排肥器为基础，构建如图4-25所示的一套蕉园精准施肥系统，包括人机交互、控制系统、超声波传感器以及执行机构等。系统可依据施肥决策决定施肥量和施肥长度，通过对靶探测传感器确定施肥位置，结合机具的前进速度和排肥轴转速，让排肥口的大小以及开口变化的频率与速度和转速两个量相适应，最后将定量的肥料以正态分布的形式精准条施进沟中。为了确定排肥装置的工作参数，对肥料颗粒的排肥过程进行了EDEM仿真试验，结果表明颗粒肥量的分布呈正态分布规律。

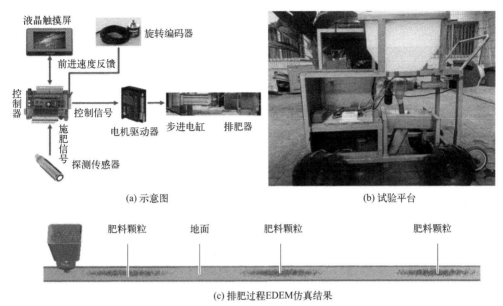

(a) 示意图　　　　　　　　　　　　　(b) 试验平台

(c) 排肥过程EDEM仿真结果

图4-25　精准施肥系统

（3）装备参数

① 第一代机。整机结构及工作原理及结构参数：所设计的小型开沟施肥覆土一体机主要由扶手、发动机、行走驱动机构、机器机架、施肥机构、耕深调节机构和开沟覆土机构组成（图4-26）。发动机通过带传动将动力传动到开沟变速箱输入轴，并通过联轴器将运动传给行走变速箱。开沟变速箱输出轴安装开沟刀，行走变速箱输出轴安装行走轮。在轮轴上安装链轮，轮轴和链轮通过链条带动施肥机构的排肥器链轮转动，从而驱动排肥器排肥，肥料最终从排肥管落到开沟刀所开的沟中。当发动机运转时，动力经前后两变速箱分别传送至开沟刀和驱动轮，实现边开沟施肥覆土，边前进。施肥机构采用外槽轮式排肥器，可根据实际需要调节排肥量。开沟施肥覆土一体机主要技术参数见表4-6。

表4-6　第一代开沟施肥覆土一体机主要技术参数

序号	项目	参数	备注
1	主尺寸（长×宽×高）	0.65m×0.5m×0.6m	
2	整机质量/kg	40	

序号	项目	参数	备注
3	行走速度/（m/s）	0.25～0.4	
4	排肥量/kg	0.1～0.6	机器行走1m的排肥量
5	开沟深度/mm	25～60	
6	开沟宽度/mm	40	
7	料斗容量/L	25	
8	动力	7.5马力汽油机	

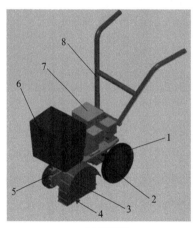

(a) 模型图

(b) 样机

图4-26　第一代开沟施肥覆土一体机

1—驱动轮；2—驱动变速箱；3—覆土箱；4—开沟刀；5—耕深调节机构；6—料斗；7—发动机；8—扶手

② 第二代机。小型开沟施肥第二代一体机，主要适用于蕉园开沟施肥覆土一体化作业，该一体机整机主要由驱动系统、传动系统、转向系统、开沟覆土机构、施肥机构和耕深调节机构组成（图4-27）。新一代的开沟施肥覆土一体机主要针对转向系统和耕深调节系统进行了优化，设计了一种基于牙嵌式离合差速转向机构和手轮式丝杠耕深调节机构。优化后的开沟施肥覆土一体机可在果园中灵活作业，转弯半径小，转向灵活，且耕深调节方便，提高了一体机的操作舒适度和作业效率。开沟施肥覆土一体机主要技术参数见表4-7。

表4-7　第二代开沟施肥覆土一体机主要技术参数

序号	项目	参数	备注
1	主机尺寸（长×宽×高）	0.8m×0.6m×0.8m	
2	整机质量/kg	75	
3	行走速度/（m/s）	0.25～0.4	

序号	项目	参数	备注
4	排肥量/kg	0.1～0.5	每株香蕉可达到的排肥量
5	开沟深度/mm	25～60	
6	开沟宽度/mm	40	
7	料斗容量/L	65	
8	动力	7.5马力汽油机	

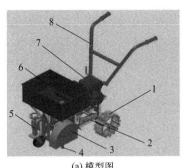
(a) 模型图

(b) 样机

图4-27 第二代开沟施肥覆土一体机

1—驱动轮；2—驱动轮传动机构；3—覆土箱；4—开沟刀；5—耕深调节机构；6—料斗；7—发动机；8—扶手

4. 无人机飞防技术

植保无人机包含单旋翼的无人植保直升机和多旋翼植保无人机，中国植保无人机基本属于后者，其基本结构如图4-28所示，主要由动力系统（包括电机、电池、电调、桨）、飞行器主体（包含机架、起落架）、机载农药喷洒系统和控制系统（包括遥控器、接收机、飞行控制器）组成。机载农药喷洒系统包括药箱、喷头、悬臂、液泵、喷洒控制板、控制线以及水管。与传统的单旋翼直升机相比，多旋翼无人机具有稳定性好、结构简单、续航长、危险性小、可靠性强等优点。

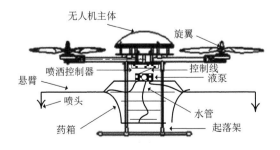

图4-28 用于农药喷洒的无人机系统组成图

无人机关键技术介绍如下。

① 航空双重雾化离心雾化喷头。植保无人机的喷头是喷雾中最重要的部件，对无人机植保防治效果有着直接影响。按照药液雾化的动力来源来分，目前无人机采用的喷头主要有压力喷头和离心喷头两种。相比压力喷头，离心喷头的雾滴粒径不仅更小而且可控，雾化效果更为均匀，其主要缺点是不容易维护，成本较高。目前植保无人机喷头采用离心喷头逐渐成为主流方案。

为了提高离心喷头的雾化效果，实现高效可控的航空喷雾，研制了一种新型的航空双重雾化离心雾化喷头，带槽旋转盘直径为83mm，带齿旋转环直径为97mm，齿的长度、厚度分别为1.3mm和2.5mm，齿数为20，齿形为方形（图4-29）。不同于转盘式雾化喷头，它是一种在开槽旋转盘外侧同轴设置一个带齿旋转环，用于辅助进一步雾化的雾化器。离心雾化喷头的主要结构由电机、锥齿轮换向器、开槽旋转盘、旋转盘法兰、带齿旋转环、供液导管组成。锥齿轮换向器的输入齿轮与电机转轴过盈配合，电机转轴穿过与其间隙配合的换向器输出齿轮和旋转盘法兰，其末端通过紧定螺钉与带齿旋转环固定，输入齿轮和旋转环在电机转轴的带动下顺时针旋转。换向器输出齿轮与旋转环法兰通过紧定螺钉固定，并带动旋转盘逆时针旋转。该离心雾化喷头通过上述工作原理实现了开槽旋转盘和带齿旋转环的反向旋转。液体经供液导管输送至开槽旋转盘后，在离心力的作用下液体被旋转盘甩至旋转环上形成较为均匀的雾滴。

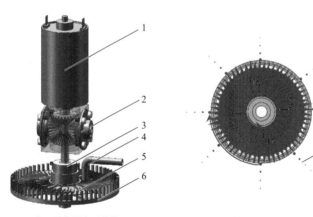

(a) 离心雾化器主要结构   (b) 离心雾化器雾化过程示意图

图4-29　航空双重雾化离心雾化喷头

1—驱动电机；2—锥齿轮换向器；3—旋转盘法兰；4—供液导管；5—开槽旋转盘；6—带齿旋转环

为研究该航空双重雾化离心雾化喷头喷雾性能，以离心雾化器转速(X_1)、流量(X_2)和喷雾高度(X_3)3个因素进行Box-Behnken响应面试验，利用软件Design-Expert11进行Box-Behnken试验设计（表4-8）及数据分析。响应值为雾化器有效喷幅宽度（ESW），选取单因素实验中水平两端分别作为+1和-1的水平，两端的平均值作为0

的水平，响应值为雾滴体积中径（VMD）、谱宽（SRW），编码水平如表4-8所示。

表4-8 雾化器喷幅的Box-Behnken试验设计

因素	水平		
	−1	**0**	**1**
X_1：离心雾化器转速/(r/min)	600	3800	7000
X_2：流量/(mL/min)	500	750	1000
X_5：喷雾高度/m	1	2	3

ESW对试验因素的响应面图及其对应的等高线图如图4-30所示。图4-30（a）可以看出，在流量(X_2)一定的工况下，随着转速(X_1)的逐渐增大，ESW呈现出先逐渐增大，再逐渐平缓后减小的趋势；在转速(X_1)一定的工况下，随着流量(X_2)的增大，ESW呈现出先增大后减少的趋势。图4-30（b）可以看出，在高度(X_5)一定的工况下，随着转速(X_1)的逐渐增大，ESW呈现出先逐渐增大，再逐渐平缓后减小的趋势；在转速(X_1)一定的工况下，随着高度(X_5)的增大，ESW呈现出先减少后增大的趋势。从图4-30（c）可以看出，在高度(X_5)一定的工况下，随着流量的逐渐增大，ESW一直在增大；在流量(X_2)一定的工况下，随着高度(X_5)的增大，ESW呈现出先减小后增大的趋势。

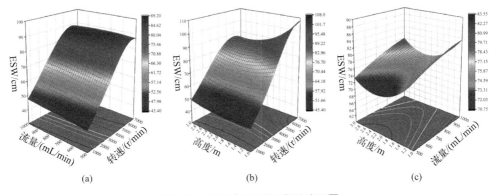

图4-30 各因素对ESW的响应面图

从各因素对ESW的响应面图可见，转速、流量、喷雾高度均对ESW有显著影响。利用响应面分析法建立ESW的回归模型，采用Design-Expert11软件的分析模块对试验结果进行多元回归分析，建立了以转速(X_1)、流量(X_2)、齿数(X_3)、喷雾高度(X_5)为变量的回归方程［式（4-5）］：

$$\frac{1}{ESW}=0.026138-4.99145\times10^{-6}X_1-6.82333\times10^{-6}X_2+0.002902X_3+6.07843\times$$
$$10^{-10}X_1X_2+2.74496\times10^{-7}X_1X_3-3.1033\times10^{-7}X_2X_3+3.07543\times10^{-10}X_1^2+$$
$$2.08516\times10^{-9}X_2^2-0.000844X_3^2$$

（4-5）

与测试结果对比，回归模型的显著性决定系数 R^2 为 0.9975，回归方程具有高度显著性且没有失拟合，检验指标的回归方程与检验数据拟合良好。所有线性项 X_1、X_2 和 X_5，交互项 X_1X_2、X_2X_3，二次项 X_1^2、X_3^2 对 ESW 有显著的影响，其余项对 ESW 的影响不显著。

② 无人机仿地飞行技术。仿地飞行是指无人机在作业过程中，通过设定与已知三维地形的固定高度，使得飞机与目标地物保持恒定高差。借助仿地飞行功能，无人机能够适应不同的地形，根据测区地形自动生成变高航线，保持地面分辨率一致，从而获取更好的数据效果（图4-31）。

实际运用中仿地飞行的飞行流程包括准备数据模型和飞行航线规划两个方面。首先

图4-31　仿地飞行示意图

在测区内采用 2D 正射的方式飞行一遍，航高设置为测区最高点海拔 +150m。然后利用空三软件 Pix4Dmapper 生成测区的数字表面模型（DSM），并将文件导入遥控器中。利用这种当时生成的数据相对来说比较精细，适合城区高低层楼宇交错的地形，可以实现更好的仿地效果，但是对于落差较大的地区来说，首次飞行的安全问题无法保证；对整体项目效率也有影响。

基于已有的数字高程模型（DEM）数据，按常规方式进行航线规划，设置起飞点海拔和相对高度，选择变高航线。为了避免无线电通信被山体阻隔而造成无人机失联，需要将 DEM 数据进行分区，分区间重叠 50m。分区依据主要考虑起飞点、地形高差、山脊线等。

利用已经下载好的 DEM 数据进行仿地飞行，节省了提前飞行的电量和作业时间，可以提高外业效率。目前覆盖全国的公开 DEM 数据有空间分辨率为 SRTM 90m、ASTER GDEM 30m、ALOS 12.5m 的可供下载。

以数据分区情况为基础，就可以规划好测区仿地任务文件。

③ 飞防作业注意事项。喷头属于精密器件，在实际飞防作业中，一次喷洒任务往往同时需要防控多种病虫害靶标，药剂的复杂性以及作业环境的变化都会对喷头本身的结构造成一定影响，这样不仅会影响到防治效果，而且会导致药液的浪费，因此学会如何正确使用与保养喷头至关重要。

造成喷头磨损的因素有很多，例如化学药剂对喷头产生的腐蚀，药剂品类的不合理使用，水溶性差的叶面肥，都会对喷孔产生磨损；喷雾的压力越大，对喷孔的冲击越大，磨损越严重；水中的杂质不仅堵塞喷头，也会对喷头造成破坏。因此每次作业任务结束后，都应及时彻底清洗喷洒系统，即把喷头卸下，用清水或气泵直接清洗喷孔，也可以选择软毛刷子轻轻清理固体残留，但是不可用大头针、别针或

者硬质毛刷等坚硬的物体清理喷头，以免造成永久损伤。

病虫害防治效果的好坏，与雾滴粒径大小、雾滴飘移及沉降率等因素密切相关，其中雾滴粒径是影响植保无人机喷雾质量及作业效果的关键因素之一。雾滴尺寸分类标准见表4-9，农药喷施过程中，雾滴粒径大，则具有较大的动能，易沉降、不易发生随风飘移及蒸发散失，但过大的雾滴会造成药液滚落流失，污染环境，同时降低农药雾滴的覆盖密度与均匀度，造成农药的喷施效果不佳。细小雾滴对靶标的覆盖密度和均匀度远优于粗大雾滴，且附着性能好，不易流失；此外，细小雾滴有较好的穿透能力，能随气流深入植株冠层内部，沉积在果树或植株深处靶标正面或大雾滴不易沉积的背面。但如果雾滴的粒径过小，在自然风与空气动力的影响下，易发生大量飘移，导致空气污染，还可能对邻近农作物造成药害，带来经济损失。

表4-9　雾滴尺寸分类标准

分类	颜色码	体积中值粒径/mm
极细（XF）	紫色	≈50
非常细（VF）	红色	<136
细（F）	橘色	136～177
中等（M）	黄色	177～218
粗（C）	蓝色	218～349
非常粗（VC）	绿色	349～428
极粗（XC）	白色	428～622
特别粗（UC）	黑色	>622

因此，在选择农药喷雾技术中，应根据农药类型选择合适的雾滴粒径（雾滴最佳粒径）（表4-10），在不造成环境污染的前提下，充分发挥细小雾滴的优势，减少飘移，减轻环境污染，使药剂发挥最佳效果。

表4-10　防治不同生物靶标的雾滴最佳粒径

农药类型（针对不同生物靶标）	雾滴最佳粒径/μm
防治飞行类害虫的杀虫剂	10～50
防治叶面爬行类害虫的杀虫剂	40～100
防治植物病害的杀菌剂	30～150
除草剂	100～300

三、微生物肥料研发

1. 背景及意义

香蕉枯萎病又称为巴拿马病，是毁灭性土传真菌病害，由尖孢镰刀菌 *Fusarium*

oxysporum f. sp. *cubense*（简称FOC）引起，主要分布在全球热带和亚热带香蕉种植区。FOC病原菌可在土壤中长期存活，一旦渗入宿主植物的细胞壁屏障，就会产生菌丝和分生孢子，随后进入根茎的木质部和侧根的维管区，阻塞根茎对营养的吸收和水分的输送，最终导致整棵植株变黄枯萎。近年来，香蕉枯萎病的暴发，使中国香蕉种植面积由最高峰2015年的646万亩降低至2019年的480万亩，造成重大经济损失。目前尚无有效的化学药剂和高抗或免疫品种，利用生防微生物控制枯萎病蔓延被认为是最有效的措施之一。

2. 技术研究的主要结果

以抑制Foc4病菌的生长率为响应值，采用响应面三步法进行链霉菌的发酵条件优化。首先，通过Plackett-Burman试验筛选出对抗Foc4病菌生长的关键因素，利用最陡爬坡试验达到逼近最佳值区域，最后通过Box-Behnken试验设计确定最优发酵条件，使其抑菌活性达到最大值。

（1）发酵培养基和发酵时间　选取5种不同发酵培养基，以香蕉枯萎病4号生理小种（Foc TR4）为靶标病原菌，采用TLC-bioautography法进行代谢产物抑菌活性检测，对菌株2-6、2-11和H-7进行发酵培养基和发酵时间筛选，以获得最佳活性发酵培养基和发酵时间。结果表明，菌株2-6、2-11和H-7均在发酵培养基M1中代谢产物抑菌活性最好（图4-32）。菌株2-6发酵8天时，抑菌活性达最大值，抑菌圈直径为13.01mm［图4-32（a）］；菌株2-11和H-7发酵7天时，抑菌活性达最大值，抑菌圈直径分别为14.34mm和15.87mm［图4-32（b）、（c）］。因此，菌株2-6选取M1为发酵培养基，8天为发酵时间；菌株2-11和H-7选取M1为发酵培养基，7天为发酵时间，进行后续发酵条件响应面优化。

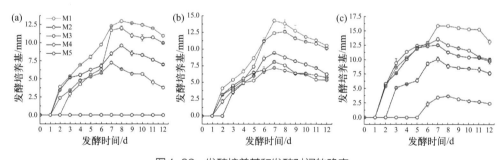

图4-32　发酵培养基和发酵时间的确定

（2）优化培养条件　采用Plackett-Burman设计因子矩阵评价葡萄糖（X_1）、可溶性淀粉（X_2）、酵母浸膏（X_3）、蛋白胨（X_4）、K_2HPO_4（X_5）、$MgSO_4$（X_6）、$(NH_4)_2SO_4$（X_7）、pH（X_8）和温度（X_9）等9个因子对菌株2-6、2-11和H-7代谢产物抑菌活性的影响，设计矩阵与结果见表4-11。

表4-11 Plackett–Burman设计矩阵与试验结果

菌株	培养条件	变量									抑制区/mm
		X_1	X_2	X_3	X_4	X_5	X_6	X_7	X_8	X_9	
2-6	1	1	−1	1	1	−1	1	−1	−1	−1	11.36
	2	−1	1	1	−1	1	−1	−1	−1	1	8.24
	3	1	−1	1	1	1	1	−1	1	−1	10.86
	4	−1	−1	−1	−1	−1	−1	−1	−1	−1	9.23
	5	1	−1	−1	−1	1	1	1	−1	1	14.72
	6	−1	1	1	1	−1	1	1	−1	1	12.16
	7	1	−1	−1	−1	−1	−1	1	1	1	13.79
	8	−1	−1	−1	1	1	1	−1	1	1	9.44
	9	−1	1	−1	1	1	−1	1	−1	−1	11.20
	10	1	1	−1	1	1	−1	1	−1	−1	13.23
	11	−1	−1	1	1	1	1	1	1	−1	11.38
	12	1	1	−1	1	1	1	−1	1	1	10.96
2-11	1	−1	−1	−1	1	1	1	−1	1	−1	11.67
	2	1	−1	1	−1	1	1	−1	−1	−1	13.24
	3	−1	1	1	−1	1	−1	−1	−1	1	9.52
	4	1	1	−1	−1	1	1	1	1	−1	10.30
	5	1	1	−1	1	−1	1	1	1	1	14.28
	6	1	1	−1	1	1	−1	1	−1	−1	13.84
	7	−1	−1	−1	−1	−1	−1	−1	−1	−1	9.44
	8	1	−1	−1	−1	1	1	1	1	1	10.25
	9	−1	1	1	1	1	1	−1	1	1	11.32
	10	1	−1	1	−1	−1	1	1	1	1	10.35
	11	−1	1	1	−1	−1	1	1	1	−1	9.12
	12	−1	1	1	1	1	1	1	1	−1	10.43
H-7	1	−1	−1	1	1	1	1	1	1	−1	22.30
	2	−1	−1	−1	−1	−1	1	−1	−1	−1	11.40
	3	1	1	1	−1	1	1	1	−1	−1	12.15
	4	1	1	−1	1	−1	1	1	1	1	15.85
	5	−1	−1	1	1	1	1	1	1	1	15.80
	6	−1	1	−1	−1	1	1	1	1	−1	16.75
	7	1	1	1	−1	1	1	−1	1	−1	21.50
	8	−1	1	1	−1	1	−1	−1	−1	1	17.06
	9	1	−1	−1	1	1	1	−1	−1	1	10.79
	10	−1	1	1	1	1	−1	1	1	−1	17.89
	11	1	−1	1	1	−1	1	−1	−1	−1	16.00
	12	1	−1	−1	−1	−1	1	1	1	1	20.55

注：$X_1 \sim X_9$代表各种影响因素；"1"和"−1"代表两个差异水平；1～12代表12个不同的培养条件。

通过Minitab 18软件分析了各因子对响应值Y（抑菌圈直径）的影响，得到菌株2-6、2-11和H-7的一阶多项式模型（表4-12）。此一阶多项式模型的决定系数R^2分别为98.97%、99.28%和99.88%。表明该回归方程的拟合性较好，可用于分析及预测发酵过程中代谢产物的抑菌活性变化。

表4-12　测试目标的一阶多项式模型

菌株	模型方程	R^2
2-6	$Y=11.381+1.106X_1-0.272X_2-0.083X_3+0.041X_4-0.069X_5+0.242X_6+1.366X_7-0.109X_8+0.171X_9$	0.9897[a]
2-11	$Y=12.929+1.039X_1+0.289X_2-0.333X_3+1.528X_4-0.167X_5-0.187X_6-0.304X_7-0.141X_8+0.098X_9$	0.9928[a]
H-7	$Y=13.2025-0.2908X_1+0.2908X_2+2.1708X_3+0.1292X_4+0.0775X_5-0.0392X_6+0.1875X_7+1.8308X_8-0.1442X_9$	0.9988[a]

注：a表明$P<0.001$。

用t值和P值进行检验和评价各因子对菌株代谢产物抑菌活性的影响（表4-13）。当t值为正值时，该因子和抑菌活性呈正相关，反之呈负相关；当$P<0.05$，表明该因子对菌株的抑菌活性有显著性影响，是影响抑菌活性的关键因子。由表4-13可知，菌株2-6的两个因子葡萄糖和$(NH_4)_2SO_4$，P值分别为0.014和0.009（$P<0.05$），t值分别为8.46和10.44，故可以确定这两个因子是影响菌株2-6抑菌活性的关键因子，且呈正相关。菌株2-11的两个因子葡萄糖和蛋白胨，P值分别为0.013和0.006（$P<0.05$），t值分别为8.85和13.01，故可以确定这两个因子是影响菌株2-11抑菌活性的关键因子，且呈正相关。菌株H-7的两个因子酵母膏和pH，P值分别为0.001和0.002（$P<0.05$），t值分别为30.47和25.70，故可以确定这两个因子是影响菌株H-7抑菌活性的关键因子，且呈正相关。因此，分别选择关键因子对菌株进一步优化可获得代谢产物的最大抑菌活性。

表4-13　Plackett-Burman设计结果分析

菌株	变量	DF	参数估计	t值	P值	显著性
2-6	常量	1	11.381	87.03	0.000	***
	葡萄糖/(g/L)	1	1.106	8.46	0.014	*
	$(NH_4)_2SO_4$/(g/L)	1	1.366	10.44	0.009	**
2-11	常量	1	12.929	110.15	0.000	***
	葡萄糖/(g/L)	1	1.039	8.85	0.013	*
	蛋白胨/(g/L)	1	1.528	13.01	0.006	**
H-7	常量	1	13.2025	185.31	0.000	***
	酵母膏/(g/L)	1	2.1708	30.47	0.001	***
	pH	1	1.8308	25.70	0.002	**

注：*，**和***分别表示显著水平为$P<0.05$，$P<0.01$和$P<0.001$。

（3）确定最佳培养条件 根据P-B设计试验结果分析，筛选出关键因子后，进行最陡爬坡设计和试验（表4-14）。由一阶回归方程可知，菌株2-6的关键因子葡萄糖和(NH₄)₂SO₄，菌株2-11的关键因子葡萄糖和蛋白胨，及菌株H-7的关键因子酵母膏和pH，均呈显著正相关，故其步长方向为正，应进行递增。由表4-14可知，菌株2-6最陡爬坡试验的第5组试验抑菌活性最大，故可将第5组试验中各因子的值作为响应面试验因子水平的中心点，即葡萄糖为24.7g/L、$(NH_4)_2SO_4$为0.603g/L。菌株2-11最陡爬坡试验的第4组试验抑菌活性最大，故可将第4组试验中各因子的值作为响应面试验因子水平的中心点，即葡萄糖为24.4g/L、蛋白胨为2.37g/L。菌株H-7最陡爬坡试验的第4组试验抑菌活性最大，故可将第4组试验中各因子的值作为响应面试验因子水平的中心点，即酵母膏为4.8g/L、pH为7.20。以选定的中心点为参数进行下一步的响应面优化试验。

表4-14 最陡爬坡试验设计及试验结果

项目		菌株2-6			菌株2-11			菌株H-7		
		葡萄糖/(g/L)	$(NH_4)_2$SO$_4$/(g/L)	抑制区/mm	葡萄糖/(g/L)	蛋白胨/(g/L)	抑制区/mm	酵母膏/(g/L)	pH	抑制区/mm
（1）P-B测试中心点		22.5	0.563		22.5	2.25		4.5	6.75	
（2）P-B测试步移尺寸		2.5	0.062		2.5	0.25		0.5	0.75	
（3）斜度		2.212	2.732		2.078	3.056		4.3416	3.6616	
（4）对应的值大小＝（2）×（3）		5.530	0.169		5.195	0.764		2.171	2.746	
（5）步移长度＝（4）×0.05		0.277	0.008		0.260	0.038		0.109	0.137	
（6）测试组	No.1	22.5	0.563	14.16	22.5	2.25	15.69	4.5	6.75	16.42
	No.2	22.8	0.573	14.78	22.8	2.29	16.24	4.6	6.90	16.54
	No.3	23.1	0.583	15.83	23.1	2.33	17.13	4.7	7.05	17.76
	No.4	24.4	0.593	16.44	24.4	2.37	18.09	4.8	7.20	18.78
	No.5	24.7	0.603	17.26	24.7	2.41	17.68	4.9	7.35	18.45
	No.6	25.0	0.613	15.63	25.0	2.45	14.77	5.0	7.50	17.30

最后提诺通过响应面优化法，确定菌株2-6关键因子的最佳发酵条件为葡萄糖25.2g/L，$(NH_4)_2SO_4$ 0.653g/L；菌株2-11关键因子的最佳发酵条件为葡萄糖24.9g/L，蛋白胨2.62g/L；菌株H-7关键因子的最佳发酵条件为酵母浸膏5.0g/L，pH7.45，发酵培养基M1其他因子保持不变。

为了验证预测模型的可靠性，进行了验证实验（图4-33）。菌株2-6优化条件下的抑菌圈直径为20.35mm，较优化前抑菌圈直径（13.06mm）提高55.82%；菌株2-11优化条件下的抑菌圈直径为22.56mm，较优化前抑菌圈直径（14.35mm）提高57.21%；菌株2-6优化条件下的抑菌圈直径为24.73mm，较优化前抑菌圈直径（15.82mm）提高56.32%。虽然观察值与预测结果之间存在微小差异，但小于10%的差异被认为是模型的有效性，因此，所建立的模型是可靠的，在本试验中是可重复的。

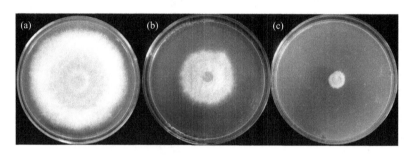

图4-33 链霉菌5-4在发酵条件优化前和优化后粗提物的抗菌活性

（a）Foc4对照；（b）发酵条件优化前粗提物的抗菌活性（500μg/mL）；（c）发酵条件优化后粗提物的抗菌活性（500μg/mL）

（4）获得微生物肥料登记证 针对单一生防菌株在大田应用上效果欠佳的情况，基于细菌-真菌共生互作功能体模型，选取经筛选评价的高效功能菌，开展共生互配试验，创制复合微生物菌肥发酵工艺5种，其中以卢娜琳瑞链霉菌、甲基营养型芽孢杆菌、枯草芽孢杆菌、解淀粉芽孢杆菌和乳酸菌组合构建的复合微生物菌群，其发酵液中微生物总菌量最高，随发酵时间的延长群落结构最稳定，多样性指数最高，有效活菌孢子数达1.0×10^7个/mL。响应面法优化培养基、通气量、接菌量、温度及pH等发酵条件，得到优化试验模型。优化后发酵液中有效活菌数提高10%，氨基酸含量提高20%，香蕉枯萎病菌抑菌活性提高了12.33%，研究人员研发了复合微生物液体菌肥产品1个，于2021年1月获得农业农村部颁发的肥料登记证（图4-34），并在海南、广西建立中试工厂2个。

多年多点大田示范表明，通过应用复合微生物液体菌肥，配套田间二次发酵、"一带双管"等施肥技术，实现化肥减量30%以上，化肥投入产出比提高15%，增产12%，重病蕉园发病率逐年下降，并最终降到10%以内，轻病蕉园发病率控制在3%以内。研究表明，施用微生物液体菌肥，可以显著提高蕉园根际土壤细菌种群的多样性，增加木霉属（*Trichoderma*）、毛霉属（*Mortierella*）、芽孢杆菌属（*Bacillus*）、假单胞菌属（*Pseudomonas*）和乳酸杆菌（*Lactobacillus*）等有益菌的相对含量，有效抑制香蕉枯萎病菌孢子萌发和菌丝生长，从而提高田间防控效率，实现重病蕉园枯萎病防效达60%以上。

图4-34 肥料登记证

四、香蕉果实养护技术

1. 背景及意义

随着市场对高品质香蕉需求的日益增加，消费者对香蕉外观品质也提出了较高的要求，引起香蕉生产者对香蕉外观品质的重视，而香蕉果实护理技术和无伤采收技术是提升香蕉外观品质的关键技术。果实护理包括校蕾、叶片整理、疏果、留梳、断蕾、抹花、套袋、标记及垂蕾、立杆护果等工序，特别是套袋技术可以防寒保温，改善果面色泽，使干净鲜艳，提高果实外观品质；有效地防止病虫危害，提高好果率；避免农药与果实的直接接触，降低农药残留，提高果实的安全性；防止果实日灼病的发生，增进品质。

2. 关键技术要点

（1）校蕾 校蕾是在香蕉初蕾期，将顺着叶柄生长而压在叶片上的蕾苞，轻轻地调整到两张叶柄的间隙，让其自然下垂，目的是避免其继续伸长压折叶柄而造成掉蕾［图4-35（a）］。具体方法是用木杈将蕾苞轻轻顶起，缓慢移位到两张叶子间隙，让蕾苞从叶子的间隙自然下垂。校蕾时动作要缓慢，避免校蕾过程中出现掉蕾。

（2）叶片整理 在蕾苞下垂继续伸长时期，将可能触碰到果穗的叶片移开，其目的是不让叶片擦伤蕉果。对严重影响到果穗的，只能将整张叶片从叶柄基部处向外向下轻折离开果穗，或将叶子从叶柄基部处割除。

（3）疏果 在果穗开出3～5梳果时，必须对香蕉进行疏果整理。即将连体果、单层果、三层果进行疏除。需要疏果的果梳一般都在头三梳，疏果后如果每梳蕉的果指数多于24个（冬蕉）或26个（春夏蕉），还必须将多余的果指去掉，方法是在果梳的两边各除去一个果指，中间隔3～4个果指再除一个［图4-35（b）］。原则是：同一个位置只能除去一个果指，上下两排不能对齐除果，否则会在蕉梳上留太大的间隙，在采收包装过程中容易断梳。同时，若头梳蕉果指不足10个，尾梳蕉果指数不足14个，必须整梳去除，目的是保持上下果梳之间的营养均衡分配，确保所有果梳形状美观，提高商品率和商品价值。疏果必须及时，因为幼果容易从果轴折断，此时疏果残留缝隙较小，不会伤及其他果指。

（4）留梳　香蕉一般都能抽出5～12梳蕉果，香蕉的留梳数可根据树体的大小、功能叶片的多少及果轴的粗细来决定，正常情况下每1.5片功能叶留一把果。一般情况下冬蕉不宜超过6梳，春夏蕉不宜超过7梳。留足果梳后在下一梳果留一个单果，以调节尾梳果的营养供应。

（5）断蕾　留好果梳后在下一梳再留一个单果，在单果下方10cm处将蕾苞断掉［图4-35（c）］。留梳后要尽早断蕾，以免蕾苞继续生长消耗香蕉树体的养分。

（6）抹花　在疏果、留梳的同时应结合抹花［图4-35（d）］。抹花的时机最好在果梳的苞叶刚脱落、果指尚未完全展开、手触花瓣易脱落时，这样蕉指较聚拢，花瓣易落，花柱易脱，抹花效率较高，不伤果指，也不会产生蕉乳污染蕉果。注意抹花时不宜戴手套，一株香蕉果穗的抹花工作应分2次以上来完成，即在疏果时抹前2～3梳的蕉花，在留梳断蕾时再抹剩下的蕉花。

（7）套袋　香蕉在断蕾完毕后及早喷一次杀菌剂，每个果梳间垫好珍珠棉［图4-35（e）］，然后便可套袋。首先给果串套上定型袋［图4-35（f）］，然后再套上带孔的珍珠棉袋，顶端用草绳绑紧，再把两张报纸绑在珍珠棉袋外，挡住西南方向及果穗易晒的位置，避免太阳灼伤果指端部［图4-35（g）］，外层再套一层带孔的蓝色塑料薄膜袋即可［图4-35（h）］。套袋可以起到防寒保温、减少病虫危害及避免外伤的效果，而且蕉果着色好。套袋时，在袋子能套住整个果穗及条件允许的情况下，绑袋的位置越高越好，最少也要离头梳果30cm以上，以避免头梳果指上弯时将套袋拱起而达不到套袋效果。目前，还有很多农户已使用双层纸套袋，这种套袋虽然成本稍高，但其操作方便，防寒保温效果好。

（8）标记及垂蕾　套袋完毕后在果轴末端绑上一条草球绳，以标记不同生长时期的果穗。草球绳的颜色每周换一次，并登记好套袋株数，采收期可根据绳子颜色进行统计、预估和采收。为避免歪梳、散梳、果梳不整齐，对不垂直水平面的果穗，用标记绳将果穗拉靠树干，让其垂直水平面。

（9）立杆护果　中国的产蕉区大多数都受台风影响，因此在台风季节到来之前必须对所有的蕉株立杆保护。立杆位置一般都在离蕉头约30cm处，钻一个60cm深的洞，然后将尾径大于3cm的杆立于洞中压紧，再将香蕉假茎固定在立杆上。立杆应避免与果穗接触而造成损伤。

(a) 校蕾	(b) 疏连体果	(c) 断蕾	(d) 抹花
(e) 珍珠棉垫把	(f) 套定型袋	(g) 套珍珠棉袋	(h) 套蓝袋

图4-35　香蕉果实护理流程

五、香蕉索（轨）采运技术

1. 背景及意义

香蕉是一种易损水果，在其采运的作业过程中，要尽量减小机械伤害，否则会失去其商品价值。同时香蕉又多生长在蜿蜒起伏的复杂山地，为减小运送中的不平衡或振动带来的机械损伤，平地作业的机械装备不再适用，且单轨运送模式的不平稳性和振动幅度大也限制了香蕉的运送。因此设计了一种香蕉牵引式双轨运送系统。该双轨运送系统不仅结构简单，而且还有较好的可靠性和安全平稳性，在蕉园中不仅可以运送采收下来的整条蕉穗，还可以搭载运送肥料、小型工具等产品进行相应的作业，实现轻简化作业任务。

2. 关键技术要点

整个香蕉双轨运送系统的控制模块是以PLC控制为核心的，有硬件和软件两部分，可以通过液晶触摸屏的人机交互界面操作相应的模块。控制系统原理框如图4-36所示，从图中可以看出，整个控制系统有主控模块、输入控制模块、信号输入模块、输出控制模块、警示模块和显示模块六个部分。除了这些部分之外，还会结合变频装置、旋转编码器及相应执行元件等对运送机的运载作业进行自动控制。主控模块将台达DVP-ES2型PLC作为主控制器，主要接收输入和输出控制命令。PLC与触摸屏之间采用RS232协议进行通信，显示屏上可以显示输出主频率、当前输出频率和当前运行参数等。输入控制模块可以实现控制命令输入、载物滑车首尾端限位设定等功能；信号输入模块可以实现滚筒转动角位移、钢丝绳松弛及载物滑车超载信号输入；输出控制模块可以实现三相异步电动机正、反转，停止以及调速等功能；警示模块可以在运送机出现载物滑车超载、钢丝绳松弛、过压或欠压以及电流超出额度电流一定范围等异常情况时亮灯发出警报，运送系统随即停止工作。

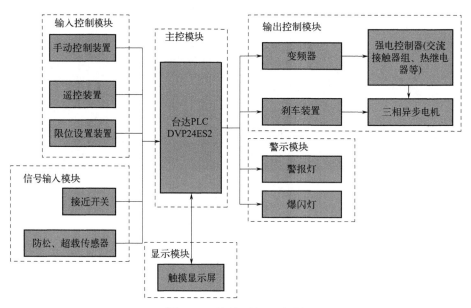

图4-36 控制系统原理框图

香蕉牵引式双轨运送系统沿起伏的弯轨作业时，载物滑车的间歇性启停会使钢丝绳在卷筒上的缠绕时紧时松，产生更大的自动定位停车误差，甚至可能导致运送机无法正常工作。所以，必须设计结构合理的排绳装置。如图4-37所示为排绳装置示意图，它由链传动机构、导向机构、移动滑座、排绳轮、双向矩形螺纹副、换向套、导向拨叉、钢丝绳松弛自动张紧装置等部分组成。其工作原理大致为：启动运送机后，卷筒与双向螺纹杆通过链传动同步转动，移动滑座内置导向拨叉在螺纹杆转动带动下沿螺纹槽运动，导向拨叉沿螺纹槽运动同时带动移动滑座作直线移动；双向矩形螺纹杆两端设置换向槽，移动滑座移动至螺纹杆两端时，滑块前端触碰换向槽的顶点后转变方向，沿另一方向的螺纹槽运行，实现移动滑座往复直线运行。钢丝绳依次经过重力托辊下端及排绳轮之间的间隙进入卷筒，使卷筒入绳口的倾角始终为0°。这样旋转的卷筒，通过小链轮-链条-大链轮-双向矩形螺纹副两级旋转转动，转变成移动滑座的往复直线运动，实现移动滑座上的排绳轮迫使钢丝绳水平走动，保证钢丝绳按照固定的节奏往复缠绕；若钢丝绳突然松弛，重力托辊在自身重力作用下落瞬间压紧钢丝绳，保证进入排绳轮前的钢丝绳保持张紧状态。

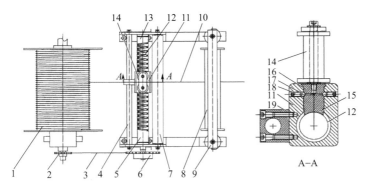

图4-37　排绳装置示意图

1—卷筒；2—小链轮；3—链条；4—导向杆；5—换向套；6—大链轮；7—支撑托辊；8—重力托辊；
9—钢丝绳松弛自动张紧装置；10—钢丝绳；11—移动滑座；12—双向矩形螺纹杆；13—换向套；
14—排绳轮；15—导向拨叉；16—圆柱连接头；17—滚珠；18—螺钉；19—导向支座

在香蕉双轨运送系统日常的工作过程中，一旦钢丝绳产生断裂，将导致载物滑车溜车等安全事故，所以必须设计断绳制动装置。常用的断绳制动装置有电子机械制动式和机械制动式两种，前者依靠电机驱动制动装置实现制动，后者依靠机械装置自身完成制动。图4-38为载物滑车与轨道装配结构示意图，它由上下连接杆、制动杆、车架、承重轮、防翻轮和行走支撑机构等组成。断绳制动的工作过程大概为：载物滑车沿倾斜轨道运行，上行时，载物滑车以0.5m/s速度向上运行，当钢丝绳突然断裂，载物滑车会继续向上运动，但同时载物滑车受到重力沿倾斜轨道方向向下分力作用，载物滑车先向上做匀减速运动，然后在重力沿轨道向下分力作用向下做匀加速运动。下行时，载物滑车以0.5m/s速度向下运行，当钢丝绳突然断裂，载物滑车不仅具备原来速度，还受其重力沿倾斜轨道向下分力作用，开始加速下行。由此可见，上行与下行的运动状况还不太相同，因此制动时制动杆所受的冲击也不同。

为能够在运送机行进过程中自动检测障碍物，减少作业过程中的安全隐患，必须设计超声波避障系统，从而保障蕉园作业人员的安全。避障系统由超声波测距模块、手动控制器、承货台、保护盒、扩音器、行车检测单元和车轮等部分组成（图4-39）。整个避障系统包含硬件和软件两部分，其中，硬件部分主要包括STC单片机核心微处理器、行车检测单元、2个超声波测距模块、无线遥控模块、行车示警单元

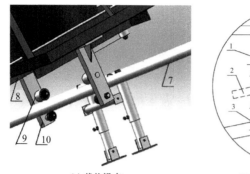
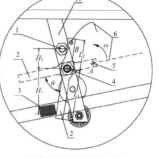

(a) 载物滑车　　　　　　　　　　(b) 轨道装配局部放大图

图4-38　载物滑车与轨道装配结构示意图

1—上连接杆；2—制动杆；3—轨道横梁；4—下连接杆；5—钢丝绳连接孔；6—钢丝绳；7—轨道；
8—车架；9—承重轮；10—防翻轮；11—行走支撑机构

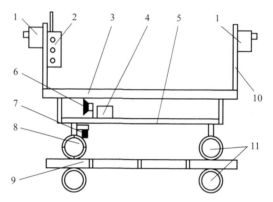

图4-39　避障系统在运送机上的安装示意图

1—超声波测距模块；2—手动控制器；3—承货台；4—保护盒；5—运送机支架；6—扩音器；7—行车检测单元；
8—经特殊油漆处理车轮；9—轨道；10—承货台护栏；11—其他车轮

和手动控制器等。超声波测距模块检测障碍物的原理基于渡越时间法，渡越时间是指超声传感器发射和接收信号之间的时间差。软件部分的程序结构采用与硬件配置相适应的模块化结构，主程序能够根据实际情况协调不同硬件配置系统子程序，从而实现整个系统的功能测控。

为了提高运送效率以及减少机械损伤，运输轨道应该安装载物滑车。载物滑车主要由托运底盘、香蕉托运架、挂钩、支撑架、防碰海绵等部分组成（图4-40）。考虑到香蕉整条蕉穗自身的重量和尺寸都较大，保障运送中的稳定性和减小损伤的同时又要满足一定的运送效率，特将轨道上的载物滑车设计成2辆，且将托运架设计成与水平面呈60°且左右对称形式。香蕉运送中，用绳索缠绕香蕉假茎，悬挂在挂钩上，香蕉依托在托运架中，侧靠在防碰海绵上，托运底盘安装在运送轨道上，通过轨道进行运送。

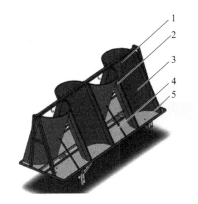

图4-40 载物滑车

1—挂钩；2—香蕉托运架；3—防碰海绵；4—支撑架；5—托运底盘

相比于平地运送系统而言，地形复杂多变的山地对轨道的结构有更高的要求，否则运送过程将不能正常进行下去。因此，为了适应复杂地形地貌的山地，可以将轨道设计为脚掌可仿形的结构，支撑柱高度也可以自主调节。同时，为了便于安装、运送和调试，将轨道设计为3m一段。可仿形轨道安装示意图如图4-41，它由轨道、上下支撑柱、地面支撑板、上下紧固螺栓、紧固螺母及连接夹板等组成。为了能让轨道支撑柱的长度和地面支撑板的角度均可调，可将轨道的横梁与两根上撑柱固接，下撑柱首端插入上撑柱内，上、下撑柱连接处通过螺栓紧固，地面支撑板与下支撑柱通过螺栓连接，地面支撑板可绕连接螺栓摆动，便于地面支撑板贴紧坡面。这样的可仿形轨道不仅能适用于各种复杂的地形，而且结构简单、操作容易、生产效率高。

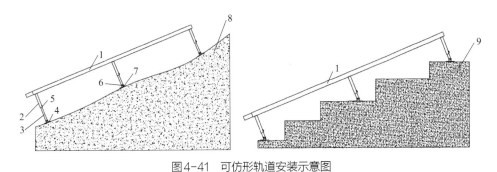

图4-41 可仿形轨道安装示意图

1—轨道；2—上支撑柱；3—下支撑柱；4—支撑板；5—上紧固螺栓；
6—下紧固螺栓；7—紧固螺母；8—倾斜坡面；9—楼梯形道路

在必要的时候，安装可拆装式轨道（图4-42），它由搭接槽、弯形轨道、螺栓、套管、直轨道单元、无动力托辊、定滑轮、支撑圆板和支撑柱等组成。将轨道设计成拆装式的好处是拆装、运送与保管都十分简单与方便，可在采运作业的不同蕉园使用，一定程度上提高了运送系统的效率，也降低了作业人员的工作强度。该轨道由每段约2m的首尾两段弯形轨道和长3m的直轨道段组成，驱动装置的横梁上搭建有弯形轨道，轨道的每两个单元之间用套管及螺栓连接，同时轨道相邻两个支撑柱间距为1.5m，支撑柱的高度均可调。此外，也设计了具有一定角度、每一段长3m的标准转弯轨道，可以帮助运送系统在需要的地方转弯。

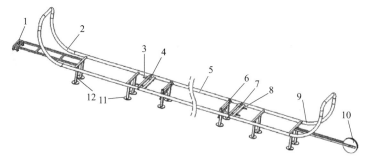

图4-42 可拆装式轨道

1—搭接槽；2,9—弯形轨道；3,8—螺栓；4,7—套管；5—直轨道单元；6—无动力托辊；
10—定滑轮；11—支撑圆板；12—支撑柱

六、香蕉花蕾注射防蓟马技术

黄胸蓟马是香蕉花蕾期的重大害虫，近年在海南猖獗为害，并向全国各香蕉产区扩散蔓延，严重制约着中国香蕉产业的健康发展。该虫主要以雌成虫在香蕉花瓣中产卵为害，后期果皮呈现凸起的黑点，影响香蕉果实外观品质。一旦香蕉抽蕾，黄胸蓟马便由外界迁移到香蕉花蕾内聚集为害，短时期内蓟马的数量迅速暴增（图4-43）。因香蕉蓟马隐匿性与暴发性强的特点，提出"提前防治"的基本理念。通过采用香蕉花蕾注射施药技术，让香蕉花蕾在蓟马迁入前就带有药物活性成分，从而有效解决该虫防治难的瓶颈，可实现对该虫的高效、精准与安全控制。

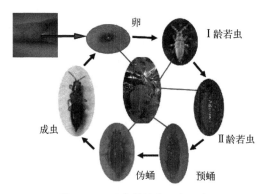

图4-43 香蕉花蕾蓟马生活史

香蕉花蕾注射施药技术要点为以下几点。

（1）寻找蕾包　香蕉抽蕾时，连续2天全园寻找现蕾蕉树，并以红绳标记蕉树，便于后期注射施药时寻找。

（2）药物选配　第3天时须选用吡虫啉+螺虫乙酯，或吡虫啉+敌敌畏，或吡虫啉+阿维菌素，或吡虫啉+甲维盐等稀释至1500～2000倍药液。

（3）专业注射施药　第3天时利用专业注射器（图4-44）对红绳标记的香蕉花蕾进行施药。注射位置：蕾包尖以下5～10cm。注射药量：持续注射10s 30～50mL药液。注射次数：1次/株。施药间隔期为3天。

注射过程中要注意不要扎伤果指、药液浓度切勿太高或太低、吡虫啉不可随意替代、阴雨天要按时注射施药等。

图4-44　花蕾注射装置

七、香蕉园间套种技术

秋植香蕉套种黑皮冬瓜关键技术有以下几个方面。

（1）套种对土壤理化性质的影响　'桂蕉9号'和'桂蕉1号'套种黑皮冬瓜后土壤pH分别较单作'桂蕉9号'和'桂蕉1号'显著提高24.00%、19.45%。已有研究表明土壤电导率（EC）≥500.00μs/cm时会对作物生长产生障碍。'桂蕉9号'和'桂蕉1号'套种黑皮冬瓜后土壤EC值分别较单作显著下降78.48%和72.55%；土壤碱解氮含量分别较单作显著升高72.92%和72.73%；土壤有效磷含量与单作相比虽有所上升，但差异不显著；土壤有效钾含量分别较单作显著降低58.97%和57.33%（表4-15）。

表4-15　不同套种处理对土壤理化性质的影响

处理	pH	电导率EC/(μS/cm)	碱解氮/(mg/kg)	有效磷/(mg/kg)	有效钾/(mg/kg)
'桂蕉9号'套种黑皮冬瓜	5.89±0.10a	118.16±5.70b	129.19±9.43ab	75.10±6.58	207.40±20.22b
'桂蕉9号'单作	4.75±0.23b	549.14±27.67a	74.71±10.36c	72.10±7.01	505.50±55.59a
'桂蕉1号'套种黑皮冬瓜	5.65±0.17a	186.19±7.47b	152.05±12.81a	77.80±8.25	198.50±16.72b
'桂蕉1号'单作	4.73±0.21b	678.19±57.72a	88.03±5.18bc	74.60±6.54	465.20±36.09a

（2）套种对土壤微生物种群数量的影响　香蕉套种黑皮冬瓜后土壤细菌和放线菌种群数量均较单作显著增加，其中'桂蕉9号'和'桂蕉1号'套种黑皮冬瓜后土壤细菌种群数量分别是单作的3.55倍和4.95倍，土壤放线菌种群数量分别是单作的14.00倍和21.44倍；单作'桂蕉9号'时土壤细菌和放线菌种群数量均较单作'桂蕉1号'时多，但差异均不显著。'桂蕉9号'和'桂蕉1号'套种黑皮冬瓜后土壤真菌种群数量分别较单作显著减少22.17%和43.28%（表4-16）。

表4-16　不同套种处理下土壤微生物种群数量比较

处理	细菌/(10^4CFU/g)	放线菌/(10^4CFU/g)	真菌/(10^4CFU/g)
'桂蕉9号'套种黑皮冬瓜	1060.00±82.15a	154.00±17.82a	4.81±0.28c
'桂蕉9号'单作	299.00±10.59bc	11.00±1.12c	6.18±0.13b
'桂蕉1号'套种黑皮冬瓜	494.00±44.43b	107.00±10.17b	4.98±0.25c
'桂蕉1号'单作	99.80±5.56c	4.99±0.29c	8.78±0.21a

（3）套种对土壤细菌群落结构的影响　对4个处理的土壤样品进行高通量测序，原始数据经过滤除去嵌合体后共得到268202条有效序列，样品序列长度在414～419bp。Chao1指数和ACE指数用于衡量物种丰度，Shannon指数和Simpson指数用于衡量物种多样性。'桂蕉9号'套种黑皮冬瓜处理的Chao1指数和ACE指数均最高；'桂蕉9号'和'桂蕉1号'套种黑皮冬瓜处理的Chao1指数显著及Shannon指数均较单作显著提高，Simpson指数较单作显著降低。说明'桂蕉9号'和'桂蕉1号'套种黑皮冬瓜后土壤细菌的丰富度和物种多样性均较单作显著提高（表4-17）。

表4-17　不同套种处理的土壤细菌α-多样性分析

处理	Chao1指数	ACE指数	Shannon指数	Simpson指数
'桂蕉9号'套种黑皮冬瓜	1255.83±16.98a	1238.82±14.76a	5.82±0.05a	0.0080±0.0001c
'桂蕉9号'单作	1135.90±16.95b	1124.54±6.42b	5.53±0.07b	0.0115±0.0002b
'桂蕉1号'套种黑皮冬瓜	1204.66±13.05a	1135.32±9.40b	5.97±0.03a	0.0051±0.0001d
'桂蕉1号'单作	1109.76±12.18b	1099.70±13.38b	5.26±0.06c	0.0158±0.0002a

同时对不同处理土壤细菌群落结构种类组成及丰度进行了分析（图4-45），在97%的相似度水平下对4个处理的土壤细菌群落结构进行聚类分析，得到1522个OTU，其中共有OTU为504个，对每个OTU进行物种分类注释，分别获取各处理土壤细菌群落在门水平上的组成和丰度分布比例。图4-45为土壤细菌群落相对丰度前10的细菌门，并将其他物种合并为Others，Unclassified代表未得到分类学注释的物种，其中'桂蕉9号'和'桂蕉1号'套种黑皮冬瓜的土壤细菌群落结构更相似。变形菌门（Proteobacteria）为4个处理的优势菌门，其中单作'桂蕉1号'、'桂蕉1号'套种黑皮冬瓜、'桂蕉9号'套种黑皮冬瓜和单作'桂蕉9号'处理的土壤细菌在变形菌门中所占比例分别为18.91%、33.22%、38.88%和31.27%，厚壁菌门（Firmicutes）

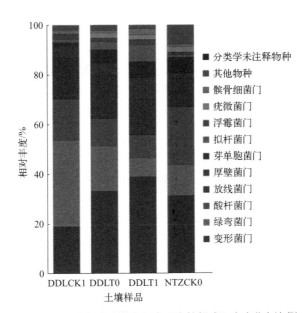

图4-45　土壤细菌群落在门水平上的组成和丰度分布比例

DDLCK1—单作'桂蕉1号'；DDLT0—'桂蕉1号'套种黑皮冬瓜；DDLT1—'桂蕉9号'套种黑皮冬瓜；
NTZCK0—单作'桂蕉9号'

为5.05%、5.07%、8.53%和2.22%，酸杆菌门（Acidobacteria）为16.37%、17.30%、14.42%和11.32%，芽单胞菌门（Gemmatimonadetes）为1.18%、5.35%、6.45%和6.34%，拟杆菌门（Bacteroidetes）为1.36%、3.19%、6.74%和0.98%，绿弯菌门（Chloroflexi）为34.92%、18.09%、7.70%和12.40%，放线菌门（Actinobacteria）为16.53%、11.10%、9.30%和23.44%。

'桂蕉9号'和'桂蕉1号'套种黑皮冬瓜后变形菌门、厚壁菌门、酸杆菌门、芽单胞菌门和拟杆菌门的相对丰度均较单作时增加，绿弯菌门和放线菌门的相对丰度则较单作时减少。

（4）套种技术要点

① 备耕与香蕉苗定植。将地深翻50～60cm，暴晒1个月后，开好种植沟，深40～50cm，按每株施放15～20kg充分发酵的农家肥（比如鸡粪、猪粪等）、复合肥（15-15-15）0.5kg、土壤调理剂0.75kg，沟施，用机械将肥和土搅拌均匀，安装好滴灌设备，覆盖90～100cm宽的黑色地膜，然后于9～10月定植蕉苗，压实土，淋足定根水。

② 定植瓜苗。香蕉苗定根长出1～2片新叶后，于11～12月定植黑皮冬瓜苗，在两株香蕉苗之间种植1株培育好的瓜苗（长有2～3片叶），压实土，淋足定根水，用竹片插在种植沟两边，中间拱起，每隔150～200cm插一根，制作小拱棚，竹片上用2个丝厚的薄膜覆盖，膜边压土。

③ 苗期护理。每株每次施用3～5g磷酸二氢钾和15g乌金绿，淋施或滴施，如果是淋施，浓度控制在0.3%～0.5%，促根壮苗，每15～20天1次，连续4～5次。

④ 揭开天膜护理。根据天气情况，一般在次年的3月下旬揭开天膜，除草，然后在地膜两边埋施肥料，按每株埋施0.75kg复合肥。用45%噁霉灵3000倍、30%吡唑醚菌酯1500倍、45%毒死蜱1000倍、10%吡虫啉1000倍一起喷施香蕉苗和瓜苗，预防病虫害。

⑤ 黑皮冬瓜护理。蔓长至一定长度时，应进行人工引蔓。人工引蔓时要顺其自然，小心轻放，不要损伤瓜蔓或叶片，把靠近香蕉树盘的瓜蔓引到旁边，让藤蔓尽量往两侧行间伸展，以致覆盖整个行间。每天上午10：00以前进行人工辅助授粉，有利于提高坐果率。待幼瓜生长至150g大小时留瓜，选留瓜形端正、瓜柄粗、长势健壮的果实，主蔓只留1瓜，一株留2～3个瓜，选定瓜后，自其以下节位的小瓜摘掉，保障养分供给选定的瓜，果实达到3.0kg左右则需要及时用报纸或稻草覆盖在冬瓜顶部，避免阳光灼伤果实。

⑥ 黑皮冬瓜采收。冬瓜坐果后，经过40天的正常管理果实定形时即可采收。一般4月中旬采收冬瓜，分2～3批采收完。为不影响香蕉管理，要求在5月初采收完毕。然后清理瓜蔓、除草，将瓜蔓、草覆盖于蕉头附近，香蕉进入正常水肥管理。

（5）套种经济效益分析　'桂蕉9号'与黑皮冬瓜套种比分开单种的每亩总投入减少了1750元，套种模式可降低香蕉枯萎病发生率10.34%，香蕉亩产量比单种高出249.45kg，亩利润达到6251.17元，比单种香蕉利润每亩多出2854.03元。但选择感病品种'桂蕉1号'与黑皮冬瓜套种，枯萎病发病率高达52%，单种'桂蕉1号'发病率甚至高达68%（表4-18）。

表4-18　香蕉套种黑皮冬瓜对产值、效益及枯萎病发生的影响

试验设计	亩总投入/元	亩产量/kg	售价/（元/kg）	亩收入/元	亩利润/元	香蕉枯萎病发生率/%
套种（'桂蕉9号'+冬瓜）	7850	4705.75（冬瓜），3355.57（香蕉）	1.0，2.8	14101.17	6251.17	1.33
单种（冬瓜）	4300	5945.80	1.0	5945.80	1645.80	—
单种（'桂蕉9号'）	5300	3106.12	2.8	8697.14	3397.14	11.67
套种（'桂蕉1号'+冬瓜）	7850	4985.60（冬瓜），1700.40（香蕉）	1.0，2.8	9746.72	1896.72	52
单种（'桂蕉1号'）	5300	1133.60	2.8	3174.08	−2125.92	68

在香蕉产量方面，香蕉套种黑皮冬瓜后平均单株产量与单作香蕉相比虽有所下降但差异不明显。而且由于套种黑皮冬瓜后香蕉枯萎病发病率下降，折合每公顷香

蕉产量反而比单作香蕉时高，同时还增加了黑皮冬瓜收入，经济效益明显。在改变土壤养分状况方面，香蕉套种黑皮冬瓜后土壤碱解氮的含量与单作香蕉相比显著增加，土壤有效磷含量变化不大，而土壤有效钾含量显著减少，分析原因可能是部分有效钾被黑皮冬瓜利用，导致香蕉套种黑皮冬瓜后土壤有效钾含量较单作香蕉低。套种黑皮冬瓜后，可显著提升土壤pH，有效缓解土壤酸化问题，土壤细菌和放线菌种群数量均较单作香蕉显著增加，但土壤真菌数量却显著下降。

总之，利用黑皮冬瓜瓜蔓延伸在蕉园地表形成绿色覆盖，在香蕉封行前，特别是高温天气水分供应不足时，与单作香蕉相比，套种黑皮冬瓜更有利于香蕉植株根系水分的保持，使根系不易受损伤，从而减少枯萎病致病菌入侵的机会，降低香蕉枯萎病发病率。其次，香蕉套种黑皮冬瓜后对改变土壤理化性质、增加土壤微生物种群数量及增加微生物群落结构多样性有显著效果，且秋植香蕉套种的黑皮冬瓜在次年4月底5月初便可收获完毕，不影响香蕉中后期管理的农事操作，同时黑皮冬瓜田间管理简便、高产稳产、经济效益较高，此套种技术模式更容易推广。

八、应用天地膜加强香蕉抗寒种植技术

温度是限制香蕉生长发育的重要生态因子，制约香蕉的优质丰产性能，其中香蕉受低温霜冻的危害较大。香蕉全生育期要求的气候条件主要为温度、水分和光照，其中温度要求年平均气温 > 20℃，最低气温 ≥ 12℃，≥ 10℃活动积温6000℃以上；年降雨量要求在1500～2000mm之间；年日照数 ≥ 1600h。另外，当日均温小于10℃时香蕉将不再生长，持续3～5天日均温都小于8℃时可称为轻度寒害，持续6～9天称为中度寒害，若是持续天数超过10天则称严重寒害。香蕉喜高温怕霜冻，最适生长温度为24～32℃，当温度低于20℃，其生长速度缓慢，低于10℃生长完全被抑制，低于12℃时果实受到寒害，5℃时植株各器官受冻。

香蕉受寒害常见有干冷、湿冷和霜冻三种类型。干冷主要为平流冷害。北方的冷空气南下，低温干燥的北风使叶片和果实失水变褐。干冷通常温度较高，不会使植株死亡。干冷多在11月底到次年1月底发生。湿冷是低空受冷空气的影响，高空受暖空气的影响，低温高湿伴有小雨，持续时间长，冰冷的雨水使未抽蕾植株的生长点或花蕾死亡，呈烂心状。多发生在12月底至次年2月中旬。霜冻多为辐射霜冻，在寒冷、晴朗、无风夜晚，凝结在叶片上的露珠由辐射冷却引起霜冻。

针对植株假茎高度100cm以上的大苗，采用0.1～0.2mm厚的地膜全覆盖蕉园地表越冬。研究表明，冬季盖地膜的比露地栽培地表温度高5～7℃，采收期可以提前上市15～20天，实现错峰上市，这在常出现寒害的产区，已大面积推广使用。而对于植株假茎高度50～100cm的中苗，则砍茎矮化处理后，再盖天膜越冬（表4-19）。

表4-19 夏秋植组培苗砍茎矮化覆盖越冬处理各项指标统计表（大苗、中苗）

处理方法	株高/cm	基茎粗/cm	中茎粗/cm	叶片数/片	果梳数/梳	果指数/个	亩产/kg	亩产与CK比/%	处理前株高/cm
1	228.3	74.3	54.3	11.3	8.7	157	3936.8	91.6	61.3
2	234.0	76.7	54.3	11.3	9.3	165	3617.6	84.2	54.7
3	226.7	71.7	54.7	9.7	9.0	152	3630.9	84.5	55.7
4	238.3	80.0	58.3	9.0	9.7	194	4242.7	98.8	54.7
CK	246.7	79.3	58.7	9.0	10.0	222	4295.9	100	58.3

注：方法中，1是指割除假茎上部1/4；2是指割除假茎上部1/3；3是指割除假茎上部1/2；4是指折叶；CK是指常规管理（露天栽培）。

夏秋植香蕉组培苗进行砍茎矮化覆盖处理的结果表明，新植组培苗割除假茎的比例越大，对产量影响越大。研究所采用的4种处理，处理2（割除假茎上部1/3）产量最低，为CK的84.2%；处理4（折叶）最高，为CK的98.8%。夏秋植香蕉组培苗进行砍茎矮化覆盖处理后，配套好水肥管理措施，产量损失可以控制在较小的范围内；而且夏秋植香蕉组培苗进入寒冬前，假茎高度通常在1m左右，割矮至40～60cm，进行覆盖操作是比较方便的。一般而言，预判有较严重的寒害来临时，砍茎覆盖天膜是一项非常有效的防寒措施，在香蕉寒害高风险栽培区，如广西南宁武鸣区，可大力推广应用。

针对植株假茎高度50cm以下的小苗，采用小拱棚双膜覆盖越冬。秋植组培苗定植时，先用0.05～0.1mm厚的地膜覆盖，再种植蕉苗，入冬11月后，用3m长的竹条跨过植株搭建拱棚，用3.5m宽、厚0.2～0.3mm薄膜整行覆盖。秋植组培苗小拱棚双膜覆盖越冬技术研究表明，处理区的平均亩产为4843.3kg，比对照区增产17.6%。在田间生长表现中，处理区比对照提前采收7～10天（表4-20）。

表4-20 夏秋植组培苗砍茎矮化覆盖越冬处理各项指标统计表（小苗）

处理方法	株高/cm	基茎粗/cm	中茎粗/cm	叶片数/片	果梳数/梳	果指数/个	亩产/kg	亩产与CK比/%	处理前株高/cm
处理	281.7	88.0	63.7	10.7	8.3	173	4843.3	117.6	49.3
CK	260.3	84.0	61.0	11.0	10.0	191	4117.4	100.0	41.3

注：处理是指小拱棚盖薄膜；CK是指常规管理（露天栽培）。

秋植组培苗小拱棚双膜覆盖越冬，寒害天气条件下的抗冻效果得到了很好的检验，对南宁及广西进一步拓展新植组培苗的种植季节，使香蕉产期在更长时段内延伸，减少上市高峰时段的产品总量，提高种植效益具有重要意义。

灾后采用砍茎矮化覆盖恢复生产技术，在寒冻灾害期结束后，根据灾情分析，对挂果树、吸芽苗、新植组培苗的受害情况进行了分类评估，必须尽快落实针对性强的技术措施，抢救吸芽或重新留芽。对假茎2m高以下的吸芽，采用"灾后砍茎矮化覆盖"处理，每母株选取2m以下的吸芽1株，1.5m左右的吸芽优先选取，选定吸芽后，清除其他吸芽，将选定的吸芽割矮化至30～50cm高，母株50～60cm高，然后整行覆盖薄膜。研究结果表明，处理区吸芽已恢复生长并长势旺盛，生长整齐；对照区越冬吸芽表现为假活或恢复生长缓慢，吸芽生长不均匀。实施灾后砍茎矮化覆盖处理的香蕉在恢复生长、早抽蕾方面优势明显，植株叶片数、果指数、果指长均高于对照。处理区平均亩产为2736.0kg，比对照增产11.2%（表4-21）。

表4-21　灾后砍茎矮化覆盖处理植株的各项指标统计表

处理方法	株高/cm	基茎粗/cm	中茎粗/cm	叶片数/cm	果指数/个	果指长/cm	亩产/kg	亩产与CK比/%
处理	253.3	78.3	54.7	12.7	128	22.5	2736	111.2
CK	306.7	78.0	57.7	11.3	127	20.7	2460	100.0

注：处理是指灾后砍茎矮化覆盖。

九、香蕉假茎注射施肥技术

香蕉的"假茎"由叶鞘紧密包裹形成，真茎为地下球茎。第一代新植蕉常用组培苗，当香蕉收获后，母株地上部分会逐渐枯萎，然后从地下球茎长出第二代，俗称宿根苗或"吸芽苗"，就这样周而复始繁衍后代。香蕉是喜水喜肥的"大水大肥"作物，整个生育期需要大量的水分和养分。传统施肥方法有基施（底肥）、撒施、埋施（如沟施、穴施和环施）、叶面喷施和水肥共施等。水肥一体化是目前最轻简高效的水肥耦合技术，既节水节肥又省力，但需要建设施，投入成本高，前提还得有水源。对于云南等山地蕉区，传统施肥方法较费工费力，冬春干旱少雨，肥料利用率低，雨季又存在肥料流失严重等问题。采后残留蕉秆还存在腐烂还田慢、招引危害香蕉的象鼻虫和污染环境等问题。为此，研发集成了在干旱的山地蕉区特别适用的香蕉假茎打孔施肥技术。该技术是一种在香蕉茎秆上打孔，精准定量施入拥有自主知识产权的缓释型固体肥，并高效转化利用采后母株中残余的养分回哺吸芽的创新技术。"钉子肥"最早从美国都乐（菲律宾）公司引进，原肥料是一种只含氯化钾肥的简单的楔形固体肥，因形似钉子，故将其翻译成"钉子肥"。菲律宾的使用方法是用木槌将肥料打入香蕉假茎内，该方法易将"钉子肥"打碎掉落地上，影响肥效。广东杰士农科公司与云南河口云山农业科技有限公司、云南省农业科学院农业环境资源研究所合作，改进了肥料配方和成型技术，发明了一种可降解和转化蕉秆营养、富含生物活性物质和微量元素的卵圆形缓释型固体钾肥——"钉子肥"，并发明配套的简易打孔施肥器（图4-46），创造出打孔施肥技术，解决了肥料易碎、成本高、效果不理想等问题，并在多个产区示范应用，效果显著。

1. 施肥原理

香蕉地下球茎不仅是香蕉体储藏养分供给果实发育的器官，更是香蕉延续下一代的重要物质基础。国外研究发现，香蕉采收后母株（主要是假茎中）还残留着大量水分和40%的养分可回流至地下球茎（宿根）存贮，供吸芽抽生，延续后代。宿根吸芽苗出土至抽出大叶，历时2～3个月。这个阶段的吸芽苗无根少根，难以从土壤中吸收养分，其所需营养和水分基本由母株供应。但是，采后母株组织自然分解、水分和养分回流较慢，即使增加外部追肥，也因有效根系少、养分吸收率低而严重影响吸芽苗的生长速度。此外，传统施肥技术极易造成肥料浪费（部分淋溶下渗至土壤深层，部分随水流失，部分被土壤固定不能被根系吸收利用，最终吸收利用率只占20%）。用配套的打孔工具，在采后母株假茎上打孔，精准定量地放入"钉子肥"，高效转化利用采后母株残存的大量水分和养分，"反哺"后代蕉苗，促进后代快速健壮生长，同时，可使茎秆快速腐解还田，提早抽蕾和收获（图4-47）。

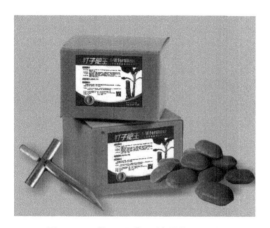

图4-46 "钉子肥"及简易施肥工具

图4-47 香蕉假茎施肥提苗技术原理

2. 施肥方法

生产上为不影响吸芽的光照，一般会在香蕉收获后砍断香蕉秆，留1.2～1.5m高的茎秆（俗称"老桩"）。使用打孔施肥器，在收获后1～2周的"老桩"上，选择留吸芽苗的一侧，离地面60～90cm处，45°向下开孔，每孔放入1颗"钉子肥"，然后用打出的蕉秆"芯"塞住洞口即可。施肥数量依据吸芽苗的长势而定，通常每株施1～3颗。以每株施3颗为例，沿茎秆"之"字形连续打3个孔，第1颗在离上端切口30cm处放入，第2颗在离地面约30cm处放入，第3颗在上下两个点之间的位置放入。为减少打孔施肥次数，目前已将"钉子肥"改为50g/颗（过去为30g/颗），每株香蕉只需施1～2颗。

3. 施肥效果

该技术代替传统根外追肥，精准用肥，不伤根，减少浪费；单人可操作，全天候施肥，不受土壤环境和高温、干旱、雨季等气候影响；促进根系深扎，多代宿根球茎不腐烂形成空洞，减少人工回土，防倒伏；可以促其残余的营养和水分平稳、安全、高效地回流球茎，反哺吸芽，促进长势弱的吸芽快速生长，从而调节整齐度，避开秋冬寒害和春旱，提早抽蕾，保产增产，可实现"两年三造"；促进蕉秆快速降解，通过影响象甲产卵和孵化所需营养条件而兼防香蕉象甲。

4. 注意事项

"钉子肥王"宜在香蕉采收后母株茎秆尚鲜绿时尽早使用；不宜在当造香蕉上用；每株香蕉假茎开孔前，需对打孔工具进行消毒，如用高锰酸钾液消毒；可根据植株的长势增减用肥颗数。

第2节
海南平地蕉园优质轻简高效栽培技术集成与示范

一、基本情况

海南省地处热带北缘，属热带季风气候，长夏无冬，素来有"天然大温室"的美称。年平均气温22～26℃，≥10℃的积温为8200℃，最冷季节温度仍达16～21℃。年平均降雨量为1639mm，雨量非常充沛，有明显的多雨季和少雨季。每年的5～10月份是多雨季，总降雨量达1500mm左右，占全年总降雨量的70%～90%。海南光照时间长，阳光的穿透力强，一年光照时长可达2400h以上，蕴藏着丰富的太阳能资源，是名副其实的"阳光岛"，也是中国香蕉四大优势产区之一。当前海南省香蕉种植面积为3万公顷左右，产量超过120万吨，直接经济效益超过35亿元。香蕉产业是海南农业中效益较好的产业之一，是当前促进热带地区乡村振兴、增加农民收入的有效途径。

二、主要问题和解决方案

海南香蕉生产上种植密度一般在150～200株/亩，远高于广西、云南等其他产区，传统生产上采用等行距或宽窄行的栽培模式，种植密度大，不利于机械化作业；同时由于专用农机装备的缺乏，施肥、打药、采收等工作主要靠人力完成，劳动强度大、效率低。随着近年来劳动力不足以及人口老龄化，不仅使用工成本大幅度增加，而且果园管理也很难到位，由此导致土壤酸化和肥力退化、树体高大郁密、病虫害滋生、果实品质和果园经营效益持续下降等生产问题，产业发展受到严重影响。针对上述问题，集成宜机化建园与培肥技术（宽窄行种植、机械化施肥覆土、茎秆还田与间套作）、水肥一体化技术（液体有机肥、水溶性碱性肥和同步营养肥、液体多元菌肥配套施用）、精准高效施药技术（花蕾注射施药、机械施药装备、管道打药机）、机械采收及采后处理轻简技术（索道采收设施、轻简采后处理包装生产线），形成平地蕉轻简高效栽培技术模式，在海南儋州市（国家现代农业产业园区）等香蕉主产区进行示范（图4-48）。

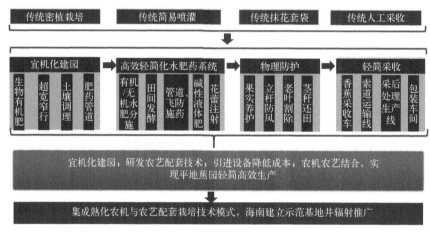

图4-48　海南优质轻简高效栽培模式流程图

三、关键技术研发

1. 超宽窄行轻简机械化栽培技术

近年来，由于大量农村剩余劳动力流向了城市和二、三产业，使得蕉工短缺、人工成本急剧上升，成为制约香蕉产业发展的瓶颈。因此，香蕉生产机械化是必然选择。作物宽窄行种植是改变作物种植行距及留苗密度的一种宜机械化栽培种植模式。项目尝试在不改变香蕉现有栽培密度的情况下，进一步拉大香蕉宽行距离，使蕉园更加通风透气，为机械化提供可操作空间，使农用机械能在香蕉行间行走，实现机械化培土、机械化打药、机械化采收等系列机械化操作。

香蕉栽培宽窄行尺寸怎么设置才能便于机械化并且使效益更大化，目前还不清楚。因此，根据宽行两边香蕉稍微向宽行倾斜生长时两株香蕉叶片不封行及允许农用车行驶的最小距离进行考虑设计，定宽行3m、5m及6m三种宽度，窄行则统一定为1.5m宽（图4-49）。鉴于宝岛蕉推荐栽培密度为148株/亩，通过调整株距来控制栽培密度，计算宽行为3m、5m及6m情况下的株距，具体试验处理见表4-22。此外，为了方便两行香蕉间相互捆绑，需进行错位栽培。

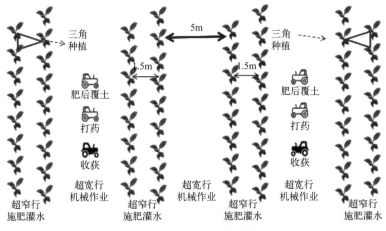

图4-49 超宽窄行作业图

表4-22 试验处理设置

处理	密度/（株/亩）	宽行/m	窄行/m	株距/m
5m	148	5.0	1.5	1.4
6m	148	6.0	1.5	1.2
常规	148	3.0	1.5	2.0

在两年的试验结果中，发现2021年各个处理的香蕉干物质量均比2020年的高（图4-50）。在2020年，各个处理干物质量从高到低分别为3m＞5m＞6m，且3m与5m之间无显著差异，但显著高于6m。然而，在2021年，5m处理的干物质量显著高于3m和6m，且3m和6m之间无显著差异。对于各个处理的平均值（两年）而言，各个处理的干物质量大小顺序为5m＞3m＞6m，说明包膜控释肥+超宽窄行栽培新模式（5m）提高了香蕉干物质量的累积。

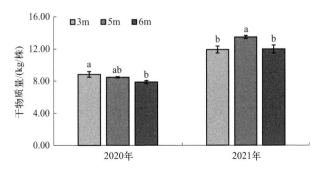

图4-50 包膜控释肥+超宽窄行栽培新模式对香蕉干物质量的影响

不同小写字母表示在$P < 0.05$水平差异显著，下同

在2020年，3m处理的单株产量较5m处理无显著差异，但显著高于6m。在2021年，各个处理间单株产量无显著差异（图4-51）。2020年和2021年两年中，3m、5m和6m处理单株产量的平均值分别为28.10kg、29.03kg和26.03kg，其中5m表现最好，说明包膜控释肥＋超宽窄行栽培新模式（5m）能有效提高香蕉单株产量。

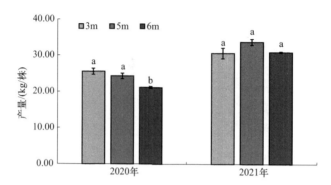

图4-51　包膜控释肥＋超宽窄行栽培新模式对香蕉单株产量的影响

香蕉果指数是指每一梳把的果指数，是衡量香蕉产量的重要指标。由图4-52可以看出，在2020年，3m处理的单株果指数与5m处理无显著差异，但显著高于6m。然而，2021年各个处理的单株果指数均无显著差异；两年单株果指数平均值中，5m比3m和6m分别提高了3.50%和4.73%。

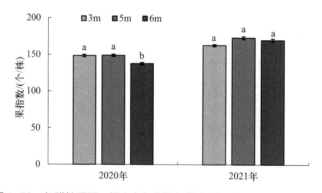

图4-52　包膜控释肥＋超宽窄行栽培新模式对香蕉单株果指数的影响

包膜控释肥＋超宽窄行栽培新模式对香蕉抽蕾率、收获率和发病率有显著影响。在2020年（图4-53），3m（71.65%）和5m（73.62%）处理的抽蕾率差异不明显，但比6m（56.80%）的高。各个处理的收获率变化趋势与抽蕾率类似。对香蕉发病率而言，与3m和5m的相比，6m的发病率最高，达到17.35%，说明包膜控释肥＋超宽窄行栽培新模式（5m）有利于提高香蕉的抽蕾率和收获率，并降低发病率。在2021年（图4-54），在各个处理中，5m的实际抽蕾率和理论抽蕾率均最高，分别为93.39%和

83.46%。同样，与3m和6m处理相比，5m实际收获率和理论收获率均表现最好。综上，2020年和2021年的结果均说明包膜控释肥+超宽窄行栽培新模式（5m）有利于提高香蕉的抽蕾率和收获率，同时香蕉不易发病。

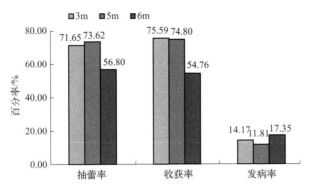

图4-53　2020年包膜控释肥+超宽窄行栽培新模式对香蕉抽蕾率、收获率和发病率的影响

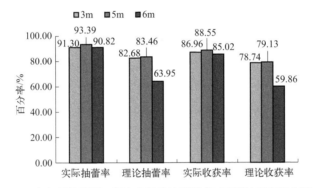

图4-54　2021年包膜控释肥+超宽窄行栽培新模式对香蕉抽蕾率和收获率的影响

在机械化栽培技术条件下，通过施用香蕉专用同步营养肥料，研究了香蕉宽窄行距对氮磷钾吸收量的影响。由图4-55可知，2021年各个处理香蕉氮磷钾吸收量均

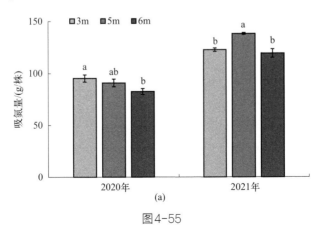

(a)

图4-55

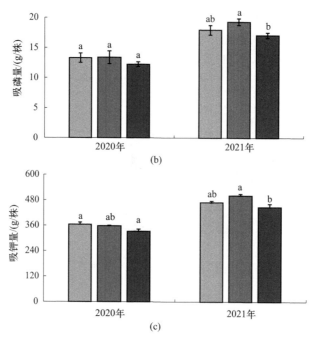

图4-55　包膜控释肥+超宽窄行栽培新模式对香蕉氮磷钾吸收量的影响

较2020年的高。针对香蕉氮吸收量而言，5m处理的两年（2020年和2021年）平均值（114.50g/株）比3m（108.98g/株）和6m（100.91g/株）均高。与3m（15.62g/株）和6m（14.67g/株）处理相比，5m（16.33g/株）处理的香蕉磷吸收量提高了4.55%和11.32%。同样，各个处理之间香蕉钾吸收量的变化与磷吸收量类似，说明包膜控释肥+超宽窄行栽培新模式（5m）促进了香蕉对氮磷钾的吸收。

综上所述，宽行行距5m，窄行行距1m的超宽窄行栽培新模式，不影响香蕉单位面积的数量和产量，实现了香蕉机械化栽培。

2. 蕉园液态菌肥田间生产施用技术

（1）有机物田间液态生物发酵

① 环境条件。在田间地头选择具有简易的防渗、防雨、防溢流等的发酵场地，场地大小、容积可根据原料量、肥料产量需求进行设定。生产场地环境的空气质量需满足GB 3095—2012中二类相关要求；其水质需满足GB 3838—2002Ⅳ类水质要求。生产场地的功能区域包括有机类原料存放区、二次发酵区、营养物质存放区等。各区域隔离分区，防止交叉污染；原材料存放区需防火、防雨、防潮。

② 发酵设施。建设一个合适的发酵池是关键。发酵池一般设置为5m×4m×1.5m的水泥池，内壁做防水处理后，贴瓷砖（抛水面，耐腐蚀）。发酵池上方设有雨棚，避免阳光直射和雨淋。从池的地平面到顶部四周覆盖防虫网。防虫网其中一

边为活动开放式，便于物料投放。发酵池底部的两侧相对设置通气管一和通气管二；通气管一和通气管二朝向发酵池中心的一侧，设置通气支管；通气支管上设置朝向发酵池底的通气孔。通气管一的进气口一设置在通气管一的一端，通气管二的进气口二设置在通气管远离进气口一的一端。通气管可以选择直径50cm或者63cm的PVC管。通气支管可以选择直径25cm的PVC管，并且朝向发酵池底的一侧打孔作为通气孔，通气孔直径2mm，孔距25cm（图4-56）。通气管与通气泵相连接，通过通气泵为通气管供气。为了避免通气管及通气支管上浮，在通气管和通气支管下方设置支管架，支管架距离池底3～5cm。支管架设置在发酵池的四个角及通气支管下方。为了便于清理，发酵池的池底倾斜设置，倾斜的高度差为10cm。

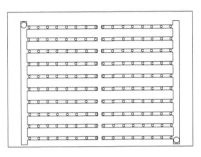

图4-56　发酵池通气管布置图

有机物发酵后，为了便于施用，需在发酵池旁设置稀释池，用于将发酵池内的发酵液稀释。稀释池设置成与发酵池大小一致，也为5m×4m×1.5m的水泥池，贴瓷砖。稀释池上方设有雨棚。池中心设置搅拌机，用以搅拌稀释后的发酵液。经过稀释池稀释后的发酵液，可以人工直接施用到田间。也可以根据生产实际选择其他施用方法，例如在稀释池设置施肥管道，利用管道将稀释后的发酵液施到田间。

③ 发酵物料和菌种。选用的发酵物料如油料饼粕应符合NY/T 130—2023、NY/T 132—2019中三级质量指标相关要求。油料饼粕及营养物质不应对功能菌存活产生不良影响。油料饼粕与营养物质组分包括花生饼粕（片状，粉碎过200目），豆饼（片状，粉碎过200目），全水溶动物氨基酸，糖蜜（含糖分≥48%），复合菌，水。以占发酵总量的质量分数计，物料配比为花生饼粕4%，豆饼4%，动物蛋白4%，糖蜜15%，复合菌12%，水61%。通过添加物料重量的不同比例调节碳氮比（15∶1）～（20∶1）。

所用发酵菌种及组合的安全性及功能性应符合NY/T 1109—2017第一级菌种、NY/T 1847—2010要求，且其功能明确，遗传性能相对稳定；各功能菌株间不存在拮抗，具协同增效效应。复合菌种可选用甲基营养型芽孢杆菌（*Bacillus methylotrophicus*）4-L-16、解淀粉芽孢杆菌（*Bacillus amyloliquefaciens*）、枯草芽孢杆菌（*Bacillus subtilis*）、酵母菌类（*Saccharomyces*）等。

④ 发酵过程。首先在发酵装置的发酵池的池底设置通气管；将发酵物料中的水

加入发酵池内，首次加水量为总加水量的50%。然后依次加入花生饼粕、豆饼、动物蛋白、糖蜜和复合菌，调水分时注意先少加，快接近要求（61%）时，慢慢再加，防止水分超量超标。发酵过程中，通气管按30min/次时长进行通气，间隔30min通气一次，全天连续发酵。通气管的通风量为每立方米物料每小时通入9m³，连续发酵15～17天即可。

（2）"一带双管"有机/无机水肥一体化轻简施用 "一带双管"水肥一体化系统，即通过一条喷灌带喷施液态菌肥，通过双滴灌管精准施用化肥，实现有机菌肥替代部分化肥，有机/无机水肥一体分施，提高肥料利用效率（图4-57）。同时调整固体有机肥：液体微生物菌肥：化肥的比例为3.5：2：4.5，香蕉生产单株肥料成本在12元以下，可降低肥料总成本20%以上。

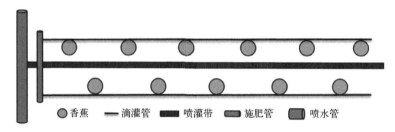

○ 香蕉 ── 滴灌管 ▬ 喷灌带 ▬ 施肥管 ▮ 喷水管

图4-57 "一带双管"水肥一体化系统示意图

香蕉的滴灌施肥过程划分为4个时期，分别是苗期、营养生长期、孕蕾抽蕾期、挂果收获期。滴施化肥用量参考表4-23。

表4-23 "一带双管"香蕉化肥减施施肥量

施肥时期	复合肥			硫酸钾			硫酸镁		
	用量/(g/株)	滴施次数	间隔天数	用量/(g/株)	滴施次数	间隔天数	用量/(g/株)	滴施次数	间隔天数
苗期	15	5	10	—	—	—	15	1	30
营养生长期	25	9	10	15	7	10	15	2	30
花芽分化期	30	7	10	20	5	10	15	2	30
抽蕾前期	20	7	10	30	8	10	15	2	30
挂果期	20	6	10	25	7	10	15	1	30
合计	770	30	—	620	27	—	120	8	—

注：总施肥量 $N : P_2O_5 : K_2O = 1 : 0.4 : 2.80$。

滴灌肥料需选择合格的尿素、磷酸一铵、硫酸钾、硫酸镁等肥料，要求杂质较少，溶于水后不会产生沉淀，可用作追肥。追肥补充微量元素肥料，一般与磷素错时施用，以免形成不溶性磷酸盐沉淀，堵塞滴头。

发酵液喷施时，需抽取油料饼粕发酵液上清液，稀释100～200倍后施用。根据香蕉不同生育时期养分需求，从香蕉种植（或宿根蕉园留芽）后15天开始，每隔15天喷施1次，连续施用240天（表4-24），香蕉生育期发酵液总用量2.2kg/株。

表4-24　香蕉园油料饼粕发酵液施用量　　　　　　　　　　单位：g/株

生育天数	用量	生育天数	用量
15	120	135	150
30	120	150	150
45	150	165	150
60	150	180	150
75	150	195	120
90	150	210	120
105	150	225	120
120	150	240	100

四、技术集成示范和效果评价

针对海南产区蕉园机械作业难、劳动力成本高、采收损伤大等问题，集成海南农机与农艺配套栽培技术，由4项核心技术加3～4项配置技术组成。其中关键核心技术包括宜机化建园技术（超宽窄行种植）、有机/无机水肥一体轻简高效系统（"一带双管"水肥分施系统、田间二次发酵技术）、机械施药与采用（花蕾注射施药、机械施药装备、管道打药机）、果实养护技术，并配套花蕾注射、茎秆还田等技术，形成海南农机与农艺配套栽培技术模式，在海南儋州市（国家现代农业产业园区）香蕉主产区进行集成示范。

核心示范基地建成于2020年6月，于2021年6月11日组织了第一造的产量测定，并邀请国家香蕉产业技术体系、海南大学、海南省农科院的专家组成产量评议组，进行了现场产量测定，同时邀请当地儋州电视台进行了全程的跟踪报道。2022年组织内部测产，测产程序严格按照2021年测产要求执行。示范区为儋州国家产业园香蕉核心示范基地（400亩）；对照区为儋州八一农场传统种植蕉园（200亩），也是于2020年新植1代蕉。

两年的测产结果表明，示范区蕉园的产量和优质果率对比对照传统蕉园均有显著提升。示范蕉园两年每公顷产量分别为64.8t和60.24t，均超过60t/hm²的产量，达到世界先进生产水平；优质果率即一级（或A级）以上的商品果的比例，也超过95%，达到国内先进生产水平。产量和优果率两项指标分别比传统蕉园两年平均增加32.17%和22.35%，显著提升香蕉产量和果实品质。

通过应用液体有机菌肥、田间二次发酵、"一带双管"有机/无机水肥分施系统、机械管道及无人机施药等轻简化种植措施，结合索道运送及轻简采后处理包装，显著降低了香蕉种植生产的劳动强度和劳动力成本。对比示范基地与传统的香蕉生产用工情况（表4-25），示范蕉园香蕉周年生产需13个月，传统蕉园（八一农场）周年生产需14个月，由此节省劳动用工60个，并且减少1个月的土地成本；此外，采收期相对集中，香蕉采收的人员和管理成本进一步降低。综合轻简化高效栽培技术的劳动用工总量来看，示范蕉园在9道工序上显著降低了用工量和劳动强度，周年用工总量为295个工/岗位；而传统蕉园周年用工总量为650个工/岗位。海南用工成本要高于广西、云南等香蕉主产区，每个工人达到150～200元/天，在人工成本核算时统一采用150元/天的工资标准进行成本核算，示范蕉园周年生产人工成本为738元/亩，传统蕉园周年生产人工成本为1625元/亩，示范蕉园用工成本较传统管理建园减少54.58%。

表4-25　海南平地香蕉优质轻简高效栽培技术用工情况比对表

是否可省工序		传统管理			示范基地		
		工作内容	操作方法及用工情况	工时数/（天/岗）	工作内容	操作方法及用工情况	工时数/（天/岗）
可省工序	1	淋水、追肥（喷灌）	设备：喷带0.8～1.0mm，喷灌带进行水肥喷施；每条喷带时间：30min/喷带；每个岗位水肥时间：6～8h；水肥用工：2人/次；灌溉次数：72	144	淋水、追肥（采用"一带双管"水肥系统水肥模式）	设备：喷带1.2mm，滴头80目，出水量3L/孔，孔距20cm。喷水时间：10min/喷带，滴管水肥时间：1h/滴管。每个岗位水肥时间：3～4h，水肥用工：1人/次；灌溉次数：72	72
	2	除草（第1次）	人工喷雾除草，5～6天/岗位，2人，除草剂2000元/岗位	12	除草（第1次）	不除草	0
		除草（第2次）	人工喷雾除草，5～6天/岗位，2人，12人次/岗位	12	除草（第2次）	人工喷雾除草，5～6天/岗位，2人，6人次/岗位	6
	3	挖坑、施肥、拌土（基肥）	人工开沟（距树体1～1.5m，半圆形肥沟，宽15～20cm，深15～20cm），2人60亩，1个月	60	挖坑、施肥、拌土（基肥）	1人工撒施宽行，1人用小型旋耕机，将肥料和耕层土壤混合均匀，深15～20cm，宽30cm，2人60亩，10天	20
	4	施壮胎肥（2次大肥）	人工开沟（距树体1～1.5m，半圆形肥沟，宽15～20cm，深15～20cm），2人60亩，1个月	60	施壮胎肥（2次大肥）	1人工撒施宽行，1人用小型旋耕机，将肥料和耕层土壤混合均匀，深15～20cm，宽30cm，2人60亩，10天	20

是否可省工序	传统管理			示范基地		
	工作内容	操作方法及用工情况	工时数/（天/岗）	工作内容	操作方法及用工情况	工时数/（天/岗）
可省工序	5 施壮胎肥（3次饼肥+化肥埋施）	人工开沟埋施饼肥+化肥（攻蕾肥），2人60亩，15天，折合30人次/岗位	30	施壮胎肥（3次饼肥+化肥埋施）	喷灌系统喷施有机物料（二次发酵系统），不施此次大肥	0
	6 立杆防风	人工钻洞，2个人每个岗位15天，折合0.4~0.5元/洞，30人次/岗位	30	立杆防风	机械钻洞，1个人每个岗位3天，折合0.25元/洞，3人次/岗位	3
	7 预防蓟马、蚜虫	人工机械喷施防蓟马、蚜虫药剂，2个人每岗位4次，3天/次，折合8人次/岗位	24	预防蓟马、蚜虫	蕾包针注射防蓟马、蚜虫，2个人每岗位1次，折合2人次/岗位	6
	8 采收	挑蕉费30000元/岗位，折合60人次/岗位	60	采收	索道，挑蕉费5000元/岗位，折合10人次/岗位	10
	9 总生育期14个月		60	总生育期13个月		0
	用工小计		492	用工小计		137
不可省工序	①缺苗补苗；②补中微量元素（叶面追肥）；③植保防病虫害；④除芽；⑤留芽；⑥抹花、疏果、保果、垫把、做标记；⑦预防叶斑病等病虫害；⑧诱发二路芽，留二路芽		158	与传统管理一致		158
	用工合计		650	用工合计		295

注：1个岗位=60亩，每个岗位2名工人负责。

在2020～2022年期间，研究人员与海南天地人生态农业股份有限公司、海南昌垦农业开发科技有限公司、广西龙州恒润农业开发有限公司三家知名香蕉种植企业进行合作，辐射推广海南平地蕉优质轻简高效栽培技术成果，在海南儋州、临高、昌江、乐东等香蕉主产区，累计推广香蕉应用面积达1.5万亩。

通过比较，辐射推广蕉园平均亩产量3535kg，蕉园亩产量平均提高14.35%；优果率平均可达95.17%，优果率提高18.96%。平均每亩人工成本1150元，每亩人工成本降低29.23%，节本增效平均增加28.49%。可见，辐射推广蕉园完全实现了优质果品率和产量均提高10%以上，节本增效10%以上，人工成本降低25%以上的目标。同时香蕉枯萎病发病率低于1%，取得良好的防控效果，有效带动当地香蕉种植热情，维护了蕉园微生态健康，使得社会、生态效益显著。

第3节
广西缓坡地蕉园优质轻简高效栽培技术集成与示范

一、基本情况

广西是中国重要的香蕉主产区，目前广西香蕉种植面积和鲜果产量均位居全国第二位；香蕉产业已成为广西地区农民脱贫致富助力乡村振兴的重要支柱产业之一。广西香蕉种植主要以缓坡平地为主，香蕉产区主要集中在南宁市西乡塘区（坛洛镇、双定镇、金陵镇）、武鸣区（宁武镇、双桥镇、太平镇、城东、锣圩镇、仙湖镇、里建）、隆安县（那桐、丁当、乔建、古潭）、崇左市（龙州、大新、江州区、扶绥、宁明）、玉林市（福绵区、兴业县、北流市、博白县、陆川县）、百色市（田东、田阳）、钦州市（浦北、灵山）、北海市（合浦）等。

二、主要问题和解决方案

广西香蕉种植存在枯萎病发生较严重、寒害频发多发、土壤肥力偏低等问题，针对这些问题，提出集宜机化建园与培肥（宽窄行种植与间套作、有机肥与矿质肥深施），抗寒避寒（天地膜覆盖、大苗种植），水肥管道施用（液体有机肥、水溶性碱性肥和同步营养肥、液体拮抗菌肥配套施用），精准高效施药，机械采收及采后轻简处理（索道采收设施、轻简采后处理包装生产线）等技术（图4-58），形成广西特有的缓坡地蕉轻简栽培模式，在广西香蕉主产区进行示范。

三、关键技术研发

1. 种前土壤改良及机械化建园技术

深翻土壤，深度50～70cm，之前种过香蕉的旧地需要轮作或休耕1年以上，新地晾晒1个月后，开深为40～50cm的沟种植。以小区为单位，按每株施0.75kg土壤调理剂（主要成分：CaO≥40%），充分腐熟的鸡粪、猪粪、牛粪、羊粪等粪肥或经过充分发酵处理的豆粕肥等植物秸秆肥类10kg，以木霉类为主的复合微生物固体菌剂（肥）2kg，复合肥（15-15-15）0.5kg。将所需的肥料在地头进行混匀，用铲土机将混匀后的肥料装入撒肥机中，均匀地撒到种植沟中。摒弃传统的人工放肥的方法，

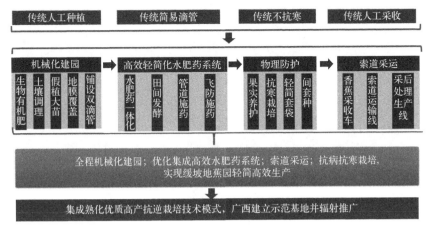

图4-58　广西优质轻简高效栽培模式流程图

采用机械撒肥机进行施放有机肥与矿质肥。利用多功能机进行旋耕、拉滴管、盖地膜。

2. 间套种技术

新植地在蕉苗种植后封行（即蕉叶尚未互相遮阴）前，可在株行间种植冬瓜、南瓜、马铃薯等生长周期较短的作物。不能种易被尖孢镰刀菌侵染的植物。间套种的作物应在香蕉植株封行前完成采收，并用秸秆覆盖行间土面。旧蕉园可套种黑皮冬瓜、韭菜、生姜等作物。

3. 覆盖天地膜技术

10～12月份种植的植株，在种植前利用多功能旋耕机完成旋耕、拉滴带和盖膜。8～9月份种植的植株可以在寒害来临前进行人工覆盖地膜。入冬前气温接近10℃时，根据蕉苗大小，选用合适长度且较厚的竹片，于距离蕉苗40cm左右两边各拱插1根竹片，上面覆盖厚2mm的白色天膜，形成小拱棚。在高温时节，气温接近28℃时，在小拱棚的背风一侧每隔1～2m处开一直径2～3cm的透气小孔，白天将小拱棚两头掀开，通风对流，晚上盖好。

4. 水肥一体化精准施肥技术

改变传统人工施肥方式，采用单行双滴带的水肥一体化设备（图4-59），根据地块肥力、香蕉生长习性和生产目标进行精准施肥。

将可溶性良好的固体肥料或液体肥料根据作物生长需要用水兑成一定比例的液态肥，与灌溉水一起均匀、精确地输送到作物根部土壤，减少了肥料通过地上径流和下渗等流失。

5. 索道采收技术

香蕉种植后，在蕉园内架设以镀锌钢管为材料、高约2m、底宽约1.5m的拱形采

图4-59 水肥一体化设备和单行双滴灌带模式

收索道（图4-60），索道距最远的蕉株直线距离一般不宜超过20m。

无伤采收是生产高品质香蕉最重要的技术措施之一，采收过程应避免割、擦、撞、压伤香蕉等，做到"不着陆"或"软着陆"。

香蕉采收时，两人为一组，一人先用利刀在假茎的中上部砍切一刀，使植株慢慢倾斜，另一人用软垫物把住缓缓倒下的果穗，前一人再将果穗轴完全割断，最后将整串穗（连同套袋的材料一起）放在事先准备好的软垫物上适当保护，小心把蕉通过索道运输到地头，利用简易采后包装装置清洗包装。

图4-60 蕉园中的索道设施

四、技术集成示范和效果评价

2020年10月下旬在南宁市隆安县丁当镇新俭润丰基地开展广西缓坡平地香蕉优质轻简高效栽培技术示范，示范基地面积1800亩，种植香蕉品种有'桂蕉9号''宝岛蕉''桂红抗'。全园采用种植前土壤调理、机械化建园、种植健康种苗、水肥一体化精准施肥、香蕉覆盖天地膜抗寒避寒、生物菌肥防控枯萎病、索道采收等轻简化栽培技术。

2021年10月12日对该基地进行测产查定，与传统蕉园相比，示范基地优质果品率和产量分别较传统蕉园提高23.74%和22.77%。蕉园节本增效35.35%（其中人工成本降低61.22%）（表4-26）。

表4-26 润丰基地现场查定表

处理	小区	优质果品率/%	优质果品率提高百分率/%	平均株产/kg	平均亩产/kg	增产率/%	平均亩人工成本/元	人工成本降低率/%	节本增效率/%
示范蕉园	I	98.40	20.51	27.90	3961.80	27.95			
	II	99.35	23.63	27.37	3886.54	21.55			
	III	98.26	27.26	25.85	3670.70	18.84			
	平均	98.67	23.74	27.04	3839.68	22.77	222.30	61.22	35.35
传统蕉园	I	81.65		24.77	3096.25				
	II	80.36		25.58	3197.50				
	III	77.21		24.71	3088.75				
	平均	79.74		25.02	3127.50		573.20		

第4节
云南山地蕉园优质轻简高效栽培技术集成与示范

一、基本情况

云南省是山区农业大省，其中山区占96%，坝区仅4%，全省热区土地资源面积达8.0万公顷左右。按不同气候带和坡度量统计，云南拥有热区土地资源面积78600km²。云南热区是指≥10℃的天数310～360天，≥10℃年活动积温6000～7500℃，年均温≥17.5℃，最冷月均温≥10℃，极端最低温≥0℃的热带亚热带地区。热区全年太阳辐射总量为112.5～152.8kcal/cm²，年均温17.4～23.1℃，≥10℃年活动积温5943～8709℃，极端低温≥5.4～4.5℃，年降雨量634.0～2250.0mm，年日照时数1572.0～2653.0h，相对空气湿度58%～88%，年均风速0.5～3.6m/s，具有雨热同期、年均温差小、昼夜温差大和干湿季分明等特点。

香蕉是云南低纬度高原边境山区重要的经济作物，自2000年以来，云南香蕉产业发展迅猛，至今云南香蕉种植面积超128.0万亩，产量超200万吨，产值超50亿元，对当地脱贫致富、乡村振兴和社会稳定起着难以替代的作用。

二、主要问题和解决方案

山地种植香蕉存在诸多问题，一是山地标准化建园和种植难；二是病虫害频发和暴发特点突出；三是果实擦伤严重，商品率和优果率低。云南香蕉主产区山高坡陡，从建园、耕种、水肥和病虫害管理到采后处理都比平地蕉区困难，机械化程度低，生产成本高，严重影响云南香蕉的外观质量和市场竞争力，还存在水土肥流失等问题。

云南是香蕉起源地之一，野生香蕉遗传多样性丰富，同时病虫害种类繁多、分布广且危害严重，最大问题是香蕉枯萎病不断蔓延，其次是香蕉黑星病、黄胸蓟马、褐足角胸叶甲等果期病虫害严重，影响香蕉外观品质。

为控制病虫害，工人长期过度依赖化学防治手段，导致抗药性快速上升、生产成本急剧增加、环境污染和生态破坏严重以及食品安全等问题突出。香蕉副产物到处丢弃，如茎叶和废果等造成蕉园土壤破坏、资源浪费和环境污染。

上述问题严重制约了云南香蕉的市场竞争力和产业的可持续健康发展。为此，云南省农科院香蕉团队进行了多年相关研究，积累了一些工作基础，在国家重点研发计划项目"常绿果树优质轻简高效栽培技术集成与示范"支持下，针对云南山地蕉园立地环境差、耕作和田间作业困难、果实采收损伤严重和品质良莠不齐等问题，重点开发山地香蕉园易耕宜机建园、水肥药轻简管理、机械化作业及优质生产等技术，集成山地香蕉优质轻简高效栽培技术模式，在云南河口、江城等香蕉产区示范推广（图4-61），为促进当地香蕉产业高质量发展和乡村振兴提供技术支撑，为其他山地蕉区提供参考。

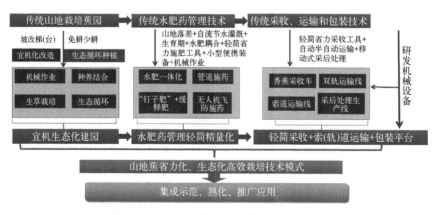

图4-61 云南优质轻简高效栽培模式流程图

三、关键技术研发

1. 宜机化或省力化建园技术

示范基地建设基本要求是种植园区、工人房和仓库尽量功能分区，道路至少可以倒短（即可通过20t货车），水电路配套，布设水肥一体化、管道打药和采运设施，蕉园可做到涝能排、旱能灌。

（1）"坡改梯"宜机化建园　在河口旭谊公司和河口润生果业基地，用挖机进行"坡改梯"整地（图4-62），即沿等高线环山或依山用小型钩机开出反斜面台地，台面宽度根据坡度而定，一般坡度较大（坡度20°～25°）的地块尽量开挖出1.5～2m宽的梯台面，坡度在5°～20°的均可开挖出超过2m宽的台面，为保水保肥，种植前在反斜面台地开挖种植沟（槽）或种植穴，种植穴尺寸：长60cm×宽60cm×深60cm，台地边缘有高于20cm的埂。移栽香蕉前提前1个月晒地、撒石灰处理台面，种植沟或穴中施足有机底肥，翻挖出的熟土在移栽香蕉时尽量回填。种植密度控制在110～120株/亩。

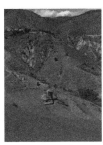

图4-62　等高线"坡改梯"建园，沟槽或穴种植

（2）"免耕少耕"省力化建园　在江城胜龙现代农业园，以生产绿色香蕉、打造山地"超甜蕉"为目标，建立了种养结合生态种植模式蕉园。不改动自然坡地，采用传统"鱼鳞状"挖穴种植，尽量不挖断"水脉"（长期自然形成的土壤输水毛细管道），不翻压破坏原始肥沃土壤，保水抗旱和维持土壤有益微生物平衡（图4-63）。同时仍采用蕉园生草或林下间套种、水肥一体化、"钉子肥"和飞防等绿色轻简栽培技术。

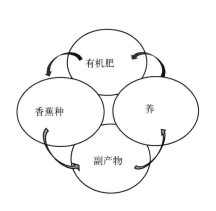

(a) 蕉园局部

(b) 蕉园猪场

(c) 养殖粪污回收

(d) 水肥共施系统

图4-63　江城县种养结合生态栽培示范蕉园

利用国家香蕉产业技术体系栽培生理岗位团队研发的复合发酵菌和市售生物有机肥菌种，在种养蕉园对有机副产物进行了二次发酵技术研究，集成生物有机液体肥和堆沤固体有机肥技术，大大降低了蕉园有机肥投入成本。在种养结合蕉园方面，采用"养猪粪污+糖蜜+有机副产物+豆饼+鱼塘（或养蛙场的死鱼死蛙等蛋白废物）+混合菌种"自产生物有机液体肥，每吨成本仅500元/t左右（购买商品生物有机液体肥每吨6000元以上）；而采用"养猪粪污+糖厂普通甘蔗渣+糖厂碳化甘蔗渣+自然发酵"堆沤的有机固体肥成本每吨仅300元（购买商品生物有机固体肥每吨2000元以上）。

2. 山地蕉园坡埂间套作绿肥技术

土壤肥沃是香蕉优质高产的重要基础，根据测土结果，课题组在河口2个示范基地采用了以下土壤改良培肥方法：基施碱性生物碳肥、饼肥和生物有机固体肥，追施生物有机液肥，以及间套种豆科作物或生草覆盖等。

针对山地蕉园在雨季容易被雨水冲刷，造成梯台拉沟甚至塌方、水土肥流失和香蕉枯萎传播等问题，研创山地蕉园坡埂间套种绿肥技术。为寻找能控制山地蕉园杂草，且耐湿热和荫蔽、保水保肥和培肥土壤效果好的绿肥，课题组引进了崖州硬皮豆在河口示范基地试种（图4-64），结果显示：崖州硬皮豆比土著杂草有竞争优势，可形成草垫，保水肥，增加有益微生物；可防止水土肥流失、拉沟甚至塌方；不易感染根结线虫和病毒［葫芦科植物南瓜和冬瓜易感线虫和黄瓜花叶病毒（CMV）等病毒］；减缓枯萎病由上而下传播。

图4-64　山地蕉园坡埂间套种崖州硬皮豆和当地大豆

香蕉枯萎病是制约香蕉产业可持续健康发展的最大瓶颈，在山地主要从坡上往下传播，结合山地香蕉健康栽培管理技术，发明了一种减缓山地蕉园枯萎病蔓延的种植方法：坡面等高线开挖种植沟，在种植沟上挖种植塘，沿坡面自上而下开挖纵向排水沟，每一种植沟均与纵向排水沟相连通，有效控制了蕉园中水流的随意性和流动性，隔行轮换更新种植，加之蕉园空地有生草覆盖，减少了土壤扰动及水流所携带病原菌的接触机会。通过对携带枯萎病菌的水和土的管理，有效控制了山地蕉园枯萎病的蔓延。

3. 水肥药轻简管理技术

（1）水肥一体化技术　水肥一体化技术在许多发达国家果园中广泛应用，在中国海南等干旱蕉区也有大量应用。具节水、省肥药、省工、抑制杂草之效，从而达到增效目的。云南蕉区每年春季香蕉移栽期都有不同程度的干旱，缺水严重，影响蕉苗成活或长势。因此，在示范蕉园安装了集节水灌溉、精确施肥和防治病害虫结合为一体的水肥一体化系统（图4-65）。

图4-65　示范园山地水肥一体化及膜下灌溉抗旱栽培系统

该系统包括建铺防漏膜的蓄水池、配肥池（或简易配肥桶）、多级过滤清洗系统、输水管网（干管、支管和田间配水毛管-滴灌管或带）。为解决山地喷水不匀问题，安装了压力与流量监测保护系统，田间还有压力补偿开关和滴头。在移栽时采用膜下滴灌技术，存活率大大高于周边"雷响地"。国外香蕉滴灌施肥研究表明，相比普通复合肥，施用水溶肥的香蕉增产显著，而且滴灌比常规灌溉节约50%的肥料。该示范利用水肥一体设施，配合商品水溶性单质或复合矿物、杀菌和杀线虫剂、复合生物有机液肥及自沤的有机液肥，平均亩产量2.9t，较传统模式增产0.84t/亩，节肥50%，节水40%，省工40%以上。其中，还示范了滴灌施杀线虫剂"路富达"，配合管道打药防控其他病虫害。

（2）香蕉"钉子肥"技术　香蕉假茎（俗称香蕉茎秆）和地下球茎不仅是香蕉树体储藏养分供给果实发育的器官，更是香蕉延续下一代的重要物质基础。国外研究发现，香蕉采收后母株里尚存40%的养分和水分可供其后代（吸芽）利用。香蕉吸芽从出土至抽出大叶这个阶段，历时2～3个月，少根或无根，难以从土壤吸收足够的养分和水分，基本由母株供应。但是，母株组织自然分解和养分回流慢，即使增加根外追肥，也因吸芽的有效根系少、养分吸收率低而严重影响吸芽提苗速度。此外，传统施肥技术极易造成肥料浪费，部分被淋溶下渗，部分随水流失，部分被土壤固定而难于被根系吸收。

针对山地蕉园施肥难、效率低、费工等问题，研究人员与广东杰士植物营养有限公司合作，研发了俗称"钉子肥"技术和香蕉假茎轻简施肥提苗新技术，并发明了简易打孔施肥器，这项技术是独创技术，国内外鲜有报道。该技术能高效转化香蕉采后母株假茎中残留的营养和水分，供给吸芽生长，并加速茎秆降解还田，兼防香蕉象甲。施肥不受天气影响，单人就可完成，省工、省力、节肥，并能调节上市时间。该技术在云南试验应用结果显示：茎秆降解还田速度比自然的快2～3倍，生育期缩短约1个月，增产1～3kg/株。

（3）山地蕉园无人机飞防技术　使用极目公司的EA30-X无人植保机，在2个示范基地进行飞防试验示范（图4-66）。防控主要靶标：香蕉叶斑病、黑星病、黄胸蓟马和褐足角胸叶甲等。EA30-X无人植保机向下对坡地识别能力较强，可沿坡面喷药。同时，筛选了飞防药剂：螺虫·噻虫啉悬浮剂（稳特）2000倍＋氟菌·戊唑醇悬浮剂（露娜润）2000倍＋丙森锌70%可湿性粉剂（安泰生）1000倍＋极目公司助剂，解决了农药在香蕉叶上附着难和喷洒飘移等问题。

图4-66　无人机在江城和河口示范蕉园飞防作业

4. 山地香蕉索（轨）道采运技术

对云南山地香蕉采运困难、劳动力缺乏和果实损伤严重等问题，研究人员与由华南农业大学段洁利教授承担的子课题"蕉园机械开发"深度合作，根据前期山地蕉园采运需求和地形调研结果，设计了2种山地香蕉运送系统，拟解决现有香蕉等高线采运索道不能上下运输的问题。一种是双轨运送系统，安装在河口旭谊公司曼美示范基地；另一种是类似缆车的山地香蕉悬挂式链轨循环式运送新系统，在润生果业（河口）有限公司示范基地安装。

（1）遥控牵引式双轨运送系统安装　在河口旭谊公司示范基地安装了遥控牵引式双轨运送系统示范线（60m）（图4-67）。该装备的亮点是专门设计了悬挂式"S"形布局的香蕉果穗防擦伤仿形车厢。第一次载蕉测试，双轨线可实现上下坡运输，解决了单轨运输安全稳定性不足和现有山地索道只能在等高线运行的缺点，但也暴露出轨道地基没加固导致车厢振动大，以及制动失灵或程序调试不到位等问题，导致运输车厢冲顶，撞坏坡顶阻拦杆并拉弯轨道。经现场查看和分析，问题出在绞车系统漏装了刹车制动限位装置，后重新设计安装了制动限位装置，解决了"冲顶"问题，加固了轨道支撑脚的地基，一定程度减轻了车厢振动。

图4-67　双轨运输车（线）空载和载蕉测试

（2）山地香蕉采运新装备设计——循环式高架索道　通过对润生果业山地蕉园现有索道采运系统的实地考察调研，计划设计一种类似公园缆车的索道运输线，连接原有水平线采运香蕉的索道系统，解决上下坡垂直运输问题。因为成本太高，要设计出能被种植者接受的低成本的轻简索道有些难度。最终，段洁利教授团队设计了一种低成本的简易索道运输线。

四、技术集成示范和效果评价

1. 示范园地选择

分别在河口县和江城县，选择水电路配套、有灌溉水源、具备一定基础的4个山地蕉园，共建示范园（图4-68）。

（1）润生果业（河口）有限公司香蕉基地　该基地1500亩，位于云南省河口县坝洒农场11队曼丫村；示范品种主要是'中蕉8号''巴西蕉'和'粉杂1号'。主要示范技术有坡改梯建园、基质育苗、等高线反斜面深沟种植、坡埂生草或绿肥间套种、水肥一体化、缓控释肥、生物有机肥、香蕉采后假茎施肥（"钉子肥"）与还田、管道和无人机打药、山地蕉背架+等高线索道结合链轨循环运输系统、移动式包装平台采后处理等。

（2）云南二宝农业有限公司香蕉基地　该基地1000亩，位于云南省河口县坝洒农场芭蕉寨（Y002线湖坝段附近），示范主要品种是'巴西蕉'。主要示范技术有坡改梯建园、基质育苗、等高线反斜面深沟种植、水肥一体化、缓控释肥、生物有机肥、香蕉采后假茎施肥（"钉子肥"）与还田、管道和无人机打药、山地蕉背架+移动式包装平台采后处理等。

（3）河口蚂蟥堡云河纸箱厂香蕉基地　该基地2500亩，示范地300亩，属于原河口旭谊公司基地，位于云南省河口县坝洒农场3队曼美村，示范主要品种有'南天黄''宝岛蕉''中蕉8号''桂蕉2号''热科2号''热科4号''中热1号'和'中热2号'等。主要示范技术有坡改梯建园、基质育苗、等高线反斜面深沟种植、间套种大豆和玉米、水肥一体化、生物有机液肥、枯萎病等主要病虫害综合防控、管道打药、山地蕉背架+运蕉车+等高线索道结合双轨道采运、移动式包装平台采后处理等。

（4）江城胜龙现代农业园示范基地　该基地5000亩，位于江城县嘉禾乡平掌村，示范主要品种有'桂蕉1号'和'巴西蕉'等。主要示范技术有生态循环种植建园、"猪-蕉-有机肥"种养结合、有机废弃物利用［生物有机液（固）肥发酵］、水肥一体化、香蕉采后假茎施肥（"钉子肥"）与还田、生草覆盖和林下套种（砂仁等）、缓控释肥、管道打药与飞防、单轨道采运系统、移动式包装平台采后处理等。

(a)　　　　　　　　　　　　　　(b)

图4-68　江城胜龙现代农业园和润生果业（河口）有限公司香蕉示范基地

2. 示范技术

从建园开始，遵循"良种良法"，抓好核心技术环节：宜机化或省力化建园（"坡改梯"模式或少耕免耕的生态种植模式）、水肥药轻简管理（水肥药一体化+香蕉假茎打孔施肥+缓控释肥+管道或机械打药+飞防）、采后无伤化商品处理［果实养护+轻简采收+山地背架结合索（轨）道运输+移动式包装车］。

因地制宜，不同条件下，选用不同模式，优化组合单项技术，实现节本、提质和增效。

3. 示范模式与传统模式绩效对比评价

相对于传统模式，示范模式虽然刚建园时投入成本较高，但随时间推移，成本可降下来，综合效益更高。示范结果表明：示范模式比传统模式优果率和产量分别提高21%和16%，节本增效40%（其中人工成本降低56%）。用工成本详见表4-27，综合效益对比详见表4-28。

表4-27 示范模式与传统模式用工成本对比

序号	传统模式			示范模式		备注
	生产管理环节	操作方法	工日/亩	操作方法	工日/亩	
1	建园和移栽	不坡改梯、不建机耕道，人工挖"鱼鳞状"塘穴种植（每亩挖120穴）	2	用挖机等高线开挖种植梯台和种植穴（沟），坡埂间套种绿肥，建机耕道、简易包装点，以及布设水肥一体化及索道	4.2	平均8h/工日。建园当年用工较高，但为一次性投入，可逐年摊低
2	坡埂除杂草	人工除草（喷除草剂）3次，0.5工日/亩	1.5	不除草（生草和绿肥覆盖，割草机剪草1次）	0.5	平均8h/工日
3	水分管理	靠自然降雨+人工皮管浇灌。间隔7天浇水1次，全年平均约50次、约3工日/亩	3	采用水肥一体化滴灌，间隔5天滴灌1次，每次2h，出水量2L/孔，孔距30cm，全年平均滴灌约70次、约0.4工日/亩	0.4	平均8h/工日
4	肥料运送	人工肩扛、挑或背到包装点	2	山地专用背架+索（轨）道运送到包装点	0.5	平均8h/工日
5	根内外追肥	在苗期、花芽分化期、抽蕾前和挂果期沟施和撒施固体肥（有机肥、尿素和普通复混肥）共6次，皮管冲施20天1次	1	在采后母株假茎上施"钉子肥"1次（2颗/株，50g/颗），花芽分化期和抽蕾前沟施缓控释肥各1次（分别为高氮型和高钾型恩泰克200g/株），水肥一体化15天滴施1次（有机和无机肥）	0.5	平均8h/工日。减施化肥约25.6kg/亩
6	病害管理	背负式喷雾器打药。苗期：间隔约30天施一次药；营养生长期：间隔约15天施一次药，孕蕾期至套袋期：间隔约10天施一次药	1.8	管道打药机+迷雾机+飞防。苗期和孕蕾前期：间隔30天，施用保护性杀菌剂（多菌灵、代森锰锌和百菌清）；现蕾期：间隔15天施用治疗性杀菌剂（嘧菌酯、吡唑醚菌酯、氟吡菌酰胺）	0.3	平均8h/工日。减少农药用量0.3kg/亩
7	虫害管理	背负式喷雾器打药。见虫打虫，短期内多次大量使用杀虫剂	1	管道打药机+烟雾机+飞防。斜纹夜蛾和褐足角胸叶甲：发生初期，喷施广谱性杀虫剂（阿维菌素、毒死蜱、甲氰菊酯等）+定向施杀虫颗粒剂的杀虫装置；蓟马防控：在刚现蕾时和第二梳的苞片打开时喷雾防治2次	0.3	
8	采收	使用背架，肩挑或背，摩托车或马驮运	3.5	山地专用背架+索（轨）道运输	0.3	平均8h/工日。短途背蕉上索道

序号	生产管理环节	传统模式		示范模式		备注
		操作方法	工日/亩	操作方法	工日/亩	
	每亩合计	除共性技术的用工	15.8	除共性技术的用工	7	平均8h/工日。15.8-7=8.8工日/亩（省工55.7%）
	共性用工	建园：移栽；苗期：补苗和种植行除草；树体管理：除留芽和刈除病老叶；果穗管理：蔬蕾、抹花、疏果、垫把、套袋和标记；施固体肥（示范园以缓控释肥替代普通复合肥）；穴施或沟施基肥，并沟施追肥；防风：拉绳；收获：砍蕉				平均8h/工日。共性用工约为6个工日/亩
	应用效果	分区管理，每对夫妻工可管理3000株		分区管理，每对夫妻工可管理6000株		可管理更多的香蕉植株，增加经济效益

表4-28 示范模式与传统模式综合效益对比

指标	传统模式	示范模式	对比效益	计算方法
用工费/（元/亩）	1264.00	560.00	省工56%（省8.8工日/亩，省工费704元/亩）	用工费＝用工日数×80元/工日（目前的工价）。依据用工明细表，示范模式为7工日/亩，传统模式为15.8工日/亩
肥料成本/（元/亩）	1440.00	1200.00	省肥料240元/亩	肥料成本＝每株肥料成本×每亩种植株数。两种模式的种植数均为120株/亩，肥料成本分别为12元/株和10元/株
农药成本/（元/亩）	480.00	360.00	省药120元/亩	农药成本＝每株农药成本×每亩种植株数。传统模式农药成本为4元/株，示范模式采用了管道打药+飞防+喇叭口放杀虫颗粒剂等，减药1/3，平均为3元/株
平均亩产量/kg	2150.00	2500.00	增产16%	每个小区选3株，3个重复，共测9株产量，求出平均株产。平均亩产=平均株产×亩株数×收获率（统一按85%计算）
商品果率/%	87.20	90.00	提升2.8%	三级（或C级）以上的商品果的比例
优果率/%	70.50	91.60	提升21%	二级（或B级）以上的商品果的比例
商品果均价/（元/kg）	2.40	2.50	多收0.10元/kg	香蕉市场价格波动较大，示范模式因商品果率较高，单价提升0.1~0.2元/kg，对比效益按提升最低差价计算
设施设备成本/（元/亩）	200.00	1940.00	多投入1740.00元/亩	传统模式为简易的水电路设施设备、常用农机具（如背负式喷雾器）等；示范模式主要为较好的水电路、大型挖机、旋耕机、水肥一体和发酵运索道系统、发酵罐（池）、泵机、弥雾机和烟雾机等打药机械、无人机和剪草机等，投入较高

指标	传统模式	示范模式	对比效益	计算方法
全成本/（元/亩）	3384.00	4060.00	增加676.00元/亩	成本＝用工+化肥成本+农药成本+设备投入。注：地租相同不计
销售额/（元/亩）	4499.52	5625.00	增收1125.48元/亩	销售额＝产量×商品果率×销售价。传统蕉园为2150×87.2%×2.4；示范蕉园为2500×90.6%×2.5
综合效益/（元/亩）	1115.52	1565.00	节本增效40%（+449.48元/亩）	综合效益＝销售额－全成本。示范园的成本可逐年摊薄，种植时间越长，综合效益越高

综合来看，通过应用集成山地香蕉优质轻简高效栽培技术模式，解决山地香蕉生产效率低、外观差、劳动力成本高和水土流失等问题；以免耕少耕、种养结合、水肥一体化、"钉子肥"、生草覆盖和飞防等技术为核心，最大程度保留原始肥沃土壤，维持土壤有益微生物平衡，并有效利用副产物，实现绿色生产与节本增效，且减少了蕉园污染。与传统模式相比，增产16%，节肥50%以上，节水40%以上，优果率和产量分别提高21%和16%，节本增效40%（其中人工成本降低56%）。

另外，利用香蕉假茎精量施肥技术，解决山地香蕉轻简精量施肥和茎秆还田难题，对加快采后茎秆还田兼防假茎象甲、增加蕉园有机质、促进后代健壮生长、减少中耕施肥伤根和增强抗病力等有重要作用，同时可缩短生育期15～30天，节肥15%以上，增产10%～15%，省力50%以上。

而利用山地蕉园坡埂间套作绿肥技术起到保水肥，防止水土肥流失、拉沟甚至塌方，增加土壤有益微生物，有效减缓枯萎病由上而下传播的作用。示范蕉园土壤香蕉枯萎病菌量每克土＜10^3个孢子，发病率＜2%（对照＞30%），同时每亩节省除草用工1个工日；利用山地香蕉运送新系统，突破上下坡运送难题，果实损伤率可降低13%以上，商品率提高11%以上，省工60%。

第5章

荔枝优质轻简高效栽培技术集成与示范

荔枝优质轻简高效栽培技术是指根据荔枝的生长特性，通过合理稀植和树形改造，构建高光效能的果园群体和树体结构，完善果园基础设施，引进先进实用的小型机械，以减轻生产劳动强度、节省生产管理成本、简化生产的系统技术体系，最终目的是提高优质果比例和单位面积效益。

第1节
荔枝优质轻简高效关键共性技术

一、老荔枝园宜机化改造技术

1. 山坡地果园

中国荔枝大规模发展是在20世纪80年代后期，面积由1987年的190.5万亩扩大到最高时的810万亩，不过荔枝主要是在坡度较大的宜林山地种植，"十二五"期间，坡度20°以上荔枝园占比达30.7%。

生产型山坡地荔枝园，普遍存在对外道路交通、园内通行条件先天不足。坡地荔枝园大致上有以下三种情形：①石砾型坡地与壤土型坡地，前者园地内有大小不等的石块，如广东电白区的大部分山地荔枝园；后者土层深厚易于改造，如广东高州、化州、茂南等大部分山地荔枝园。②不规整型与台地型坡地，前者基本上是在自然坡地挖穴种植，无明确的种植行，株距也不规整；后者建园时推成台地再种植，不过台面宽度较小，或行距、株距偏小。③等高梯带种植型与纵向带状种植型坡地，前者经过改造可形成连续机耕道，后者难以改造和应用行走式机械机具。

改善基础设施，以方便荔枝园灌溉、施肥、喷药、农资或果实运输，以及实现机械化和自动化是老荔枝园现代化改造的重点。

（1）高坡度老果园改造技术　以广东省高州市曹江镇华坑村面积约100亩的荔枝试验园为对象进行改造，该园坡度约25°，改造后如图5-1，技术要点如下。

图5-1　高州市曹江镇华坑村荔枝基地改造后的全景

① 机耕道。设置园内机耕主路，路基宽度5.5m，道路坡度（或坡比）3%～9%，折合坡度为16.5°～42°，转弯处极限最小半径15m；道路内侧设置宽度30cm、深度30cm的排水沟，以减少果园和道路积水对道路的冲刷；主路与每一级台地连通，以方便机械进出。

② 荔枝树间伐与修剪整理。荔枝园行距达到6m、株距4m以上，位置不当的植株均砍伐掉；留下的树，选留3～4个主枝，锯掉过多的和分枝高度在1.7m以下的主枝和下垂枝，以确保钩机和果园机械顺利通行。

③ 台地改造。挖除杂树的树头和树根；宽度达到6m以上的种植行，在种植行的内侧推出台面，距离荔枝树主干的台面宽度达到2.5m以上；行间宽度仅3～4m的，间伐一行荔枝树，在间伐行推出宽度2.5m以上的台地，用于机具通行；挖出的松土填于台地外侧并压实，形成外高内低的台面，尽量减少园内降水径流。

④ 松土与土壤改良。在推出台地之后，建议用钩机挖松荔枝树根际土壤，深度达到50cm以上，有条件的可施入有机质肥和土壤改良剂（如生石灰粉，适合南方酸性土质）后再覆土。

⑤ 对缺失植株及时移栽补种。

⑥ 台面空间较大的，可间种其他短期作物以增加改造早期的收益。

⑦ 改造时间。任何季节均可进行，但以秋末降水较少季节最为适宜。

（2）小坡度老果园改造技术　以广东省高州市曹江镇天域公司面积320亩的荔枝园为对象进行改造，坡度约10°。果园坡度较小，坡面不大规则，植株栽种也不大整齐。改造技术要点如下。

① 在果园外围推出环园路，宽度4m左右。

② 以坡地上沿道路为基准，大致上按照6m距离，推出第一条机耕道，宽度2.5～3.0m之间，以后依次推出第二条和第三条机耕道（图5-2）。

③ 尽量把凸起的小山包铲平，铲起的泥土用于填补陷下的坑注。耕作道可有适度的起伏，必要时在两级台地间推出连接道。

图5-2　高州市曹江镇天域公司荔枝基地改造后的机耕道

④ 台面略向内侧倾斜，并在内侧设置集水沟。

⑤ 在两面坡交接处一般为集水沟，建议修筑成排水沟，沟沿锤紧实，自然生草后可防流水冲刷。

2. 缓坡平地果园

缓坡平地荔枝园地形平坦，少起伏，少弯曲转折，宜机化改造挖方填土量少。缓坡平地荔枝园本可以成为宜机化改造的先行地、机械化示范园和现代化荔枝园建设的标杆，但仍可能存在影响宜机化改造的问题，如种植行不规范、不规则、不齐整；树形不规则，大枝太多，骨干枝分枝部位太低，影响机械通行；有的可能地面石头较多等。

对广州市东林生态农业发展有限公司东林果场约100亩的荔枝园进行改造，技术要点如下。

① 行株距整理。无坡度的平地荔枝园一般应为南北行向，有一定坡度的荔枝园原则上应按照等高线设置行向。行距在6～10m之间为宜。行株距太小需适当间伐。

② 树形整理。选留3个左右骨干枝，从着生处锯除多余的、分枝在1.7m以下的大枝和所有下垂枝。相邻两行间树冠有70cm以上的间距，不应交叉。从这个角度出发，荔枝树树冠适宜向空中发展，而不宜向外围扩展，目的是确保有效的树冠表面积，形成高产的枝梢数、花穗数和果穗数。不采用机械化的荔枝园，才建议采用开心形树形。

③ 平整地面。挖平凸起的地面，凹下的土坑用土壤填平和适当压实，避免陷车

和雨季积水。

④ 维护和完善排水系统。在果园外围周边挖排水沟，横向排水沟深度和宽度在80cm左右，每隔50m修建一个深度在1m左右的沉砂池。排水沟壁可利用自然生草作为防护，也可种植禾本科草种（如狗牙根），并定期刈割。大的地块，应有纵向排水沟。

⑤ 移树与补植。需去掉的树，可直接锯除。可利用的大树，先行回缩至适当高度，切断树盘根系，经一个月左右再移栽或用于补植。

⑥ 修建机耕通道。对于种植极不规则的平缓地荔枝园，以通行顺畅为原则，整理形成机械机具通道。

二、密闭荔枝园改造和简化修剪技术

荔枝是一种"长寿"常绿乔木果树，地处亚热带气候，除冬季个别寒冷的月份外，基本上可以周年进行营养生长。由于没有适合的矮化砧木，荔枝嫁接苗木种植后只要加强管理，一般3年左右就可形成树冠的基本结构，4～5年就可以开始挂果。随着树龄的增长，荔枝园不可避免会出现封行郁蔽。根据调研分析，每亩种植26～33株的果园在良好的栽培条件下，一般在种后第11～13年开始封行，每亩种植密度超过40株的果园在种后10年之内就会出现郁蔽现象。

荔枝郁蔽园主要弊端表现在以下几个方面：一是树体高大，封行果园、枝干直生、树体高、喷药难、防效差，群众称"药打不到顶"；二是果实采收困难，采收成本大幅度增加；三是果园通风透光差，易发生病虫危害，特别是荔枝霜霉病、蒂蛀虫、叶瘿蚊等发生严重；四是荔枝进入封行后，开始出现平面结果，随着树龄增长，平面结果加重，导致产量低、品质下降、售价低、效益差；五是绿叶层越来越少，大小年结果现象严重，直至连年失收。

为解决封行郁蔽等问题，很有必要对其改造，其中间伐和回缩修剪是解决郁蔽荔枝园的两大常用措施。具体技术要求如下。

1. 间伐

主要针对密闭严重、树势衰弱、部分树体残缺不全的果园。

（1）间伐时间　全年均可间伐，丢荒、失管的果园最佳间伐时间是3～4月，当年开花结果的果园最佳间伐时间是6～7月。

（2）间伐方法

① 一次性间伐。对密闭封行的果园有计划地砍掉或移除一部分植株。首先选出永久树，用油漆标记，然后在树头接近地面处锯掉要间伐的植株，可采取隔行隔株间伐［图5-3（a）］、隔行间伐［图5-3（b）］、梅花点式隔株间伐［图5-3（c）］等三种主要模式。

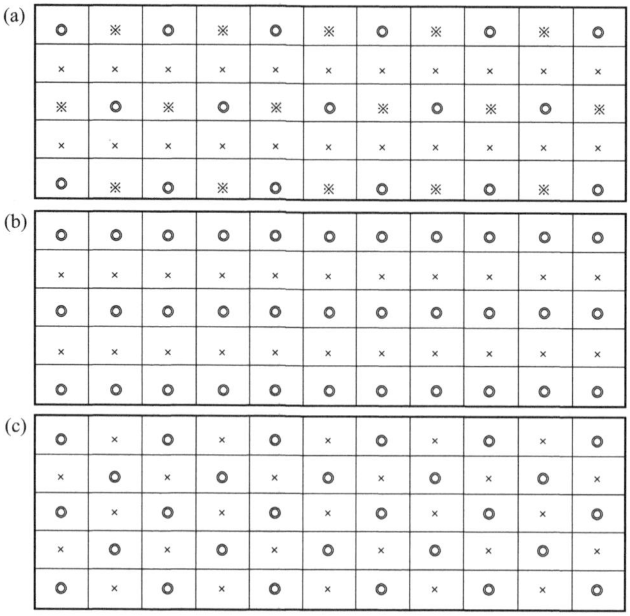

图5-3 间伐形式示意图

◎表示永久树；※表示隔株间伐树；×表示隔行间伐树

② 分批间伐。先对间伐株进行疏枝和回缩树冠，同时采用环割、环剥等促花保果措施来尽量延缓其生长势，待永久株形成合理树冠后，再刨除间伐株。根据果园的现状和管理水平分年度实施，对间伐株分3年完成，第1年回缩对永久株周围有较大影响的一个方位的主枝1～2条，第2年再回缩另外一边的主枝，第3年采果后将剩下的部分从基部锯除。

推荐果园永久树的密度因品种而异，如'妃子笑'果园推荐的密度为每亩13～28株，株行距为5m×10m、6m×8m、4m×8m或4m×6m；'桂味'和'糯米糍'等果园推荐的密度为每亩10～16株，株行距为8m×8m、5m×10m、6m×8m或5m×8m等。通过回缩修剪技术，降低树冠高度，树冠高度以不超过3.5m为宜。

2. 回缩修剪

（1）回缩修剪时间　回缩修剪的枝干顶部花量少或无花穗，宜选择在3～4月进行；当年结果量正常的骨干枝，宜选择在6～7月采果后进行回缩修剪。

（2）回缩修剪方法

① 枝干一次性回缩。失管果园或老弱、衰退树经疏枝整形后的树体，用电锯或油锯将主枝回缩至距地面高度100～130cm，要求横断面完整平滑。回缩后用树枝树叶或稻草等覆盖树干，防止被阳光暴晒；回缩时至少留一枝作"抽水枝"，等回缩的枝干重新长出两次新梢后再将"抽水枝"回缩至合理高度。

② 枝干分批回缩。正常挂果的树回缩前先在主枝上留预备枝，其余主枝用电锯在离地面高度100～130cm处先进行回缩修剪，预备枝正常结果，当回缩的枝条能结果后，再采取同样的方法，将先前的预备枝进行回缩修剪。

③ 枝梢回缩。将要封行或刚出现封行的果园，在采果后，对粗度在2cm以下枝进行回缩，回缩枝梢基部留一定叶片，促进新梢萌发。枝梢回缩后株行间树冠距离至少有60cm。

3. 简化修剪

简化修剪是相对于传统修剪而言。传统荔枝修剪一是次数多，分春季修剪、采后秋季修剪和冬季修剪；二是修剪技术工序多，操作费工费力，既要用锯子锯大枝，又要用修剪刀剪除阴枝、弱枝等，还要轻度和中度回缩修剪的枝条粗度。

（1）修剪时期　对于树冠高大和密闭果园，推荐在采果后进行（夏剪）；对于已改造成稀植和中等树冠的果园，推荐在立春后现"白点"前后进行（冬剪）。

（2）修剪方法　夏剪以回缩和"开天窗"为主，主要是回缩树冠中外部过高或过旺的大枝和过密枝，形成开心通风透光的树形，控制冠高不超过3.5m；"开天窗"是指对树冠圆头形顶部过分密集的部分进行适度的疏剪，打开树冠上部的光路，让光线能从树冠顶部照到树冠内膛部分。冬剪以疏剪为主，剪除树冠外围过密枝、病虫枝、弱小枝及未现"白点"的枝，保留中强枝；已"开天窗"的植株适当保留内膛枝，作为结果母枝。树冠外围与地面距离低于50cm的枝全部剪掉。

（3）修剪工具　油锯、手锯、砍刀和枝剪。夏剪主要用油锯、手锯回缩大枝；冬剪主要用砍刀、枝剪进行疏剪。

三、荔枝轻简高效养分管理技术

荔枝养分管理是指将合适的肥料在恰当的时间，以恰当的用量、恰当的方法施在合适的位置，满足荔枝枝梢和花果生长发育营养需求。因为中国荔枝主要种植在丘陵坡地，且多数缺乏灌溉条件，施肥主要以土施，因此养分管理是荔枝园消耗劳力较多的一项工作。由于劳动力不足日渐普遍，现在施肥主要采用撒施，容易导致果园的肥料利用率降低、根系上浮和面源污染加剧等问题。为此，集成了荔枝轻简高效养分管理技术，包括管道灌溉施肥、土壤施肥和根外追肥三部分内容，具体技术要点如下。

1. 管道灌溉施肥

将肥料兑水施用于荔枝的根部，主要以滴灌施肥、施肥枪施肥和水管淋肥三种方式为主。滴灌施肥适用于安装有滴灌设施的果园，山地果园可采用自压重力滴灌系统，平地果园可采用非压力补偿式滴灌系统；施肥枪方式适用于安装有高压管道喷药系统的果园，在配药池或配药容器中按一定浓度比例加入水溶性化肥，把喷药枪换成施肥枪即可；水管淋肥方式适用于果园安装有简易水肥一体化设施的果园。滴管和施肥枪方式宜用水溶性好的化肥或专用液态肥；水管淋肥可采用沤熟的有机液态肥（如鸡粪、花生麸等），也可用液态和固态化肥。

施肥时期因施肥方式而异。滴灌施肥自动化程度高，施肥所需劳动强度低，可按照"少量多次"原则进行，施肥次数一年可以9～11次，采后秋梢"一梢二肥"（在萌芽期、新叶转绿时各施1次），开花前和谢花后各1次，果实发育期3～5次。施肥枪和水管淋肥一般一年施肥2～4次，即在采果后施1～2次促梢肥，在果实发育期施1～2次保果壮果肥。

2. 土壤施肥

土壤施肥应以轻简高效为原则，一是采用机械代替人工挖沟；二是减少施肥次数，改一年多次施肥为一年施1～2次肥。基肥均采用土壤施肥方法，此外对于无管道灌溉施肥设施的果园，追肥采用传统的土壤施肥。

土壤施肥的施肥方式以沟施、穴施和撒施为主，开沟挖穴需要用小型钩机或者开沟（挖穴）机代替人工，撒施宜在雨后进行。其施肥种类可以是各类有机肥、固态化肥和生物菌肥等。一般情况下基肥1次，在花芽生理分化期间的12月下旬至翌年1月中旬完成。追肥2次，第1次在采完果后的15～20天内完成，主要作用是促梢；第2次在谢花后至第2次生理落果结束前完成，主要作用是保果壮果。

无论采用管道灌溉施肥，还是采用土壤施肥，抑或是两者相结合，其总施肥量的确定依据按照每生产50kg果实所需养分量来计算。进入盛产期、树冠达到最大宽度时，所需养分为N 0.7～1.1kg、P_2O_5 0.2～0.35kg、K_2O 0.85～1.35kg。

在制定养分管理方案时，首先根据各种肥料的养分含量折算成氮、磷、钾年度总用量，然后根据荔枝不同生育期养分需求特性，合理分配肥料用量。氮、磷、钾占全年用量比例，促梢肥分别为45%～50%、35%～40%、25%～30%；促花壮花肥均为25%～30%；保果壮果肥分别为20%～30%、30%～40%、40%～50%。

3. 根外追肥

通过土壤施用的主要是大量元素和有机肥，但荔枝花果正常发育还需要其他中微量元素，这些养分主要通过根外叶面喷施来实现。在秋梢发育期、花序生长发育期、开花前、果实生长发育期均可喷施叶面肥，施用时间以天气晴朗的10：00前或15：00后为佳，以喷施叶背为主。各种营养元素根外追肥的适宜浓度见表5-1。除此之外，还可以喷施国家批准生产的氨基酸、核苷酸等有机叶面肥以及多种元素混配的无机叶面肥。

表5-1　荔枝根外追肥溶液浓度

肥料种类	喷布浓度/%	肥料种类	喷布浓度/%
尿素	0.2～0.5	硝酸镁	0.3～0.5
硫酸铵	0.2～0.3	硫酸锌	0.1～0.3
硝酸铵	0.2～0.3	硫酸锰	0.1～0.3
过磷酸钙	0.5～1.0	硫酸铜	0.05～0.1
磷酸二氢钾	0.2～0.5	硼酸（砂）	0.05～0.2
硫酸钾	0.2～0.5	螯合铁	0.1～0.2
硝酸钾	0.2～0.5	硫酸亚铁	0.1～0.2
硝酸钙	0.3～0.5	柠檬酸铁	0.1～0.2
硫酸镁	0.3～0.5	钼酸铵	0.02～0.1

四、荔枝轻简高效花果管理技术

荔枝花果管理技术主要包括控梢促花、花穗调控、保果壮果三个方面。控梢促花采用先药物后环剥或环割相结合的方法；花穗调控采用药物和疏花机相结合方法；保果壮果采用适时喷施叶面肥+植物生长调节剂方法。主要技术要点如下。

1. 控梢促花技术

荔枝属于梢端成花类型，即在枝梢完全老熟后进入花芽诱导状态，并在顶芽或其临近侧芽形成花序。因此，在末次秋梢老熟后，要促进花芽分化，首先是要控制冬梢萌发，但是同一个果园冬梢的萌发并不整齐，有先有后，所以要采用先药物后螺旋环剥的方法进行控梢促花。选用药物有乙烯利、多效唑和烯效唑、乙氧氟草醚（果尔）等。乙烯利可以在冬梢抽出3～5cm时喷施，当浓度在250～400mg/L范围时都有杀梢的作用。多效唑和烯效唑一般在冬梢开始萌动时或萌动前喷施，15%多效唑和5%烯效唑的使用浓度分别为0.25%～0.33%和0.06%～0.08%。用乙烯利与多效唑或烯效唑混合喷施效果更佳。乙氧氟草醚，是一种触杀型除草剂，有效成分含量为240g/L，乳油剂型，荔枝杀冬梢浓度一般为稀释1万倍，应选择晴天使用，主要对准冬梢进行精准"点杀"。

环割或螺旋环剥工作最好要掌握在末次秋梢老熟后、顶芽未萌动前进行，选用省力且效率高的螺旋环剥的专用工具。部位视树体而异，初结果幼年树可在树干或枝径6～10cm的骨干枝进行；对树势强健的可在枝径10～15cm的第2～4级分枝进行。螺旋环剥剥口宽度0.2～0.3cm，1.2～1.5圈，螺距5～7cm，深达木质部。

2. 花穗调控技术

荔枝成花后，花穗发育长达2个月左右，因此花穗长、花量大。雌雄花比例低是导致荔枝"爱花不惜子"，即"花多果少"和落花落果严重的重要原因之一。控穗疏花成为花果管理中重要一环，特别是对花量大的品种，如'妃子笑'，生产多采用药物、机械疏花以及药物控穗结合机械疏花方法。

（1）药物控穗疏花　当第一批雄花少量开放时，用150～180mg/L多效唑或27～40mg/L烯效唑，并配合3500～8000倍40%乙烯利，喷湿花穗即可。

（2）机械疏花　当第一批雄花少量开放时，用疏花机在花穗长12～15cm处统一进行短截，侧花穗则不进行处理。

（3）药物控穗结合机械疏花　当花穗主轴长10～12cm时，仅对花穗喷施多效唑150～180mg/L，控制花穗生长速度，延迟雌花开放时间；然后在第一批雄花盛开前或少许开放时，用疏花机在花穗15～18cm处进行一次性割花。

3. 保果壮果

保果壮果技术是在加强轻简高效肥水和病虫害管理基础上，重点做好以下三项工作。

（1）花期放蜂　蜜蜂在开花前3～5天进园，平均每亩放蜂0.5～1箱。

（2）环割保果　生长壮旺树在雌花始花至谢花后15天内可以进行环割保果。环割宜选择直径6～10cm枝干的光滑部位，用省力环割刀割1圈，深度刚达木质部。

（3）植物生长调节剂和叶面肥保果　在荔枝果实发育期间，可适时选用适合的植物生长调节剂和叶面肥混合喷施，以有效减轻生理落果和裂果。推荐的植物生长调节剂包括苯氧乙酸类生长素（如2,4-D、2,4,5-TP、3,5,6-TPA、4-CPA）、萘乙酸（NAA）、赤霉素（GA_3）、油菜素内酯和细胞分裂素等，但常用的是30～50mg/L GA_3、3～5mg/L 2,4-D和30～40mg/L NAA。叶面肥以磷、钾为主，同时补充钙、硼、锌、硅等中微量元素叶面肥。

五、晚熟荔枝品种隔年交替结果技术

荔枝隔年交替结果模式是减轻'桂味'和'糯米糍'等优质晚熟品种大小年特性和实现省力化栽培的新技术，其关键技术要点如下。

1. 选择田块隔年交替结果模式

采用田块隔年交替结果模式，即首先将果园分成方便统一管理的休闲和结果园区田块，分别采取不同的树体管理模式，让休闲区田块的荔枝树完全不挂果，结果区田块的荔枝树大量结果；结果园区和休闲园区隔年交替轮换。

2. 休闲园区树体管理

（1）采果后半年放任不管　当年结果园区中的果树采果后转化成休闲园区，休闲园区的树在采果后的6个月之内处于放任不管状态，即不施肥、不修剪、不打药。

（2）花芽生理分化期重修剪，培养矮冠开心高光效树形　在荔枝进入花芽生理分化期，对休闲树进行重修剪，以抑制花芽分化，确保荔枝不成花，同时培养矮冠开心高光效树形。修剪原则按照从上到下、从里到外的顺序。先将树冠中、上部直立性大枝或过密大枝从基部锯除，再对外围无足够生长空间的1年生枝条进行适度短截，使主枝数量不多于3条，副主枝数量不多于6条，无叶骨干枝侧枝分级数不超过5级，枝叶量减少60%～80%，树冠高度不超过3m。

（3）重修剪后培养2次春梢和1次夏梢　重修剪后在6月份之前培养3次营养梢，1～2月抽第1次春梢，3～4月抽第2次春梢，5～6月抽第1次夏梢。第2次春梢老熟前，对分枝角度小于45°的枝条，用绳子进行拉枝处理，使其分枝角度大于45°，枝条向树冠外围延伸。当第1次夏梢老熟后，休闲园区的果树转化成结果园区的果树。

3. 结果园区树体管理

（1）培养高质量早秋梢为结果母枝　拟培养2次秋梢作为结果母枝，第1次和第2次秋梢拟分别在7月份和8月底～9月上旬抽出。第1次秋梢萌芽前，施1次攻秋梢肥，按每株树结50kg果计算，施腐熟花生麸2.0～2.5kg、尿素1.0kg、钙镁磷肥2.0kg、氯化钾肥0.8kg；秋梢培养期间，及时喷药护梢，把第2次秋梢调控在10月中旬之前老熟。结果母枝质量要求达到长度为20cm以上，粗度在4mm以上。

（2）在末次梢完全老熟前重环剥控梢促花　在末次秋梢充分老熟之前5～7天进行环剥控梢促花，用4～5mm宽的环剥刀在主干或主枝光滑处进行重度环剥1圈，深达木质部；环剥后如果还有冬梢发生，则采用药物杀梢方法进行控制。

（3）适度冬季修剪　在第三年的1月中下旬末次梢出现"白点"前后，进行适度疏剪，剪除树体内膛的阴枝、细弱枝、病虫枝。

（4）壮花疏花　在3月份花穗发育期，施肥壮花，每株树施腐熟的花生麸水10～15kg，或复合肥1.5～2.0kg；第一批雄花刚开时，进行疏花，使花穗长度控制在15cm以内。

（5）保果壮果　在雌花始花至谢花后15天内进行环割保果1次，在4～6月果实发育期，结合病虫害防治，适时选用适合的植物生长调节剂和叶面肥混合喷施3～5次保果壮果药物。

果实采收后，结果园区转换为休闲园区，按照休闲园区树体管理技术要点进行。

六、荔枝高光效树形培育

荔枝是亚热带常绿乔木果树，树体高大，最高可达20m，树冠多为自然形成的圆头形［图5-4（a）］，枝梢生长旺盛，导致管理难、采收难、病虫害防治难、产量低和果实品质差等系列问题。针对荔枝树体结构不合理这个日益严峻的问题，生产中主要通过回缩、"开天窗"和大枝疏剪等方法来改善树体的光照条件，但是对改造后树形的树体结构和冠层特性等缺乏细致研究，导致技术规范和效果也不一致。通过比较荔枝高光效树形〔图5-4（b）〕与生产中常用的自然圆头形在树体结构、冠层特性、叶片光合特性、果实品质等方面差异，提出了荔枝高光效树形树体结构参数，并在此基础上总结出一套技术上可行、操作性强且便于果农接受的高光效树形改造技术方案。

(a)　　　　　　　　　　　　　(b)

图5-4　荔枝自然圆头形和高光效树形树冠

1. 荔枝高光效树形的量化关键指标

树体高度在3.5～4.5m，主枝3条、开张角度（主枝与主干垂直延长线的夹角）为55°～60°，副主枝6条、一级侧枝12条左右，均匀分布、向树冠外围延伸；无叶骨干枝侧枝分级数不超过5级，叶绿层厚度1.0～1.2m；树冠顶部打开"天窗"，结果母枝数量800～1000条，且分布均匀、高低错落有致、形成开心形树冠，从而使光线直接透射树冠内膛形成散射辐射，改善树体的受光条件，达到"枝枝见光"要求。

2. 高光效开心形树形的培养技术

（1）选定主枝　从主干分生的主枝中，选定3条邻接的长势均衡、方位合适、分枝角度为60°～80°的作为主枝保留。对其余需锯除的主枝，要按照从上到下、从里到外的顺序进行，先将树冠中、上部直立性大枝或过密大枝从基部锯除。

（2）定副主枝　每个主枝上选留2～3条副主枝，其中1条向斜上方延伸，分枝角度（副主枝与主干垂直延长线的平行线之间的夹角）为45°～60°，其余几条分布均匀、向树冠外围延伸，分枝角度为60°～90°。一级侧枝的培养与副主枝相似，其中1条向斜上方延伸，分枝角度为45°～60°，其余几条分布均匀、向树冠外围延伸，分枝角度为60°～90°。无叶骨干枝分级数不超过7级，叶绿层厚度1.0～1.2m。

（3）"压头开窗"　将树冠中上部直立性或过密的大枝（一般为三级或四级侧枝）从基部疏除，降低树冠高度，树冠高度3.5～4.5m，减少大枝的数量，打开"天窗"。冬季现"白点"前后进行疏剪，疏除过密的结果枝，结果母枝数量每株800～1000条，且分布均匀，高低错落有致，树体通风透光良好。

3. 高光效开心形树冠培养的注意事项

（1）树形改造分年度完成　如果一次性剪掉过量的大枝，导致结果母枝变少，会影响第二年的产量。"开天窗"过大，主枝直接暴晒于太阳下，容易晒伤主枝，影响树势。可以分2～3年完成开心形树冠的培养。如果分枝的角度、数量不合理，可以先培养内膛枝作为骨干枝。

（2）大枝要从基部锯掉　锯大枝时要从基部锯除，不能留桩，以减少新梢的萌发。锯大枝时先从大枝下面锯开一小部分，然后从上往下对准下面的锯口慢慢锯开，如果直接从上往下锯，因树枝本身的重量，往往锯至中途时大枝易折断，使伤口不平滑，不利于愈合，而且大枝突然折断掉下，容易伤到操作工人。

（3）加强栽培管理　修剪后，锯口附近会萌发新梢，要及时抹除新梢，以免形成徒长枝。此外，要加强肥水管理，恢复树势。

七、光驱避荔枝蛀蒂虫防控技术

荔枝蛀蒂虫成虫一直被认为具有昼伏夜出的习性，怕见光。2015年以来，广西荔枝龙眼创新团队病虫害防治岗位科研人员分别用可见光、红光、黄光、蓝光等波段对蛀蒂虫成虫进行了趋光性研究，发现荔枝蛀蒂虫成虫对所有试验的光波段均无趋光性，不但不趋光，而且极度怕光。根据畏光这一特性，经过几年系统研究，形成了"光驱避"法防治荔枝蛀蒂虫新技术。该技术只需在荔枝收获前一个月，通过夜间光照干扰荔枝蛀蒂虫成虫交配和产卵，从而有效控制其繁殖为害，平均防治效果达98%以上。该技术具有轻简、高效、绿色、低成本的特点，可为广西乃至全国绿色荔枝产业发展提供强有力的技术支撑。相关技术要点如下。

1. 光驱避时期

根据广西3月后荔枝蛀蒂虫一个世代的发育历期低于40天，及荔枝从果实膨大期至采收期约40天的特性，选择在该荔枝果实成熟前40天通过夜间挂灯照亮果园，即可达到不用杀虫剂也能防治蛀蒂虫的目的。

2. 光照强度标准

每株树结果树冠表面的光照强度≥2lx。

3. 安装要求

为保证安全，果园挂灯时需请专业电工安装。于相邻4株荔枝树中间安装1盏LED灯，为避免雨淋，宜用防水灯头，高度超过树冠顶端0.5～1.5m，确保灯光全面覆盖整个树冠。电灯功率大小根据树冠高低而定，一般为5～20W即可。电灯开启由继电器控制，照明时段设定为19：00至次日6：00。挂灯期间不用任何杀虫剂防治荔枝蛀蒂虫。北海市合浦县乌家镇徐华福果园示范基地和北流市山围镇金友农林投资有限公司示范基地安装LED灯的效果如图5-5。

(a)　　　　　　　　　　　　(b)

图5-5　徐华福果园（a）和金友农林投资有限公司（b）示范基地安装LED灯的效果

八、高压造雾施药喷肥技术

荔枝生产过程中，每年施药和叶面肥人工费用占据总人工费用近50%，所以急需研发轻简高效的施药技术。在比较常规人工扯管打药、无人机施药、行走药罐喷雾施药等用工优劣基础上，研发了管道高压造雾施药技术。该技术可极大提高工作效率，传统打药时间为35.0min/亩，高压造雾施药能达到3.0min/亩。打药投入降低80%以上，该技术具有提高药效、打药及时等诸多优点。以下从设备材料、组装和使用技巧几个方面进行介绍。

1.药液供应系统材料数量及要求

以50亩荔枝园为例，药液供应系统材料数量规格见表5-2。供水过滤器1个，要求至少180目不锈钢过滤网、40μm过滤精度，每小时供水8t，装在供水端；前置过滤器1个，装在泵进水口或进水管路上，精度不低于180目；高压柱塞泵1个，主机7.5kW，流量50L/min，压力0～200kPa，陶瓷柱塞，1000m遥控开关，超压自动卸荷；主水池1个，净长至少2.0m、宽至少2.5m、高至少1.2m；药液复配池1个，长至少0.6m、宽至少0.6m、高至少0.6m，在主水池上方；袋式药液过滤器1个，至少耐压0.6MPa、流量20t/h，对初配药液和叶面肥水进行过滤后注入主水池。

部件连接顺序为前置过滤器→高压柱塞泵连接管→高压柱塞泵→转换接头→造雾主管。球阀开关如果更换为电磁阀，配备电脑控制系统，可以实现全自动打药。

表5-2　露天果园高压造雾管道材料清单

序号	品名	规格	描述	数量
1	主管/m	16PA	外径16mm，内径9.5mm，耐压大于100kPa	27
2	支管/m	9.52PA	外径9.25mm，内径5mm，耐压大于100kPa	234

序号	品名	规格	描述	数量
3	喷头/个	三节陶瓷	0.3mm弹簧	360
4	喷头快插/个	9.52快插	120°	180
5	四通/个	16×9.52		7
6	三通/个	16×9.52		1
7	三通/个	正9.52		12
8	阀接/个	3/8三分		5
9	球阀开关/个	3/8三分		1
10	三通/个	3/8三分		1
11	直角弯头/个	3/8三分		4
12	挂钩/个	304不锈钢		180

2. 高压施药田间支架系统

立柱用$DN25$热镀锌钢管，高4m，其中地下0.5m，地上3.5m。支架3m一行，支柱间距12m。周边立柱用ϕ12mm铝包钢丝联结，中间立柱用ϕ2.6mm的铝包钢丝纵横联结。材料规格与数量见表5-3。

表5-3 露天果园高压造雾支架部分材料清单

序号	品名	规格	描述	数量
1	钢管/m	$DN25$	热镀锌	636
2	铝包钢丝/mm	$\phi12$		18
3	铝包钢丝/mm	$\phi2.6$		22
4	红砖/块			16

3. 喷药管路系统布局

（1）分区域造雾 每个区域面积1亩左右。

（2）喷头布局 管路行距3m，8条支管采用四通阀连接在主管上，支管上喷头间距1.3m，详细见图5-6。

（3）管道悬挂 将支管用挂钩固定在支架的ϕ12铝包钢丝上。

4. 使用方法及技巧

① 配制药液。将原药按配制要求倒入药液复配池，混合均匀后注入主水池中，主水池药液混合均匀

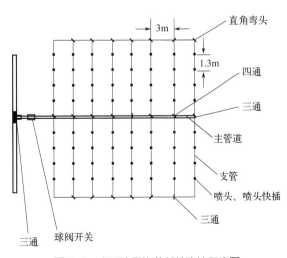

图5-6 高压造雾施药部件连接示意图

后即可使用。

② 管道工作压力80～100kPa。

③ 片区造雾时间60～180s。

④ 使用技巧。建议夜间喷药。白天高温、太阳直射强，传统打药后，药液迅速蒸发、挥发严重降低药效；而高压造雾喷药可以选择夜晚喷药，药液在叶面、果面停留时间可达3～8h，大幅度提高药效。此外，可根据害虫活动规律提高防治效率，特别是针对夜间活动的害虫如蛀蒂虫、夜蛾等防治高效。

高压造雾施药多为单独使用或2种混用，降低药害风险。传统打药多3～5种药混用，有时混配造成药剂浓度增加，灼伤叶片或果实。且有些不易混配的药剂混合使用会造成药害，或药效下降，防治效果差。

在恶劣天气情况下保证快速用药，在连续阴雨天气情况下，极大方便快速用药，在生产关键时期保证作物不受为害。

第2节
粤中晚熟荔枝优质轻简高效栽培技术集成与示范

一、基本情况

粤中位于广东省中部偏南，包括广州、惠州、东莞、深圳、珠海、江门、佛山、中山、肇庆、云浮和清远共11个市，年均气温21℃以上，≥10℃的年积温在7500℃左右，最冷的1月平均温12～13℃，极端低温在−2℃以上，霜日少于5天，年降水量1600～2000mm，且80%～85%集中在4～9月，11月～翌年1月降雨少。土壤多为丘陵红壤土及河流冲积土。该产区目前是广东第2大荔枝主产区，也是中国优质晚熟荔枝最适宜区。该区的荔枝栽培面积超过8万公顷，总产量超过34万吨，包括广州、惠州和东莞三大主产区。该区荔枝早、中、迟熟品种兼具，地方名牌品种多，栽培面积最大的几个品种分别为'桂味''淮枝''糯米糍''妃子笑'和'仙进奉'等。

分别在广州、东莞和深圳市选择以下6个果园进行轻简高效栽培示范，它们的基本情况如下。

1. 广州市仙基农业发展有限公司试验示范基地

地点位于广州市增城区仙村镇基岗村，有荔枝园面积260亩，属于坡地果园，坡度大约25°。品种主要为'仙进奉'和'桂味'，树高3.5～4.5m，株行距为5m×6.5m，每亩约20棵树。该果园是广东省广州市增城'仙进奉'荔枝产业园重点建设的果园，道路系统完善，已进行了初步的果园宜机化改造工作，梯面可以走小型挖掘机，果园配有管道灌溉施肥系统、管道喷药系统（图5-7）。项目在该基地主要开展宜机化果园改造、简化修剪、高光效树形培育、管道灌溉施肥和喷药、花果和土壤省力化管理等轻简栽培关键技术集成与示范工作。

此外，该果园拟开展高杆自动喷肥喷药试验示范，试验地占地30亩。拟对比分析试验区和对照区在树体生长、成花坐果、产量、果实品质、人工和农资投入成本等方面差异，考察该措施在节本增效中的效果。

图5-7 仙基农业'仙进奉'产业园

2. 广州市东林生态农业发展有限公司示范基地

地点位于广州市增城区石滩镇麻车村，有荔枝园面积100亩，种植品种有'桂味''糯米糍''仙进奉'等，树高3.5～7.5m，株行距为4.3m×5.1m，每亩约30棵树，果园树体大多高大郁闭（图5-8）。该果园坡度较小或为平地，道路系统较完善，有果园综合作业车一套，可在果园内部较为顺畅使用。果园配有管道灌溉施肥系统、管道喷药系统。项目在该基地主要开展宜机化果园改造、简化修剪、机械喷药、省力化花果和土壤管理、高光效树形培育等轻简栽培关键技术集成与示范工作。

图5-8 东林荔枝果园

3. 深圳西丽果场试验示范基地

地点位于深圳市南山区，有荔枝园面积300亩，多数为缓坡地果园，种植品种有'糯米糍''桂味'和'妃子笑'等。树高3.5～5.5m，株行距为5m×6m，每亩约20棵树（图5-9）。该果园坡度较小或为平地，果园道路系统完善，有果园综合作业车一套，可在果园内部较为顺畅地使用；配有水肥一体化系统、管道喷药系统。项目在该基地主要开展宜机化果园改造、简化修剪、高光效树形培育、管道灌溉施肥和喷药、省力化花果和土壤管理等轻简栽培关键技术集成与示范工作。

4. 东莞塘厦远昌果场试验示范基地

地点位于东莞市塘厦镇石马社区，果园占地面积110亩，种植品种主要为'桂味''糯米糍''仙进奉'等。树高3.5～6.5m，株行距为6m×6m，每亩约20棵树（图5-10）。该果园为坡地，作业道路系统欠缺，但配有管道喷药系统。项目在该基地主要开展宜机化果园改造、简化修剪、简化施肥、管道喷药、花果和土壤省力化管理等轻简栽培关键技术集成与示范工作。

图5-9　深圳西丽荔枝果场

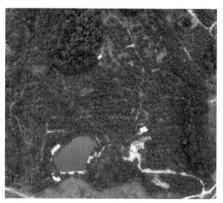

图5-10　东莞远昌荔枝果园

5. 塘厦韦记果园试验示范基地

该果园位于东莞市塘厦镇大坪社区，果园占地面积100亩（图5-11），种植品种主要是'仙进奉'和'桂味'。树高3.5～5.5m，株行距为6.5m×7m，每亩约14棵树。该果园为山地，坡度较大，作业道路欠缺，配有管道喷药系统。项目在该基地主要开展以隔年交替结果技术为主，配合简化施肥、管道喷药、矮冠高光效树形培育等轻简栽培技术试验示范。

6. 广州郭仔农业技术有限公司试验示范基地

地点位于广州市增城区沙头村，果园占地面积200亩（图5-12），主要品种为'仙进奉'。树高3.5～4.5m，株行距为5.5m×7m，每亩约18棵树。该果园大多为缓

图5-11 东莞韦记荔枝果园　　　　图5-12 广州郭仔农业技术有限公司示范园

坡地或平地，道路系统较为完善，配有管道喷药系统。项目在该基地主要开展宜机化果园改造、高光效树形培育、管道喷药、机械挖沟施肥等轻简栽培技术的集成示范。

二、主要问题和解决方案

粤中晚熟荔枝产区存在的主要问题包括：①成花不稳定导致"大小年"结果依然严重；②果园以山地丘陵为多，地势不平，基础设施落后，树体高大郁闭，宜机化水平极低，用工成本不断攀升；③用工老龄化严重，加剧劳动力短缺，用工难、用工荒。针对这些问题，主要解决方案如下。

1. 培育荔枝高光效开心树形

针对荔枝树体高大郁闭、结构不合理、管理费工费时这些日益严峻的问题，拟采取间伐、回缩、"开天窗"和大枝疏剪等技术对果园进行"密改稀"，树体"高变矮"，树形"圆头成开心"等果园群体和树体个体结构的改造，配合果园道路系统的改造，实现果园宜机化。

2. 应用隔年交替结果技术

针对珠三角地区优质晚熟荔枝品种大小年结果现象较为严重的特点，采用田块间隔年交替结果技术模式，将果园一分为二，一片为休闲树，一片是结果树，隔年后休闲树变为结果树，结果树成为休闲树，结果树和休闲树采取不同管理技术；也就是说每年需要精细管理的树比生产上常规连年结果的情况要减少一半，但总产量和品质不受影响，从而达到节本增效的目的。

3. 应用省力化修剪、肥水一体化及土壤管理技术

修剪次数从以前的一年2～3次，减少为1次；对于已改造成稀植和中等树冠的果园推荐在立春后现"白点"前后进行（春剪）；修剪方法以疏剪和回缩为主，主要

是疏除或重回缩树冠中外部过高或过旺的大枝和过密枝，形成"开心形"通风透光的树形；在果园地势高的地方建造体积 $50 \sim 80m^3$ 水池和沤肥池各1个，输水和输肥液共用一条管道；过去荔枝栽培在冬季清园、中耕除草等土壤管理工作投入了大量劳力，从而提高生产成本；轻简省力化土壤管理则主要采用自然生草法、树盘和行间全覆盖法和机械改土（采用小型挖土机、旋耕机每2年进行1次扩穴或深翻改土）。

三、粤中荔枝优质轻简高效栽培关键技术研发

1. 田块间隔年交替结果技术研究

大小年结果现象是荔枝生产中的一个"千年难题"，比如宋代蔡襄《荔枝谱》提到的"今年实者，明年歇枝也"指的就是荔枝隔年结果的"大小年"现象。据陈厚彬等（2020）分析结果来看，全国57个主产县荔枝总面积约590万亩，近10年的年总产量在113.01万吨（2016年）至220.19万吨（2018年）之间，多年平均亩产只有269.9kg；64个国家荔枝龙眼现代产业技术体系示范园荔枝在2012～2019年的平均亩产量为523kg，平均大小年结果指数（BBI）为0.33，其中'妃子笑'的平均亩产700kg，BBI值约0.2，而'桂味'和'糯米糍'优质晚熟品种的平均单产不足'妃子笑'的1/3，但BBI值却是'妃子笑'的2倍多，说明'桂味'和'糯米糍'优质晚熟品种的大小年结果现象依然是目前荔枝产业中最为突出的一个问题。荔枝大年年份"丰产不丰收""果贱伤农"，小年年份荔枝价格虽高，但产量低，果农也无收益，因此，如何解决荔枝大小年结果现象是急需解决的问题。

隔年交替结果模式是一种新型荔枝省力化栽培模式，其将树体分为休闲树和结果树，其中休闲树当年不进行挂果，第二年大量结果。基于此，连续3年比较了采用隔年结果技术管理的50亩果园与采用连年结果管理的25亩果园的产量、品质以及效益的差异。隔年交替结果技术研发的试验品种为'仙进奉'荔枝，试验地址为东莞市塘厦镇龙泰路韦记果园，采用田块间交替方式。通过研究得到如下结果。

（1）隔年交替结果提高了产量 通过对隔年交替结果园（以下简称隔年结果园）（50亩，其中结果园区和休闲园区各25亩）和常规连年结果园（以下简称常规结果园）（25亩）调查，发现隔年结果园三年平均总产量为18667kg，常规结果园三年平均总产量仅为9333kg（表5-4），平均每亩的产量分别为747kg和373kg，隔年结果的结果园区的平均亩产量比常规结果园增产100.3%。

（2）隔年交替结果提高了亩产产值 隔年结果园因其果实品质优，三年平均售价为43元/kg，平均总收入为82.2万元，折合平均亩产值为1.64万元；而常规结果树平均售价仅为30元/kg，总收入为26.5万元，折合亩产值1.06万元（表5-4），即隔年结果园平均亩产值比常规结果园增加54.7%。

从生产成本来看，隔年结果园的农药、肥料以及人工成本大部分比常规结果园低，三年平均亩成本为1220元，其中人工成本为700元，而常规结果园平均亩成本2800元，其中人工成本为1508元。从亩收益来比，隔年交替结果园和常规结果园分别为1.521万元和0.775万元（表5-4）。即隔年结果园平均亩成本比常规结果园减少56.4%，其中人工成本减少53.6%，亩利润增加96.3%。

综上所述，与常规连年结果荔枝园相比，采用隔年交替结果模式的果园亩产量增产100.0%，达到一年收获两年产量的目的，荔枝的果实品质和单价得到提升，平均亩产值比常规结果园增加54.7%，平均亩成本减少56.2%，其中人工成本减少53.6%，亩利润增加96.3%。

表5-4　隔年结果园与常规结果园产量及经济效益对比

试验年份	处理	产出				生产成本				亩纯收入/万元
		总产量/kg	均价/（元/kg）	总收入/万元	亩产值/万元	农药/万元	肥料/万元	人工/万元	亩成本/万元	
2020	隔年结果园	16500	40	66.0	1.32	2.0	0.5	3.0	0.110	1.210
	常规结果园	8000	20	16.0	0.64	2.0	1.0	3.2	0.248	0.392
2021	隔年结果园	17000	40	68.0	1.36	1.2	0.8	3.3	0.106	1.254
	常规结果园	13000	24	31.2	1.24	1.5	1.2	4.2	0.276	0.964
2022	隔年结果园	22500	50	112.5	2.25	2.2	1.2	4.2	0.152	2.098
	常规结果园	7000	46	32.2	1.29	2.3	1.8	3.9	0.320	0.968
三年平均	隔年结果园	18667	43	82.2	1.64	1.8	0.8	3.5	0.123	1.521
	常规结果园	9333	30	26.5	1.06	1.9	1.3	3.8	0.281	0.775

（3）隔年交替结果提高果实品质　由表5-5可以看出，隔年结果树的果实在单果重、可溶性固形物（TSS）方面均略高于常规结果树，但只有2022年单果重有显著性差异；并且在可食率方面，2021年和2022年隔年结果树均显著高于常规结果树；三年中，隔年结果树果实的可滴定酸含量（TA）均显著低于常规结果树，而固酸比显著高于常规结果树；此外三年的焦核率也高于常规结果树，特别是在2021年焦核品种焦核比例偏低的年份，隔年结果树的焦核率依然高达83%。这些结果说明隔年交替结果技术在降低果实酸度和提高固酸比，特别是维持焦核品种具有高稳定的焦核率方面具有重要作用。

表5-5　隔年结果树和常规结果树果实品质的比较

年份	处理	单果重/g	可食率/%	TSS/%	TA/%	固酸比	焦核率/%
2020	隔年结果树	25.00±0.34a	75.03±0.23a	18.86±0.24a	0.086±0.003b	219.3a	92
	常规结果树	24.60±0.59a	74.16±0.62a	18.37±0.25a	0.131±0.008a	140.2b	81
2021	隔年结果树	24.16±0.91a	75.75±0.13a	19.21±0.22a	0.088±0.002b	218.9a	83
	常规结果树	23.41±0.46a	73.26±0.82b	19.15±0.35a	0.154±0.006a	125.6b	59
2022	隔年结果树	24.85±0.85a	75.50±0.86a	19.99±0.49a	0.094±0.002a	212.7a	94
	常规结果树	23.58±0.69a	74.26±0.81b	19.43±0.32a	0.138±0.006b	140.8b	86

注：表中同列数据后英文字母不同表示差异显著（t-test，$P < 0.05$，$n = 50$）。

表5-6为隔年结果树和常规结果树的果皮色泽参数对比，观察后发现，隔年结果树的果实亮度 L 值为35.53，显著高于常规结果树的33.57；在 a 值与 c 值方面，隔年结果树果实也显著高于常规结果树果实；综合 a 值、b 值算出色度角 h，发现隔年交替结果树的色度角为27.50°，显著小于常规结果树的32.24°。图5-13为隔年结果树果实与常规结果树果实在外观品质上的对比图，发现隔年交替结果树的果实在亮度和果皮色泽等外观品质方面与常规结果树相比有显著提高。

表5-6　隔年结果树和常规结果树果皮色泽参数比较

处理	L	a	b	c	h
隔年结果树	35.53±0.89a	29.63±0.82a	15.45±0.48a	33.54±0.85a	27.50±0.75b
常规结果树	33.57±0.68b	23.60±0.66b	14.78±0.70a	27.99±0.83b	32.24±0.88a

注：表中同列数据后英文字母不同表示差异显著（t-test，$P < 0.05$，$n = 10$），下同。

图5-13　隔年交替结果（左）和常规结果（右）果实外观品质

2. 荔枝高光效开心树形对冠层特性、叶片光合和果实品质的影响

荔枝高光效开心树形试验在广州市增城区郭仔农业有限公司荔枝园（113°41'N，23°11'E）进行，该果园面积约200亩，试验材料为中国晚熟优质品种'仙进奉''妃

子笑',树龄25年,平均每亩栽种16株,管理良好。实验选取5株经过高光效开心树形改造处理的树作为处理,另选取5株圆头形树作为对照,从2021年10月至2022年12月对其进行调查。

(1)两种树形冠层特性比较 从图5-14(a)可以看出,两种树形在四个季节的叶面积指数变化趋势大致相同,春季到夏季略有上升,夏季到秋季快速下降,秋季到冬季快速上升;同一季节相比,开心形的叶面积指数显著低于圆头形,这说明开心形单位面积内的叶片量少于圆头形。

从图5-14(b)可以看出,两种树形在四个季节的平均叶倾角变化趋势略有不同,开心树形的平均叶倾角从春季到秋季都是逐月递增,而从秋季到冬季呈现下降的趋势;圆头树形平均叶倾角从春季到夏季上升,而从夏季到冬季呈现略微下降的趋势,开心形四个季节的平均叶倾角均显著高于圆头形。这说明开心形比圆头形树枝叶要更加竖直,更有利于树冠下部叶片接收太阳辐射。

图5-14(c)反映了两种树形的辐射透过系数的变化趋势,两种树形的辐射透过系数的季节变化与叶面积指数呈相反的变化趋势,即春季至夏季略微降低,夏季至秋季快速升高,秋季到冬季略有下降;且开心形辐射透过系数在四个季节都显著高于圆头形,说明开心形冠层底部叶片接受的散射辐射比圆头形树接受的散射辐射多,这与平均叶倾角的分析结果相似。

综合来看,从叶面积指数、平均叶倾角和辐射透过系数三个维度对树形的冠层进行评价,开心树形在三个指标的对比上均明显优于圆头树形,说明其冠层特性更加合理。

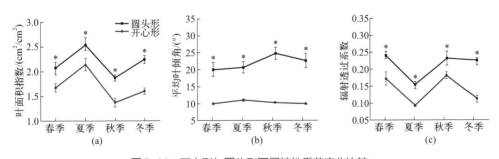

图5-14 开心形与圆头形冠层特性季节变化比较

(2)两种树形叶片净光合速率季节变化比较 在图5-15中,两种树形外、中、内层叶片的光合速率均表现为夏季和秋季高,而春季和冬季低,且开心形均高于圆头形,但外层差距不明显,而内层叶片净光合速率差异达到显著水平,开心形树春、夏、秋、冬季内层叶片的净光合速率分别比圆头形的要高40.3%、95.5%、32.2%、70.1%,说明开心形树体内部光照条件相对圆头形来说更好,叶片能制造更多的光合产物。

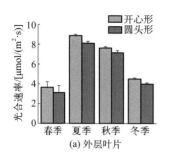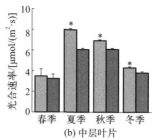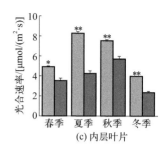

图5-15　两种树形外、中、内层叶片净光合速率季节变化比较

（3）果实品质的比较　表5-7分别比较分析了开心形和圆头形树冠外层和内膛果实内部品质的差异，从中可以看出两种树形外层果实品质差异并不明显，开心形内膛果的品质显著优于圆头形，表现为果实重18.4%，可溶性固形物含量高5.5%，可滴定酸含量低26.5%，固酸比高52.6%。开心形内膛果的可食率和焦核率与圆头形内膛果没有显著差异。同一种树形的外层果实品质一般好于内膛，但开心形之间内外层果实差异小，圆头形的差异大，比如开心形外层果实单果重和可溶性固形物分别比内膛果大1.8%和2.9%，而圆头形树的外层果实单果重和可溶性固形物分别比内层果大16.8%和6.7%。说明开心形比圆头形的树能够生产出更高比例的高品质果实。

表5-7　两种树形树冠外层和内膛果实内部品质比较

果实位置	树形	单果重/g	可食率/%	焦核率/%	TSS/%	TA/%	固酸比
外层	开心形	27.66a	76.4a	96.0a	17.9a	0.115a	156.3a
	圆头形	26.80a	77.7a	94.7a	17.6a	0.120a	148.1a
内膛	开心形	27.18a	76.9a	97.3a	17.4a	0.100b	174.3a
	圆头形	22.95b	76.1a	94.7a	16.5b	0.136a	114.2b

表5-8分别比较开心形树和圆头形树外层和内膛果实糖组分含量的差异，从中可以看出两种树形外层果实糖组分含量差异并不明显，开心形内膛果的各糖组分含量显著高于圆头形，表现为蔗糖含量高12.2%，葡萄糖含量高16.2%，果糖含量高16.2%，总糖含量高14.3%，说明开心形树内膛果实比圆头形树内膛果实更甜。

表5-8　两种树形树冠外层和内膛果实糖组分含量比较

果实位置	树形	蔗糖/（mg/mL）	葡萄糖/（mg/mL）	果糖/（mg/mL）	总糖/（mg/mL）
外层	开心形	78.4a	44.9a	44.5a	167.2a
	圆头形	76.1a	41.9a	42.1a	160.1a
内膛	开心形	73.6a	42.4a	42.3a	158.3a
	圆头形	65.6b	36.5b	36.4b	138.5b

两种树形外层和内膛果实色泽差异见表5-9，外层果的L、a、b和h值，以及内膛果的a值两种树形没有差异，但圆头形内膛果的L、b和h值分别比开心形内膛果要大22.9%、38.7%和40.8%，均达到显著差异水平；同一种树形比较，开心形树内膛和外层的L、a、b和h值没有显著差异，圆头形树内膛果的L、b和h值均显著大于外层果，分别要大10.0%、17.1%和19.8%。这些结果说明，两种树形外层果果实色泽差异不大，但开心形的内膛果实颜色要比圆头形果实颜色更加红，且相同树形外层果与内膛果比较，圆头形的差异要大于开心形。

表5-9 两种树形树冠外层和内膛果实色泽参数比较

色度值	外层		内膛	
	开心形	圆头形	开心形	圆头形
L	36.0a	39.1a	35.0b	43.0a
a	25.6a	25.1a	25.2a	22.5a
b	17.7a	19.9a	16.8b	23.3a
h	34.4a	38.3a	32.6b	45.9a

综上所述，开心树形外层和内膛果实的品质差异不大，而圆头形则差异明显，出现了内膛果实明显比外层果实品质要差的情况，这与前文有关于冠层和叶片特性的调查结果吻合，进一步说明开心树形均匀的光照有效地提升了内膛果实品质。

3. 化学疏花技术

以'仙进奉'为对象，在始花期分别用不同浓度的乙烯利进行处理，探究出最适疏花浓度，形成轻简的化学疏花技术。

试验在东莞市塘厦韦记果园和广州市郭仔农业技术有限公司两个示范基地进行。随机选取树龄、树势和花期较为一致的'仙进奉'荔枝各5株作为试验对象，每株树为1个重复。以每条花穗作为一个试验单元，每株树在东、西、南、北、中5个方位各选择4条花穗进行处理，每株树共计处理20条大小和花量大体相似花穗。具体处理如下：①喷施清水；②喷施40%乙烯利108mg/kg+99%多效唑150mg/kg；③喷施40%乙烯利132mg/kg+99%多效唑150mg/kg；④喷施40%乙烯利160mg/kg+99%多效唑150mg/kg。喷施时期为始花期或第一批雄花开放之前，喷施湿度以花穗不滴水为宜，喷施温度在22℃左右。结果发现132mg/kg乙烯利+150mg/kg多效唑和160mg/kg乙烯利+150mg/kg多效唑处理3天后落花率分别达到65.04%和66.97%，而对照处理3天后落花率仅有7.36%；另外108mg/kg乙烯利+150mg/kg多效唑处理3天后落花率与对照也存在显著差异，但在处理6天、10天、14天后落花率与对照并无显著差异（图5-16）。

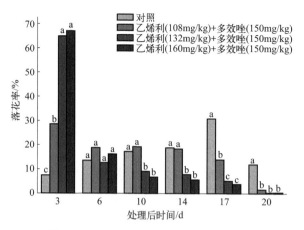

图5-16 不同处理后疏花效果的差异比较

图中英文字母不同表示差异显著（*t*-test，$P < 0.05$，$n = 50$）

进一步统计了不同浓度处理后每穗初始坐果数（图5-17），发现132mg/kg乙烯利+150mg/kg多效唑和108mg/kg乙烯利+150mg/kg多效唑处理后平均每穗初始坐果数分别达到23.83个和18.88个，显著高于对照处理的8.66个，而160mg/kg乙烯利+150mg/kg多效唑处理后可能存在疏除过量的现象，平均每穗初始坐果数仅有12个左右，与对照处理并无显著差异。

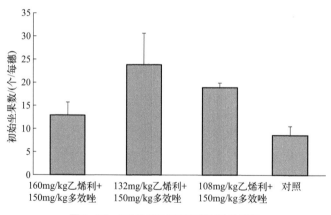

图5-17 不同处理后初始坐果数的对比

综合来看，针对'仙进奉'荔枝的疏花，始花期喷施108mg/kg乙烯利+150mg/kg多效唑疏花效果较好。

4. 晚熟荔枝化学保果壮果技术

3,5,6-三氯-2-吡啶氧基乙酸（3,5,6-TPA）是一种新型合成生长素，早在20世纪90年代，国外学者发现3,5,6-TPA可用于果树中，并能起到较好的保果、促进果实发育和改善果实品质的作用。荔枝上应用结果表明，在'Mauritius'荔枝果实2g时喷施50mg/L的3,5,6-TPA和100mg/L 2,4,5-三氯苯氧丙酸（2,4,5-TP），结果发现3,5,6-TPA与2,4,5-TP同样具有显著的保果作用，至采收时3,5,6-TPA的坐果率达到92%，而对照的坐果率仅为41%；在'Kaimana'荔枝果实0.5g时喷施25mg/L或50mg/L的3,5,6-TPA可显著降低果实累积落果率并增加产量，产量比对照分别提高了76.1%和72.4%；在'Mauritius''Kaimana'和'Tai So'等荔枝果实大小为8～30mm时叶面喷施50mg/L 3,5,6-TPA，结果发现果实大于12mm喷施均能显著降低落果率，而当果实过小时会增加落果；在荔枝果实1～3g时喷施20mg/L、40mg/L的3,5,6-TPA，结果表明所有的处理均增加了果实大小，且在果实3g时喷施40mg/L的处理增大果实的效果最佳。以上研究结果说明，3,5,6-TPA一方面能减轻荔枝落果并增加果实大小，另一方面能对坐果量大的品种进行疏果并促进果实的发育。

以'糯米糍''仙进奉'和'莞香荔'三个优质晚熟荔枝品种为材料，探讨不同时期喷施不同浓度的3,5,6-TPA对果实发育、落果和果实品质的影响，结果表明，花后5周喷施60mg/L或者40mg/L的3,5,6-TPA的保果壮果效果较好，结合用药成本考虑，最后筛选出最适用药方案为花后5周喷施40mg/L 3,5,6-TPA。

四、技术集成示范和效果评价

1. 东莞市塘厦韦记果园

该基地主要开展以隔年交替结果技术为主，配合简化施肥、管道喷药、矮冠高光效树形培育等轻简栽培技术试验示范。2021年6月11～12日，华南农业大学科学研究院组织有关专家考察了示范基地种植现场，并随机选定一片示范区进行产量和果实品质等指标的现场查定。现场测产和品质测定结果表明，每亩14株荔枝，平均单株产量为63.8kg，折合亩产为893.2kg，比常规生产对照提高123.3%；平均单果重为24.0g，可溶性固形物含量为18.8%，可食率为75.4%，焦核率为80.7%，采前裂果率为0，霜疫霉病果率为0，蒂蛀虫发生率均为0。果色鲜红，肉质鲜嫩滑口，多汁，味甜，品质优，优果率为95%，比常规生产对照提高30%，节本增效35%，其中人工成本降低50%。

2022年6月19～20日，华南农业大学科学研究院再一次组织有关专家考察了该示范基地，并随机选定一片示范区进行产量和果实品质等指标的现场查定。查看了相关材料，经质询，专家组认为项目集成了以田块间隔年交替结果、矮化开心高光效树形培养、管道喷药、省力化花果和土壤管理等轻简栽培关键技术，2021～2022年度在该示范基地应用后，效果显著；产量和果实品质等测定结果表明，每亩14株荔枝，平均单株产量为51.9kg，折合亩产为726.6kg，比常规生产对照提高235%；平均单果重为24.9g，可溶性固形物含量为19.7%，可食率为73.2%，焦核率为87.3%，未发现采前裂果、霜疫霉病果、蒂蛀虫果。果色鲜红，肉质鲜嫩滑口，多汁，味甜，品质优，优质果率为95.0%，比常规生产对照提高30%，人工成本降低50%，节本增效35%。

2. 东莞塘厦远昌果场试验示范基地

该基地集成了宜机化果园改造、简化修剪、机械和人工管道喷药、花果和土壤省力化管理、高光效树形培育等轻简栽培关键技术。2021年6月11～12日，华南农业大学科学研究院组织有关专家考察了该示范基地，现场测产和品质测定结果表明，每亩约12株荔枝，平均单株产量为53kg，折合亩产为636kg，比常规生产对照提高112%；平均单果重为18.5g，可溶性固形物含量为17.8%，可食率为73.3%，焦核率为5%，采前裂果率为0.2%，霜疫霉病果率为0，蒂蛀虫发生率为0。果色鲜红，肉质爽脆，多汁，味甜，品质优，优果率为95%，比常规生产对照提高30%，节本增效30%，其中人工成本降低52%。

2022年6月21日，华南农业大学科学研究院再一次组织有关专家考察了该示范基地，并随机选定一片示范区进行产量和果实品质等指标的现场查定。查看了相关材料，经质询，专家组认为该示范基地集成了宜机化果园改造、简化修剪、机械和人工管道喷药、花果和土壤省力化管理、高光效树形培育等轻简栽培关键技术，2021～2022年度在该示范基地110亩'桂味'示范园应用后，效果显著；现场测产和品质测定结果表明，每亩约20株荔枝，平均单株产量为23.5kg，折合亩产为470kg，比常规生产对照提高43.3%；平均单果重为19.5g，可溶性固形物含量为19.7%，可食率为70.8%，焦核率为42%，未发现采前裂果、霜疫霉病及蒂蛀虫果。果色鲜红，肉质爽脆，多汁，味甜，品质优，优果率为95%，比常规生产对照提高29%，节本增效30%，其中人工成本降低51%。

3. 广州市东林生态农业发展有限公司示范基地

该基地集成示范了宜机化果园改造、简化修剪、机械喷药、花果和土壤省力化管理、高光效树形培育等轻简栽培关键技术。2021年6月9日，华南农业大学科学研究院组织有关专家考察了该示范基地，现场测产和品质测定结果表明，每亩约12株荔枝，'糯米糍'和'桂味'平均单株产量分别为88.6kg和81.8kg，折合亩产分别为1063kg和981kg，比常规生产对照分别提高77.2%和40%；'糯米糍'和'桂味'平均单果重分别为25.7g和20.6g，可溶性固形物含量分别为17.9%和21.2%，可食率分别为77.7%和72.6%，焦核率分别为50%和30%，采前裂果率分别为0.2%和0.7%，霜疫霉病果率均为0，蒂蛀虫发生率均为0。果色鲜红，肉质鲜嫩滑口，多汁，味甜，品质优，优果率均为95%，比常规生产对照提高30%，节本增效30%，其中人工成本降低52%。

2022年6月23日，华南农业大学科学研究院再一次组织有关专家考察了该示范基地，并随机选定一片示范区进行产量和果实品质等指标的现场查定。查看了相关材料，经质询，专家组认为该项目集成了宜机化果园改造、简化修剪、机械喷药、花果和土壤省力化管理、高光效树形培育等轻简栽培关键技术，2021～2022年度在该示范基地100亩'桂味'示范园应用后，效果显著；现场测产和品质测定结果表明，每亩约30株荔枝，'桂味'平均单株产量为19.63kg，折合亩产为588.9kg，比常规生产对照提高45.1%；'桂味'平均单果重为19.9g，可溶性固形物含量为19.3%，可食率为73.4%，焦核率为35.4%，无采前裂果、霜疫霉病果及蒂蛀虫果。果色鲜红，肉质鲜嫩滑口，多汁，味甜，品质优，优果率为95%，比常规生产对照提高30%，节本增效32%，其中人工成本降低50%。

4. 广州市仙基农业发展有限公司试验示范基地

该基地集成示范了宜机化果园改造、简化修剪、水肥药一体化自动喷施、花果和土壤省力化管理、高光效树形培育等轻简栽培关键技术。2021年6月16日，华南农业大学科学研究院组织有关专家考察了该示范基地，现场测产和品质测定结果表明，每亩约22株荔枝，平均单株产量为43.5kg，挂果株率71.6%，折合亩产为685.2kg，比常规生产对照提高71.3%；平均单果重为24.0g，可溶性固形物含量为18.7%，可食率为73.1%，焦核率为72.2%，采前裂果率0.9%，霜疫霉病果率为0，蒂蛀虫发生率为0。果色鲜红，肉质鲜嫩滑口，多汁，味甜，品质优，优果率为98.7%，比常规生产对照提高30.7%。

2022年7月1日，华南农业大学科学研究院再一次组织有关专家考察了该示范基地，并随机选定一片示范区进行产量和果实品质等指标的现场查定。查看了相关材料，经质询，专家组认为该项目集成了宜机化果园改造、简化修剪、水肥药一体化自动喷施、花果和土壤省力化管理、高光效树形培育等轻简栽培关键技术，2021～2022年度在该示范基地260亩'仙进奉'示范园应用后，效果显著；现场测产和品质测定结果表明，每亩约20株荔枝，平均单株产量为34.7kg，折合亩产为694kg，比常规生产对照提高66%；平均单果重为27.0g，可溶性固形物含量为17.9%，可食率为78.3%，焦核率为94%。无采前裂果、霜疫霉病果及蒂蛀虫果。果色鲜红，肉质鲜嫩滑口，多汁，味甜，品质优，优果率为98.0%，比常规生产对照提高30%，人工成本降低50%，节本增效31%。

5. 广州市郭仔农业技术有限公司试验示范基地

该基地集成示范了宜机化果园改造、高光效树形培育、管道喷药施肥、花果和土壤省力化管理等轻简栽培关键技术。2021年6月16日，华南农业大学科学研究院组织有关专家考察了该示范基地，现场测产和品质测定结果表明，每亩约33株荔枝，平均单株产量为45.7kg，挂果株率45%，折合亩产为678.6kg，比常规生产对照提高69.7%；平均单果重为25.2g，可溶性固形物含量为18.3%，可食率为74.9%，焦核率为59.2%，采前裂果率1.1%，霜疫霉病果率为0，蒂蛀虫发生率为0。果色鲜红，肉质鲜嫩滑口，多汁，味甜，品质优，优果率为98.9%，比常规生产对照提高29.8%。

　　2022年7月1日，华南农业大学科学研究院再一次组织有关专家考察了该示范基地，并随机选定一片示范区进行产量和果实品质等指标的现场查定。查看了相关材料，经质询，专家组认为该项目集成了宜机化果园改造、高光效树形培育、管道喷药施肥、花果和土壤省力化管理等轻简栽培关键技术，2021～2022年度在该示范基地200亩'仙进奉'示范园应用后，效果显著；现场测产和品质测定结果表明，每亩约18株荔枝，平均单株产量为49.1kg，折合亩产为883.8kg，比常规生产对照提高88.8%；平均单果重为26.2g，可溶性固形物含量为17.5%，可食率为77.4%，焦核率为88.0%，无采前裂果、霜疫霉病果及蒂蛀虫果。果色鲜红，肉质鲜嫩滑口，多汁，味甜，品质优，优果率为97.5%，比常规生产对照提高32%，人工成本降低50%，节本增效31%。

6. 深圳南山区西丽果场试验示范基地

　　该基地主要开展宜机化果园改造、简化修剪、高光效树形培育、管道灌溉施肥和喷药、花果和土壤省力化管理等轻简栽培关键技术集成与示范工作。

　　2021年6月7日，华南农业大学科学研究院组织有关专家现场测产和品质测定结果表明，每亩约14株荔枝，'糯米糍'和'桂味'平均单株产量分别为72.3kg和76.1kg，折合亩产分别为1012kg和1066kg，比常规生产对照分别提高35%和25%；'糯米糍'和'桂味'平均单果重分别为22.4g和18.2g，可溶性固形物含量分别为19.1%和20.2%，可食率分别为77.5%和76.7%，焦核率分别为91.6%和86.4%，采前裂果率分别0.2%和0.4%，霜疫霉病果率均为0，蒂蛀虫发生率均为0。果色鲜红，肉质鲜嫩滑口，多汁，味甜，品质优，优果率均为95%，比常规生产对照提高25%，节本增效30%，其中人工成本降低50%。

　　2022年6月24日，华南农业大学科学研究院再一次组织有关专家考察了该示范基地，并随机选定一片示范区进行产量和果实品质等指标的现场查定。查看了相关材料，经质询，专家组认为该项目集成了宜机化果园改造、简化修剪、机械喷药、花果和土壤省力化管理、高光效树形培育等轻简栽培关键技术，2021～2022年度在该示范基地'桂味'荔枝示范园应用后，效果显著；现场测产和品质测定结果表明，每亩约20株荔枝，'桂味'平均单株产量为22.9kg，折合亩产为458kg，比常规生产对照提高49.7%；桂味平均单果重为19.3g，可溶性固形物含量为19.1%，可食率为76.4%，焦核率为60.0%，无采前裂果、霜疫霉病果及蒂蛀虫果。果色鲜红，肉质鲜嫩滑口，多汁，味甜，品质优，优果率为95%，比常规生产对照提高30%，节本增效31%，其中人工成本降低50%。

　　综合来看，在广东珠三角产区建立荔枝山地或缓坡地优质轻简高效栽培荔枝基地6个，面积1070亩，示范基地平均优质果品率和产量分别提高28.4%和73.4%，节本增效30%，其中人工成本降低50%，示范效果显著。

第3节
粤西早中熟荔枝优质轻简高效栽培技术集成与示范

一、基本情况

粤西主要包括湛江的雷州、廉江，茂名的高州、电白、化州，阳江的阳东、阳西，云浮的新兴、阳春等地，是荔枝多个品种的原产地和中国种植荔枝历史最悠久的地区之一。在粤西的阳春、化州、廉江等地，仍有少量野生荔枝存在，当地称"酸枝"或"火山"。在高州、化州、电白、茂南等地100年生以上荔枝树近2万株，大量树龄超过300年，高州根子和电白霞洞有集中分布的古荔枝林，称为"贡园"，最高树龄或过千年。

该区域光热资源充足，年积温较高，年平均气温22.3～23℃，≥10℃的年积温7600～8200℃，年日照1700～2100h，年降水量1400～1800mm。生态气象条件有利于荔枝枝梢生长、成花和果实发育；冬季干旱明显，基本无霜害，1月平均气温14～16℃，有利于控梢和花芽分化；早春气温回暖快，花穗发端早，花分化有保障，花期3月中旬～4月上旬，遇低温阴雨天的概率较小，有利于开花结果；果实成熟期较早，荔枝收获期为5月中旬～6月中下旬，同一品种要比珠江三角洲地区提早成熟上市10～20天。该区域适宜发展'三月红''白糖罂''白蜡''黑叶''妃子笑''鸡嘴荔''桂味'等优质早、中熟品种，这些品种在该产区均表现出较强的适应性和较好的商品性。

二、主要问题和解决方案

1. 主要问题

一些年份荔枝花期可能遭受低温阴雨，导致"花而不实"；沿海地区多台风危害；大坡度荔枝园占25%以上（图5-18），导致农事操作较困难，经营管理成本高；因沿海城市扩展，城郊荔枝园可能转化为城市用地。

2. 主要解决方案

① 优化调整品种结构，提高优质优价品种占比，适当拉长成熟上市期。适当调减'黑叶''怀枝'和'双肩玉荷包'面积，增加其他优质品种比例；延长和均衡产期，早、中、晚熟品种结构逐渐趋于合理。茂名市重点发展'白蜡''白糖罂''妃

子笑''桂味''鸡嘴荔'和'黑叶'等品种；湛江市重点发展'妃子笑''桂味'和'鸡嘴荔'等品种；阳江市重点发展'桂味''双肩玉荷包'等品种；云浮主要发展'桂味''新兴香荔'等品种。建设完善的早、中熟优质荔枝北运生产基地和出口基地，提高果品质量，扩大出口。

② 补上基础设施短板，做好荔枝园宜机化改造及保鲜贮运和深加工基础设施建设，发展产业技术尤其是果园机械社会化共享服务平台，建设一批以荔枝为主题的农业公园、观光园或采摘体验园。

③ 加强科技赋能，发展省力栽培、科学施肥、平衡水分管理、病虫安全防控等技术，提升单产和稳产性能。

④ 建设试示范园，把理论技术转化为实践技术，加强技术培训推广，把专家产量转换为果农产量。

图5-18　粤西高州市曹江镇山地荔枝园

三、粤西早中熟荔枝优质轻简高效栽培关键技术研发

1. 植保无人机高效施药技术

喷药、喷施生长调节剂和叶面肥是荔枝栽培过程中必须但又极其耗时费力的工作。针对粤西山地和缓坡地荔枝园，可选用以下三种喷药方式：人工管道喷药、风送式机械喷药和植保无人机喷药。研究人员在华南农业大学校内荔枝栽培基地开展植保无人机的各项应用参数的筛选，粤西荔枝示范基地比较植保无人机和管道施药的效益和成本。

植保无人机采用大疆T30型号，参数的筛选试验在华南农业大学校内荔枝栽培基地开展，试验过程中喷施清水，并在树冠不同位置放置水敏试纸，检测喷施效果，同时在茂名市电白区小良镇日进果场开展应用和效益评估。

（1）工效评价　选用大疆T30植保无人机开展荔枝坐果初期防虫保果试验。飞行参数如下：飞行速度1m/s、飞行高度（相对树体高度）2.5m。作业面积3.6亩，作业时间为4分56秒，用药水量为26L，亩用量约7L/亩。采用水敏试纸测试喷雾效果，发现在树冠下部和内膛均检测到雾滴（图5-19）。用自走式喷药机进行喷药处理，需要400L药水，用时2h完成全园喷药。试验结果表明，无人机可大大缩短工作时间和减少用工量，对于种植密度合理和株行规范的荔枝园具有明显优势。

(a) 树冠下部药滴分布　　　　　　　　　　(b) 树冠内膛药滴分布

图5-19　树冠下部和内膛水敏试纸测试喷雾效果

（2）效益评价　在茂名市电白区小良镇苏日进果场优质晚熟荔枝试验示范基地，对无人机喷药防控病虫害的效果进行了分析，该示范基地共有120亩'桂味'。本次喷药主要防治一段阴雨期之后的霜疫病和坐果初期的蒂蛀虫。因为荔枝蒂蛀虫在夜晚活动，所以本次无人机防治选择在傍晚7点开始作业，大约00：30完成作业。植保无人机采用大疆T30植保无人机，飞行速度可设置为2.0～2.4m/s，飞行作业高度离树冠3～5m，喷药量约为20L/亩。

常规人工胶管喷药，需要聘请8个工人，同时使用4条喷药枪，用时2天，用药浓度为稀释1000～6000倍，用水量32000kg，人工每人150元/天，人工费共2400元；采用大疆T30植保无人机喷药，一次可喷洒30L药水，2个人用时0.5天即可完成，用药浓度为稀释200倍，用水量为2400kg，人工费和无人机租赁费共计4200元（表5-10）。

表5-10　日进果场（120亩）两种打药方式的成本和效益比较

打药方式	用水量/kg	用药量	人工/个	用时/天	总用工量 /（人·天）	工价	用工成本 /元
人工拖管打药	32000	稀释1000～8000倍	8	2	16	150元/天	2400
无人机	2400	稀释200倍	2	0.5	1	35元/亩	4200
节省量	92.5%	62.5%			93.8%		

综合来看，利用无人机喷药相比于管道施药，可节省人工93.8%，用水量节省92.5%，用药量节省62.5%，后期果园如果自购植保无人机，综合效益将极大提高。无人机可大大缩短工作时间和减少用工量，对于种植密度合理、株行规范的荔枝园具有明显的优势，还可拓展利用无人机喷施叶面肥、生长调节剂，吹扫残花和积水，以防沤花滋生病虫和导致落果。

2. 树盘覆盖保水防草技术

粤西地区荔枝园多处于山地或者缓坡地，雨季容易形成坡面径流。果农长期使用除草剂除杂草，容易造成果园土壤长时间裸露，不利于土壤的水肥涵养，甚至可能对荔枝果园生态和土壤理化性质造成较严重的破坏，加速土壤板结酸化，从而对荔枝根系和整个树体的生长发育带来不利。2021年，课题选择茂名高州市永兴生态农业有限公司的山地荔枝果园（'桂味'荔枝）开展树盘覆盖技术应用，以研究轻简高效防草和保水效应。

试验选取荔枝园无病虫危害的枝条，用大功率碎枝机粉碎，碎枝作为覆盖物。2021年4月14日，选取同一朝向的6条种植行，其中3条用于树盘碎枝覆盖处理，覆盖厚度在10cm左右（图5-20），另外3条种植行维持原来的常规管理，作为对照组。同年5月12日和7月17日两次比较和分析对照组和处理组间土壤相对含水量和杂草生长的情况。土壤含水量采用手持式土壤测定仪测定。

结果表明覆盖区的控杂草效果非常好，另外通过记录土壤含水量可知，裸露的空地和未覆盖的树盘土壤含水量约为20%，而第一批覆盖的树盘下土壤含水量超过50%，第二批覆盖的树盘土壤含水量也达到40%左右，显著高于未覆盖区域（图5-21）。若全园采用除草剂除草，每年需要除草5～6次，若使用树盘覆盖，全年覆盖1～2次即可。由此可知，树盘覆盖可以显著提高土壤含水量100%～150%，控制杂草生长，减少除草剂的使用和除草的工时。

图5-20　高州永兴生态农业果场将修剪枝条粉碎及树盘覆盖

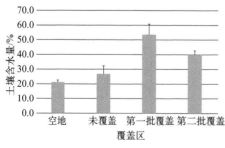

图5-21　树盘覆盖对土壤水分和控草效果影响

四、技术集成示范和效果评价

1. 阳江东平早靓荔枝专业合作社基地

该基地集成示范了以螺旋环剥、水肥和植物生长调节剂等物理和化学精准调控等关键技术，形成了'糯米糍'荔枝"早老熟、早控梢、早促花、早成熟"（简称"四早"）的轻简高效栽培技术体系。2020年度和2021年度连续两年在150亩'糯米糍'示范基地示范应用"四早"高效栽培技术体系。2021年最早批量采摘期为5月25日，比常规生产的'糯米糍'提早15天上市，该基地形成了全国最早熟的'糯米糍'规模化种植基地；创新攻克了6月10日前生产上缺乏特优质早熟荔枝鲜果批量上市的难题。现场测产结果表明，每亩种植18株荔枝，平均单株产量为53.42kg，折合亩产为961.56kg，比常规生产对照增加2.2倍；平均单果重为21.5g，可溶性固形物含量为20.5%，可食率为77.84%，焦核率为93.33%，采前裂果率为8%，双疫霉病果率为6%，蒂蛀虫发生率为0。果色鲜红，肉质鲜嫩滑口，多汁，味甜，品质优，优果率为94%，比常规生产对照提高20%。节本增效30%，其中人工成本降低51%。

2. 高州永兴果场示范基地

该基地集成示范了适时健壮秋梢培育、高光效树形修剪、宜机化树冠改造、花果和土壤省力化管理、轻简高效的水肥药施用技术等轻简栽培关键技术。2021年6月4日，华南农业大学科学研究院组织专家对高州永兴果场开展了果园测产和果实品质测定，结果显示：单果重19.1g左右，可食率77.3%，可溶性固形物含量为20.1%，其中'桂味'果实的焦核率达到了90%。果园测产过程中，专家分为3组，分别对5株树进行估产，其中单株产量最高的达到170kg，平均株产为113.7kg，依据树冠将整个果园的树划分为大小两个类型，大树冠荔枝树占比约40%，小树冠荔枝树约占60%，平均每亩按照12株树来计算，平均亩产达到1204.3kg，比常规生产提高了118.9%。优果率为95%，比常规果园提高了30%。节本增效30%，其中人工成本降低51%。

3. 电白苏日进荔枝果场示范基地

该基地集成示范了适时健壮秋梢培育、高光效树形修剪、宜机化隔行间伐、花果和土壤省力化管理、轻简高效的水肥药施用技术等轻简栽培关键技术。2021年6月3日，华南农业大学科学研究院组织专家对电白苏日进果场开展了果园测产和果实品质测定，结果显示：单果重20.8g左右，可食率76.4%，可溶性固形物含量为20.4%。果园测产过程中，专家分为3组，分别对5株树进行估产，其中单株产量最高的达到113.1kg，平均株产为113.7kg，平均每亩按照15株树来计算，平均亩产达到680.5kg，比常规生产提高了23.7%。优果率为91%，比对照果园提高了23%。节本增效30%，其中人工成本降低51%。

4. 广东省湛江廉江市陈敏家庭农场荔枝示范基地

该基地开展了矮冠高光效树形培育、省力化花果调控、轻简化土壤和施肥管理以及管道喷药等轻简高效栽培技术集成与试验示范。2021～2022年度组织专家现场考察表明：在该示范基地应用后，'妃子笑'平均单果重为27.02g，平均单株产量为65.3kg，折合亩产为1436.6kg，比常规生产提高49.7%，可溶性固形物含量为19.1%，可食率为77.31%，焦核率为70.0%，裂果率为2.38%，无采前霜疫病果和蒂蛀虫果。

5. 广东省茂名市电白区黄其彬家庭农场示范基地

该基地开展了高光效树形培育、省力化花果调控、轻简化土壤和施肥管理，以及植保无人机喷药等轻简高效栽培技术集成与试验示范。2022年5月24日，经现场专家鉴定，'白糖罂'荔枝单果重为22.17g，平均单株产量为26.95kg，折合亩产为228.75kg，比常规生产对照提高49.7%，可溶性固形物含量为17.06%，可食率为71.55%，焦核率为12.7%，裂果率为2.26%，无采前霜疫病果和蒂蛀虫果。

第4节
桂南中晚熟荔枝优质轻简高效栽培技术集成与示范

一、基本情况

桂南位于广西壮族自治区南部偏东，包括钦州、北海、玉林、防城港共4个市，年均气温22℃以上，≥10℃的积温在8000℃左右，最冷的1月平均温5.5～15.2℃，极端低温一般在-6～0℃，霜期少于5天，年降水量1300～2000mm，且65%～85%集中在4～9月，10月～翌年3月降雨少。土壤多为砖红壤土及赤红壤土。该区目前是广西第一大荔枝主产区，栽培面积超过190万亩，产量超过60万吨，钦州、玉林和北海是辖区内三大主产区。该区栽培面积最大的几个品种分别为'桂味''妃子笑''鸡嘴荔''仙进奉'等。

研究人员分别在北海市合浦县、玉林市北流市和钦州市浦北县选择以下三个荔枝园进行轻简高效栽培技术集成与示范，它们的基本情况如下：

1. 合浦县乌家镇徐华福果园示范基地

位于北海市合浦县乌家镇，占地面积400亩（图5-22），种植品种主要为'妃子笑''鸡嘴荔''桂味'等。树高2.9～3.4m，株行距为5m×7m，每亩约19棵树。该果园为平缓地，果园较密闭，但果园道路系统较完善，且配有割草机械和高压喷药机械等。该基地主要开展"高光效树形改造""果园行间生草栽培＋定期机械刈割""机械高压喷药""半机械化修剪""动力辅助人工采收"等轻简栽培关键技术集成与示范工作。

图5-22　合浦县乌家镇徐华福果园示范基地

2. 北流市金友农林投资有限公司示范基地

位于玉林市北流市山围镇塘头村，占地面积2000亩，示范面积460亩（图5-23），种植品种主要为'桂味''鸡嘴荔''仙进奉'等。树高3m左右，株行距为4m×6m，每亩约28棵树。该果园为丘陵山地，道路系统完善，有山地作业运输车一套，配有水肥药一体化系统。该基地主要开展"背负式割草机""水肥药一体化""动力辅助人工修剪和采收"等轻简栽培关键技术集成与示范工作。

图5-23　北流市金友农林投资有限公司示范基地

3. 浦北县安石镇旺发家庭农场示范基地

位于钦州市浦北县安石镇石凉村朱加岭，果园占地面积200亩（图5-24），种植品种主要为'妃子笑'和'鸡嘴荔'等。树高2.9～3.4m，株行距为5m×7m，每亩约19棵树。该果园为缓坡地，道路系统较欠缺，配有人工管道喷药和灌溉施肥系统。

该基地主要开展"人工管道喷药""灌溉施肥""动力辅助修剪""光驱避"等轻简栽培关键技术集成与示范工作。

图5-24　浦北县安石镇旺发家庭农场示范基地

二、主要问题和解决方案

1. 存在的主要问题

桂南所处环境高温多湿，给荔枝成花坐果带来严重影响。如暖冬湿冬影响荔枝花芽分化、低温阴雨导致授粉受精不良、幼果期高温造成大量落果现象，导致荔枝丰产稳产性差，大小年结果现象严重。同时，果园立地条件差、建园标准相对落后、果园管理粗放、树体高大密闭、病虫害多发，加之劳动力缺乏，管理成本高，生产各环节管理不到位，果实品质和果园经营效益明显下降。

2. 采取的主要解决方案

（1）应用荔枝高光效省力化树体培育技术　针对荔枝树体高大密闭、管理费时费工等问题，采用间伐、疏大枝、压顶"开天窗"等技术开展开心形高光效树形改造，为实现果园轻简管理奠定基础。

（2）应用灌溉施肥技术　针对现有荔枝果园灌溉条件缺乏、水分和养分供应不足等问题，通过安装灌溉装置，实现果园的轻简管理和丰产稳产。

（3）应用控夏梢保果技术　由于夏梢生长消耗大量养分，会加重第二次生理落果。针对梢果矛盾的问题，需采取措施控制夏梢的萌发和生长，不能放任其自然生长。为了解决人工摘除夏梢极易再萌发且成本高等问题，采用机械疏剪方法开展控夏梢保果技术研究，以期达到轻简化栽培目标。

（4）采用光驱避荔枝蛀蒂虫防控技术　针对化学防治荔枝蛀蒂虫用药量大、成本高，长期用药对生物多样性和生态环境造成破坏等问题，根据荔枝的生长发育规律和蛀蒂虫虫害的发生规律，利用荔枝蛀蒂虫的避光性原理开展"光驱避"荔枝蛀蒂虫绿色防控技术试验示范。

三、桂南中晚熟荔枝优质轻简高效栽培关键技术研发

1. 合理水肥管理技术

广西现有荔枝果园绝大部分没有灌溉条件，水分和养分的供应已成为提高荔枝产量的限制因素，良好的灌溉设施是现代果园管理中保持丰产稳产和实现轻简管理的重要措施。

研究在灵山华山农场汶井基地进行，面积30亩，供试荔枝为20年生'桂味'。土壤基本养分状况：有机质11.7g/kg，水解性氮102.1mg/kg，有效磷14.3mg/kg，速效钾227.5mg/kg，交换性钙2.91cmol(1/2Ca^{2+})/kg，交换性镁0.48cmol(1/2Mg^{2+})/kg，pH4.87。根据'桂味'荔枝生长养分需要、土壤养分供应水平和化肥利用率制定水肥管理措施。全生育期肥料分花前肥、壮果肥、促梢肥和基肥，所用肥料为复合肥（N：P：K＝15：15：15）、尿素（氮肥）、氯化钾（钾肥）；钙镁磷肥沟施。

灌溉施肥的全生育期肥料用量为N肥1000g/株，钙镁磷肥1000g/株（沟施），K肥900g/株，复合肥6500g/株。常规施肥全生育期肥料用量为钙镁磷肥1000g/株（沟施），复合肥5750g/株（撒施）。收获时统计商品果产量，调查单果重、可食率，测定可溶性固形物含量，同时计算成本投入情况。

（1）对果实品质影响 灌溉施肥处理对'桂味'的单果重、可食率、可溶性固形物均有增加，分别增加0.2g、5.4%、0.8%（表5-11）。灌溉施肥还可明显增加大果比例，'桂味'大果（＞17g）增加15%（表5-12）。

表5-11 灌溉施肥和常规施肥处理对荔枝产量和品质的影响

品种	单株产量/kg		单果重/g		可食率/%		可溶性固形物/%	
	灌溉施肥	常规施肥	灌溉施肥	常规施肥	灌溉施肥	常规施肥	灌溉施肥	常规施肥
'桂味'	106.5	56.0	17.2	17.0	78.9	73.5	18.9	18.1

表5-12 灌溉施肥处理对'桂味'果实等级的影响

处理	'桂味'各级果实比例/%			
果实分类	＞17g	15～17g	13～15g	＜13g
灌溉施肥	35.0	33.0	20.6	11.4
常规施肥	20.0	28.0	25.6	26.4

（2）对果实产量影响 采用灌溉施肥技术的荔枝亩产达1704kg，而采用常规管理施肥技术的对照园荔枝亩产1232kg。灌溉施肥与常规施肥相比，显著增加了荔枝产量，增产幅度达38.3%以上。

（3）成本分析 采用灌溉施肥技术，全年成本减少44663.6元，成本降低66%，其中人工成本减少46800元，人工成本降低92.9%（表5-13）。

表5-13　灌溉施肥成本分析

处理	生产成本			设备成本/（元/年）	全年总成本/（元/年）
	人工/（元/次）	肥料/（元/次）	用电量/（元/次）		
水肥一体化	3600	17280	75	2061.4	23016.4
人工施肥	50400	17280			67680
全年减少成本	46800				44663.6

2. 动力辅助设备在控夏梢保果技术

由于不良天气影响，荔枝常出现冲梢或落花落果现象，不成花的枝梢和落果枝会在挂果期间抽生新梢，特别是荔枝生理落果期间，大量新梢生长会加剧梢与果的营养竞争，从而引起大量落果。夏梢的生长消耗大量养分，会加重第二次生理落果，尤其是在果肉包裹种核之前影响最大，而在果肉完全包裹种核之后影响比较小。夏梢对落果的影响因品种不同而有差异，如'鸡嘴荔''无核荔枝'受影响较大，'妃子笑''桂味'等受影响相对较小。

针对梢果矛盾的问题，需采取措施控制夏梢的萌发和生长，不能放任其自然生长。荔枝坐果之后如果有夏梢抽生，应在夏梢小叶展开之前将其摘除，以减少营养消耗。由于人工摘除极易再萌发且成本高，且存在喷施药物种类和浓度不精准等问题，研究人员采用机械疏剪方法开展控夏梢保果技术研究，以期达到轻简化栽培目标，促进荔枝丰产。

试验基地位于广西钦州市浦北县安石镇，为缓坡地，土壤肥力中等，管护水平高。供试品种为树势、树龄及坐果情况相近的20年生'鸡嘴荔'荔枝树，种植密度为5m×7m，树势较健壮，长势一致，几乎无病虫害。

试验采用疏花机进行动力辅助疏除，设3个处理，单株小区，3次重复。处理1为疏1/2，处理2为疏2/3，处理3为从基部疏除。在5～6月'鸡嘴荔'夏梢抽发期间进行2次疏除，第一次为5月5日，第二次为5月17日。

（1）控夏梢效果　在夏梢抽发期间，用疏花机分别进行2次控夏梢，第二次控梢30天后调查发现，从基部疏除后，前期控梢效果较好，但是后期会诱发下一次新梢快速、大量抽生，新梢生长量最高，为58.69mm；选择在夏梢的小叶刚展开时用疏花机剪去新梢长度的2/3，即60%左右，新梢生长量最低，为5.30mm，控梢效果明显，比疏除前控梢效果增加63.05%。

（2）挂果量情况　统计挂果情况发现，基部疏除和疏1/2两个处理的平均每穗果数为3.5个和3.2个，疏2/3处理的平均每穗果数为5.6个。

（3）效益分析　采用疏花机进行控梢，1人1天可完成100株，人工成本120元/天，疏花机600元/个，总费用为820元；人工摘除进行控梢，1人1天可完成10株，人工成本120元/天，完成100株人工成本为1200元，全年成本减少380元，成本降低31.7%，其中人工成本减少1080元，人工成本降低90.0%。

总之，使用疏花机疏除夏梢省时省力，不但可以控制新梢的生长速度，还可以延缓至果肉包裹种核之前再次抽出新梢。

四、技术集成示范和效果评价

在广西合浦县、北流市和浦北县建立荔枝丘陵地或缓坡地优质轻简高效栽培荔枝示范基地3个，面积1060亩，示范基地优质果品率和产量分别提高20.2%～21.8%和18.4%～27.8%，节本增效40.9%～58.6%，其中人工成本降低50.7%～53.9%。

1. 合浦县乌家镇徐华福果园基地

该基地土质疏松，地形平坦，为平缓地果园，基地面积400亩，种植荔枝品种为'妃子笑''桂味'和'鸡嘴荔'。建园采用行距7m、株距5m的宽行窄株、行间自然生草定期刈割的种植模式，适于机械操作，实现全园除草、喷药全机械化，修剪、施肥半机械化。

用自走式割草机割草［图5-25（a）］一人一机2天可完成全园行间割草任务，是人工背负式喷雾除草工作效率的28倍，全年减少216个工日，全年免除草剂。用高压机械喷药机［图5-25（b）］一人一机只需3天即可完成400亩果园喷药任务，是传统人工背负喷药方法工作效率的16.6倍，全年减少705个工日。此外，采后修剪也实现了半机械化操作［图5-25（c）］，在决定树冠高度后，用修剪机械对超过规定高度的树进行一刀切剪顶，压低树冠高度，人工修剪树冠其余部分时免爬树，可以提高1倍的工作效率。

(a)　　　　　　　　　　(b)　　　　　　　　　　(c)

图5-25　果园示范机械除草、打药和修剪

2022年6月23日，组织专家进行现场查定，结果表明该示范基地集成应用"果园行间生草栽培+定期机械刈割""机械高压喷药""半机械化修剪""动力辅助人工采收"等轻简高效栽培技术，优质果品率和产量分别提高21.8%和21.2%，全年成本降低31.6%，其中人工成本降低53.9%，节本增效44.1%（表5-14、表5-15）。

表5-14　合浦县乌家镇徐华福果园（平缓地果园）用工明细表

序号	生产管理各环节	传统模式		示范模式		备注
		操作方法	工日/年	操作方法	工日/年	
1	冬季清园	—	—	—	—	—
2	除草（4次）	人工背负式喷雾除草	224	行走式机械割草	8	省216个工日/年
3	施肥（3次）	人工开沟	150	机械开沟	10	省140个工日/年
4	打药（15次）	传统背负式打药	750	机械高压喷药	45	省705个工日/年
5	修剪（1次）	纯人工	760	动力辅助人工	56	省704个工日/年
6	采收	纯人工	2500	动力辅助人工	1900	省600个工日/年
	每年合计	—	4384	—	2019	省2365个工日/年

注：人工修剪只涉及130亩的'妃子笑'品种，'桂味'和'鸡嘴荔'一刀切剪顶，压低树冠。

表5-15　合浦县乌家镇徐华福果园优质轻简高效栽培技术集成与示范综合效益统计表

项目	传统模式	示范模式	对比效益
用工/（工日/年）	10.96	5.05	减少5.91个工日省工53.9%
全年人工成本/（元/年）	1315.20	605.70	约节省709.5元降低53.9%
化肥成本/（元/年）	500	500	—
农药成本/（元/年）	450	475	增加5.56%
燃油动力成本/（元/年）	—	4	
除草剂/（元/年）	52.31	—	
优果率/%	76.68	98.50	提高21.8%
产量/（kg/400亩）	954.45	1156.34	增产21.2%
销售价格/（元/kg）	8.0	8.5	增加6.25%
销售额/（元/400亩）	7635.60	9250.72	增加21.2%
种植成本/（元/400亩）	2317.51	1584.70	降低31.6%
综合效益/（元/400亩）	5318.09	7666.02	节本增效44.1%

2. 北流市金友农林投资有限公司基地

该基地为丘陵山地果园，面积2000亩，种植荔枝品种为'桂味''鸡嘴荔'和'仙进奉'。建园行距6m、株距4m，应用"行间自然生草定期刈割"的种植模式，适于背负式割草机等小型机械操作，全园实现水肥药一体化，并配置有果园运输系统。

使用背负式割草机一人一机1天完成3亩的割草任务，是人工除草工作效率的3倍，全年减少918个工日。使用水肥药一体化设备，全年喷药减少540个工日，施肥减少92个工日。此外，采后动力辅助人工的方式进行修剪和采收，全年修剪减少368个工日，采用果园运输系统可减少采收920个工日。

2022年7月3日，组织专家进行现场查定，结果表明该示范基地集成应用"背负式割草机""水肥药一体化""动力辅助人工修剪和采收"的轻简高效栽培技术，优质果品率和产量分别提高28.5%和27.8%，全年成本降低26.3%，其中人工成本降低52.6%，节本增效58.6%（表5-16、表5-17）。

表5-16　北流市金友农林投资有限公司基地用工明细表

序号	生产管理各环节	传统模式		示范模式		备注
		操作方法	工日/年	操作方法	工日/年	
1	冬季清园	—	—	—	—	—
2	除草（3次）	纯人工	1380	背负式割草机	462	省918个工日/年
3	施肥（2次）	人工撒施	184	水管浇施	92	省92个工日/年
4	打药（10次）	传统背负式打药	570	人工管道	30	省540个工日/年
5	修剪（1次）	纯人工	460	动力辅助人工	92	省368个工日/年
6	采收	纯人工	2800	动力辅助人工	1880	省920个工日/年
	每年合计	—	5394	—	2556	省2838个工日/年

表5-17　北流市金友农林投资有限公司基地优质轻简高效栽培技术集成与示范综合效益统计表

项目	传统模式	示范模式	对比效益
用工/（工日/亩）	11.73	5.56	减少6.17个工日省52.6%
全年人工成本/（元/亩）	1407.13	666.78	节省740.35元降低52.6%
化肥成本/（元/亩）	1960	1372	减少30.0%
农药成本/（元/亩）	1680	1680	
燃油动力成本/（元/亩）	—	2.97	
优果率/%	76.2	97.9	提高28.5%
产量/（kg/亩）	991.76	1267.28	增产27.8%
销售价格/（元/kg）	14	14	—
销售额/（元/亩）	13884.64	17741.92	增加27.8%
种植成本/（元/亩）	5047.13	3721.75	降低26.3%
综合效益/（元/亩）	8837.51	14020.17	节本增效58.6%

3. 浦北县安石镇旺发家庭农场

该基地为缓坡地果园，面积200亩，种植荔枝品种为'妃子笑''鸡嘴荔'等。建园行距7m，株距5m。果园进行翻耕清杂等冬季清园工作，全园实现以水管浇施＋施肥枪代替人工撒施，人工管道喷药代替传统背负式打药，动力辅助代替人工修剪。使用水管浇施＋施肥枪完成全年6次施肥任务比人工撒施减少25个工日。使用人工管道喷药，全年减少900个工日。此外，采用动力辅助人工的方式进行修剪，全年减少280个工日。

2022年6月12日，组织专家进行现场查定，结果表明该示范基地集成应用"人工管道喷药、灌溉施肥、动力辅助修剪、光驱避"等轻简高效栽培技术，冬季清园、除草、采收人工成本暂未减少。全年通过以上措施，优质果品率和产量分别提高20.2%和18.4%，全年成本降低30.2%，其中人工成本降低50.7%，节本增效40.9%（表5-18、表5-19）。

表5-18　钦州浦北县旺发家庭农场基地用工明细表

序号	生产管理各环节	传统模式		示范模式		备注
		操作方法	工日/年	操作方法	工日/年	
1	冬季清园	翻耕清杂	50	翻耕清杂	50	—
2	除草（3次）	除草剂	90	除草剂	90	—
3	施肥（6次）	人工撒施	60	水管浇施+施肥枪	35	省25个工日/年
4	打药（10次）	传统背负式打药	1000	人工管道	100	省900个工日/年
5	修剪（1次）	纯人工	380	动力辅助人工	100	省280个工日/年
6	采收	纯人工	800	纯人工	800	—
	每年合计	—	2380	—	1175	省1205个工日/年

表5-19　钦州浦北县旺发家庭农场基地优质轻简高效栽培技术集成与示范综合效益统计表

项目	传统模式	示范模式	对比效益
用工/（工日/亩）	11.90	5.87	减少6.03个工日省工50.7%
全年人工成本/（元/亩）	1190	587	节省603元降低50.7%
化肥成本/（元/亩）	1000	750	减少25.0%
农药成本/（元/亩）	450	500	增加11.1%
燃油动力成本/（元/亩）	—	5	
优果率/%	79.2	99.4	提高20.2%
产量/（kg/亩）	1112.6	1317.3	增产18.4%
销售价格/（元/kg）	7.5	7.5	—
销售额/（元/亩）	8344.80	9880.00	增加18.4%
种植成本/（元/亩）	2640.00	1842.00	降低30.2%
综合效益/（元/亩）	5704.80	8038.00	节本增效40.9%

第5节
海南早熟荔枝优质轻简高效关键技术集成与示范

一、基本情况

海南是中国荔枝生产的最南产区，具备得天独厚的地理和气候优势，成为中国上市时间最早的荔枝产区，产业地位十分重要。近年，海南荔枝产业发展已趋于稳定，种植面积超30万亩，产量超18万吨，产值超20亿元，种植规模仅次于芒果，位于海南热带果树第二位，是海南发展"三高"农业和振兴山区经济的主要支柱产业之一，在海南省水果产业中具有十分重要的地位。

分别在海南儋州市、海口市琼山区、海南省澄迈县设置了三个优质轻简高效栽培技术研发与集成示范果园，它们的基本情况如下：

1. 儋州元利农业开发有限公司示范基地

位于海南省儋州市南丰镇那旦村，示范基地510亩，品种为'妃子笑'，18棵/亩，18年树龄，树冠高3.5m，地势平坦，水肥一体化设施齐全（图5-26）。

2. 海口办内循环农业示范点示范基地

位于海南省海口市琼山区办内村循环农业示范点，示范基地1446亩，品种为'妃子笑'，33棵/亩，树龄12年，树冠高3.0m，地势平坦、水肥一体化设施齐全（图5-27）。

图5-26　儋州元利农业开发有限公司示范基地

图5-27　海口办内循环农业示范点示范基地（高兆银供图）

3. 海南鸳鸯红无核荔枝农庄有限公司示范基地

位于海南省澄迈县老城镇罗驿村，示范基地200亩，品种为'A4无核'，树龄14

年，行株距4m×4m，平均树高2.75m，树冠平均直径4.25m。

二、主要问题和解决方案

1. 主要存在问题

① 果园劳动力等生产成本不断攀升，效益空间越来越小。以中等规模和管理水平的'妃子笑'荔枝果园为例，根据调研数据分析，每年果园地租折价1200元/亩，肥料、农药等农资投入1730元/亩，劳动力投入约2000元/亩，固定资产折旧费120元/亩，能源动力费150元/亩，每亩生产成本大约5200元，按照1000kg/亩的产量计算，折合单位成本为5.20元/kg，生产投入成本比十年前增加了1倍以上。因此，降低果园打药及除草人工成本是降低果园投入的关键节点之一。

② 花果管理技术成本高。海南'妃子笑'花多惜子，花量大易爆花、易沤花、花穗处理技术不完善、人工成本高、坐果不稳定。另外，幼果期海南高温多雨，果穗易冲新梢，导致果实脱落，降低产量。

③ 果实品质调控技术不完善，果实品质不稳定。田间管理技术标准化低、不同步，对荔枝果实大小、色泽、糖分、风味等重要品质指标影响较大。如'妃子笑'荔枝果皮着色和果肉风味不同步导致的"果皮滞绿"或者"果肉退糖"问题，需要完善果实调控技术，提高荔枝品质。

因此，提高海南荔枝园生产效率，降低生产成本，提高品质，是荔枝产业高质量发展亟待解决的瓶颈问题的关键。

2. 解决方案

针对海南荔枝产业存在的关键问题，研发荔枝园高效施药技术，降低施药用工成本；研发稳定的'妃子笑'花穗化学处理技术，降低人工抹花成本；研发早熟荔枝品质提升技术解决海南'妃子笑'荔枝着色差、糖度低问题；研发以草抑草培肥地力技术，降低人工除草成本，培肥地力，提高果品品质；研发幼果果穗保果控梢技术，降低人工抹梢成本。通过以上五项单项技术的集成与应用，可显著降低海南早熟荔枝园用工成本，提高果实品质，实现优质轻简高效栽培的目标。

三、海南早熟荔枝优质轻简高效栽培关键技术研发

1. 海南早熟荔枝高效花穗调控技术

海南'妃子笑'荔枝花量大、浓密［图5-28（a）］，遇到阴雨天气易出现沤花现象［图5-28（b）］，开花批次多，易翻花，花穗处理费时费工，导致产量下降甚至绝产。传统人工疏花，经过"一抹二疏三短截"的处理，能有效减少花量，缩短花穗

长度，提高挂果量，但有时人工疏花翻花严重，造成果实成熟期不一致。针对上述问题，开展了海南早熟荔枝高效花穗调控技术研究。

研究在海南省海口市琼山区办内村循环农业示范基地进行。在'妃子笑'花芽 3～5cm 时，喷施 5mg/L 的 GA_3；在部分雄花盛开转褐色，雌花刚开始露出柱头时，喷施 80mg/L 乙烯利+2mg/L 乙氧氟草醚+200mg/L 多效唑。喷雾量以水珠布满花穗但不滴水为准（12m² 树冠投影面积，喷水 5kg），喷药 3h 内如遇雨，2 天内补喷 1 次，每个处理为 6 棵树。对照采用人工疏花，保留 2 条较长花穗分支，去除其他分支。

研究结果表明，化学花穗处理技术的单穗坐果率和单株产量明显提高，分别提高 43.64%、20.41%，单果重下降 9.19%；品质提升，可溶性固形物提升 1.87%（提高幅度达 9.02%），可滴定酸降低 16%，果实的果皮亮度、红度显著提升（表 5-20，表 5-21）。对照采用人工疏花，由于后期营养过剩，大量翻花出现，出现两批果，花穗易冒叶芽，导致后期果实脱落。该方法花穗翻花、沤花现象明显减轻，果实成熟一致，但采用化学花穗处理技术的顶部花穗坐果量偏少（图 5-28）。

化学花穗处理技术用工量显著降低，种植 41 棵/亩的 12 年荔枝树，每亩人工疏花需要 2 个工人，200 元/天即 400 元，而采用化学花穗处理技术每亩打药时间约为 35min，每个工人 8h 为 200 元，每亩化学花穗处理用工 35min 仅需 14.58 元，单项技术节约用工 96.36%。

(a) 花穗　　　　　　　　　　(b) 花穗沤花　　　　　　　　　(c) 对照幼果

(d) 处理幼果　　　　　　　　(e) 对照成熟果实　　　　　　　(f) 处理成熟果实

图 5-28　省力化花穗处理技术示范效果

表 5-20　化学处理花穗对'妃子笑'荔枝产量和单果重的影响

项目	500g/株	果实数/穗	单果重/g
对照	49.79±4.36b	13.06±2.13b	19.91±0.75b
处理	59.95±4.48a	18.76±4.77a	21.74±0.73a

表5-21　化学处理花穗对'妃子笑'荔枝品质的影响

项目	可溶性固形物/%	可滴定酸/%	果皮颜色		
			L	a	b
对照	20.73±0.91b	0.25±a	48.64±b	−1.19±b	36.66a
处理	22.60±0.95a	0.21±b	52.21±a	1.93a	35.45a

2. 省力化控梢保果技术

海南特早熟'妃子笑'荔枝幼果生长过程中，在果实为花生米至蚕豆大小时，果穗容易冒新梢，新梢与幼果争夺养分，导致幼果脱落。普通杀梢素虽然可以杀梢，但易导致幼果果皮出现黑点，严重时果实出现枯死。人工抹梢费工费时，甚至有时来不及抹梢导致幼果脱落，造成产量损失。

在海南省海口市琼山区办内村循环农业示范基地妃子笑园进行试验，在果实纵经1～2cm时，用10000倍4-氯苯氧乙酸（含量99%）药液喷雾果穗，以30亩为例，测算人工抹梢和打药控梢用工成本，并统计药剂处理和对照区的产量、单果重、可溶性固形物、总酸等指标。

结果表明，30亩荔枝园需要2个工人一天完成打药，每人200元/天，合计费用400元；人工抹梢需要11～12个人工（以2人1天打药30亩为节点），总费用在1687.5元。与传统人工抹梢相比，控梢保果技术省工76.30%，单株产量增加91.69%，单果重下降1.29%，可溶性固形物增加1.12%（表5-22）。

表5-22　30亩'妃子笑'荔枝抹梢工费、产量及果实品质对比

处理	产量/（kg/株）	单果重/g	TSS/%	总酸/%
药剂控梢	33.68	22.16	19.89	0.22
传统人工抹梢对照	17.57	22.45	19.67	0.22

3. 省力化果实品质调控技术

海南'妃子笑'外观品质和内在品质最佳成熟期不一致，其果实可溶性固形物达到最大并采收时，果皮仍然偏绿，外观差。但当果实果皮偏红或全红时果肉的可溶性固形物反而下降，果实虽亮丽，但口感淡而无味。因此早熟'妃子笑'荔枝产区需要促色提质措施。

试验在儋州元利农业开发有限公司示范基地妃子笑荔枝园中进行。结合前期研究结果进行复硝酚钠与次磷酸钾复配使用效果研究，试验设复硝酚钠250mg/L、次磷酸钾980mg/L、两者复配三个处理，喷清水为对照，在果实三次落果前一次，开始着色期一次，间隔7天喷施一次，共喷3次。

结果发现，所有处理的单果重、坐果率、株产与对照相比均显著增加。复硝酚

钠与次磷酸钾两者复配处理单果重分别比复硝酚钠单剂、次磷酸钾单剂增加5.24%、2.48%，复配处理比对照单果重增加9.25%。两者复配处理坐果率分别比复硝酚钠单剂、次磷酸钾单剂增加2.62%、10.00%，复配处理比对照坐果率增加24.64%。两者复配处理株产分别比复硝酚钠单剂、次磷酸钾单剂增加12.32%、8.99%，复配处理比对照株产增加29.43%（表5-23）。

表5-23　复硝酚钠与次磷酸钾复配处理荔枝坐果率、单果重和株产的影响

处理	单果重/g	坐果率/%	株产/kg
对照	19.67±0.23d	73.26±4.66d	33.54±4.66c
复硝酚钠250mg/L	20.42±0.24c	88.98±3.97c	38.65±4.22b
次磷酸钾980mg/L	20.97±0.36b	83.01±4.87b	39.83±6.37b
复硝酚钠+次磷酸钾	21.49±0.31a	91.31±3.64a	43.41±6.97a

与对照相比，所有处理果实的亮度（L值）增加，黄蓝值（b值）增大，果实颜色偏黄，但均无显著差异。与对照相比所有处理红绿值（a值）均显著增加，果实颜色偏红，与单剂处理相比复配处理果实颜色增加显著（表5-24，图5-29）。

表5-24　复硝酚钠与次磷酸钾复配处理对荔枝果实外观颜色的影响

处理	L	a	b
对照	39.81±4.67a	−2.63±0.32d	45.55±3.27a
复硝酚钠250mg/L	42.32±3.89a	1.97±0.34c	45.78±3.36a
次磷酸钾980mg/L	41.87±3.64a	2.08±0.45b	46.03±3.78a
复硝酚钠+次磷酸钾	43.04±5.98a	3.39±0.46a	46.01±4.89a

与对照相比，所有处理的可溶性固形物均显著增加，复配处理大于单剂处理，但差异不显著；复配处理可溶性固形物含量比对照高11.61%。与对照相比，所有处理的总酸含量略有下降，但差异不显著。与对照相比，所有处理果实的固酸比显著增大，复配处理固酸比显著大于复硝酚钠单剂处理，但与次磷酸钾处理差异不显著；与对照相比，所有处理的维生素C的含量均发生下降，但差异不显著（表5-25）。

表5-25　复硝酚钠与次磷酸钾复配处理对荔枝果实内在品质的影响

处理	可溶性固形物/%	总酸/%	固酸比	维生素C/(mg/kg)
对照	16.97±1.58b	0.33±0.03a	51.12±0.58c	30.02±2.62a
复硝酚钠250mg/L	17.61±1.65a	0.31±0.02a	56.81±0.73b	29.88±2.34a
次磷酸钾980mg/L	18.67±1.45a	0.31±0.02a	60.23±0.81a	29.54±3.37a
复硝酚钠+次磷酸钾	18.94±1.98a	0.31±0.01a	61.10±0.84a	29.07±3.49a

| 对照 | 复硝酚钠 | 次磷酸钾 | 复硝酚钠+次磷酸钾 |

图5-29 省力化果实品质调控技术效果示范效果

综合来看，复硝酚钠250mg/L与次磷酸钾980mg/L复合处理，效果优于单剂处理，可显著提高海南'妃子笑'荔枝果实的外观品质和内在品质，果实外观更红，固酸比显著提高，口感更甜。复硝酚钠与次磷酸钾复合处理有效缓解'妃子笑'果实内在品质与外观品质不同步的难题。该技术可以在果实着色期与杀菌、杀虫时混用，能够显著提高品质、降低人工投入、增加果实销售价格。

4. 管道高压造雾技术

海南特早熟荔枝生产过程中，高温、多雨且病虫害发生严重，每年施药人工费用占据总人工费用的50%以上，所以急需研发轻简高效的施药技术。在比较无人机施药、行走药罐喷雾施药、管道施药的基础上，研发了管道高压造雾施药技术，对管道、喷头型号、施药技术参数、施药效果进行了研究，该技术获得了示范与推广。

试验在海南省海口市澄迈县老城镇海南鸳鸯红无核荔枝农庄有限公司荔枝种植基地进行。先后开展了不同喷雾时间和喷头安装方向对荔枝树冠层雾滴沉积分布的影响（表5-26～表5-28）。

（1）喷雾时间对雾滴分布　喷雾时间对雾滴在荔枝树冠层的分布有较大的影响。风速为0m/s时，喷雾30s荔枝冠层叶片正面雾滴密度在120.64个/cm²以上，覆盖率在6.50%以上，沉积量为0.25μL/cm²以上；喷雾60s荔枝冠层叶片正面雾滴密度在144.61个/cm²以上，覆盖率在16.00%以上，沉积量为5.74μL/cm²以上；喷雾90s荔枝冠层叶片正面雾滴密度在159.41个/cm²以上，覆盖率在29.05%以上，沉积量为13.00μL/cm²以上；冠层叶片反面的雾滴密度、覆盖率和沉积量相对较小，特别是冠层下层。喷雾30s荔枝冠层的上层和下层叶片反面雾滴密度在31.80个/cm²以上，覆盖率在0.64%以上，沉积量为0.01μL/cm²以上；冠层下层叶片反面的雾滴密度，覆盖率和沉积量相对较小，表明树冠高压弥雾系统喷雾30s已能形成较好的雾滴密度。

表5-26　不同喷雾时间荔枝树冠层上层雾滴沉积分布情况

喷雾时间	正面			反面		
	雾滴密度/（个/cm²）	覆盖率/%	沉积量/（μL/cm²）	雾滴密度/（个/cm²）	覆盖率/%	沉积量/（μL/cm²）
30s	213.84	15.77	5.77	45.81	0.64	0.01
60s	222.26	16.00	12.89	98.76	5.93	0.46
90s	291.39	32.20	13.00	152.01	5.90	0.51

表5-27 不同喷雾时间荔枝树冠层中层雾滴沉积分布情况

喷雾时间	正面			反面		
	雾滴密度/(个/cm²)	覆盖率/%	沉积量/(μL/cm²)	雾滴密度/(个/cm²)	覆盖率/%	沉积量/(μL/cm²)
30s	131.45	6.50	0.25	31.80	0.64	0.01
60s	156.61	16.33	5.74	62.82	1.21	0.02
90s	214.21	29.05	13.30	136.35	10.46	2.29

表5-28 不同喷雾时间荔枝树冠层下层雾滴沉积分布情况

喷雾时间	正面			反面		
	雾滴密度/(个/cm²)	覆盖率/%	沉积量/(μL/cm²)	雾滴密度/(个/cm²)	覆盖率/%	沉积量/(μL/cm²)
30s	120.64	35.83	18.32	2.28	0.05	0.001
60s	144.61	40.47	22.92	5.18	0.07	0.001
90s	159.41	45.07	24.84	7.57	0.10	0.002

（2）喷头位置对雾滴分布 由表5-29可知，喷头安装方向对雾滴在荔枝树冠层分布也有较明显的影响。在叶片正面，在上层喷头向上的雾滴密度、覆盖率和沉积量高于喷头向下，而在下层喷头向上的雾滴密度、覆盖率低于喷头向下；在叶片的反面，在上层喷头向上向下没有明显差别，在中层喷头向上雾滴密度高于喷头向下，在下层喷头向上雾滴密度、覆盖率和沉积量大大低于喷头向下。

表5-29 雾滴在荔枝冠层叶片正面的沉积分布

取样位置	喷头方向	正面			反面		
		雾滴密度/(个/cm²)	覆盖率/%	沉积量/(μL/cm²)	雾滴密度/(个/cm²)	覆盖率/%	沉积量/(μL/cm²)
上层	向上	291.39	32.20	13.00	152.01	5.90	0.51
	向下	139.31	14.81	7.28	153.90	6.61	0.62
中层	向上	214.21	19.05	3.30	136.35	10.46	2.29
	向下	62.62	39.29	26.56	75.05	25.55	13.87
下层	向上	120.64	35.83	18.32	7.57	0.10	0.001
	向下	216.98	43.22	15.52	91.01	17.56	9.17

（3）病虫害防治效果 调查结果显示管道高压造雾施药对病虫害的防治效果明显优于传统人工打药效果，施药区比人工打药区的病虫害明显减少，对生产均不构成威胁（表5-30）。

表5-30 传统打药与高压造雾施药对病虫害防治效果调查

调查对象	周边传统打药	高压造雾施药	调查时期
椿象/（只/100个枝条）	1.67	0	2022年5月
蛀蒂虫/%	8.33	2.33	2022年3月
螨类/（个/100片叶片）	4.33	1.33	2021年8月

调查对象	周边传统打药	高压造雾施药	调查时期
尺蠖/（只/100个枝条）	1.33	0	2021年8月
金龟子/（只/100个枝条）	0.33	0	2021年8月
蚜虫/（只/100个新梢）	36.33	0	2021年8月
镰刀菌僵果病/%	14.83	1.83	2022年5月

（4）对人工成本影响　据测算高压造雾（图5-30）每亩打药时间只需1～2min，而传统打药需要35min，因此该施药方法极大提高了工作效率。传统打药多3～5种药混用，每年需打药约22次，需要2人2天完成；而高压造雾施药多为单独使用或2种混用，每年施药次数为80次，1人只用0.8天时间就可以完成，按人工均价300元/天计算，100亩荔枝园高压造雾施药总成本为9600元，比传统打药可节约用工成本81.82%（表5-31）。需要说明的是管道高压施药一次性投入大，大约3000元/亩，一次性投入使用期约10年，年均成本并不高。

图5-30　管道高压造雾施药

表5-31　百亩荔枝园传统打药与高压造雾施药人工成本对比

打药方法	施药次数/（次/年）	用工人数/人	施药时间/天	人工价/（元/天）	总用工成本/元
高压造雾施药	80	1	0.8	300	9600
传统打药	22	4	2	300	52800

综合来看，树冠高压弥雾系统施药效率非常高，每个施药单元施药30～60s即可达到防治病虫害的目的，目前生产上推荐时间为60～120s。管道高压造雾施药技术可节约80%以上劳动力，并且可以提高工作效率和用药效果，降低药害风险，在恶劣天气、严重缺工情况下保证快速用药，并且可提高果实品质和产量。

5. 海南荔枝园以草抑草培肥地力技术

针对海南荔枝园杂草生长旺盛，影响田间作业，喷施除草剂影响树体和污染土壤、人工除草成本高等问题，采用荔枝行间间作蝴蝶豆等豆科绿肥免耕技术，降低杂草为害，培肥地力，降低人工除草成本。

试验在儋州元利农业开发有限公司示范基地荔枝园进行，试验的牧草种类有崖州硬皮豆、卵叶山蚂蝗、柱花草、蝴蝶豆、假花生、金钱草。把种子均匀播撒在荔枝树行间，距树行50cm，每隔5天淋水一次，共淋水3次，牧草培幼苗期注意去除高秆杂草。6个月后，观察抑制杂草情况。

（1）荔枝园适宜间作牧草筛选　6种牧草种植6个月后，观察牧草长势、对杂草抑制效果、周年生长情况、生长高度对荔枝的影响等指标，发现除崖州硬皮豆不能覆盖地表外，其他5种牧草均可以覆盖地表以抑制杂草生长。卵叶山蚂蝗、金钱草生长旺盛，长势高不利于管理；柱花草长势高，容易延伸到荔枝树周围，不利于农业操作和树体生长。假花生覆盖地表能力较弱，长势不高，杂草抑制效率较差，并且管理成本较高。蝴蝶豆可以周年抑制杂草，生长高度10～20cm，覆盖地表密度大，抑制杂草效果好，基本周年不用除草，不攀附荔枝树，对农事操作基本不构成影响（图5-31）。

图5-31　海南荔枝园适宜间作草种筛选

（2）间作蝴蝶豆以草抑草培肥地力　在儋州荔枝园封行前间作蝴蝶豆示范80亩，压制杂草效果好。其生长高度为10～20cm，超级耐旱，周年生长，覆盖地面后基本无杂草，不影响田间操作（图5-32）。

荔枝行间种植蝴蝶豆显著增加了10cm深度荔枝盛花、果实成熟和秋梢老熟期土壤碱解氮的含量，增加幅度分别为32.92%、66.92%和35.91%，果实成熟期增加幅度最大。三个时期土壤速效磷的含量极显著增加，增加幅度分别为766.55%、188.72%和248.17%，盛花期增加幅度最大，达到7倍以上。三个时期土壤速效钾的含量小

(a) 免耕，定期打除草剂   (b) 间作蝴蝶豆覆盖大田

图5-32 海南荔枝园以草抑草培肥地力技术示范效果

幅度增加，增加幅度分别为13.47%、25.14%和11.52%，果实成熟期增加幅度最大（表5-32）。

表5-32 间作蝴蝶豆对土壤肥力的影响

单位：mg/kg

深度	方式	碱解氮			速效磷			速效钾		
		盛花	果实成熟	秋稍老熟	盛花	果实成熟	秋稍老熟	盛花	果实成熟	秋稍老熟
10cm	免耕裸地	65.21	57.08	72.24	5.86	11.88	10.11	55.10	46.86	52.67
	生草覆盖	86.68	95.28	98.18	50.78	34.30	35.20	62.52	58.64	58.74
	生草增加/%	32.92	66.92	35.91	766.55	188.72	248.17	13.47	25.14	11.52
20cm	免耕裸地	56.58	48.36	66.31	16.28	10.38	9.33	38.33	44.32	41.23
	生草覆盖	57.16	49.32	68.14	33.22	22.35	21.65	39.16	46.97	47.35
	生草增加/%	1.03	1.99	2.76	104.05	115.32	132.05	2.17	5.98	14.84

　　荔枝行间种植蝴蝶豆显著增加了20cm深度荔枝盛花、果实成熟和秋稍老熟期土壤碱解氮的含量，但增加幅度较小，增加幅度分别为1.03%、1.99%和2.76%。三个时期土壤速效磷的含量极显著增加，增加幅度分别为104.05%、115.32%和132.05%，秋稍老熟期增加幅度最大。三个时期土壤速效钾的含量小幅度增加，增加幅度分别为2.17%、5.98%和14.84%，秋稍老熟期增加幅度最大。

四、技术集成示范与效果评价

1. 儋州元利农业开发有限公司示范基地

　　该基地地势平坦，水肥一体化设施齐全，主要开展了荔枝宜机化管理、果园生草栽培技术和枝梢与花果省力化发育调控技术的集成与示范。通过2年的示范和优化，取得较好的效果。2021年与对照区比较，示范区优质果率提高21%，产量提高16%，节本增效40%以上。其中疏花人工成本降低90%以上。2022年5月10日组织专家进行现场查定，结果表明，对照生产区成本3190元/亩，示范区生产成本2243元/亩；与对照区相比，示范区节本增效42.2%（其中人工成本降低63.6%以上）。示范区平均单果重22.8g，株产125.32kg，折合亩产2255.7kg，平均可溶性固形物21.3%，优质果率98.0%；对照区平均单果重20.4g，株产97.7kg，折合亩产1758.1kg，平均可溶性固形物18.7%，优质果率81.0%；与对照区相比，示范区优质果率提高21.0%，产量提高28.3%，可溶性固形物提高13.9%，达到了优质轻简高效栽培的目的。

2. 海口办内循环农业示范点示范基地

该基地地势平坦、水肥一体化设施齐全，主要开展了高效花穗调控技术、果实品质省力化调控技术，并配合水肥一体化等进行优化和示范。2021年初步集成了化学疏花、化学控梢、花穗修剪和果实品质调控等技术集成，实施效果较好。经统计，与常规生产技术比较，优质果率提高25%，产量提高20%，节本增效30%以上，其中疏花人工成本降低78%以上。2022年5月20日组织专家进行现场查定，结果表明，对照区生产成本2640元/亩，示范区生产成本1810元/亩，与对照区相比，示范区节本增效45.9%（其中人工成本降低59.4%以上）。示范区平均单果重21.74g，株产60.0kg，折合亩产1978.4kg，可溶性固形物22.6%，优质果率93.1%；对照区平均单果重19.9g，株产49.8kg，折合亩产1643.1kg，可溶性固形物20.7%，优质果率64.5%，与对照区相比，示范区优质果率提高28.6%，产量提高24.4%，可溶性固形物提高9.0%，示范区果实大小整齐、成熟度一致，实施效果良好。

3. 海南鸳鸯红无核荔枝农庄有限公司示范基地

该基地水肥一体化设施较好，主要进行了管道高压造雾施药技术研发与示范。2022年5月25日组织专家进行现场查定，结果表明，高压造雾省力化施药技术与传统打药方法相比，显著提高了对荔枝椿象、尺蠖、镰刀菌果腐病等病虫害的防治效果，施药时间从35min/亩降至3min/亩，极大提高了工作效率；施药人工成本从528.0元/亩降至96.0元/亩，节约81.8%的成本，极大节约了劳动力。高压造雾省力施药技术可在日落后和夜间施药，显著增加了药液附着时间和药效，节约农资投入，降低药害风险；可在恶劣天气情况下保证快速用药，符合农业节本增效的发展方向。高压造雾省力施药技术提高了果园的成花率、坐果率和商品果率，果实大，成熟早，平均株产23.5kg，商品果率85.4%，达到了荔枝轻简高效优质生产的目的。

第6节
云南高原荔枝优质轻简高效栽培技术集成与示范

一、基本情况

云南是中国荔枝传统产区，栽培历史悠久，其气候多样性是荔枝产业发展不可复制的优势。目前，全省荔枝种植面积超过11.5万亩，投产面积约7.8万亩，产量超过3.5万吨，产值超过2.9亿元。荔枝产业已成为云南贫困地区、边疆民族地区脱贫致富的重要支柱产业之一。

云南荔枝主要分布于红河州屏边县、元阳县，玉溪市新平县、元江县，保山市隆阳区，临沧市永德县，德宏州盈江县等；西双版纳州、普洱市、昭通市、楚雄州、怒江州、文山州、大理州等有零星分布。荔枝种植海拔主要集中于400～950m的区域，主栽品种为'妃子笑''褐毛荔''水东''大红袍''桂味'等。荔枝成熟期从4月中下旬至9月上旬，上市期约5个月，是全国上市期最长的省份（表5-33）。

表5-33 云南荔枝主要分布区域

区域分布		海拔分布/m	主栽品种	成熟期
红河州	屏边县	300～1000	妃子笑	6月上旬～6月下旬
			褐毛荔	5月上旬～6月上中旬
	元阳县	200～1200	褐毛荔	4月中下旬～6月上旬
			妃子笑	5月中旬～5月下旬
			水东	5月中旬～6月上旬
玉溪市	新平县	750～900	妃子笑	5月下旬～6月中旬
			三月红	5月上旬～5月中下旬
	元江县	300～500	三月红	4月下旬～5月上中旬
			大红袍	6月中旬～7月上旬
保山市	隆阳区	600～900	贵妃红	6月下旬～7月上旬
			妃子笑	6月上旬～6月中下旬
			桂味	6月下旬～7月上旬
临沧市	永德县	800～950	怀枝	7月上旬～7月中下旬
			大红袍	6月中下旬～7月上旬
			马贵荔	8月中下旬～9月上旬
德宏州	盈江县	850～1100	妃子笑	7月上旬～7月中旬
			三月红	5月下旬～6月上旬

分别在云南省红河哈尼族彝族自治州屏边苗族自治县湾塘乡阿碑村和玉屏镇大分子村建立了两个优质轻简高效栽培示范果园，它们的基本情况如下：

1. 阿碑妃子笑荔枝产销专业合作社

位于云南省红河哈尼族彝族自治州屏边苗族自治县湾塘乡阿碑村，果园示范面积2000亩，种植品种'妃子笑'。树高2.5m，株行距为4m×4m，每亩约41棵树。该果园为山地，果园道路系统完善，具果园轨道运输车，应用轻简水肥一体化系统以及电动疏花机、电动修剪机、土钻等（图5-33）。在该基地主要开展采果机械运输、机械辅助疏花、修剪，土钻松土施肥等轻简栽培关键技术集成与示范工作。

2. 嘎不底优质晚熟荔枝试验示范基地

位于云南省红河哈尼族彝族自治州屏边苗族自治县玉屏镇大分子村，果园示范面积50亩（2021年1月定植）（图5-34），种植品种为'妃子笑''桂味''仙进奉'。树高1.2m，株行距为4m×6m，每亩28棵树。该果园为山地，果园道路系统完善，配备智能灌溉系统、气象监测系统、土壤温湿度监测系统等。项目在该基地主要开展智能水肥灌溉、机械修剪、土壤管理等轻简栽培关键技术集成与示范工作。

图5-33　阿碑妃子笑荔枝产销专业合作社示范基地　　图5-34　嘎不底优质晚熟荔枝试验示范基地

二、主要问题和解决方案

1. 主要问题

云南屏边荔枝产区处于高温多湿环境中，建园标准化程度低，果园生产管理主要靠人力完成。近些年随着劳动力短缺和老龄化现象加剧，不仅使用工成本大幅度增加，而且果园管理很难到位，导致土质恶化、树体高大郁密、病虫害滋生、果实品质和果园经营效益进一步下降，产业健康可持续发展受到严重影响，生产中迫切需要高原山区荔枝优质轻简高效栽培技术，以实现果园栽培的"优质、降本、高效"，为实现产业脱贫和促进产业兴旺的目标做出贡献。

2. 解决方案

以主栽品种'妃子笑'荔枝为主要对象，遵循"突出优势区、关注贫困区、兼顾特色点"的原则，在云南屏边建立荔枝山地栽培核心示范园。集成宜机化园区改建技术、高光效树形培育技术、轻简化土壤管理技术、水肥轻简高效施用技术等，形成云南高原荔枝山地优质轻简高效生产模式。

三、云南高原'妃子笑'优质轻简高效栽培关键技术研发

1. 分海拔段秋梢培养技术

针对云南荔枝产区海拔高差，修剪时间和秋梢培养次数也有差异，在试验的基础上，同时结合实践探索，总结提出以"分海拔段确定修剪和培养秋梢次数"为关键的秋梢培养技术：在海拔200～500m区域培养3次梢，末次梢老熟时间为10月下旬至11月上旬；海拔500～800m区域培养2次梢，末次梢老熟时间为10月中下旬；海拔800～1000m区域培养2次梢，末次梢老熟时间为10月中下旬。修剪时间根据放梢次数和末次梢老熟时间确定，末次秋梢要求在10月上旬至11月上旬期间充分老熟。

2. 培养顶花芽发育成单条花穗技术

针对'妃子笑'传统药物控梢后抽生侧花穗，花量大，后期疏花成本高等问题，通过试验和实践探索，总结提出"双刀螺旋环剥＋中耕＋控水"为关键技术的物理控梢措施培养顶花芽发育成单条花穗技术，较传统的控梢技术减少"化学药剂杀梢"和"始花前喷药控穗疏花"2个使用化学药剂的环节。该技术顺应了国家提倡减少农药使用的需要，在屏边县国安水果种植有限公司果园应用该技术后，连续5年实现顶芽花穗比例高达85%以上。该技术要点为：在末次秋梢转绿后对主干或主枝进行螺旋式环剥，深达木质部，螺旋环剥1.1～1.8圈，宽度0.3～0.5cm；果园机械中耕，中耕位置从树干外0.5～1.0m至树冠滴水线，中耕深度20cm，避免伤主根；末次秋梢转绿后至露现"白点"期果园停止灌溉；1月上旬前抽出的花穗，主花穗全部去除，保留1侧花穗，开花前10天进行短截，保留2～4个侧花穗。1月上旬后抽出的花穗，去除侧花穗，保留主花穗，开花前10天进行短截，保留4～6个侧花穗。

3. 省力化疏花技术

（1）机械＋人工辅助疏花　采用适时放梢＋螺旋环剥/环割措施控梢的植株，树体顶芽没有受到破坏，萌发的花穗通常为单花穗。单花穗植株，开花前10天用疏花机短截1/2～2/3的花穗。对于簇状花穗树体，每年1月上旬前抽出的花穗，人工疏除主花穗，保留1个侧花穗；或者人工疏除侧花穗，保留主花穗，然后在开花前10天用疏花机短截1/3～1/2的花穗。

（2）药物疏花　花蕾数量中等的'妃子笑'荔枝植株待雄花即将开放，采用40%乙烯利4～5mL+5%烯效唑8～12g兑水15kg，或是40%乙烯利4～5mL+15%多效唑20～25g兑水15kg喷雾花穗1次，喷至滴水即可。

花蕾数量多的'妃子笑'荔枝植株待雄花即将开放，采用40%乙烯利4～5mL+5%烯效唑8～12g+杀梢素0.5mL兑水15kg，或是40%乙烯利4～5mL+15%多效唑20～25g+杀梢素0.5mL兑水15kg喷雾花穗1次，喷至滴水即可。

在使用"机械+人工辅助"疏花过程中，要根据花蕾数量决定短截的力度。在使用药物疏花时要根据气温变化调整药剂浓度，药剂浓度须严格控制，避免雨天用药。该技术在云南省红河州屏边县'妃子笑'荔枝种植区域已得到示范推广，目前已经示范推广面积2.9万亩，占'妃子笑'荔枝种植面积的42.0%。节约成本200～500元/亩。

4. 荔枝水肥一体化轻简精量施肥

充分利用山地高差，在自流灌溉系统基础上，增加化粪池和堆沤粪池，有机肥和水溶肥通过管道输送，改变传统生产中的土施肥料的方法，实现根据荔枝物候期精量使用有机肥和化肥的全程水肥一体管道自流浇灌施肥。

（1）秋梢期分培养梢次精量施肥　培养1次梢：按每株结果30kg计，用腐熟有机肥或农家肥20kg+尿素0.6kg+氯化钾0.4kg+50kg水。枝梢长至10cm时，施腐熟有机肥或农家肥10kg+尿素0.4kg+氯化钾0.6kg+50kg水。

培养2次梢：按每株结果30kg计，用腐熟有机肥或农家肥20kg+尿素0.6kg+氯化钾0.4kg+50kg水。第1次枝梢转绿，施腐熟有机肥或农家肥10kg+尿素0.6kg+氯化钾0.8kg+50kg水。

培养3次梢：修剪后按每株结果30kg计，用腐熟有机肥或农家肥20kg+尿素0.5kg+氯化钾0.2kg+50kg水。第1次枝梢转绿，施腐熟有机肥或农家肥10kg+尿素0.4kg+氯化钾0.4kg+50kg水。第2次枝梢转绿，施腐熟有机肥或农家肥10kg+尿素0.5kg+氯化钾0.8kg+50kg水。

（2）花果期精量施肥　按每株结果30kg计，谢花后10～15天，施腐熟有机肥或农家肥20kg+尿素0.2kg+氯化钾0.2kg+50kg水；谢花后20～25天，施腐熟有机肥或农家肥10kg+尿素0.3kg+氯化钾0.3kg+50kg水；果穗下垂，施腐熟有机肥或农家肥10kg+尿素0.3kg+氯化钾0.5kg+50kg水。

通过"分海拔区域确定培养秋梢次数、控制末次秋梢老熟时间、物理控梢培养顶芽花穗、全程水肥一体管道自流分期精量施肥"为关键的差异化'妃子笑'荔枝轻技术应用，全省荔枝平均产量从2010年平均单产280kg/亩，提高到2021年533kg/亩，单产水平提高了90.36%。在红河屏边天使农业科技发展有限公司荔枝果园应用该技术后，实现连续2年丰产，2021～2022年的平均亩产分别为1087kg、1184kg。

四、技术集成示范和效果评价

1. 阿碑妃子笑荔枝产销专业合作社

该基地主要以开展'妃子笑'荔枝省力化疏花技术为主，配合荔枝水肥一体轻简精量施肥、果园便携式作业设备使用、高光效树形培养等轻简栽培技术试验示范，从而形成一套适宜云南高原荔枝优质轻简高效栽培技术体系。2022年6月10日，有关专家考察了示范基地种植现场，从对照区和示范区2个小区中随机选择3株进行采收，以用于产量测定。取3株测产树的产量平均值为平均单株产量，平均亩产＝平均株产×亩株数。优质果品率（%）＝［随机选取100个果实－（畸形果＋病虫害果＋裂果）］/100×100%。现场测产和品质测定结果表明，示范区每亩38株荔枝，平均单株产量26.9kg，单果重30.7g，可溶性固形物含量19.7%，优质果品率93.0%，折合亩产1022.2kg；亩成本3600元，人工成本1400元。对照区平均单株产量22.8kg，单果重28.4g，可溶性固形物含量19.0%，优质果品率71.3%，折合亩产867.5kg；亩成本5270元，人工成本2900元。与对照区相比，示范区的优质果品率提高21.7%，产量提高17.8%；节本增效31.7%，人工成本降低51.7%。

2. 黄朝光妃子笑荔枝测产报告

该果园位于云南省红河州屏边县湾塘乡阿碑村委会沿溪村黄朝光示范园，果园占地面积200亩，为山地果园，种植品种为'妃子笑'。在该基地主要开展'妃子笑'荔枝省力化疏花技术，配合荔枝水肥一体轻简精量施肥、果园便携式作业设备使用、高光效树形培养等轻简栽培技术试验示范，从而形成一套适宜云南高原荔枝优质轻简高效栽培技术体系。2022年6月10日，有关专家考察了示范基地种植现场，采样和产量测定同上。现场测产和品质测定结果表明，示范区每亩41株，平均单株产量26.2kg，单果重29.4g，可溶性固形物含量19.9%，优质果品率93.7%，折合亩产1002.4kg；亩成本3700元，人工成本1350元。对照区平均单株产量25.8kg，单果重28.5g，可溶性固形物含量19.5%，优质果品率71.1%，折合亩产807.1kg；亩成本5700元，人工成本2800元。与对照区相比，示范区的优质果品率提高22.6%，产量提高24.2%；节本增效35.1%，人工成本降低51.8%。

第6章

草莓优质轻简高效栽培技术集成与示范

草莓色泽鲜艳、酸甜适口、香味浓郁、肉柔多汁，果实富含花青素、蛋白质、矿物质、维生素、多种氨基酸等，营养丰富，是冬春季少有的时令水果，深受消费者青睐，其竞争优势明显，销售价格高；草莓成熟时间含括元旦、春节、妇女节、清明等节假日，其观光采摘可以与农旅三产业融合发展，有很好的社会经济效益。但是草莓同时又是一个劳动和技术密集型产业，在当前从业劳动人员不足的情况下，如何保证生产健康的草莓产品并管理到位，成为现今草莓产业健康发展需要重点考虑的问题。

第1节
华东地区草莓优质轻简高效栽培技术集成与示范

一、存在的问题与解决方案

1. 存在的主要问题

华东地区社会经济发展迅速，生活水平较高，消费者对草莓果实品质、果实口感和质量安全较关注且要求较高。该区域草莓生产通常划分为草莓苗繁育和塑料大棚促成栽培。育苗季为3月中下旬，母苗定植至9月上中旬，大棚草莓生产季为9月上中旬至翌年5月上旬。

该地区的草莓生产与市场需求的主要矛盾是草莓早期产量、优质果不能满足市场需求。草莓园主要问题具体体现在：①品种结构单一、上市时间集中；②草莓苗质量良莠不齐，病虫害多，定植成活率低；③良种良法配套技术不到位，栽培水平参差不齐，产量和质量不高；④劳动力高龄化，用工紧缺。

2.解决方案

要破解该地区的这些矛盾和问题，除了生产经营组织结构重建和提高精品意识外，更多应该从"科技强农、机械强农"方面着手，选用优良品种，攻克育苗和栽培管理中需要的设施装备和关键技术，提高栽培水平和劳动生产率。

（1）优化品种结构、推广早中晚优质轻简配套技术　选用优质抗病品种，优化草莓品种种植结构，既可以增强抗风险能力，又能满足草莓消费市场多样化的需求；而推广早中晚品种配套、主要品种与特色品种搭配种植，可均衡市场供应，保持价格稳定，合理安排用工。

目前可在主栽'红颜'情况下，布局种植超早熟和中熟品种，实现错峰上市，拉长草莓供应期，提高种植效益。超早熟品种可选择'越心''建德红''粉玉''梦晶''宁丰''香野'等。这些品种在华东地区自然条件下大田育苗花芽分化通过时间比'红颜'早5～10天，第一花序果实在11月中旬少量上市。'红颜'草莓第一花序果实在12月中旬少量上市，成熟高峰在元旦。选用中熟品种如'越秀''白雪公主''雪兔'等品种，第一花序果实12月下旬开始上市，成熟高峰期在春节时段。

（2）构建强化草莓苗三级繁育体系，繁育种性纯无病母苗和健壮生产苗　草莓苗质量低劣多数是指草莓苗带病菌。草莓苗若感染炭疽病，定植后短期内病情就会加重，致使种植成活率低、缺棵严重，通过大量补苗又将导致植株生长生育期不整齐。近几年还发生了草莓苗定植长3～4片叶后植株茎部中心部分腐烂的症状，导致补种来不及、损失严重。此外，草莓苗花芽分化状态与定植日期不匹配，花芽分化还没通过就定植，遇上高温或者快速吸收氮肥，导致草莓园开花不整齐，甚至开花延迟。

目前在主要产区需建立草莓脱毒原种苗培育中心、种苗繁育基地，采用可控条件和基质育苗方式，繁育种性纯无病母苗。在草莓生产苗育苗上，进一步完善传统大田育苗技术，重点防控草莓炭疽病、细菌性病等；加强可控环境下基质育苗技术研究，减轻病虫害和夏季高温障碍，提高成苗率。利用高海拔冷凉地育苗、控苗促花技术，或者草莓苗夜冷处理和短期冷库存放处理，促进花芽分化，使草莓苗花芽分化状态与当地定植时间匹配。

（3）研发和应用配套的优质轻简栽培技术　草莓园普遍存在土壤有机质含量较低、氮磷积累多、连作障碍严重等问题，因此需做好草莓园土壤生态修复，增施有机肥，提升土壤肥力。部分草莓园为了早上市，不分品种、过早定植，反而延迟草莓开花结果。因此，应根据栽培品种特性和种植环境条件，适时定植，合理肥水管理，调控好草莓植株营养生长与生殖生长平衡，同时采用农艺、生物、化学综合防治病虫害的策略，形成配套的优质轻简栽培技术，做到良种良法。

（4）加快农机应用，降本提效　大棚草莓生产中弯腰作业、内外膜收放等操作劳动强度高、用工量多。随着中国农业劳动力高龄化、劳动力紧缺，用工成本上升，凡是省工省力的设施装备、机械和技术都会越来越受重视。比如立架、悬挂式基质栽培方式，能消除草莓地栽的弯腰作业，各项农事操作能轻松许多，在年轻一代草莓从业者中应用较多。现在普遍使用的旋耕机、起垄机解决了整地做畦这一繁重工序，安装大棚内外膜电动圈膜装置，全园配备自动喷淋和滴管系统，省力省工，提高劳动生产率。

二、关键栽培技术研发和示范

1. 草莓无病壮苗培育技术

（1）脱毒种苗组培繁育技术　选好母株，种植在隔离温室中作为核心株，或每年在种植圃连续考察后选取植株健壮、果形正、丰产性好等具有该品种特征特性的草莓植株，一般在3～4月采集匍匐茎，带至组培室进行茎尖脱毒培养，脱毒检测，然后进行低浓度激素、低代数扩繁，11～12月瓶苗移栽至基质。注意加强病虫害防治，至来年3月出圃前剔除非正常株，称之为脱毒组培一代苗，一般用于繁殖第二年的母苗，但一些品种的组培一代苗也可以直接作母苗用于繁育生产苗。

（2）无病种苗培育技术　现在比较稳妥的母苗培育方法有以下两种，第一种是3月种植脱毒组培苗，抽生匍匐茎引插至苗床或穴盘上，然后在8月中下旬将这些苗再定植立架基质槽上，高氮型肥水管理，促发匍匐茎子苗，至11～12月再假植；第二种是利用低温期炭疽病侵染概率低和炭疽病不会通过匍匐茎传导的特点，在草莓种棚植株顶花序开花结果正常后，11～12月采集留着的匍匐茎苗，浸液杀菌处理，然后扦插在基质苗床或穴盘里，此期的基质保水性要好，加强防病，开棚越冬，3月出圃。

（3）草莓无病壮苗繁育技术　华东地区草莓育苗优势为早春回暖早，有利于早发匍匐茎，有足够时间培育子苗和后期控氮促进花芽分化，自然条件下草莓苗花芽分化时间与移栽定植日期相匹配，劣势是夏季高温阵雨天气容易诱发茎炭疽病等茎基腐病，目前主要以大田育苗方式为主，少量避雨育苗，试验研究草莓植物工厂育苗技术。

① 大田无假植育苗技术。一是选择土壤疏松肥沃、排灌方便，3～5年内未种植过草莓的地块，苗地四周开深沟，沟深40cm，畦沟要求排水通畅，雨停后不积水。

二是于3月中旬～4月上旬选用健壮母苗移栽定植，亩栽800～1200株。成活后浇根1～2次防治根腐病，4月中下旬开始施肥，可以考虑施微生物菌肥；在匍匐茎大量抽生前即5月上中旬前常规预防炭疽病、细菌性病等，及时挖除发病株和生长不正常植株。

三是5月下旬～6月促进匍匐茎子苗抽生，保证7月上中旬前有足够的子苗数。视苗情适度"压苗"，使用三唑类农药等抑制草莓苗徒长，提高植株抗性。子苗尽量少打叶、减少伤口和保持通风透光是减少炭疽病、细菌性病侵染的有效措施。8月上中旬整理子苗，促进花芽分化。

四是针对草莓炭疽病、细菌性等主要病害及时足量喷药。前期一般7～10天一次，后面5～7天一次，雨后补喷一次。预防+治疗药剂配合，如"代森锰锌+吡唑醚菌酯+春雷霉素""克菌丹+嘧菌酯+噻唑锌"或"氟啶胺+苯醚甲环唑+四霉素"等轮换使用，争取做到不发病；一旦发病，及时清除消毒，控制蔓延。

五是起苗前进行花芽分化镜检，并依据苗木质量进行分级（表6-1）。有60%以上草莓苗进入花芽形态分化时起苗，起苗前2～3天，苗地要全面防治炭疽病、白粉病、蚜虫、螨类和蓟马等病虫害。在起苗、运输和种植时防止发生发热和失水情况。

表6-1 草莓生产苗的质量指标

等级	根颈粗/mm	苗龄/天	叶数/片	叶柄长/cm	根系	花芽分化状态	病虫害
一级	≥8.0	55～105	4～5	10～12	发达	生长点膨大至萼片初期	无
二级	≥6.0						

② 避雨基质育苗技术。避雨基质育苗目的是规避土壤病菌和雨水传播，减轻草莓炭疽病危害，促进花芽分化以及缩短定植缓苗期。在华东地区基质遇到的主要困难是夏季高温障碍，基质温度35℃以上致使根系老化、抵抗性变差，诱发病害、成苗率低。夏季气温较低地方或使用降温设施设备的大棚可采用架式育苗方式，气温较高地方或使用简易设施的避雨棚采用着地育苗方式（图6-1）。

图6-1 着地放置基质育苗方式

架式育苗设置高度70～80cm，有穴盘和苗床两种。要求选择地势相对较高，不会淹水地方进行育苗。要求地块进行土壤消毒，平整后再铺一层透水防草地布，放置导水穴盘，或做成苗床。基质厚度8～10cm，需配置滴管。母株种植采用花盆、营养钵、栽培槽等，母株株距20cm左右。在基质中混施少量缓释肥，母株采用营养液管理，A液可以采用20-20-20+TE或高氮型，B液12-4-14-6Ca-3Mg+TE等类型水溶性肥料，母株营养液土壤溶液电导率（EC）1.0mS/cm左右。夏季育苗基质要求通气性好、基质EC0.5mS/cm以下、pH6.0左右。夏季草莓苗的根系呼吸作用大，基质滞水容易导致沤根。

基质育苗主要分为引插和扦插二种方式，引插是指把匍匐茎子苗插入穴盘基质内，等子苗成为独立个体苗后，再切断与母株的连接；扦插是指把二叶以上的匍匐茎子苗从母株上剪下，插入基质。引、扦插时间按品种特性和草莓种植日期要求而定，一般在6月中旬开始引、扦插。扦插匍匐茎子苗的来源一般有两个途径，一是搭建1.8m高的栽培架，使用专用母株，抽生匍匐茎子苗；二是利用立架栽培的草莓株，草莓收获结束后，整理植株，继续肥水管理，可以抽生大量匍匐茎子苗。保留母株侧2～3cm匍匐茎轴剪下子苗，剪下的子苗浸入水中保湿，在扦插前用杀菌剂液（炭疽、根腐）完全浸没10min，接着用杀虫剂液（螨类）完全浸没1min，杜绝病虫带入扦插圃。匍匐茎子苗也可先剪下，浸液处理后，先装入塑料袋或泡沫箱，放置在2～4℃冷库存放。扦插后要盖遮阳网一周左右，喷雾保持湿度，促进生根成活。

子苗成活后，每棵苗施入80～160mg氮素的缓释肥，也可以按此量滴施水溶性肥，观察叶片颜色，在肥料不足时增施液肥或叶面喷施液肥。基质水分管理原则上需每天进行，可根据天气状况作适当调整，过湿容易沤根死亡。定期喷药防控草莓炭疽病、细菌性病和螨类等病虫害；同时及时剥去老叶，将叶片数控制在3～4片叶，去叶后及时喷药。穴盘间距小，草莓苗容易徒长，需要适当控苗。不过抑制剂的使用浓度要比土壤育苗的低。

2. 草莓连作地土壤生态修复技术

（1）消除盐渍化　采取草莓-水稻轮作、草莓-玉米套种或灌水淹田等方式，除去土壤耕作层多余盐分。

（2）土壤消毒　在"梅雨季"结束后，上季草莓病虫害发生较轻，可直接采用闷棚盖薄膜利用太阳能高温消毒；若是病虫发生较重，则应割除草莓植株移至棚外，每亩均匀撒施棉隆微粒剂15～20kg或石灰氮30～40kg等，翻耕、耙平，浇水保持土壤湿润，然后用农膜覆盖密闭10天左右。揭膜后，对园地进行一次全面灌水翻耕，保证药剂完全分解挥发，揭膜处理15天以上方可种植草莓，种植前进行安全性试种，以免产生药害。

（3）补充土壤微生物种群　土壤消毒结束后做畦前，可以增施有机肥、枯草芽孢杆菌或EM菌等有益肥，以补充有益菌，如亩施菜饼肥200kg、生物肥50kg，快速优化土壤微生物种群。

3. 草莓健壮栽培技术

（1）适期定植　草莓定植时间取决于计划上市时间、品种特性、草莓苗花芽分化状态和种植地气温条件，但基本要求是草莓苗要通过花芽分化和种植地气温条件适于草莓植株稳健生长。从草莓生态生理讲，夜/昼温23～24℃/33～34℃适合定植，20～22℃/28～30℃适宜定植，在定植时草莓苗花芽分化期状态处于膨大至萼片初期最为合适。华东地区草莓适宜定植时期为9月上中旬，具体日期根据品种、地区而定，花芽分化早的品种、偏北地区为9月上中旬，花芽分化迟的品种、偏南地区则为9月中下旬定植。35℃以上时裸根苗定植不易成活，且容易诱发病害。

起苗定植前草莓苗需进行花芽分化镜检，裸根苗要有60%以上植株、基质苗要有80%以上植株达到花芽分化期。草莓苗正处在花芽分化诱导期，起苗后放入冷库5～7天可促进花芽分化且比较整齐，还能促进生根，提高种植成活率。

草莓苗未经过花芽分化时定植，若是土壤中有效氮含量高或底肥中加入速效性复合肥，植株营养生长偏旺，就会出现花芽分化逆转，开花反而延迟的现象。草莓苗采用夜冷处理或高海拔冷凉地育苗等方法通过了花芽分化，适宜定植秋季气温下降早的地区。而9月份气温较高地区，如浙江气候条件下定植日期提前至8月20日，就会出现第一花序果实小、味酸，商品性不高，同时还会延迟腋花序的花芽分化，引发断档期过长等问题。总体来说，该区域内育苗、当地种植，自然条件下花芽分化通过时间要与定植日期相匹配。

（2）精准养分水分管理　基本原则是测土配方平衡施肥。对草莓种植棚土壤进行检测，明确土壤养分盈缺情况，再结合草莓生长产量的营养需求量，分时段施入。草莓种植园良好土壤条件为：有效土层深度为40cm、气相在15%～20%，通气性良好、膨松且有保水性；土壤酸碱度（pH值）为5.5～7.0，最适宜的pH值为6.0～6.5，盐基饱和度为45%～75%，可供态磷酸范围为20～60mg/kg，土壤溶液电导率（EC）适宜范围低于0.2～0.5dS/m；土壤有机质含量至少在2%左右，最好达到3%以上。而当前多数草莓园土壤有机质含量偏低，在1.7%左右，氮磷钾含量多数偏多。生产草莓果实2000kg，测算养分吸收量约为：氮8.4kg、磷3.9kg、钾13.6kg、钙3.1kg、镁2.8kg。

（3）适当疏果、改善光照　任何能增加植株光合产物的措施都有助于果实品质提升，如保持足够合理的叶片数，增加叶片厚度和叶绿素含量，保持光合适温，冬季提高透光率等。

草莓花期禁止喷药，通过放蜂促进授粉；同时根据市场销售情况，适当疏花疏果。一般每株可留10个果以内，有助于生产优果。要避免在果实成熟期一次性灌水过多和在草莓果实上喷施膨大剂之类，以免影响口感。

草莓植株光合作用适宜的温度为21.2℃，达到最大光合速率的95%时的温度范围为15.4～27.4℃，10～30℃都在允许范围内。昼温不超过30℃，冬季最低夜温一般要求保持在5℃左右，这样棚内土壤温度、基质温度可保持在10℃以上。3月中旬气温回升后，通过撤除裙膜，两端通风或顶通风等降低棚内温度，延缓果实成熟速度。

（4）采取合适的草莓清洁化方式　在草莓园现场采摘时，一般都是现采现尝，可消费者常常抱怨土地栽草莓园沟内泥土裸露、滞水，地膜底部都是泥浆，草莓果实贴着泥土等，影响消费欲望。因此，应针对消费者的需求，通过开发垫网清洁化栽培方式，净化草莓园的生产环境，提高草莓果品清洁度。

在铺设清洁网膜时，首先要平整沟面，并铺上地膜或者防水地布，在开花果实下垂前，在畦两侧的地膜上再铺设一层白色清洁网膜，清洁网膜与畦侧面同宽，利用"U"形铁丝将其固定在畦上。整理已开花坐果的草莓花序并将其放置于清洁网膜之上（图6-2）。滴水时防止灌水过量渗入沟里。

4. 大棚草莓轻简化栽培技术

草莓通常采用一年一栽制，由于草莓植株矮小，田间作业需要长时间弯腰操作，劳动强度很大；此外，华东地区塑料大棚草莓促成栽培冬季使用外膜+内膜保温，每天人工拉膜放膜，费工费力。因此，研发或改良大棚草莓生产省工省力的适用农机和设施装备、新型栽培方式等，集成农机与农艺相融合的华东地区大棚草莓优质轻简高效栽培技术体系，显得越来越重要。

（1）旋耕机与起垄机应用　在土壤消毒结束后，施入基肥，随即旋耕一遍，待雨后土壤结实、水分合适时，使用起垄机做畦。

（2）电动卷膜装置应用　华东地区塑料大棚草莓促成栽培安装单栋塑料大棚电动卷膜装置，可省力省工。其装置包括内、外棚膜4只电动卷膜机，附属传动连杆和电源控制器（图6-3）。电动卷膜技术参数为功率100W、扭矩100N·m、转速4.0r/min、减速比1/800。各棚的电动卷膜装置分别接入控制总成模块，可进行单棚、多棚、全园等多种控制模式。结合环境参数，可升级成智能化操控。

图6-2　地栽草莓清洁化栽培方式　　　　图6-3　单栋塑料大棚电动卷膜装置

（3）省力化草莓定植车　人力定植车采用人力驱动，随草莓种植进程后退行进，减轻劳动强度，提高效率。其主体结构包括车架、车轮、座椅和储苗筐，由直径为30～50mm的钢管焊接而成（图6-4）。其外形尺寸参数包括车架高35～45cm、宽75～80cm，座椅长30～40cm、宽20～25cm；车轮直径为15～20cm、宽度为10～15cm。储苗筐根据操作者习惯置于左侧或右侧，尺寸以可存放草莓苗700～800株为宜。

图6-4　省力化草莓定植车及定植示范

（4）高架基质栽培　高架栽培的目的是从传统地栽草莓"弯腰"作业中解放出来，减轻劳动强度。与土壤栽培相比，一次性投入大。

① 高架栽培设施与系统。基本装置包括架式、栽培槽、栽培基质和肥水滴灌系统，还有循环风机、加温、二氧化碳增施、电照补光等辅助设施。

架式有单层平架、"品"字形双层架、可上下移动吊挂型等。比较实用的是单层平架，受光面一致，管理统一方便。上下移动吊挂架可增加种植面积和株数，下面空旷，方便开展团体活动，但一次性投入更大。栽培架的制作与架式和栽培槽类型有关，如采用单层平架+园艺布栽培槽组合的单层平架（图6-5），使用22mm大棚管制作，外径宽30cm，高100cm，插入地下10cm左右，8m单棚一般放置6列架，连栋棚可放置6～7列架。

图6-5　草莓立架基质栽培（"H"形）

栽培槽制作先用厚的黑白膜或塑料膜扣在两边棚管上，做成半圆形槽，深为30～40cm，再用园艺地布等扣在两边棚管上做成半圆形槽，深为15～20cm，基质用量每株约3.5L。而草莓栽培基质要求pH值6.0左右，EC值0.5mS/cm以下，确保适度的保水性和通气性。基质配制的材料可就地取材，轻型资材有泥炭、椰糠、珍珠岩、蛭石、炭化稻壳、树皮等，按一定比例配制。目前一般采用市面上的专用栽培基质。

基质栽培用水量大，对水质要求也高，清洁水源很关键，一定要安装肥水滴灌系统。该系统主要包括贮水（桶）池、过滤设备、水泵、肥水定时定量控制器、管道和摆放畦上内镶嵌式滴管带等。

② 苗木定植管理。基质栽培大棚往往是常年覆盖着顶棚膜，同一时段定植时棚内环境温度比传统土壤栽培环境要高，要是遇上连续晴天，种植裸根苗缓苗慢且成活率低，因此一般推荐定植基质苗。

③ 营养液管理。在草莓基质栽培中出现的植株生长不良情况，多是由于基质酸碱度不适，或由基质积水沤根以及营养不足引起。目前生产上应用较多的是营养液管理方式，从使用效果看，不同配方的营养液对草莓生长、产量的影响没有明显差异，但是不同生育期使用的营养液浓度对草莓植株生育影响很大。使用的营养液肥，通常分为A液和B液（钙成分），滴液浓度要根据品种特性和生育期进行调整。依照EC值管理，若灌溉水的EC值0.3mS/cm以下、pH值6.0左右，营养液EC值从定植初期0.5～0.6mS/cm逐步提高至0.8mS/cm，至结果期1.0～1.2mS/cm，3月份后降至0.8mS/cm左右。另外采用水溶性肥，生长期可以用A1液（20-10-20+TE）和B液（12-4-14-6Ca-3Mg+TE），结果期可以用A2液（15-5-30+TE）和B液（12-4-14-6Ca-3Mg+TE）水溶性肥，上述水溶性肥可从定植初期3000倍液、2000倍液，结果期调整至1500～1800倍液。从氮元素测算，单株草莓每日平均施氮量约16mg，100mL液。若发现排液或基质内EC值偏高，通过灌清水进行调整。

5. 病虫害绿色防控技术

在华东地区草莓园开花结果期的主要病虫害有炭疽病、白粉病、灰霉病和叶螨、蓟马等。防控目标是既要保证草莓质量安全，又能达到目标产量。在整个栽培过程中，草莓开花结果后尽可能地少用化学农药，这是降低农残的最有效措施，重点做好环境病虫消杀和应用不带病虫草莓苗，减少害虫的基数和病原物初侵染来源；同时健壮栽培，提高植株抗病虫害能力，并营造不利于病虫发生的环境。定植后至开花前，主要采用化学农药仔细防治病虫害，特别是盖棚前后喷2～3次农药，针对草莓白粉病、螨类，降低病虫基数；开花结果期使用黄板/蓝板，释放捕食螨；必要时选用高效低毒农药，对症适期防治，严格把控农药安全间隔期。

主要病虫害防控要点如下。

① 炭疽病。华东地区草莓定植期一般在9月份，而此时气温偏高、浇水多，湿度高，容易诱发炭疽病、细菌性病害，因此至少定植后一个月左右要重点防治，定植后第2天就要喷药，间隔5天一次，连续3～4次，药剂选用尽量避开三唑类农药，在预防炭疽病同时加入预防细菌性病害的农药。

② 白粉病。草莓白粉病的发生与育苗地环境条件关联很大，若在华东地区夏季高温地方育苗，苗地经历35℃以上高温10～15天，白粉病孢子不会成活，草莓苗不带病菌；若是在夏季冷凉地育苗，白粉病孢子不会死亡，草莓苗会带病菌，防控压力增加。因此，若是种植夏季冷凉地育的苗，或者该区域夏季高温持续时间短，在定植后就要防治白粉病，用化学农药间隔7天、连续2～3次，防控关键时期是盖膜前后，安

排在开花前，盖膜前1次、盖膜后2次，用醚菌酯50%水分散粒剂3000倍液或四氟醚唑12.5%水乳剂2000倍液，或氟菌唑30%可湿性粉剂1000～2000倍液。结果期可采用生物农药进行预防，可采用枯草芽孢杆菌1000亿孢子/g可湿性粉剂700～1000倍液。

③灰霉病。在华东地区，草莓灰霉病容易在冬季阴雨天气期间第二花序显蕾开花时发生，主要诱发条件是植株周围湿度大。因此防控措施是降低棚内湿度，其一是在12月初沟里铺膜；其二是及时查看天气预报，在持续阴雨天来临前，适度减少滴水，减少土壤水分；其三是持续阴雨天时不要开启大棚通风，可保持棚内低湿状态，这样可控制灰霉病发生。持续阴雨天气来临前可喷一次嘧霉胺或啶酰菌胺预防1次。

④叶螨。草莓植株周边湿度低会加重叶螨危害，湿度低、叶螨增殖快。防控时，前期沟里可以滞水，过了秋季干燥季节后（11月下旬后）再行全园覆盖。盖膜后要喷药预防1次。经常检查叶片背面，一旦发现有螨，喷杀虫卵药，土表和叶片正反面都要打透，降低虫卵基数，在开花结果期释放捕食螨，30天一次，可以做到开花结果期间不用杀螨剂。应用超声波装备防治二斑叶螨有一定效果。

第2节
华中地区草莓优质轻简高效栽培技术集成与示范

一、基本情况

华中地区包括河南、湖北、湖南三省，位于中国中部、黄河中下游和长江中游地区，地形地貌以岗地、平原、丘陵、盆地、山地为主，气候环境为温带季风气候和亚热带季风气候。草莓种植设施主要以简易大棚为主（除郑州以北有部分冬暖式温棚）。河南与湖北省草莓商品化生产始于20世纪80～90年代，一些市县进行露地、小拱棚栽培，直至1998年，两省草莓大棚促成栽培快速发展，成为设施草莓主产区。湖南省草莓商品化生产也始于20世纪90年代，近年城郊发展快速。

二、存在的问题与解决方案

1. 存在的问题

（1）土壤营养元素不平衡 从湖北省武汉、鄂州、赤壁等地区草莓园土壤理化指标检测结果来看（表6-2），草莓园大量元素磷钾养分严重过剩，微量营养元素硼、锌、锰、铜含量也很高。所以土壤养分存在大量元素之间及微量元素养分不平衡问题，从

表6-2 不同地区草莓种植园土壤理化指标状况

项目名称	pH	碱解氮/(mg/kg)	有机质/(g/kg)	全氮/(g/kg)	全磷/(g/kg)	全钾/(g/kg)	速效磷/(mg/kg)	速效钾/(mg/kg)	有效钙/(mg/kg)	有效镁/(mg/kg)
黄陂-1	5.90	95.98	33.0	1.48	0.87	11.8	90.09	598.04	1911.69	153.02
黄陂-2	5.30	100.00	30.8	1.42	0.59	14.5	39.83	217.47	1384.72	144.15
黄陂-3	7.25	100.00	28.5	1.35	0.63	15.4	108.86	501.48	2565.26	140.52
黄陂-4	7.32	93.33	38.7	—	—	—	135.05	516.78	—	—
黄陂-5	7.37	99.49	39.4	—	—	—	135.46	494.50	2589.58	161.53
鄂州-1	6.03	74.81	11.6	0.75	0.82	14.1	40.69	154.16	2609.66	169.42
鄂州-2	6.52	88.95	16.2	0.83	1.03	14.0	63.84	180.72	1138.50	67.12
赤壁-1	4.95	247.06	23.3	1.23	0.73	20.0	87.64	329.68	2137.32	126.77
赤壁-2	6.50	161.48	25.6	1.35	0.54	18.9	93.24	378.94	—	—

项目名称	硫/(mg/kg)	硼/(mg/kg)	锌/(mg/kg)	铜/(mg/kg)	铁/(mg/kg)	钼/(mg/kg)	铬/(mg/kg)	汞/(mg/kg)
黄陂-1	49.71	0.53	7.04	5.31	102.11	0.24	35.54	0.03
黄陂-2	60.78	0.44	3.78	5.74	124.52	0.28	72.31	0.01
黄陂-3	76.42	0.57	5.89	5.23	89.01	0.34	72.03	0.04
黄陂-4	—	—	—	—	—	—	—	—
黄陂-5	—	—	—	—	—	—	—	—
鄂州-1	—	0.82	1.44	—	—	—	—	—
鄂州-2	—	0.77	1.63	—	—	—	—	—
赤壁-1	—	0.59	5.95	—	—	—	—	—
赤壁-2	—	0.38	8.67	—	—	—	—	—

而影响土壤微生态平衡，导致土壤生物环境变差，出现草莓生理性或微生物性病害发生严重，草莓果实产量和质量均受损，即连年种植草莓3～5年后出现连作障碍。

（2）病虫害防控难　大棚内高温高湿，加上种苗不干净、设施清园或栽培管理技术落实不到位、土壤连作障碍等，导致草莓容易发生病虫害，如红蜘蛛、斜纹夜蛾等。由于目前劳动力不足、老龄化现象日渐严重，导致目前病虫害防控日渐艰难。

（3）种苗质量没保障　草莓产业健康发展，关键要素之一是高质量的种苗。华中地区目前一方面缺少相应适宜的种苗质量标准，另一方面种苗无序引种导致草莓"红叶病"和"红中柱"根腐病暴发，育苗过程中或定植时期死苗严重，使草莓种植户损失惨重，也严重阻碍了国内以'甜查理'品种为亲本选育的优质草莓新品种的推广应用。

（4）缺少适宜的农机和机械化作业程度低　华中地区草莓种植的机械配套选择性差，农业机械化联合作业的涉及内容少，研究投入严重不足，草莓移栽、起垄和打药等机械适用性改进研究缺失。导致现有栽培环节利用的农业机械展示出来功效不高、草莓的机械化作业程度低等。

2. 应对的解决方案

（1）调节土壤生物养分生态平衡

① 从土壤生物角度调节平衡。在草莓种植地块休闲季通过种植固氮绿肥（如速生短季40～50天田菁生长期）或青储（青储或饲料玉米）作物，可达到增加土壤有机质和补充氮素养分、活化磷钾元素以及微量元素的目的，提高土壤有益微生物种群数量及营养元素养分利用效率，提升土壤养分元素之间综合平衡作用。

② 借助棉隆、石灰氮等杀菌剂，在草莓休闲季进行高温闷棚措施，可起到综合养分平衡及消杀土壤环境中有害病菌的作用。

（2）应用草莓优质轻简化栽培技术　采用基质壮苗，在草莓移栽、施肥、打药、采收关键环节，选用机械化耕作管理和采收，提高劳动效率。整地+施肥+起垄+覆膜+移栽作业，全程实现一体机一次性完成；同时利用水肥药一体化综合技术和病虫害绿色防控技术加强水肥管理和病虫害防治。

（3）加快草莓标准化生产体系建设　草莓种植大部分为小规模经营，所以很难进行标准化生产，没有统一执行标准化育苗、标准化用药、标准化管理等，生产随意性较强，产量和品质都具有不稳定性。草莓产业发展急需建立种苗繁育和栽培生产两个标准化体系，确保草莓生产的全过程，如生产苗繁育、施肥、土壤处理、病害防治、鲜果采后保鲜储运等方面都在标准范围内，保证草莓的果品安全和优质。

（4）发展休闲采摘为主与深加工相结合的模式　在发展休闲采摘为主的基础上，应辅助开展草莓深加工，有条件的龙头企业可开发一系列的草莓衍生产业，如开发草莓屋，制作草莓酱、草莓酒等副产品均能增加收益。果品剩余时发展冷链运输和冻果进行远销，作为辅助销售渠道。辅助销售渠道和衍生产业的发展将有助于草莓产业的稳定发展。

随着草莓品种改良，脱毒苗使用比例逐渐增加，繁育方式、栽培及管理技术的不断升级以及不断整合资源，完善草莓产业的生产功能、生态功能，服务功能、社会功能，大力推广普及无公害、绿色、有机种植，草莓产量和品质将得到更进一步的提升，草莓产业的前景将会越发广阔。

三、草莓园优质轻简化栽培技术和装备研发

1. 定植机械研发

根据草莓种植面积不断扩大的趋势及草莓种植劳动强度高的特点，种植企业或种植户均从省力化栽培方面入手，以机械来解决种植过程中旋耕、起垄（图6-6）、移栽、施肥和打药等操作环节带来的问题。

目前，穴盘苗繁育技术在华中地区获得突破，武汉市禾盛吉农业开发股份有限公司通过改良育苗大棚的遮阴模式，采用架式引牵方式能培育高质量穴盘苗，定植成活率达到95%，并且提高了草莓产量和品质，逐渐获得周边种植企业或种植户的认可。但穴盘苗不能按照裸根苗定植方式栽植，需人工垄面打孔，该方式效率低下、费工费时，且打孔规格及位置均难统一，导致移栽困难，从而影响缓苗和后期管理。

市面上许多蔬菜等幼苗移栽机及土壤打孔器已量产，但针对草莓高垄、垄间距小的特点，市面上销售的幼苗移栽机在田间行进困难，无法满足穴盘苗移栽打孔需求。为了更好地实现移栽打孔深度、形状大小一致且为锥形孔，孔间距可调，实现精准位置打孔，同时工作时噪声小，耗能清洁，垄间行走方便，操作简单等目的，华中农业大学鲍秀兰团队自主发明公开了一种用于草莓垄面打孔机器，包括四轮小车、锥形土壤打孔机器（图6-7）。锥形土壤打孔机器包括锥形土壤打孔头、曲柄滑

图6-6 草莓机械起垄

图6-7 草莓土壤打孔机器

块机构及调速器，锥形土壤头由实体塑料圆锥构成，曲柄滑块机构与锥形土壤打孔头用螺纹连接，由电源箱供电给调速器，电机带动曲柄滑块机构运动，从而实现精准打孔；四轮小车由前端连轴固定轮，作为驱动轮、后端连轴活动轮，作为从动轮、桁架平面组成，四轮小车顶面前端安装小车驱动所需电机及涡轮蜗杆，与前端连轴相连，电源箱放置在小车顶面中间位置，小车顶面后端左右侧各安置锥形土壤打孔机构。该设计可实时调速，控制垄面孔间距离，提高打孔精度以及孔形统一。

2. 设施草莓连作土壤综合治理技术

草莓的连作障碍主要表现为生长发育不良、生育期延后、土传病害加重、产量明显下降，尤其是土传病害问题日益突出，发生的原因主要来自土壤中的病原菌、自毒物质等，其中微生物种群结构失衡是导致土壤质量下降和减产的重要原因之一。在健康的土壤生态系统中，有益微生物和有害微生物的种类和数量会保持一种动态平衡状态，同一种作物长期连作将导致某些特定微生物富集，土传病原菌丰度增加，同时有益菌种类和丰度减少。因此，合理有效抑制土传病原菌并重建土壤健康的微生物区系是目前连作障碍研究中需要解决的难点。

湖北省农业科学院草莓团队分别开展了两种土壤消毒方案，即棉隆与"宝地生"KS100（生物菌扩培剂）和玉米秸秆还田、石灰氮 - 太阳能消毒，形成了一套设施草莓连作土壤绿色综合治理技术（图6-8）。

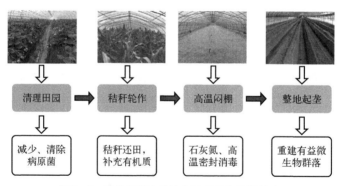

图6-8　设施草莓土壤连作障碍绿色防控技术

（1）棉隆与"宝地生"KS100处理　采用Biolog-ECO技术和MiSeq高通量测序平台（第二代测序Illumina HiSeq 2500），对其不同处理的土壤微生物群落及组成进行分析，明确了棉隆与"宝地生"KS100生物菌扩培剂处理对草莓土壤真菌种群多样性的影响，结果表明：

① 棉隆消毒的广谱性。棉隆消毒后土壤真菌群落丰度及其生物多样性均下降，真菌群落组成也发生明显变化，如镰刀菌属、枝顶孢属、链格孢属丰度下降。已知镰刀菌属真菌是植物最重要的致病菌之一，会使植物萎蔫，引发根腐等腐烂病，从

而严重减产，造成重大的经济损失；枝顶孢属真菌会引起草莓死秧，是草莓根腐病的主要病原菌之一；链格孢属真菌广泛分布于土壤和腐烂有机物中，兼有寄生和腐生性，并产生多种有毒代谢产物链格毒素，这些毒素是危害植物的主要致病因子。另外，棉隆消毒土壤中还检测到管柄囊霉属、踝节菌属真菌，其比例也大幅度下降。已有研究表明管柄囊霉属是一类丛枝菌根（arbuscular mycorrhiza，AM）真菌，而AM真菌可与植物根系形成共生关系，接种AM真菌后连作草莓、西瓜、苹果的连作障碍减轻；踝节菌属真菌是土壤或腐烂有机物中重要的一类抗生真菌，可产生山梨酸等代谢物，常被作为生物防治剂用于防治黄萎病、菌核病等。由此说明棉隆消毒产生了广谱杀菌效果，可杀死或抑制草莓连作土壤中有害和有益真菌。

② 棉隆熏蒸剂消毒灭杀效果的持效性较短。棉隆消毒后未加生物菌肥的初花期草莓根际土壤中微生物真菌群落丰度较消毒后土壤显著增加，逐渐接近于消毒前，且轮枝菌属、镰刀菌属、链格孢属等含量增加。其中轮枝菌属大丽花轮枝孢（*Verticillium dahliae*）和黑白轮枝菌（*V. albo-atrum*），会引起多种作物的黄萎病，为进境植物检疫对象。

③ 添加生物菌肥可以有效改善根际环境。棉隆消毒能有效抑制或杀死土壤中的致病或有益真菌；添加生物菌肥（"宝地生"KS100）后，发现根际土壤真菌群落组成逐渐恢复，且益生菌群增加，致病菌群减少。这可能是棉隆消毒处理后导致土壤处于一种暂时性的"真空"状态，此时再将生物菌施入土壤中，则可以促进生物菌在植物根际和土壤中定殖。说明采用棉隆和添加生物菌肥相结合的方式可为草莓根际系微生物提供更有利的生长环境，也为土传病害的有效防治和生物菌肥高效利用提供理论依据。

（2）玉米秸秆还田、石灰氮-太阳能消毒　2014年以来，湖北省农业科学院草莓团队开展了太阳能消毒、棉隆消毒和石灰氮消毒3种土壤消毒方式，均能减少真菌数量，消毒效果以棉隆和石灰氮为好，但棉隆亩均成本至少1000元以上，撒施困难、易导致植株旺长，因此土壤消毒剂示范改成以石灰氮（30kg，成本160元）为主，并结合青贮玉米秸秆还田来实现。石灰氮分解后为矿物质氮肥，被作物利用，无有害物残留，对环境友好，且补充中量元素"钙"。石灰氮可促进秸秆分解，消毒过程中加入青秸秆具有升温快、发酵快和氮素损失少的优点。该方法利用日光照射加热地表和青秸秆腐烂发热提高土壤温度，覆膜保持地温，利用石灰氮水解释放化学热能，巧妙利用石灰氮水解的中间产物杀灭有害生物/微生物，形成太阳能/生物能/化学能多重叠加增温与石灰氮分解的中间产物灭生因子耦合作用，即使环境气温偏低，亦能达到理想消毒效果。

玉米秸秆还田、石灰氮-太阳能消毒操作要点如下。

① 田园清理。上茬草莓收获后，将地膜、植株残留物等清理分类，将地膜收集送垃圾场，植株残留物堆肥或放置沼气池。

② 玉米轮作-秸秆还田。根据草莓罢园时间，依草莓原垄点播2行玉米，行距

30cm，株距20cm，每亩播种量3～4kg；当玉米到抽雄期（大致播种后45天），用旋耕机第1遍压倒打断秸秆，第2遍快速旋耕将秸秆打碎并与表层土壤混合均匀。第2遍旋耕后，每亩均匀撒施石灰氮30kg，用旋耕机将玉米秸秆和石灰氮深翻入土壤，深度0～40cm为佳。然后再旋耕1次，使土壤颗粒细小而均匀，增加石灰氮与土壤颗粒之间的接触面积。旋耕后立即用厚度大于0.04mm的塑料薄膜覆盖密封，从旋耕到覆膜完成时间控制在2～3h内。塑料薄膜密封并封好四边，注意薄膜不能有破损，以防止漏气降低消毒效果。期间要经常检查塑料薄膜完整性，如有破损，须及时修补。

③ 揭膜放气。当覆盖结束后要及时揭开地面覆盖薄膜透气1周以上，使土壤中石灰氮分解或秸秆发酵产生的不友好气体充分释放。然后进行种子发芽试验，以确认处理过的土壤对种子发芽无影响后进行定植。

④ 施肥起垄。揭膜后，土壤自然晾干至田间最大持水量的40%～50%，机械旋耕不成块时进行施肥起垄工作。每亩条施硫酸钾25kg、腐熟菜籽饼100～200kg，再开沟起垄成型，规格为垄高30～40cm，上宽45～55cm，下宽60～70cm，沟宽30cm左右。

⑤ 微生物菌落重建。起垄时，选择常用的木霉菌、芽孢杆菌、EM菌等微生物菌剂，稀释液灌根或与有机肥混合后条施。

3. 草莓穴盘苗繁育技术

华中地区草莓保护地栽培中，为了培育优质壮苗及提早花芽分化，常采用基质育苗、高山育苗、短日夜冷育苗等育苗措施。

（1）基质育苗　为了防治炭疽病，促进花芽分化和缩短定植缓苗期，近年来许多地方相继开展了避雨设施下穴盘苗、营养钵、"U"形槽等基质育苗，以穴盘苗较普遍。在草莓主产区如山东、安徽、河北、河南等低纬度地区应用高架育苗技术也能为草莓初学者提供低难度的草莓育苗方法，尤其针对'红颜''章姬'等易感病品种，草莓初学者很难使用传统方法进行繁育，采用高架育苗可极大提高成功率。

目前湖北武汉、十堰等地区改善高架育苗遮阴模式，即在大棚骨架之上80cm处架设钢管骨架支撑遮阳网，使遮阳网与薄膜之间通风，以降低棚内温度，达到与河南等北方或高海拔地区高架育苗的环境温度，满足高架基质育苗温度需求。

基质育苗主要分为引牵和扦插两种方式。在湖北、湖南高温高湿气候条件下，以引牵方式成活率高，操作简单，而扦插方式需在低温愈合室（保证20℃以下）或高海拔低温环境来促进匍匐茎子苗生根。

① 扦插育苗。匍匐茎子苗来源一般有2个途径，一是高架采苗法（图6-9），就是搭

图6-9　匍匐茎从母株垂下的状态

建1.8m高的栽培架，使用脱毒种苗，抽生匍匐茎子苗，让其从高处种植母株上垂下并采苗，可采摘大小一致的子苗，母株苗床行距小，所需母株苗床面积也很小。二是利用高架基质栽培的草莓株，当季（5月）草莓收获结束后，整理植株，继续肥水管理，可抽生大量匍匐茎子苗。

选在"梅雨季"进行采苗扦插，保留母株侧2～3cm匍匐茎轴剪下子苗，剪下的子苗浸入水中保湿，扦插后要充分灌水，盖遮阳网一周左右，保证扦插苗在"梅雨季"结束前发根成活。在扦插前用杀虫剂液（螨类、蚜虫）完全浸没1min，接着用杀菌剂液（白粉、炭疽、根腐）完全浸没10min，杜绝病虫带入扦插圃。匍匐茎子苗也可先剪下，杀菌剂（炭疽、白粉）、杀虫剂（蚜虫、叶螨）浸液处理后，装入塑料袋或泡沫箱，放置在2～4℃冷库存放3～5天后再扦插，有利于发新根。

② 高架采苗法的设施。高架采苗法利用的栽培槽由φ25mm镀锌钢管及扣件构成的栽培架、基质兜布、基质和滴灌系统等部分组成（图6-10）。其中基质兜布分为内外两层，外层为防水布用于排液，内层可选用70g/m²无纺布或打孔防水布两种。

图6-10　高架采苗系统的基本结构

该采苗法的一个特征是使用缓冲力大的轻量基质。填充基质为泥炭，规格为15～30mm，与珍珠岩以一定比例混合而成。该基质配比兼顾保湿和沥水，能满足母株正常生长需要。种植母株前，每1L基质提前混合2g缓效性肥料。

栽培槽一般是由φ25mm镀锌钢管及扣件构成的栽培架，支撑架由两根长度为2.1～2.3m的镀锌钢管与1～2根连接杆构成的间距为25cm的"H"形支架。架设时，地上部分保留1.8m，打入地下30～50cm，支撑架间距为1.2m。选择免烧焊、省时省力的扣件（图6-11），栽培架承重能力强、抗腐蚀。另外，为了尽量减少灌水时水滴飞溅，一般采用滴箭滴灌，每滴箭出水量为0.5L/h。同时为了让水肥管理省力，将定时器、电磁阀和全自动水肥一体机组合在一起，实现水肥全自动化管理。

图6-11　免烧焊扣件

③ 引牵育苗。湖北气候条件下，7月10日左右进入高温期，长根困难，所以，恰当的处理方式是在"出梅"前长好根系，适宜的引牵时间在6月中下旬。一个花盆（长46cm）的母株要抽生约80株匍匐茎子苗，需要根据不同品种匍匐茎抽生特性进行安排；若数量不够，可以将第一棵子苗先插入穴盘进行发苗（图6-12）。

图6-12　遮阴条件下架式引牵育苗

④ 育苗管理。育苗管理措施主要有灌水、施肥、去老叶、病虫防治及遮阳网和避雨保护管理等。与大田露天育苗相比，在3～5月母株容易受白粉病、螨类侵染，要加强预防。在子苗抽生和穴盘育苗期间要重点防治炭疽病、细菌性枯萎病、镰刀菌枯萎病等病害，定期喷药防控炭疽病及虫害。子苗成活后，每棵苗施入160mg氮素的固体肥（60天的缓释肥一次施入，30天的缓释肥分二次施入），也可滴灌追施水溶性肥，观察叶片颜色，在肥料不足时增施液肥或叶面喷施液肥（500～1000倍液），在8月15日后叶柄氮含量降至100mg/kg左右。基质水分管理原则上需每天进行，可根据天气状况作适当调整，过湿容易沤根死亡。定期剥去老叶，将叶片数控制在3～4片叶，去叶后及时喷药。穴盘间距小，苗易徒长，需要适当控苗，与土壤育苗比较，降低三唑类农药或生长抑制剂使用浓度。7～8月高温时，应加强降温管理。

（2）**高山育苗** 又称高寒地育苗（图6-13），在海拔800m以上的高寒地进行苗木繁育。由于高山气温较低，温差较大，草莓提早花芽分化，能避开7～8月高温对草莓苗生长的不利影响，减少病虫害，提高草莓苗质量。因此，可在有条件的地区选用。一般海拔每升高100m，气温降低0.6℃，在海拔800m处育苗，可比平地降温1.5～4℃，海拔越高降温越明显。越是生产地在暖地，高山育苗的效果越好。高山育苗中低温条件比短日照更为重要，低温时间不足会导致开花不结果。苗圃选择在海拔800m以上的半山区山间盆地，9～10月平均气温18～22℃、最低气温15℃左右最适宜。具体方法：一般7月上旬采苗假植，培育成充实子苗，8月中旬上山，在山上假植地施少量基肥或不施，9月中旬下山定植；也可在7月上中旬直接采苗上高山假植，8月中旬前进行以氮肥为主的肥培，8月中旬后断肥，9月中旬下山定植。

图6-13 湖北利川草莓高山育苗基地（海拔1100m）

（3）**短日夜冷育苗** 短日夜冷育苗是使草莓植株白天接受自然光照进行光合作用，夜间采用低温处理，并缩短短日照时间，促进其花芽分化。将苗盆栽，夜间置于冷库中进行低温处理，但在生产上育苗时比较麻烦。近年来发展为利用冷冻机在管架大棚顶端进行低温处理，并利用推拉可移动式的多层架床繁苗，架床上放置营养钵，较为方便。这种方法比常规育苗花芽分化可提前2～3周以上。短日夜冷处理一般在8月中旬开始，处理20天。每天16：30推进室内，20：30降温至16℃，第二天5：30降温至10℃，8：30再升温至16℃，9：00出库。15～20天后，基本上都能达到分化初期。

4. CO_2自动施用系统研发及应用

植物生长需要CO_2、水，在光的作用下生成碳水化合物，这个过程称为光合作用或二氧化碳同化作用。草莓的光合作用在4～10klx的弱光下，CO_2浓度为$8×10^{-4}$即达到饱和状态，CO_2为$1.4×10^{-3}$时完全失去促进效果。但是30～60klx的强光下CO_2浓度越高越能促进光合作用。光合作用是随日出开始的，在密闭的大棚内部CO_2浓度比外部气体（$3×10^{-4}$～$4×10^{-4}$）低，呈CO_2匮乏状态。通过调查CO_2浓度与生长发育及产量之间的关系，发现比$3×10^{-4}$区高的高浓度区，株高、鲜重、叶面积、叶数、果实产量都得到增加，由于高浓度区之间没有大的差别，所以从经济性、实用性上考虑，CO_2施用的适合浓度为$1×10^{-3}$。

20世纪80年代后半期在冬季少日照的奈良、京都再次试验施用CO_2。认为少日照地带由于大棚的密闭时间较长，CO_2向外部散失较少，CO_2施用效果会较高，一般均会增产30%～50%，除去增加的费用仍然有效益。

CO_2的产生有液化CO_2、LPG燃烧和灯油燃烧3种方式，各有利弊。近年来增加的高架栽培只是依赖外部气体或者植物体本身提供CO_2，很容易陷入CO_2缺乏状态，积极施用CO_2的必要性较高。施用CO_2与电照一样可防止植株衰弱，是增收的主要技术，所以期待开发出廉价且有效的CO_2发生装置。

湖北省农业科学院草莓团队自主研制了一种用于草莓二氧化碳自动补充系统，包括CO_2浓度控制器、电磁阀、多孔管道和CO_2气瓶（图6-14）。CO_2浓度控制器连接有高灵敏度CO_2探头监测棚内CO_2浓度，如果目标浓度值设置为$7×10^{-4}$，当读取值达到或低于$7×10^{-4}$时，CO_2浓度控制器输出端通电，当读取值达到$7×10^{-4}$及以上时，CO_2浓度控制器输出端断电。CO_2气瓶是否释放气体由管道中的低温电磁阀（常闭式）控制，而电磁阀（常闭式）与CO_2浓度控制器输出端连接，输出端通电开启电磁阀，气瓶向棚内释放气体，输出端断电电磁阀自动关闭，停止释放气体，以此往复，达到自动补充CO_2气体的目的。该系统设备定制简单、价格低廉，一套系统可控制多个大棚设施。

(a) CO_2浓度控制器　　　　　(b) 电磁阀和气瓶　　　　　(c) 多孔管道

图6-14　二氧化碳自动补充系统

5. 华中高架基质栽培

（1）高架栽培优缺点　高架栽培优点是不受土地土壤限制，避免土壤连作障碍；果实生长环境清洁卫生；观赏性好，适宜观光采摘；省力、工作环境干净；果温较低，成熟期变长，有利于提高品质，延长收获期。但因悬空种植且基质缓冲性差，养水分管理要求更高；基质温度受天气、昼夜变化影响，变化幅度大，不利于根系生长和吸收；基质释放二氧化碳少，棚内极易发生二氧化碳不足的现象。

（2）高架栽培装置及系统　高架栽培基本装置包括架式、栽培槽、栽培基质和肥水滴灌系统，还有循环风机、加温、二氧化碳增施、电照补光等辅助设施。

① 架式。架式有单层平架、"品"字形双层架、"A"形多层架等。比较实用的是单层平架，受光面一致，处于同一温层，养分、水分、通风管理等便于统一，应用面积最广。栽培架的制作与架式和栽培槽类型有关。如采用单层平架+园艺布栽培槽组合的单层平架（"H"形），使用22mm大棚管制作，外径宽30cm，高100cm，插入地下10cm左右，8m单棚一般放置6列架，连栋棚可放置6～7列架。

② 栽培槽。栽培槽制作材料分为防水布（打孔防水布、无纺布和园艺地布）、高强度泡沫材料、强化塑料板材等，用其制作成"U"形槽或盒状，材料间各有利弊。防水布类型有微小细孔，排水性较好，根系可以突出，扎出外面的会停止，有利于长侧根，根系在栽培槽底部不会圈根，细根多，使用年限3～4年。强化塑料板材、泡沫材料等制作"U"形槽，透水性稍差，根系在栽培槽底部会圈根，水分多时会发生沤根等情况。泡沫材料隔热效果好，基质温度比较平衡，使用年限长。

兜布栽培槽制作方式：先有由ϕ25mm镀锌钢管及扣件构成的栽培架，然后用90cm无孔防水布和60cm打孔防水布等扣在两边棚管上做成槽，上部深度15～18cm，下部深度30cm，基质用量每株约3.5L。

③ 栽培基质。草莓栽培基质要求pH值6.0左右，EC值0.4mS/cm以下，确保适度的保水性和通气性。基质配制的材料可就地取材，有的以泥炭为主，有的以椰糠为主，搭配2～3种资材一起使用。椰糠须脱盐，用清水淋洗。市面上有专用栽培基质销售。若是自配，可采用配方如泥炭（3份）、珍珠岩（1份）、蛭石（1份）。在种植前基质浇透水，再用EC计测试，若是EC值超过0.5mS/cm以上，建议用清水淋洗至EC值0.4mS/cm以下，有利于裸根苗发根。如果是种植基质穴盘苗，对基质EC值要求没这么严格。

④ 肥水滴灌系统。基质栽培用水量大，而且对水质要求也高，清洁水源很关键。用水供给系统主要包括贮水（桶）池（水质差的话，还得配置水质净化设备）、水泵肥水定时定量控制器、管道和垄面铺设贴片式滴管带或滴箭等。

（3）栽培管理

① 定植管理。定植在不加肥料的新基质里，可以比土壤栽培提早2～3天定植。有棚膜，基质温度会比土壤温度高，高于30℃高温会阻碍根茎部不定根的发生。基质温度较高情况下种植裸根苗，缓苗慢且成活率低。种植穴盘苗，高温影响相对较小，苗的根系下部还是能长新根，缓苗程度轻。种植裸根苗，最好选阴雨天，晴天一定要安排在下午至傍晚种植。

② 施肥管理。栽培施肥管理有两类，一类是固体长效缓释肥+液肥追施，另一类是采用营养液。生产上应用较多的是营养液管理方式。日本资料显示，营养液配方类型非常多，使用的营养液大体都是参考霍格兰氏或日本园试配方（表6-3）。从使

用效果看，不同配方的营养液对草莓生长、产量的影响没有明显差异，比起肥料组分差异，不同生育期使用的营养液浓度对草莓植株生育影响很大。使用的灌溉水却非常关键，若是灌溉水pH值偏高，会影响铁、钙、镁等吸收。目前使用的营养液肥，可购买硝酸铵钙、硝酸钾、磷酸二氢钾、磷酸二氢铵、硫酸镁等单一肥料进行配制，也可以委托专业公司配制。草莓种植过程中，草莓根系对养分浓度敏感，基本原则是低浓度管理。灌溉水的EC值0.3mS/cm以下、pH值6.0左右为宜，营养液浓度和灌水量随生育期进程而有所变化，若发现排液或基质EC值偏高，可通过灌清水进行调整。

表6-3　主要的营养液处方　　　　　　　　　　　　　　　　　　单位：g/t

营养液处方	N			P$_2$O$_5$	K$_2$O	CaO	MgO	S	Fe	B$_2$O$_3$	MnO	Zn	Cu	Mo
	全氮素	NO$_3$-N	NH$_4$-N											
日本园试配方（1/2浓度）	121	112	9	46	188	112	40	32	1.5	0.8	0.06	0.03	0.01	0.01
山崎草莓配方	107	98	9	35.5	141	56	20	16	1.5	0.8	0.06	0.03	0.01	0.01

③ 环境调控。温度管理方面，基本上与土壤栽培并无差异，一般棚内气温5℃是最低温度管理标准。基质温度一天的变化是8时左右最低，之后慢慢升高，16时左右最高，随后又慢慢回落。采用防水布栽培槽，其基质温度与棚内80cm处气温相近，冬季可用黑白膜围住栽培架提温保温。基质栽培保温初期，要注意夜温不要高，防止草莓植株徒长。

立架基质栽培条件下棚内太阳出来后2～3h内可能会存在"二氧化碳饥饿"现象，影响光合速率。增施二氧化碳气肥，要求大棚密闭条件，每天早晨至上午开棚通风前3～4个小时，一般从日出前开始加温和增施二氧化碳。在冬季可采用电燃油暖风机，既可升温防冻又能补充二氧化碳，加温和补气两个装备也可以分设、联动。

④ 植株管理。植株管理主要有整枝、去老叶、疏花疏果、防病虫等，与土壤种植基本相似。基质栽培时，缩小株距，管理上要避免侧芽过多而造成植株间郁蔽，采用保留1～2个侧枝方式。避免氮肥过多，导致植株营养生长过旺。

四、华中草莓园病虫害绿色防控关键技术

华中地区草莓园病虫害绿色防控关键技术要点是强化农业防治，应用物理防治、诱控措施、生物防控措施，辅以化学防治，有效控制病虫为害，既能保证草莓质量安全，又能达到目标产量。

病虫害的发生流行影响着农作物产量和品质，绿色防治技术通过土壤改良、科学施肥、物理防治等非农药类技术措施防止病虫害的滋生和蔓延。相较于传统的化学防治，绿色防治技术更多地遵循了蔬菜种植和生长的规律，对生态环境的污染较

小，并且为设施蔬菜产业的可持续发展提供了良好的自然环境条件。目前设施蔬菜种植过程中选择使用的绿色病虫害防治技术主要有生态控制技术、物理防治技术、生物类防治技术等。

1. 农业措施

通过耕作制度、农业栽培技术以及农田管理的一系列技术措施，调节害虫、病原物、杂草、寄主及环境条件间的关系，减少害虫的基数和病原物初侵染来源。创造有利于草莓生长的条件，健壮栽培，提高植株抗病虫害能力，包括土壤消毒及改良、培育壮苗、适时定植、合理施肥、株相调控等。创造不利于病虫发生的环境，包括园区清洁、全园覆膜、大棚温湿度合理管理等。在盖膜前后需彻底防治病虫，降低棚内各种病虫基数。

2. 生物措施

生物防治是利用生物或生物代谢产物来控制害虫种群数量的方法。生物防治的特点是对人畜安全，不污染环境，有时对某些害虫可以起到长期抑制的作用，而且天敌资源丰富，使用成本较低，便于利用。生物防治是一项很有发展前途的防治措施，是害虫综合防治的重要组成部分。生物防治主要包括以虫治虫、以菌治虫以及其他有益生物利用等。

3. 物理措施

应用机械设备及各种物理因子如光、电、色、温度、湿度等来防治害虫的方法，称为物理防治法。目前，诱虫灯、防虫网、性诱捕器等已被广泛应用。

4. 化学防治

药剂防治优先选用已获准在草莓上登记的农药，优先选用生物农药和矿物源农药，宜选用水剂、水乳剂、微乳剂和水分散粒剂等环境友好型剂型，在其他防治措施效果不明显时，合理选用高效、低毒、低残留农药。药剂防治要严格掌握施药剂量（或浓度）、施药次数和安全间隔期，提倡交替轮换使用不同作用机理的农药品种。

5. 试验示范中采用的防控技术

示范园中采用的防控技术有以下几种。

① 结合土壤连作障碍绿色防控清理园、土壤盖膜高温消毒及补充有益菌剂改善土壤微生物环境；

② 改善遮阴模式，繁育优质穴盘苗，提高定植成活率、产量和果品品质；

③ 通过全园覆膜、垄沟覆盖稻壳、机械吹花瓣、硫黄熏蒸、低温期热水循环增温、增施CO_2气肥及株形调控等措施来减少病原、改善设施条件防治灰霉病和白粉病等；

④ 利用性诱捕器防治斜纹夜蛾，利用NBIF-001 100亿CFU/mL悬浮剂（国家生物农药工程技术研究中心）和扑食螨防治红蜘蛛。

第3节
环渤海地区草莓优质轻简高效栽培技术集成与示范

一、基本情况

环渤海草莓产区主要包括京津冀、辽东半岛、山东半岛三个区域。该区域位于中纬度北温带亚欧大陆东岸，主要受季风环流的支配，是东亚季风盛行的地区，属温带季风性气候。该区域四季分明，春季多风，干旱少雨；夏季炎热，雨水集中；秋季气爽，冷暖适中；冬季寒冷，干燥少雪，光照较充足。

环渤海草莓产区是中国冬春草莓主产区和老产区，其中北京是中国草莓的种业中心、交易中心、科技中心和国际交往中心，冀、辽、鲁产业规模居全国前列，具备高品质草莓冬春生产的气候优势，为中国冬春草莓生产的优势产区。产区内的辽宁东港和河北满城是行业内公认的中国3个最早规模化种植草莓县中的2个。1920年前后，安东育才中学（现辽东学院农学院前身）从日本引进草莓品种试种，现丹东市振安区桃源街草莓沟村村名起源于此。著名精品草莓产区东港市椅圈镇1921年从安东育才中学引种并开始进行草莓种植，已有百年历史。环渤海地区环境条件与日韩相近，在日韩草莓新品种引进和新技术引进、消化、吸收方面具有天然优势，目前东港草莓产业规模20万亩左右。河北满城草莓始种于1953年，满城区曾经是全国最大的草莓生产基地，被誉为"草莓之乡"，早在1986年就被农业农村部确定为"全国优质草莓生产基地县"。目前满城草莓产业规模在3万亩左右。

二、存在的问题与解决方案

1. 存在的问题

环渤海地区草莓产业存在的主要问题为品种结构单一、草莓苗质量不稳定、轻简化栽培技术水平有待提高、提早上市技术普及率低、绿色防控水平需要进一步提高等。

2. 解决方案

（1）调整品种结构　出于历史原因，草莓品种选育工作起步较晚，环渤海地区现阶段草莓栽培品种是以日系品种'红颜''章姬'为主，普遍抗病性弱，增加了育苗和果品生产中病虫害管理成本。改革开放以来，在各项政策支持和产业需求推动下，国内草莓新品种选育工作取得了明显的进展，育成了一批抗病性佳、品质优良的新品种，为产业品种更新奠定了基础。引入的'京藏香''京泉香'等抗病品种能够显著减少农药使用，提升果品安全性。引入的'白雪公主''粉玉''桃熏''粉红公主'等白果类型、粉果类型品种，能够丰富区域果品多样性，保障产业可持续发展。

（2）保障草莓苗木质量安全　草莓苗质量安全是果品优质高效生产的重要保障。日本草莓产业有"苗半作"一说，可以说在生产层面，苗的质量安全是最为重要的保障。现阶段，环渤海地区企业规模化育苗程度较低，大量农户采用保留结果苗进行自繁自育的方式进行生产，易导致病毒和病害加重、变异累积等问题。参照发达国家经验，草莓主要产区需建立草莓脱毒原种苗培育中心、种苗繁育基地，采用可控条件和基质育苗方式，繁育种性纯无病母苗，同时区域应建立政府或行业协会、大型育苗公司主导的草莓苗质量认证体系，建立标准化的病毒、病害、变异检测体系，从根源上保障草莓苗质量安全。

（3）应用轻简化设施或装备　环渤海地区草莓生产以日光温室促成栽培为主，温室内难以使用大型机械操作。传统的地栽方式劳动强度高、用工量多，同时该区域是中国老龄化较为严重地区，劳动力紧缺，用工成本上升是该区域草莓产业成本提升的主要原因。通过引入起垄机、起苗机等小型化装备，采用肥水一体化自动灌溉系统、自动通风系统等，能够显著降低劳动力投入。采用立架基质或半基质栽培等方式，能够显著降低劳动强度。

（4）应用提早上市技术　环渤海地区草莓传统上市时间为1月中下旬，4月以后由于升温快易导致品质下降，销售价格同时显著下降。近些年市场行情显示，11月上市鲜果价格明显高于春节期间等传统旺季，目前实现结果期提前是该区域草莓生产效益提升的有效手段。采用低温夜冷处理、低温暗黑处理和冷凉地育苗技术能够将结果期提前1～2个月，从而实现及早上市；同时，通过引入'京藏香''黔莓''圣诞红'等早熟品种，能够实现结果期较'红颜'提前2周左右，选育超早熟品种可以拓宽环渤海地区草莓供应时间，这也是国内育种者主要努力方向之一。

（5）采用绿色的病虫害防控技术　作为草莓老产区，该区域草莓产业普遍面临重茬问题。土壤消毒不彻底会导致严重减产，并提高病虫害管理难度。通过利用夏季高温和降水集中等条件，因地制宜开展太阳能消毒技术、高效化学消毒技术以及土壤还原法消毒技术，配施生物有机肥等改良土壤，是保障果品安全生产的基础。在合理肥水调控的基础上建立"苗期预防为主、花果期防治为辅""生物/物理防治为主、化学防治为辅""地下部早期防控和冠层生态调控相结合"三原则为核心的草莓绿色生产综合管理体系，是实现产区果品安全高效生产的重要保障。

三、环渤海地区设施草莓栽培管理要点

1. 准备期

准备期主要是7～8月份，工作内容为完成设施大棚的新建或修缮，连作园需清除干净前茬老苗，清理杂草，减少病源，进行土壤消毒。对小地老虎、蛴螬等虫害进行预防作业。筹备农膜、肥料等。

2. 定植期

定植期主要在8月份。首先需要旋耕土壤，根据土壤养分情况每亩施入2～4t有机肥作为基肥，适当施入复合肥。南北起垄，垄高35～40cm，垄距90cm左右，铺设滴灌带。按照每垄双行、亩栽8000株左右进行定植，注意"深不埋心、浅不漏根"，保持土壤湿度，缓苗完成后及时清理老叶病叶，有条件可盖遮阳网提高成活率。

3. 营养生长期

10月是草莓的营养生长期，要定时摘除病叶老叶，中耕除草，保持土壤湿度。覆盖大棚膜和地膜。防控炭疽病、根腐病、叶斑病、白粉病等病害，防治蚜虫、菜青虫等虫害。

4. 花蕾期

花蕾期主要在11月，需要进行花期追肥，适当使用叶面肥，开始夜间保温。释放蜜蜂，防治病虫害。及时清理匍匐茎。

5. 花果期

花果期主要在12月，要进行疏花疏果操作，摘除老叶病叶，中午适当放风调节温湿度，防治病虫害，采用粘鼠板等预防鼠害。

6. 低温采收期

低温采收期主要在1～3月，此时进行疏花疏果操作，摘果时间以清晨或傍晚为宜，摘除花果结束的残留花枝，清除病叶老叶，及时摘除匍匐茎，适当追肥。开展病虫害防控作业，有条件可进行补光作业。

7. 高温采收期

高温采收期主要在4～6月，此时进行疏花疏果操作，摘除花果结束的残留花枝，清除病叶老叶，及时摘除匍匐茎，适当追肥。开展病虫害防控作业，停止补光。根据天气条件适时停止夜间保温，开始放风降温并停用蜜蜂，继续开展病虫害防治，重点防治白粉病、灰霉病等病害以及红蜘蛛、白粉虱、蓟马和蚜虫等虫害。采收结束后撤掉旧棚膜、钢架等进行涂漆保养。

四、环渤海地区草莓优质轻简化栽培技术研发

1. 环渤海地区草莓壮苗培育技术

（1）露地育苗技术

① 地块选择和前期准备。草莓育苗地不可选择重茬地块，育苗地需远离草莓生产区域500m以上，四周100m内避免种植容易滋生蚜虫的作物，如番茄和瓜类作物等。在定植前15天左右，每亩施用有机肥2～4t、复合肥30～50kg，深翻土壤后做苗床。苗床一般宽1.5～2m。

② 母苗定植。选用脱毒母苗，定植时期为前一年秋季或当年春季，秋季定植母苗需进行防寒越冬处理，春季定植母苗为当地白天气温稳定达到10℃以后，一般在4月底以前。栽植密度每亩栽600～800株，可选择单行或双行种植，株距50～80cm，埋土深度使苗新茎于苗床埋平，达到下不露根、上不埋心即可，定植后要及时浇水，水渗后地皮干要浅锄中耕松土。母株成活后产生的花序要及时去掉，以确保草莓母株营养积累多，促进植株营养生长，提高子苗的繁殖率。

③ 匍匐茎管理。一般6～7月幼苗开始抽生匍匐茎，母株需要增加营养，每2～3周进行一次根外施肥，可喷0.2%尿素2～4次，8月叶面喷肥，喷0.2%～0.3%磷酸二氢钾1次。当草莓母株抽生匍匐茎时，应及时引压。引导匍匐茎抽生向有生长位置的床面，当匍匐茎抽生幼叶时，前端用少量细土压向地面，外露生长点，促进其发根。进入8月后，待匍匐茎子苗布满床面时，及时摘去交叉旺长茎、重叠并生茎，控制生长数量，一般每个母株保留30～50个匍匐茎子苗，多余的在匍匐茎未着地之前去除。雨季应注意及时排涝，雨前雨后加强病虫害防控作业。

（2）穴盘生产苗繁育技术　相比常规露地育苗，草莓穴盘苗繁育具有根系完整、病害少、花芽分化整齐等特点，使用穴盘苗能够显著提高成活率、提早下果，从而提升经营效益，主要技术要点如下：

① 穴盘和基质准备。草莓育苗一般选用32孔高脚穴盘，需采购专用育苗基质或按草炭：蛭石：珍珠岩为2：1：1比例混配并混合均匀待用。

② 母苗选择。选择纯正的无病毒母苗，在3月下旬至4月上旬左右定植母株，将配制好的基质装入营养钵育苗盆，母苗定植时按一个盆一株苗，移栽时应使母苗根系舒展，保证根系能正常生长发育。栽植深度为"深不埋芯，浅不漏根"，栽后立即浇一次透水。将栽入母株的营养钵育苗盆排成一排，成行摆放在塑料大棚中进行避雨管理。

③ 保温促苗生长。母苗定植后要保持合理温度，以促进母苗的生长。如果温度低于10℃，可封闭棚室，将温度保持在20～25℃；当进入5月份外界温度稳定在20℃以上，可以打开棚室东西两侧下部薄膜，加强通风；进入7～8月后，光照增强，温度升高，大棚可覆盖遮阳网进行遮阳降温。

④ 适时浇水和追肥。母株定植成活后，可间隔10天左右浇一次水，到5月后随着温度升高，可适当减少浇水间隔，保持基质湿润即可。等匍匐茎抽生后用育苗卡将子苗固定在育苗穴盘中，让其生根下扎。这时要保持育苗穴盘的湿润。期间根据生长情况，每15～20天施用一次氮磷钾平衡型复合肥，撒施在母株周围的基质上。有条件可增施生根类肥料如EM菌肥以及海藻类、氨基酸类、腐植酸类、甲壳素类等这些利于幼苗的根系生长和下扎的肥料。子苗切离后，追施平衡型复合肥2次，间隔7～10天1次，8月后不再施用，可叶面喷施磷酸二氢钾1次或钙镁硼肥1～2次。促进植株花芽分化。

⑤ 及时引茎压苗。摘除细弱匍匐茎，每个母株选留6条健壮匍匐茎。匍匐茎上子苗长至一叶一心时进行压苗（专用育苗卡），子苗引压在事先放在母苗两侧的穴盘内。

⑥ 适时切离子苗。7月中旬进行子苗切离，即剪断子苗与母株以及子苗与子苗间的匍匐茎。可一次性全部切离，也可先切离母株和一级匍匐茎，2～3天后再切离二级匍匐茎。

⑦ 病虫害防治。及时去除老叶、病叶和抽生的花枝，以便通风透光，减少病虫害的发生。育苗期间主要病害有白粉病、炭疽病、黄萎病、青枯病等，主要害虫有蚜虫、红蜘蛛、斜纹夜蛾等，要根据情况进行药物防控。

⑧ 人工低温夜冷诱导花芽分化。选择60天苗龄以上四叶一心普通营养钵草莓苗，在7月底、8月初左右进入低温8～16℃冷库进行低温短日处理，每日进行8h光照。处理18～20天后花芽分化程度90%以上，定植后采用能够促进花芽发育的一种全营养微生物黄腐酸水溶肥进行肥水管理。各地区可根据实际情况对低温夜冷技术进行简化和优化，如东港地区开始使用冷棚+制冷压缩机等简化装置进行穴盘苗或营养钵苗人工夜冷处理，济南等地尝试利用日光温室+遮阴+制冷压缩机进行土坨裸根苗处理，均可以取得良好的花芽诱导效果。

2. 草莓园土壤/基质消毒技术

（1）石灰氮+太阳能高温消毒　在环渤海地区，夏季光热资源充足，充分利用太阳能提高土壤温度，杀灭土壤中病原菌、杂草种子及地下害虫，是一项低成本、相对高效的消毒技术。一般在草莓收获后的7月上旬至8月初，清园后施入有机质2～3t、石灰氮40kg左右，灌水至土壤持水量70%左右，进行旋耕。旋耕完成后以旧棚膜覆盖地面，同时将温室密闭，通过太阳能使地表温度升至45℃以上，保持15天以上即可达到消灭杂草、控制枯萎病和黄萎病等病害。

（2）化学消毒　常见的化学消毒剂包括棉隆、氯化苦等，棉隆的使用方法与石灰氮相近，亩用量在15～40kg。棉隆对鱼类有毒，操作时务必严格按照安全规范使用，消毒完成需要揭膜通气10天以上方可定植。氯化苦消毒必须由专业人员穿戴防护服进行操作。

（3）秸秆发酵修复土壤 传统的土壤消毒目标主要是抑制土传病害的发生，但是对于多年连作土壤，因盐分累积，土壤次生盐渍化同样是重茬问题的重要原因之一，进而降低种植效益。通过秸秆生物降解的应用，能够为土壤补充碳源，降低土壤盐分。同时在生产季秸秆缓慢降解，可以释放热量提高地温和气温、释放CO_2提高棚室CO_2浓度。

一般每亩施农家肥4000～5000kg，每畦50～60kg，分散均匀，随后旋耕；在定植前15～20天，在定植行下挖铺料沟。大垄双行定植的沟宽60～80cm，深20～30cm；单行定植的沟宽35～40cm，深20～30cm。长度与种植行长度相等，挖出的土放置沟槽两侧。为减轻劳动强度，挖沟采用两沟协同作业方法，即下一个沟挖出来的土，直接覆盖在上一个沟畦的秸秆上，挖土的劳动强度可减小一半，也可用大铧犁或开沟机开沟。

开沟完毕后，可选用稻草、稻壳、酒糟、杂草、豆秸、玉米芯、废弃食用菌菌棒和木屑（锯末、刨花）等填料。在挖好的沟槽内装填玉米或其他作物秸秆，随装随踩，装满为止。秸秆与原地面齐平即可，亩用秸秆1500～4000kg。也可以在填料中释放菌种。采用含有秸秆发酵的、多种菌系的、经过试验试用成功的、经审批的液体或固体的菌种产品；不同菌种与秸秆的比例按产品说明书使用。

最后再将挖沟堆放的土回填于秸秆上，回填土时要不断用铁锹拍打秸秆和床面，让土进入秸秆空隙当中，覆土厚度18～20cm，使畦高25～30cm。在定植前10～15天浇水为宜，在水管的顶端连接铁管，将铁管插入地下秸秆层内。浇水要浇满浇透，使秸秆充分吸足水分，覆土充分沉实后才定植。覆盖地膜前，畦面喷杀虫剂，如亩用40%辛硫磷（黄瓜、菜豆不宜使用）100g，兑水100kg喷洒畦面以防治地下害虫、虱虫和玉米螟。若可以采用软管滴灌，则在畦定植行附近铺双根软管带，否则在畦中间修一条沟，小拱膜下灌水。低温季节覆盖白色透明膜地膜，高温季节采用黑色地膜，以防杂草。采用整畦覆盖，边沿覆盖要压严实。禁用畦垄上对缝条型覆盖和漂浮膜覆盖。随后用打孔器打孔，准备定植。

3. 病虫害绿色防控技术

（1）主要病害 草莓主要病害有灰霉病、白粉病、叶枯病、叶斑病、褐斑病、炭疽病、根腐病、黄萎病等，相关病害的防控应以育苗期控制为主。环渤海地区生产季主要病害为白粉病，可以在晚上每亩平均悬挂10～12个硫黄熏蒸罐进行控制；7～10天熏一次，每次30min至1h，预防白粉病发生。如果已经发生病害，要加长熏蒸时间，最长不超过4h。熏蒸后第二天早晨进行通风。

（2）主要虫害、螨害 草莓主要虫害有红蜘蛛、蚜虫、粉虱、斑潜蝇、蓟马、盲椿象、斜纹夜蛾等叶部害虫，蛴螬、地老虎和线虫等地下害虫。在土壤/基质消毒的基础上，花果期主要虫害为红蜘蛛、蚜虫和蓟马。根据昆虫的趋光、趋色、趋味等习性，采用色板、性诱剂等进行防控效果良好，也可采用捕食螨进行生物防治。同时，利用印楝素、苦参碱、枯草芽孢杆菌、哈茨木霉菌等生物农药和生物菌剂替代化学农药，能够进一步保障果品的质量安全。

五、技术集成示范

1. 东港草莓日光温室后墙架式栽培技术集成示范

东港草莓栽培历史悠久，独特的地理气候条件，使其成为世界最佳的草莓生产区之一。目前东港草莓生产主要有3种栽培模式：日光温室促成栽培、早春冷棚半促成栽培和露地栽培。

本小节将以丹东市圣野浆果合作社为例，详细介绍东港地区最近几年非常流行的一种新兴栽培模式——日光温室后墙架式栽培模式，其中根据取材特点又分为园艺地布栽培模式、圆管栽培模式、石棉瓦栽培模式和栽培槽栽培模式等四种类型（图6-15）。

（1）后墙架式栽培优点　可以充分利用土地，提高单位面积产量；改变劳动姿势，栽培管理省时省力；改善果实品质，提高生产经济效益；克服重茬问题，降低土传病害风险；美化温室景观，增加观赏性、时尚性。

（2）栽培基质和品种　主要采用的基质为草炭土40%，蛭石20%，珍珠岩10%，蚯蚓粪30%，土壤15%；0.5kg/m³的中微量元素（钙、镁、磷）和1kg/m³复合肥。而适合后墙架式栽培的品种有'红颜''桃熏''白雪公主''小白''香野'等。

(a) 园艺地布栽培模式　　　　　(b) 圆管栽培模式

(c) 石棉瓦栽培模式　　　　　(d) 栽培槽栽培模式

图6-15　后墙架式栽培模式

（3）后墙架式栽培管理

① 栽前准备。首先是按照要求做垄面宽度20cm、高30～40cm的畦；然后铺设滴灌管和遮阳网；最后整理草莓苗。定植前草莓苗要进行必要整理，大小苗要分开，不栽病窝子苗。

② 定植时期和要求。温室栽培的定植时间应根据顶花芽分化程度来确定（通过镜检）。顶花芽分化率达到50%时即可定植。在生产实践中如果短缩茎出现明显弓背，叶片基部叶柄上出现了耳叶，这时就达到定植时间；一般在9月上中旬，选择傍晚或阴天定植。

定植时每垄定植1行，株距12～13cm。根据品种生长势确定密度，一般每米定植8～10棵。定植时摘除老叶、病叶及葡匐茎，留3叶1心以上；要求弓背朝向畦外（沟）；定植深度适宜，深不埋心，浅不露根。

③ 植株管理。随着生长时间的推移，要适时摘除病、黄、老叶，降低养分消耗，改善通风透光条件，减少病害发生源；及时掰除叶腋中的腋芽。植株一般只保留1～2个侧枝，顶花序抽生后选留2个方向好且粗壮的腋芽。丹东地区一般用竹片制成小的刀状工具剔除腋芽。

④ 花序整理。草莓的花序呈高低级次花序，级次越低果个越大，高级花序分化较差，果实较小，商品价值低，合理留果可保证产量的同时提高果品质量，及时疏花疏果是关键，根据品种的结果能力和植株健壮而定。以'红颜'为例，第一花序留果3个，第二花序依次留果2个，第三花序留1个。结果后的果枝及时摘除，以促进新花序的再生。另外花瓣的多少是决定果实个头的关键之一，五瓣花是不可能结出个头很大的果实的，在疏花过程中需要注意一下。

2. 万和七彩智能化高效轻简育苗和生产模式

威海南海新区万和七彩农业科技有限公司成立于2017年3月，是一家集绿色AA级草莓、葡萄等特色农产品种植，草莓衍生品销售，生态农业旅游观光，农事体验，儿童科普教育于一体的大型现代生态农业企业。

针对草莓育苗脱毒苗缺少、轻简化程度低的问题，自2019年起，万和七彩打造涵盖了高标准的超净实验室、细胞工程实验室、组培实验室、基因实验室、快速繁殖种苗工厂等万级洁净度植物细胞工程中心（图6-16）。

万和七彩高标准智能育苗基地面积为150000m²，有A字架立体式育苗、韩式穴盘育苗、潮汐式育苗几种模式。育苗环节完善配套水肥一体化节水灌溉系统，通过对土壤、水质等定期检验检测，按检测的土壤养分含量，配兑成肥液与灌溉水一起，通过可控管道系统供水、供肥，使水肥相融后，通过管道均匀、定时、定量浸润作物根系生长发育区域，使主要根系土壤始终保持疏松和适宜的含水量，既能减少劳动投入，又能减少病虫害发生概率，形成一个生态良好、设施配套、道路畅通、节水节能、减肥减药、有机高效的高标准智能育苗示范基地（图6-17）。

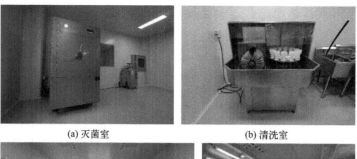

(a) 灭菌室　　　　　　　　　　　　　(b) 清洗室

(c) 接种室　　　　　　　　　　　　　(d) 组织培养室

图6-16　万和七彩智植物（草莓）细胞工程中心

(a) 字架立体式育苗　　　　　　　　　(b) 潮汐式育苗

(c) 水肥一体化节水灌溉系统　　　　　(d) 优质种苗

图6-17　智能育苗基地

　　育苗环节的基质土壤在草莓苗生长过程中有着至关重要的作用，直接影响到草莓生产环节的品质和产量。育苗基质是利用草炭土、虾糠、海蛎皮等混合专用配比而成，粗细纤维搭配达到最科学合理的透气、透水、保肥的功效，配合专用的水溶肥，满足育苗环节草莓生长健壮、叶片快速厚绿、根茎均衡茁壮所需的多种微量元素，能提高产量、增强品质。

3. 冷凉地区草莓轻简育苗技术示范

北京地区有些企业为了降低生产成本及防止外购植株的变异，对传统使用专用母株的草莓育苗方法进行了改进，开发出了一种降低采苗成本的方法，即从结果株采苗的低成本体系。该技术不是从专用母株采苗，而是从结果后植株采苗，不需要培育专用母株，所以有很多优点。首先成本方面可以降低母株育苗地的占地费，节约土壤消毒费和耕耘费等，大幅度消减劳力。另外，在防雨状态下采苗，可以降低炭疽病的患病率，用药量和次数也随之降低，这也可以称为循环农业技术。利用结果苗进行育苗时，前提条件是没有发生过枯萎病、炭疽病等病害，将结果苗的老叶及花果全部清除，对蚜虫、螨、白粉病等要进行彻底防治。

北京市神农天地农业科技有限公司在每年的5月上旬，把立体棚的结果母株第4批花去掉，同时把母株上的老叶全部割除，并加强肥水管理，等长出匍匐茎后，把装满基质的穴盘放到架子上，把茎尖引插到穴盘内。该方法被命名为"马氏引插法"（图6-18），每亩大棚可以产出合格的穴盘苗2万余株，仅此一项技术革新每亩能增收2万余元。

图6-18　神农天地农业科技有限公司"马氏引插法"

北京汇源康民有机农业有限公司利用悬挂式草莓结果母株进行采苗（图6-19），2022年度共采集茎尖200余万个，其中100个茎尖在海拔800m的高山上进行了扦插，100万株在山下避雨棚内扦插，培育合格的苗木200余万株，获得效益近300万元。

该体系既可以直接将子苗剪下扦插于营养钵，也可以采用不剪短，将子苗压入营养钵的压苗法。扦插的要领是首先摘除母株上的果穗，保留匍匐茎，加强肥水管理，剪取有2片小叶并开始发根的子苗，用杀菌剂浸泡，然后扦插，马上浇透水，并盖遮阳网，频繁灌水，保持叶片湿润。用于作业的剪刀也要用药剂或酒精消毒后再用。引诱子苗时，按子苗从母株生成的顺序，用匍匐茎夹子固定，或者子苗生出3节左右后，一次性引到钵中，如果不固定，会因为风或防治病虫害，造成匍匐茎缠绕在一起。当引诱完所有子苗后，从定值前60～70天开始同时进行灌水，使苗木生成根系，苗龄才能接近；清除母株的叶子，确保子苗通风透光好，这样可以防止子苗的徒长，也可以减轻白粉病和螨的危害。

图6-19 悬挂式草莓结果母株进行采苗

4. 一年栽多年收的草莓优质轻简高效栽培技术集成示范

草莓为多年生草本果树，在适宜的气候条件下能够多年结果，连续生产。云南省会泽县待补镇及周边区域依靠高海拔、光照充足、昼夜温差大、夏季气候温凉等优势，发展出在中国特有的草莓一年栽多年收栽培模式（图6-20）。通过一次定植，能够进行3～4年生产，该模式显著减少了每年旋地作垄、定植草莓苗、覆盖地膜等农资投入和人力投入，在特定气候区域实现了极显著轻简化的草莓高效生产。"一年栽多年收"草莓高效轻简栽培模式在气候适宜的冷凉地区具有良好的发展潜力，有望成为中国特色的草莓优质轻简高效栽培模式的亮点。

图6-20 专家现场调研会泽县"一年栽多年收"草莓轻简高效栽培模式

第7章

枇杷优质轻简高效栽培技术集成与示范

　　枇杷是蔷薇科苹果亚科枇杷属植物，为中国原产的亚热带常绿果树。枇杷果实成熟期正值春末夏初的鲜果淡季，果实柔软多汁、甜酸适口，深受消费者的喜爱，其售价高、营养丰富，是一种高档小水果。枇杷在中国栽培历史悠久，在西汉司马迁的《史记》中就有关于枇杷的记载。据《本草纲目》载，枇杷果实有止渴下气、利肺气、止吐逆、润五脏之功能。因此，枇杷还是一种具有药食同源特性的水果。由于枇杷疏果、套袋、采摘等劳动力集中，加之成熟期短、果实不耐贮运，枇杷的产业发展受到制约，难以像大宗水果一样进行大规模种植。另外，枇杷秋冬开花坐果，因花果易受低温冻害，对种植环境有严苛的要求，种植区域也受到限制。目前枇杷在中国南方地区主要以专业村、家庭经营方式种植，通过休闲采摘、产地鲜果销售、电商和批发市场等进行销售。在当前乡村振兴、共同富裕的背景下，枇杷作为一种药食同源的水果，随着其健康功能不断被发掘和抗性品种与轻简化栽培技术的推广应用，枇杷产业正面临着重要的发展机遇。

第1节
枇杷优质轻简高效关键技术和产品研发

一、宜机化园区建设技术

1. 园地选择

枇杷秋冬开花坐果，花果易受低温冻害；根系浅、无主根，不抗大风、不抗旱涝；果皮薄、肉质细，易受多雨裂果与高温日灼。因此，枇杷种植对气候条件要求很高，种植园地的气候、土壤及立地条件对枇杷产量影响很大。应根据枇杷的生长特点，选择有利于枇杷花果生长发育的小气候、地形地貌与土壤类型进行建园。

（1）气候条件　枇杷原产于亚热带地区，秋冬开花，花、幼果在冬季易受冻害而影响产量。所以在建园时首先要考虑园地的气候条件，重点考察温度、降水量、光照、风力等。

① 温度。温度是决定能否种植枇杷的最关键气候因子。枇杷树体比较抗冻，成熟叶片能抗-18℃的低温，但花果的耐低温能力远低于叶片。通常温度低于-3℃幼果受冻、低于-6℃花开始受冻，在低于-9℃时多数品种的花蕾也严重受冻。冻害与低温的强度和持续时间相关，时间越长、气温越低，冻害就越重。

10月至次年2月这段时间温度对枇杷经济栽培最为重要，此时正值枇杷的开花坐果期。枇杷开花后授粉受精需要适宜的温度，一般以17～20℃为宜，20℃时花粉发芽率可达80%。花期温度过高，则能缩短花期、影响枇杷授粉受精。超过30℃花粉发芽率下降、授粉受精受到抑制，35℃以上发芽率降至28%，难以满足受精需求。温度过低也影响花粉萌发，3～5℃低温下花粉就不发芽，10℃发芽率仅为40%。因此，花期以晴天气温15～20℃的12月最为适宜，此时最有利于授粉受精。而10月开的花因温度过高，授粉受精不良，多数果为单核的长形果，商品性低。1月后开的花，因气温低，授粉受精也不好，造成这些花所结的果实小、成熟迟、商品果率低。

枇杷生长还要考虑园地积温，通常≥10℃的年积温要在5000～6000℃。积温过低过高都不宜。特别是花期温度过高的热带地区，或≥10℃的年积温高于6000℃的地区，也不适于枇杷的栽培。

总体而言，枇杷生长要求年均温15℃以上，1月份均温5℃以上，最低气温不低于-6℃。园地实测最低气温常年在-9℃以下，就不能在露地条件下进行商业化栽培。

② 降水。枇杷生长需要水分充足、空气湿润的环境条件。缺水环境下枇杷叶小、

植株生长不良、树势弱、抗性下降。缺水还导致果实小、品质下降。缺水伴随高温将导致叶片焦枯、提早落叶，严重缺水导致植株死亡。因此，种植枇杷需有滴灌或喷雾等供水设施。但是，枇杷根系浅、需氧量大，降雨过量、土壤地下水位过高、长期积水也会导致根系生长不良、新根不能发生，最终导致叶片黄化、植株衰弱甚至死亡。果实成熟期雨水过量，会造成裂果。如2022年5月，浙江温州、台州等产区，因雨水多，造成白肉枇杷品种'宁海白'裂果率在60%～80%。

由于枇杷既不耐旱也不耐涝，枇杷种植区除要求年降水量在1200～1500mm外，还要求降水分布均匀。如果旱涝分布不均要有相应的蓄排水设施。

③ 光照。枇杷较能耐阴，但枇杷植株生长与果实发育都要有良好的光照，光照充足有利于花芽分化、开花坐果、提高品质。但强光伴随高温也会对叶片、果实造成伤害。如在果实膨大期与转色期，光照过强、伴随高温，会诱发果实日灼。反之，光照不足，植株生长不良、品质下降。要通过适当修剪，确保枇杷树通风透光。

④ 风。枇杷无主根，地上部生长量远大于地下部，是地下部的3倍，故枇杷不抗风。台风和强风易刮倒大树，风过大松动根系对树体生长不利，影响树势。因此，在沿海多风地区建园时，要避免风口和台风登陆区。已在风口处建园的要建立防风带，树体用钢制支撑架固定。

（2）地形地势　园地气温受地形地势影响很大。因此，枇杷建园要尽可能选择冬季气温高的地带，要求园地光照充足、日照时间长的南向或西南山坡，通常选北有大山、下有水体、山上有林、坡度25°以下的低山缓坡为宜。这类地块光照与排水好，在满足水分供应条件下，枇杷生长好、树势强、品质优。忌选择山谷、风口、低洼地建园，这些地方气温低，易冻害，不适于建园。

种植地的海拔对气温影响极大。海拔高度上升100m，气温下降0.6～0.7℃。过高的海拔，气温低，枇杷冻害严重。东南沿海地区枇杷建园通常以海拔低于300m为宜。

（3）土壤条件　枇杷种植适宜的土质为砾质或砂质壤土。土壤要求土层深厚、土质疏松、排水良好、富含有机质的土壤。有机质含量要在1.5%以上。pH5～8都可，但以pH5.6～6.5之间为宜。黏性重且地下水位高的土壤因根系生长不良、树体生长差不宜栽培。砂地栽培也因土壤保水性差，果形较小，且遇雨易裂果，不宜栽培。如在砂土栽培需加黏土与有机质改土，黏土栽培需加砂土与有机质改良。

（4）水源　虽然年降雨量在1000mm以上，可满足枇杷生长结果的需求。但由于降雨不均或出现干旱性季节，需要有水源进行灌溉。灌溉水的量以株灌15～30L，满足2～3次灌溉为宜。灌溉水源要符合国家农用水的标准。

2. 整地建园

整地前，平地枇杷园应视情况规划好防风林、排水渠、沟和道路。根据枇杷不耐涝的特性，建园时务必深沟高畦，开好排水沟，降低地下水位；在地势低洼处，应采用高畦或筑墩，栽后逐年加高客土。山地建园应修筑梯田，复杂山坡地可修水平台阶梯田，梯田宽度3m左右。

土地平整要结合土壤改良，枇杷园土层至少有60～80cm深度，以利根群发展。对pH＜5的酸性土壤，可撒施石灰结合施有机肥深翻调到pH6左右。枇杷园地土壤有机质含量应在1.5%以上，有机质含量不足的地块在整地建园时要通过定植穴或全园施商品有机肥、磷肥、草木灰等，用机械翻耕进行改良至有机质达到适宜水平。

（1）道路　为使果园能进入机械或适于车辆运输，枇杷园要求配备道路设施，无道路设施要依据机械进入的方式进行标准化改造。标准的道路由干道、支路、作业路和人行便道组成。干道和支路为车辆运输道路，标准为5～7m和3～4m。作业路和人行便道连接干道和支路，通常分别为2～2.5m和1m。山地果园的道路依山体状况修建，坡度小于10°可直上直下修建，坡度10°～15°宜斜向走。坡度15°以上以"之"字形修建。干道、支路300m左右要设置错车道，在道路尽头要建回车场所。

（2）畦宽　枇杷种植株行距一般是4m×4m，平地枇杷畦宽8m一畦，每畦种2行，这样畦中间无沟可方便施肥、清杂草和树体管理。山地枇杷园应依据地形灵活制定畦宽，沿等高线种植。

（3）排水系统的建造　山地枇杷园的园地上方要开挖拦洪沟，以拦截强降雨或连续降雨的洪水冲毁枇杷园。沟深0.8～1m、上宽0.8～1m、下宽0.5～0.8m。沿等高线修建，出口与排水沟相连。

园内建设排洪沟或叫主排水沟，贯通整个枇杷园区，与拦洪沟相连。将园区的水引入水塘、河流、沟渠等。田间开田间排水沟或畦沟，与主排水沟相连。沟深0.6m、上宽0.6～0.7m、下宽0.4～0.5m。

3. 安装水肥一体化设施

水肥一体化技术是将灌溉与施肥融为一体的可实现精准灌溉与施肥的技术，该技术能够针对枇杷的生长特点与养分需求，通过管道将适宜的水肥量精准输送到枇杷根际，并可实现自动化与智能化管理。

与常规施肥相比，水肥一体化管理有灵活、方便、准确的特点，主要优点如下：

① 节肥减水。传统灌溉水利用系数只有0.45，而滴灌的水利用系数达0.95，比传统漫灌节水50%以上，比畦灌节水30%～40%，可比传统施肥节肥40%～50%。

② 节省人工。水肥一体化通过管网自动供水施肥，减少了开沟、撒肥等过程，操作方便省力化，可节省人工90%。

③ 降低病虫发生、减少农药用量。滴灌实现局部精准供水，可降低湿度、减轻

病虫害发生，减少农药用量15%～30%。

④ 提高产量、改善品质。水肥一体化技术可根据枇杷生长发育的需求适时、适量地供给枇杷生长所需的水与营养元素，可促进果形增大与提高品质。同时，肥水供应充足后植物生长量大，可快速形成树冠，提早进入投产期，增加产量。

⑤ 减少污染。水肥一体化技术减少了化肥的用量，可防止化肥和农药进入深层土壤污染地下水。

不过，水肥一体化技术也存在一些问题。一是水肥质量差与使用不当易引起堵塞。堵塞原因有物理因素，也有化学与生物因素，如磷酸类化肥会与一些金属离子结合产生沉淀引起堵塞；水质中微生物也会堵塞滴头；肥料杂质多、溶解性差引起堵塞。二是限制根系的生长。根系有向肥向水性，肥水局部供应会影响根系向肥水供应不到的地方扩展。

4. 安装弥雾系统

枇杷4～5月果实膨大与成熟期间遇极端高温天气，果实易发生日灼。特别是白沙枇杷肉质细、果皮薄，果实成熟期间果实表面更易受强光直射引起日灼，使果实呈现黑褐色的不规则凹陷，如遇雨湿天气，果实发生腐烂而失去商品性，造成减产减收，严重年份日灼率达30%以上。大棚种植的枇杷，因棚内温度过高也会出现日灼。弥雾喷水降温是一种有效的措施。因此，为使枇杷能防异常高温，果园必须安装喷雾降温系统。

枇杷园通过应用弥雾系统，可有效降温，防止枇杷的日灼与皱果。已有研究表明，遇高温天气，枇杷日灼、皱果严重，应用弥雾降温系统后，可使园内温度降低8～12℃，使枇杷园果表温度低于38℃；而高温天使用3～5次，每次10min，日灼与皱果率低于3%。其次，通过均衡供水、促进果实膨大与减少裂果。使用弥雾系统后，枇杷果实发育期水分供应正常，果实膨大不会缺水，果实通常比不进行弥雾的大，裂果就轻。此外，可以提高品质、增加产量。使用弥雾可冲洗叶表的灰尘，增进叶片的光合作用，促进果实糖分积累。同时增大果形、减少裂果与日灼，提高商品果产量。

5. 安装山地轨道运输机

在非粮化整治环境下，枇杷的建园在平原地区受到抑制，枇杷种植必然向山地发展。但山地受地貌特征的限制，难以进行道路的修建，常规轮式运输机使用受到限制，农药、肥料、果实等运输的劳动强度大、劳动力成本高，使山地枇杷园的种植成本上升。随着中国经济的发展，从事果园生产的年轻劳动力不足，制约了枇杷产业的发展。因此，解决山区枇杷园果实、农资等运输问题迫在眉睫。新建园必须考虑建设轨道运输机械。

二、老枇杷园的宜机化改造技术

1. 改造道路

多数建园早的老枇杷园，道路设施不标准、不完善，运输车辆与相关机械无法行走，应按上面标准化果园的道路要求进行道路改造，通过拓宽、增加路网，形成适于地形又方便运输的标准化的干道、支路、作业路和人行便道。

2. 安装山地果园建设轨道运输系统

在无法进行道路建设的坡度较大、地形复杂的山地枇杷园，根据地形条件按上面轨道建设方法建设相应的轨道运输系统，使之能运输肥料、农资与果品。

3. 改造供水系统，建立肥水一体与喷雾降温设施

无喷滴灌系统的枇杷园，特别是山地枇杷园，要根据水源条件，按照标准化建园要求加装肥水一体、喷雾降温系统，有条件的可加装智能管理系统，以利肥水的轻简化管理，提高效率。

4. 改造畦宽、矮化树形使之适应轻简化管理的要求

传统平地枇杷园4m一畦，树体长大后，人在园中操作只能站在畦沟中，不仅操作不便，也不利于机械进入。应将4m一畦改造成8m一畦，每2畦合并成一畦使畦宽为8m，畦沟填平后利于机械与农事操作。

老果园树体高大，要进行矮化整形改造。首先要控制高度，通常将树高控制在2～3m之间，高于此高度的一律去除。其次，要疏去行与行、株与株之间的交叉有利于通风透光，也给机械与人员操作留空间。

三、枇杷轻简化高光效树形培育与矮化修剪技术

树形的改变与树体冠层、产量和果实品质有着十分密切的关系。果树光合作用的强弱与冠层光照关系密切，果树对光能利用率的高低决定了果树生产能力。树形直接影响了冠层结构、冠层光照、叶片光合作用、果实品质及产量。枇杷是多年生、多分枝作物，在自然生长下树冠干性与层性明显，但不修剪会使树体层数过多、层间过密、主枝过多，造成树体高大、树冠郁闭、结果部分外移，最终导致通风透光性差、管理效率降低，造成产量与品质下降。生产上通过合理的整形修剪，使树形高度合理、枝条分布适宜、生长与结果达到平衡，以此实现省力、高效、优质的目标。

整形修剪是枇杷树体管理调节枇杷树体生长与结果平衡的一个重要技术手段。整形是将树体剪成一定形状，如疏散分层形、变则主干形、双层杯状形等。枇杷树形培养要适度矮化，便于修剪、疏果套袋、病虫防控、采收等操作。修剪是通过抹

芽、疏枝、短截、回缩、扭枝、拉枝、环剥等方式使树体生长高度合适、通风透光、生长与结果平衡，达到提高产量与品质的目的。

1. 枇杷幼树矮化轻简化树形培育与整形技术

（1）枇杷种植　枇杷种植可在春季3月或秋季11月前后种植。种前3个月要挖好长宽深各0.8～1.0m的定植穴，定植穴中填入50～60kg有机肥并与土混匀，再用表土筑20～30cm高的土墩。种植提倡带土球移栽或用容器苗种植。种植时将枇杷苗连土完整取出，放置于定植穴填上表土踩实，然后浇透定根水。种植时注意将嫁接口露出地面。浇完定根水后在树冠周围覆盖草或秸秆保湿，种后无降雨天气时每隔5天左右浇水一次，直至度过夏季高温枇杷树苗完全成活为止。不带土或无容器苗建议春植，种植后第一梢老化第二次梢萌发后可进行施肥，以复合肥等薄肥勤施促进幼树生长。

（2）幼树矮化分层整形技术　在浙江等枇杷北缘产区，面临低温冻害与高温日灼，枇杷树形宜采用主干分层树形（图7-1），在种植后前3年枇杷幼树生长阶段完成基本树形的整形。

幼年树矮化分层轻简化树形培养技术要点如下：①枇杷春季定植后嫁接口上方30～40cm处定干，使其重新萌发。②冬季或第二年春季在主干离地30～40cm处，选留角度合适、生长健壮的3～4枝作为第一层主枝，其余去除，选择一个向上生长枝作为主干。③第二年冬在与第一层分枝60～80cm处选留3个分枝作为第二层主枝，但与第一层错开，将二层之间的分枝一律除去。④在第三年冬再在第二层主枝上部60～80cm处

图7-1　枇杷分层树形

选留3个分枝培养第三层主枝。如此，一般达到3～4个层次，再通过拉枝形成适宜的树形。

在整形的同时，对幼树的春、夏、秋梢的主枝通常保留，而对侧枝要进行疏枝，一般幼树保留2个侧枝，其余疏去，即以"一主二侧"进行春、夏、秋梢的管理。

（3）枇杷双层矮化控冠技术　在四川、重庆等冻害比较轻的西南枇杷产区，枇杷宜采用高光效的双层矮化树形。该树形的培养是通过在第1年培养第一层主枝，第2或第3年培养第二层主枝，最后剪除上部主干，完成双层矮化树形的培养。双层矮化树形可有效降低枇杷树体高度、提高管理效率与品质的要求，具体步骤如下：

① 春季3月份上旬，选取健壮无明显病虫害的枇杷小苗定植，浇足定根水，促进成活。定植后，在距离地面40cm处将主干剪断、定干，促进萌发分枝。待小苗

萌发新梢后，薄施勤施、及时施肥，促进新梢生长。新梢生长到5cm以上时，选留4～5条生长方向不同、分布均匀的枝梢，作为第一层主枝，抹除多余的新梢。

② 第二年春季春梢萌发前，在原有枝梢基础上，选取中间直立生长的主枝，在离第一层主枝70～80cm处短截，促进新梢萌发，待新梢生长到5cm以上，用同样的方法选留3～4条生长方向不同、分布均匀的枝梢作为第二层主枝，其余新梢抹掉。各层主枝尽量沿不同方向延伸，不重叠、不交叉，从而增加透光性，促进下层主枝的生长，整体上控制树冠高度在2.5m左右。在每个主枝的适当位置选留2～3个副主枝或侧枝，然后将主枝短截，将选留下来的主枝、副主枝根据需要进行适当拉、撑、坠、吊使之定位，一般经过3年的整形培养，即可形成双层的矮化开心圆头形树冠。拉枝每年进行一次，第一次在苗木定植后的当年冬季新梢老熟后进行，以后每年冬季进行。拉枝的方法：用撕裂布带顺着枝条生长的方向拉下，并用竹片打桩或用砖块或石头等重物固定于地上，调整至主枝与主干间的角度为60°左右。待枝条生长定形后，及时解绑松绳。在拉枝时以所留的主枝均匀分布而不互相重叠为原则。

双层矮化树冠，树冠高度控制在2.5m左右，既可避免单层矮化树冠结果面积小、产量低等问题，又可显著降低枇杷树高，便于进行疏花疏果、套袋及采收等田间工作，可省工省本提高工效。

2. 结果树的轻简化修剪与大树矮化更新改造

成年树修剪目的是控制高度、提高管理效率、防郁闭、保持通风透光、提高果实品质与抗性。枇杷成年树的修剪以轻简化为主，按照树体的生长空间与生长季节及枇杷的生长特点进行修剪。

（1）结果树的轻简化修剪

① 控高。结果树树高超过3m后不方便进行枝梢修剪、疏花疏果、病虫防控与采收等操作，应通过修剪进行控高，使枇杷树高不超过3m，以利于生产管理的高效。对于高于3m的枇杷树，要对主干、大枝进行重修剪，将3m以上枝剪除。主干剪顶操作时间宜在秋冬花蕾形成后未开花前或春季萌芽前进行。采后6～7月份不宜进行大枝修剪，以防止大枝修剪造成花芽分化不良、开花量下降。控高剪顶的修剪一般剪在有分枝处。剪口不留桩，以防留干过长重新抽发过多新梢或徒长枝。

② 去交叉枝。枇杷树自然生长下树与树之间、树内枝与枝之间会有大量的交叉枝，这些交叉枝是造成树冠与果园郁闭、通风透光不良的原因之一。因此，在修剪时要将树与树之间的交叉、树内的交叉枝剪除，使行间、株间、树内都能通风透光，便于进行枝梢修剪、疏花疏果与病虫防控的轻简化管理，也便于人员进出与农机具的应用。

③ 去重叠枝、下垂枝、徒长枝、细弱枝。枇杷自然生长下，上下枝条之间距离

过近而产生枝条重叠会形成大量重叠枝，使树体郁闭，不利于通风透光。枇杷结果枝采果后也会从穗痕处抽发多个新梢，不疏枝会造成这些枝条生长比较弱，会形成细弱枝。果实生长量大，挂果会形成一些下垂枝、拖地枝，这些枝条不剪除也影响树势。此外，在树冠郁闭下易发生一些徒长枝。

修剪时要剪除重叠枝，使枝的上下不重叠、各自有生长空间。对于下垂枝、拖地枝，要回缩至向上生长的枝处。对簇生的细弱枝或采果后发出的弱枝，采取取强去弱，保留强壮枝，其余疏除。对徒长枝，有生长空间的要及早进行摘心，摘心后选留有生长空间枝。对干扰树形或树顶的徒长枝一律及早从其基部去除。

④ 春、夏、秋梢的修剪。枇杷从顶芽抽生1个主梢，从顶芽下部的腋芽发生多个侧生枝，多个侧枝都保留下不仅侧枝细弱且易造成树体郁闭。春、夏、秋季抽发的新梢都有1个主梢与多个侧生枝，因此，在春、夏、秋梢发生的季节，都要进行疏侧生枝。通常保留新梢留的主枝，留1～2个生长空间角度好、生长充实的侧枝，其余侧枝则疏除。

（2）大树矮化更新改造　树体过高与结果部位外移的老弱树和衰老树都应以回缩方式进行更新修剪，以恢复树势、增强树体抵抗力。

更新修剪一般在春季萌芽前进行，主要通过锯除高大枝降低树高、外移骨干枝回缩修剪、短截或疏除过密或下垂枝组与枝梢，对中下部小枝及内膛枝以保留培养为主。树体更新修剪，可使树体高度下降，结果枝分布合理，树体通风透光，便于疏果套袋与病虫防控的轻简化管理。修剪结束后应及时对大伤口涂抹伤口保护剂，并施速效肥，使其尽快恢复树势。更新修剪后，待大量不定芽萌发再根据生长空间进行适当的抹芽与疏枝，去除背上枝、保留枝上两侧萌发的芽，使新梢分布合理。也可对背上过长的枝进行摘心，使生长势缓和。同时注意对暴露在阳光下的大枝上萌发的新枝要适度多留作遮光用，以保护大枝免受强光高温灼伤。

（3）大树高光效开心形树形改造　西南枇杷产区，双层分层形和开心形相较传统自然圆头形，对通风透光、果树发育及果实品质都有明显改善。通过数据对比发现，对于大多数品种，开心形树形更适合，而对于某些生长势较强的无核枇杷，则适宜采用双层性树形。

① 开心树形主枝的改造。自然圆头树形无明显主枝，改造时应选择3～4个生长强健、直立而少弯曲、分布适当、着生角度50°～60°的枝条为主枝。除去中央直立主枝，并回缩选留过高的主枝，树高控制在1.8～2.0m。去除多余主枝的和对选留的主枝矮化回缩均宜分年进行。

② 开心形树侧枝的改造。侧枝之间距离应依树势而异，一般为40cm左右为宜，生长势强的为50cm，生长势弱的宜距30cm。不同主枝上侧枝避免交错，同一主枝上侧枝方向不重叠，以利采光，分枝角度以50°～60°较佳。结果枝的改造：注意调节结果母枝和发育枝数目，疏除过密枝。

四、肥水精准管理技术

传统枇杷施肥采用一次性撒施，施肥表层化，肥料利用率不高；水分主要以自然降雨供给为主，供水不均影响果实发育与品质。轻简化栽培技术应采用肥水一体化的精准管理方式。具体要求如下：

① 参数确定。用水力驱动比例施肥泵吸取肥料溶液，吸肥比例可调范围为0.4%～4%，额定压力0.1MPa；灌水量采用精度为0.001L的数显水表计量。

② 水肥一体化肥料。主要有水溶性的复合肥、尿素、磷酸二氢钾和硫酸钾等。

③ 不同时期的施肥种类与量。露地枇杷春肥以高钾水溶复合肥为主，果实膨大期以钾肥为主，采后露地可以用尿素＋高氮复合肥。设施枇杷以果实生长期磷酸二氢钾＋钾肥为主，花期以高氮复合肥为主。枇杷施肥按株数确定总量，肥料以2%～4%浓度的肥液注入。

④ 肥水管理方式。为避免滴头堵塞和肥液残留，滴灌施肥运作方式为初期1/5时间只灌水，中期3/5时间滴灌施肥，后期1/5时间只灌水。

五、枇杷延迟花期防冻技术

枇杷花期长达4～5个月，开花时间可以从10月份持续到翌年的2月初。通常将10月至11月中旬开的花称为头花，11月下旬到12月开的花为二花，1月至2月开的花为三花。由于枇杷开花坐果期正值一年中温度最低的季节，花果冻害频发，低温冻害是影响华中与东南沿海产区枇杷产量的主要因子。但枇杷花与幼果的耐低温性是不一样的，花可抗−9～−6℃的低温，而幼果只能抗−6～−3℃的低温。枇杷花与幼果的抗冻性强弱依次为：花蕾＞花瓣脱落花萼合拢的花＞刚开的花＞花瓣脱落花萼未合拢的花幼果＞横径小于1.0cm的幼果＞横径大于1.0cm的幼果。在浙江、江苏等北亚热带枇杷产区，1月份经常会出现−3℃以下的低温，而此时枇杷10～11月开的头批花所结的幼果多处于横径为1cm左右的幼果状态，抗冻性最差，极易受冻死亡，影响产量和种植效益。例如，2016年1月浙江枇杷园实测出现了−11℃、2021年1月出现了−9℃的低温，头批花与二批花幼果几乎全部冻死，1～2月开的三花也只有少部分存活。白肉枇杷品种因花期比黄肉枇杷早，低温期间几乎都已谢花，产量损失普遍在80%以上，几近绝收。因此，开发轻简化的延迟开花技术是提高枇杷抗冻能力的重要手段。

1. 枇杷春梢摘心延迟开花技术

春梢摘心延迟开花的原理基于枇杷春梢发生早的其枝上花期也早、春梢抽发迟的其枝上花期也迟的发现。枇杷春梢一般从3～5月初陆续抽发，从早抽发的春梢主梢上抽生的夏梢一般成了枇杷头批花，而迟抽发的春梢主梢发生的夏梢一般成为迟开的二花或三花。二花主要是从春梢侧枝或迟春梢主枝上发生夏梢形成的花。三花是从迟春梢上所发夏梢的侧枝上形成的花。因此，通过在3月对刚萌发的春梢进行摘心，摘心后延迟了春梢的发生时间，相应地这部分春梢上抽发的夏梢也延迟，最终导致枇杷初花时间推迟1个月以上。而对4月份以后萌发的春梢不进行摘心。这样通过春梢摘心，可大大减少枇杷头花量，相应地增加二、三花花量。在'宁海白''软条白沙'等品种上试验表明，春梢摘心后，'宁海白'枇杷头花的比例由原来的48.7%下降到14.4%，二花比例由原来的33.4%下降到21.8%，而三花比例由原来的17.9%上升到63.9%（图7-2）。这样，枇杷花期延迟，可以有效避开1月份的低温，防冻效果良好。

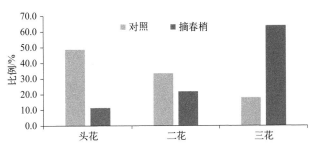

图7-2 春梢摘心对'宁海白'枇杷各批花比例的影响

具体方法是在3月中旬，春梢3～5cm时进行摘心，在4月底5月初春梢重新萌发后进行定芽，每枝从再萌发的春梢中留1～2个强春梢，定芽后叶面喷施70%甲基硫菌灵700倍液+0.3%尿素＋0.3%（重量比）磷酸二氢钾促新梢生长。6月上旬施采果肥，肥料为复合肥0.7kg/株＋尿素0.2kg/株。7月对春梢摘心后发出的夏梢进行疏枝，保留主枝，侧枝留1～2个。9月底10月初枇杷现蕾后，施花前肥，肥料为腐熟羊粪40kg/株＋尿素0.1kg/株，以促进枇杷开花延迟与拉长花期。表7-1可见，不经春梢摘心的对照组，2021年折合亩产商品果164kg，商品果率45%左右。摘春梢处理能明显提高枇杷商品果产量，其中春梢长到2cm或者5cm进行摘除处理后，每亩商品果产量可达250kg、280kg，一级果率可达到60%以上。而春梢长到10cm再进行摘除处理，一级果率要低于2cm和5cm摘除处理。因此，摘除春梢能延迟花期，防止花冻伤，从而增加枇杷产量和提高商品果比例。

表7-1 不同长短春梢摘除对枇杷产量、一级果影响

项目	春梢摘除长度/cm	每株商品果产量/kg	亩产量/kg	商品果率/%
对照	不抹除	4.1	164	45.26
处理1	2	3.63	250	65.55
处理2	5	6.25	280	68.35
处理3	10	6.05	242	55.26

2. 调整肥料施用延迟开花

肥料供应状况影响枝梢与花穗的生长发育，对枇杷花期产生影响。因此，可以通过改变施肥时间与肥料结构来调节枇杷花期，达到延迟开花与拉长花期的目的。

（1）调整采后肥施用时间与肥料种类延迟花期　采后肥的施用可促进枇杷夏梢生长与花芽分化，有利于恢复树势。枇杷的开花早晚与树势相关，树势强枇杷开花晚，树势弱枇杷开花早。通过肥料的施用来增强树势是延迟花期的重要方法。

在采后肥的施用上枇杷传统上是采前一周或采后一周施，这种方法对花期晚的黄肉品种是适宜的。但对花期早的白肉品种而言，为延期开花，在施肥时间与肥料成分上要进行调整。一是通过肥水一体化技术改一次施用为分次施用，在6月初、6月中旬各施一次肥。二是肥料选择上要看树施肥，树势弱的以高氮复合肥＋尿素＋腐熟饼肥；树势中等的以高氮复合肥为主；树势强、结果少的以高钾复合肥或以磷钾肥为主。通过培育强壮树势，促进夏梢生长并延迟夏梢停梢时间，从而使花芽分化延迟，相应地达到推迟开花、延长花期的目的。

（2）调整花期肥延迟开花与拉长花期　传统的枇杷花前肥大都施用有机肥，但有机肥的肥效只能满足一般的花穗发育需求，要增强抗冻性与延迟开花还要与无机肥料结合，并在各批花开花前施入。施肥方案可在9月枇杷现蕾后株施40～50kg腐熟羊粪，在10月中旬、11月中旬、12月中旬各施一次高氮复合肥＋尿素，同时在防治花腐病时加入0.2%～0.3%（质量比）硼砂＋0.2%～0.3%（质量比）尿素＋0.2%～0.3%（质量比）硫酸钾对花蕾喷施，以促进各批花器官发育和拉长花期。通过花期施复合肥、尿素和有机肥进行试验发现，施尿素与施含氮量高的有机肥都可降低头花的比例，提高二花比例，对推迟花期有较明显效果（图7-3）。

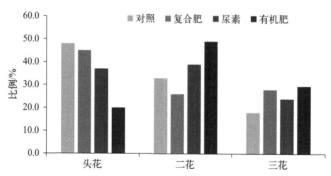

图7-3　不同施肥对'宁海白'枇杷各批花比例的影响

3. 控水延迟花期

水分是枇杷植株生长发育也是花器官生长发育与开花不可缺少的成分。水分供应状况影响枇杷的花期与开花时间长短。因此，可以通过调节水分调控枇杷花期。

（1）生理分化期控水促进花芽分化　枇杷夏梢生长停止后从7月中旬至8月中旬为枇杷花芽生理分化期，这个时期应进行适度控水以促进花芽分化。如避雨栽培的就可进行避雨以促进花芽分化。如此期雨水多的地方，可通过全园地膜覆盖排水降低土壤含水量促进花芽分化。

（2）在枇杷现蕾期控水抑制头批花开放　进入9月后，枇杷顶芽上秋梢抽发出现花蕾或直接出现花蕾。枇杷从顶芽上看见花蕾，到整个花穗发育完成约1个月时间。如果这段时间处于缺水状态，形成整个花穗的时间就要延长，这样就可以延迟花的开放。因此，为抑制10～11月中旬的头花开放，可以通过避雨控水的方法，使头批花的花穗发育放缓，从而达到延迟开花的目的。

（3）在11月下旬至12月充足供水，促进二、三批花穗发育与花开放　在进入11月下旬二、三批花的发育期，要保证充足的水分供应，以促进花穗发育与花的正常开放和授粉受精。同时，土壤水分供应充足也有利于枇杷预防12月至次年1月的燥冻。如果此时缺水，枇杷花穗发育与开花受阻，花发育不良，抗冻性也下降。

4. 疏花疏穗拉长花期

（1）疏早花拉长花期　枇杷花穗花并不同时开放，一个花穗的花期长达15～60天，先开的花先坐果，早开的花坐果后，竞争养分能力强，使后面同一花穗上的其他花蕾不能正常开花甚至发育而干枯脱落。因此，通过将先开的花摘除制作枇杷花茶，可以使花穗上后面的花继续正常开花坐果，从而拉长花期。一般疏除10～11月中旬头批花上同一花穗上早开的花，可使枇杷的头批花的花期拉长20天以上，使之与第二批花同时开放，这样使头批花和幼果度过低温冻害的概率增加。

疏除早开的花在10月至11月15日之间进行，通常将11月15日之前开放的头花全部摘除。在疏花结束后全树喷施0.1～0.2kg/株的尿素和0.2～0.3kg/株的硫酸钾，以促进花穗的生长与发育。

（2）疏穗延长花期　枇杷一个花穗上通常有70～120朵花，多的达200朵以上。枇杷花穗由一个主轴与9～11个支轴组成。通常一个花穗留2～4个果，因此，可对花穗进行疏穗，以利营养供应集中。一般对第一批花的弱小花穗整穗疏除。中大的花穗将其上部1/2摘除。这样不仅可延长花穗花期，还能增大果个、促进着色。

六、枇杷花腐全程防控技术

枇杷秋冬开花坐果，花期从10月至翌年2月，在长达4～5个月的开花期，常遇阴雨和强低温天气，使枇杷花极易感染灰霉菌而发生花腐病，导致抗冻性差、坐果率下降。枇杷花穗腐烂病的病原为拟盘多毛孢（*Pestalotiopsis eriobotrifolia*）和灰葡萄孢（*Botrytis cinerea*），是灰霉病一类的病原。枇杷花穗腐烂病发生时间在12月～次年2月，通常在经历霜冻后因花瓣受冻而感病，受冻花瓣感染灰霉菌，在湿度大的环境下霉菌快速繁殖，严重时整个花穗上着生黑色的霉菌，最终使花穗腐烂、枯萎而不能正常发育，导致抗冻性和坐果率下降（图7-4）。如2019年春季浙江遇阴雨寡照天气，许多产区全树80%以上花穗感染，导致绝收。

(a) 花腐病　　　　　　　　　　　(b) 健康花穗

图7-4　花腐病与健康花穗对比

花腐病的发生气候、生长环境和管理密切相关。调查发现水体边、树冠郁闭、树势弱和通风透光差的枇杷园发病严重（表7-2），全穗腐烂率达74.33%～94.72%，全穗腐烂花穗的坐果率为0，产量损失100%。而种植稀疏或单独种植房前屋后空旷地带通风透光、树势强、远水体的枇杷园发病程度相对轻，全穗腐烂率分别为13.1%、33.33%、34.32%，远低于水体边、树冠郁闭、管理差、树势弱的枇杷园，另外的3/4腐烂、1/2腐烂、1/4腐烂的比例也明显提高，只要不全穗腐烂，每个穗在无冻害情况下都能坐果2个以上，获得经济产量。

表7-2　不同环境与管理对花穗腐烂病的影响

树体生长与环境	调查花穗数	各种花穗腐烂程度的百分比/%				
		未感病	1/4穗腐烂	1/2穗腐烂	3/4穗腐烂	全穗腐烂
水体边	71	0.00	0.00	1.28	8.27	90.45
远水体	45	4.44	35.56	15.56	11.11	33.33
树势弱	87	0.00	0.00	2.74	22.93	74.33
树势强	67	0.00	11.94	29.85	23.88	34.33
树冠郁闭	116	0.00	0.00	1.72	3.56	94.72
通风透光	92	0.00	16.28	41.60	29.02	13.10

枇杷花期长，而杀菌剂的防护时间通常只有25天左右。因此，一次喷药难以达到彻底防控的目的，进行花期全程防控是彻底防治花穗病害的关键，具体包括以下4个步骤：

① 9月上旬花前清园消毒减少病源。在花前结合施花前有机肥（50kg/株）对全园进行一次除草、清园，将清理出来的枯叶、枯花、枯枝、病果进行深埋烧毁，以减少病源。清园后地面喷一次150～300倍的45%结晶石硫合剂（50～80kg/亩）进行地面消毒。

② 结合疏穗进行花期修剪，确保果园通风透光。枇杷成花率高，一些弱小的或花期早的花穗应及早去除，以利避冻性好的二、三批花生长发育。因此，在9月下旬至10月上旬应进行一次修剪，剪除弱小花穗、早花穗及病虫枝、密生枝、交叉枝、并行枝及影响果园通风透光的多年生枝。通过修剪使果园通风透光，降低湿度。疏穗及修剪后，在10月中旬全树喷一次预防作用好的杀菌剂80%代森锰锌或75%百菌清可湿性粉剂800～1000倍液进行预防，以防修剪口病菌侵入。

③ 花期果园开沟排水、降低湿度，阻断病菌繁殖的环境条件。整个冬季，特别是低洼地枇杷园，要及时开沟排水，以防止果园积水、增加湿度。

④ 花期防治全程进行喷药防控。第1次在11月下旬盛花期，在长时间降雨后或霜冻来临前喷有预防与治疗作用的1000～1500倍50%异菌脲可湿性粉剂。第2次是在12月下旬至1月初，这时期为花腐病发生初期，可喷带有治疗与预防作用40%嘧霉胺可湿性粉剂1000～1500倍液进行防治，喷至花穗滴水为止。第3次1月下旬或2月初喷80%戊唑醇可湿性粉剂4000～5000倍液进行防治，喷至花穗滴水为止。这3次用药缺一不可，必须协同连续应用才能完全防控枇杷花穗病害。轻简化防控可采用无人机进行喷药，防控更为高效。

采用3次针对性全程化学防治用药方案的枇杷园，进入3月后果穗呈黄色，接近90%枇杷穗健康、可坐果（表7-3），冻害也大大减轻，每穗坐果数6～8个，达到高产。而防治1～2次或不防治的枇杷园，花期多雨时通常达到50%～80%花穗感病，花穗呈黑色，每穗坐果数1～3个，难以获得经济产量。

表7-3 花期喷药及避雨对不同品种花穗腐烂病发生的影响

品种	处理	调查花穗数	各种花穗腐烂程度的百分比/%				
			未感病	1/4穗腐烂	1/2穗腐烂	3/4穗腐烂	全穗腐烂
软条白沙	喷药	61	32.79	31.15	13.11	10.46	12.49
	CK	97	0.00	0.00	5.15	8.25	86.60
宁海白	喷药	66	51.52	15.15	9.09	15.15	9.09
	避雨棚	87	71.43	22.14	3.57	2.14	0.72
	CK	68	0.00	0.00	2.95	8.23	88.82
大红袍	喷药	72	13.79	37.93	16.05	20.09	12.14
	CK	69	0.00	0.00	6.46	8.62	84.92

七、枇杷设施轻简化栽培与防冻促早技术

枇杷开花坐果期在一年中最冷的冬季，冬季低温冻害是影响枇杷产量与栽培区扩展的重要因子。采用大棚设施栽培是使枇杷防冻促早成熟的有效措施。通常单膜大棚能增温2～3℃，成熟期比露地提早7～10天；双膜大棚能增温4～5℃，成熟期比露地提早15～20天。设施枇杷开花时间从10月至翌年1月，开花早的枇杷成熟期也早。但即使是双膜大棚，在不加温下棚外温度低于−8℃时，开花早的幼果就要受冻，低于−11～−10℃时，花也要受冻。目前中国出现极端最低气温的天气频繁，如2016年1月、2021年1月，浙江多数枇杷产区出现−10℃以下极寒天气，棚内温度也在−6℃以下。因此，要将枇杷种植区域向更低温地区拓展或要保住早花果，使设施枇杷提早上市取得高价格，需要一种经济有效地提高棚内温度的方法，使棚内温度仍达到−3℃以上，保护设施枇杷的早花果不受冻。另外，目前的设施枇杷成熟期不能再提前的原因是2～3月0℃以下低温结束后，棚内夜间气温仍处于10℃以下，不能满足枇杷生长发育需求。因此，要使设施枇杷的成熟期比露地提早40～50天，必须有一种提高冬季棚内夜间温度的管理技术。

目前设施枇杷栽培中存在三个方面的问题。一是普通设施结构不抗雪，遇暴雪大棚不能承压而易倒塌。二是缺乏科学保温、加温设施使用技术，不能保护枇杷头花果及不能在−14℃极寒天气栽培枇杷；3月前早春夜间温度低于10℃达不到幼果生长需求，导致成熟期不能更早。三是设施内花期过早与过晚，不适应设施栽培优质果生产的需求。

通过大棚结构改良、棚膜开启时间合理应用与采用适时适度加温及结合设施枇杷花期调节，达到了提高棚内夜间温度，满足防冻与促进枇杷幼果提早生长的需求，从而实现设施枇杷促早成熟。设施枇杷花期调节技术与设施枇杷防极端冻害的技术获得国家发明专利。

1. 大棚抗雪的设施结构改良

枇杷大棚一般为8m跨度，长50～60m。为提高抗雪能力，对传统大棚进行2个方面的改良。一是改良大棚结构提高抗雪能力。立柱基础由长×宽×深为0.4m×0.4m×0.8m的带4根钢筋的混凝土构成；立柱钢管（规格宽×长×宽×厚为40mm×60mm×5500mm×2.0mm）由间隔4m改成间隔3m，拱杆由间隔1m改成间隔0.8m；天沟厚度由1.5mm增加到2.5mm。二是增加棚高、提高双膜之间的距离，增强保温效果。大棚顶高5.7～6.2m，比普通双膜的5.2～5.5m提高0.5～0.7m，顶膜与内膜间距为1.0～1.2m，比普通双膜棚提高0.5～0.7m，四周侧双膜间距离为0.8m，比普通棚宽0.5m。改良后大棚的抗雪能力大大增强，由改良前只能抗20cm厚雪达到可抗40cm厚雪。

2. 设施枇杷的花期调节

常规管理的设施枇杷花期调控存在以下问题：一是设施枇杷棚内温度高、透光性差，易造成枝梢徒长，导致成花率低、花期迟；二是设施枇杷水分供应不及时或不当，缺水环境使枝梢生长延迟而导致花期推迟；三是用露地方法进行花期施肥，花期氮肥过量导致花期推迟；四是因设施内温度高，春梢抽生过早导致10月开花的早花果偏多。

10月开的花花期过早，此时温度高，不利授粉受精；授粉受精不良的花所结果实多为单核长椭圆形果，这些果实形状不圆正，且易裂果，不受市场欢迎。1月开的花，花期过迟，所结的果小且成熟期与露地栽培相近，发挥不出设施栽培促早成熟的优势。另外，1月后开的花也因与大棚枇杷春梢抽生重叠而发生干枯脱落。大棚枇杷最适开花时间是11中旬～12月中旬，这段时间气温适宜，开的花授粉受精好，成熟时果形圆正且大、裂果率低、成熟早。因此，为发挥大棚枇杷成熟早的优势，需要让设施栽培枇杷的开花期在11月中旬～12月中旬。主要技术措施如下：

（1）早春梢摘心防早花　在2月10日之前对从营养枝上发出的第一批早春梢2～5cm时进行摘心，使其重新抽生；2月10日以后从营养枝上发的春梢不摘心。

（2）夏梢生长期调肥控水控夏梢促进花芽分化　4月底、5月初设施枇杷采后修剪只进行轻剪疏去过多夏梢侧枝、细弱枝、过密枝、交叉枝，不进行锯大枝等重修剪，在7月1日～15日对35～45cm的徒长枝进行扭枝。5～6月夏梢生长期，对树势旺的肥料供应0.5kg钙镁磷肥和0.5kg硫酸钾的磷钾肥；树势弱的施0.5kg/株的高钾复合肥（N：P_2O_5：K_2O＝7：5：18）。水分控制：5～6月份开顶膜，自然降雨供水，7～8月份雨天顶膜封闭防雨控水，控制土壤绝对含水量为15%，促进花芽分化。温度控制：夏季全天开顶膜与四周裙膜通风，有控水需求的雨天关闭。

（3）9～10月上旬控水抑制枇杷第一批花生长　9～10月初，通过关顶膜控制雨水进入，控制土壤绝对含水量为15%左右，防枇杷早花开放。

（4）10月中旬～12月增肥增水促进开花　10月中旬起，除顶膜开启利用自然降雨外，连续晴天时每日加滴灌，控制土壤绝对含水量为19%左右。在10月中旬、11月中旬分别施0.6kg/株复合肥（N：P_2O_5：K_2O＝15：15：15），促进枇杷花穗生长发育与适时开花。

采用以上措施，设施枇杷花芽分化正常，没有出现设施枇杷不开花或花量少的现象，90%的花在11月中旬～12月开放，实现90%以上果实圆正、大果，易裂果的长形果与成熟期迟的小果控制在10%以内。

3. 12月～翌年1月低温期间大棚加温防冻技术

为指导大棚的温度管理，须在大棚内中心与边缘离地2m处各挂一个物联网远程温湿度采集仪（型号S10A），以便从手机APP上实时监测棚内温度。棚外也挂一个远程温湿度采集仪观察露地的温度，用以指导棚膜开关。

引起冻害的低温主要发生在12月～翌年2月，低温来临时从15：00至次日9：00都应封闭大棚内外膜进行保温（图7-5）。白天棚外温度在0℃以上、棚膜软化后，开启棚膜进行通风，至15：00关闭。根据手机APP上观察夜间棚内外气温变化情况，在夜间棚内气温下降到0℃时进行加温，加温设备用50A-F、电功率为

图7-5　设施枇杷电燃油加温

150W、输出功率为50kW的电燃油暖风机，加温温度设定至5℃，至早上棚外温度在0℃时以上时停止加温。通过加温可使棚内温度保持在0℃以上，确保枇杷所有的幼果不受冻，为提早成熟提供保证。

4. 2～3月早春期间大棚增温促幼果提早发育

2～3月设施内所有枇杷处于幼果状态，但因夜间温度在2～10℃，仍不能满足幼果发育所需10℃以上的温度需求。为让幼果提早发育，采取提早覆膜与夜间加温相结合来提高棚内温度。

一般上午8：00～9：00开内膜顶膜与内膜裙膜，9：00～9：30开大棚顶膜外膜与外膜裙膜，14：00关外膜、15：00关内膜。当夜间棚内温度降至10℃时进行加温，加温温度设定为12℃，使棚内夜间温度也达到10℃以上枇杷生长所需的温度。通过加温可使每个月10℃以上积温增加600～800℃。

5. 4月份成熟期大棚开启管理

4月份棚内气温高于10℃后的7：30～15：00内外膜开启，15：00关外膜。若遇夜间棚内气温低于10℃，双膜都关闭。

6. 防冻促早配套病害防控技术

由于棚内封闭时间比常规大棚延长，棚内果实在湿度大的环境下时间延长，造成灰霉病、细菌性褐斑病、果锈病等果实病害发生率增加。如不进行预防，则加温促早的果实商品性下降，影响效益。在12月～翌年1月这2个月主要防花穗腐烂病，可分别在12月中旬、1月中旬用1000～1500倍嘧霉胺40%可湿性粉剂、50%异菌脲可湿性粉剂进行防治。2～3月主要发生细菌性褐斑病、果锈病，可分别在2月中旬、3月上旬喷30%苯醚甲环唑5000～6000倍、80%代森锰锌800～1000倍液防治。

八、枇杷果园全年生草与控杂草技术

山地枇杷园幼年树及矮化成年树全园生草，可防止水土流失，保持水分相对平

衡，对维护生态环境有积极作用。成年枇杷园树体高大密接，树下阳光不入，难以生草，但可在道路旁或梯壁生草，选择黑麦草、苜蓿等，对保土护坡有良好作用。树下空地可种植豆科作物，因其根系稀疏，不会与枇杷根系剧烈争夺养分，且豆科作物有固氮功能，对土壤提高肥力具有良好效果。枇杷园与其他果园有所不同，枇杷果实于5～6月采收完毕，所以果园生草，不会与枇杷树争夺养分水分（图7-6）。

图7-6　枇杷园种植毛叶苕子生草图

枇杷园全年生草栽培包括：夏季种植印度豇豆、秋冬季种植毛叶苕子，通过种草达到控制田间杂草的目的，实现以草控草，并每年增加绿肥3500～4000kg/亩，提高土壤有机质含量与增加地力。同时，减少锄草用工，实现杂草管理的轻简化。

1. 夏季种植印度豇豆

一般在6月中旬左右，选择阴凉背光位置，用水浸泡草种（印度豇豆）1～3天。浸泡完毕，将草种均匀撒播或点播在行间空档，播种前或播种后2～3天内，如无降雨，需少量浇水（用塑胶软管在土壤表面喷洒一遍，打湿地面即可），以保证种子萌发。撒播播种量为2.0～3.0kg/亩，点播播种量为1.0～2.0kg/亩。播后8～10天，印度豇豆萌发，7月中上旬，果园行间追肥一次，肥料用量2.0～3.0kg/亩（氮、磷、钾含量为15-15-15）。

2. 秋冬季种植毛叶苕子

一般于11月上旬，用旋耕机将行间平地翻耕松土，同时将干枯的印度豇豆枝叶打入地下，与土壤混合。行带间将印度豇豆枝叶处理完毕，用水浸泡毛叶苕子草种1～3天，水量以刚刚没过毛叶苕子为宜。然后将毛叶苕子均匀撒播或点播在行间空档。撒播播种量为1.5～2.0kg/亩，点播播种量为1.0～1.5kg/亩。播后15～20天，草种（毛叶苕子）萌发，草高达5cm以上、8cm以下时，果园行间追肥一次，肥料用量1.5～2.0kg/亩（氮、磷、钾含量为15-15-15）。

全年生草措施可以有效降低防治杂草的人工、农药成本，提高经济效益。同时，也有效提高土壤有机质含量，沃土肥田，减少肥料施用量，降低肥料成本，满足节本增效的要求。与现有枇杷园土壤管理制度相比，更加省时、省力，解决了生产中杂草过多、农药化肥过量施用造成污染、地力下降等影响生产的问题。

第2节
丘陵山地枇杷优质轻简高效栽培技术集成与示范

一、浙江兰溪山地白肉枇杷优质轻简高效栽培技术集成示范

1. 基本情况

兰溪是浙江省枇杷的优势产区，总面积1.8万亩，成熟期在5月上中旬，比浙江其他地方早7～15天。兰溪有著名的地方白肉枇杷品种'兰溪白沙'，白肉枇杷面积占总面积的60%以上，面积超万亩，兰溪白肉枇杷曾获2011年浙江省首届枇杷评比的第一名。但兰溪枇杷产业也面临抗性差、产量不稳，树体高大、管理不便等问题。国家重点研发项目子课题"浙江白肉枇杷优质轻简高效栽培技术集成与示范"以'兰溪白沙''宁海白'为对象进行试验，试验示范园分布在兰溪枇杷的主产区女埠街道、黄店镇，同时在周边进行辐射。

示范园为兰溪白露园家庭农场（图7-7），位于浙江省兰溪市黄店镇露源村，为山地枇杷园，种植品种主要为'软条白沙'和'宁海白'等。果园占地面积60亩，其中山地设施大棚20亩、露地40亩。果园道路系统完善，配有喷滴灌系统。

图7-7 兰溪白露园家庭农场示范园

2. 主要问题和解决方案

（1）主要问题 当地枇杷果园面临的问题主要是树体高大郁闭，管理不便、影

响品质；白肉枇杷花期早，冬季低温冻害严重；花穗腐烂发病严重，冻害加重、降低坐果率；缺少降温设施，大棚内日灼严重等。

（2）解决方案　针对兰溪枇杷产区与示范点存在的问题，在树体管理方面，采取秋冬季锯大枝控高、疏除交叉枝改善通风透光问题，同时通过疏春、夏、秋梢侧枝使树体矮化、通风透光；在防冻上，采用了春梢摘心延迟开花，并在11月下旬、12月下旬、1月下旬各批花的开花期分别喷代森锰锌、嘧霉胺、异菌脲等杀菌剂防控花腐病，使枇杷园的抗低温能力由原来的-6℃以内提高到-9℃以内；在防日灼上，采用了弥雾降温技术，露地采用弥雾后温度降低5～7℃，设施采用弥雾后温度降低8～10℃。

3. 关键技术研发

针对示范点存在的问题主要进行以下三方面的技术研发。

（1）露地枇杷综合防冻技术　针对露地枇杷冻害严重问题，示范点重点开展延迟开花防冻与防花腐结合的综合防冻技术集成应用。延迟开花主要通过2个方面技术应用，一是示范应用春梢摘心延迟开花的专利技术，即在3月上旬，春梢抽生3～5cm时进行春梢摘心，使早春梢变成晚春梢，春梢抽发晚1个月，从而相应地推迟夏梢与秋梢1个月，最终使花期推迟1个月；二是在花前施有机肥与花期10月、11月、12月施尿素处理，从而拉长花期，达到防冻目的。延迟花期后要防冻还要通过防花腐使花穗在整个花期保持健康，才能保证枇杷正常开花坐果，但由于枇杷花期长，花瓣极易感染病菌而导致花穗腐烂，药效通常在25天左右。因此，在11月～次年1月长达3个月的花期不可能通过1次防治解决花穗腐烂问题。在防花腐上，开发了在11月下旬、12月下旬、1月下旬各批花的开花期分别喷代森锰锌、嘧霉胺、异菌脲等杀菌剂防控花腐病的全程防控技术，通过这一防控技术的应用达到彻底防控花腐病的目的，使90%以上花穗可正常坐果。

（2）山地设施枇杷的大棚设计与设施枇杷轻简化温度管理技术　针对山地地形复杂，设施建设无标准方案可依，研发了山地大棚建设技术，解决了在地形复杂山地建设设施的难题。大棚设计的主要技术方案如下：

① 材料。坡度大于15°山地枇杷园，大棚采用热浸镀锌圆形钢管，棚体骨架通过连接紧固件固定，覆盖塑料薄膜进行避雨与保温。主立柱用管径55mm、壁厚2mm、长6m的热浸镀锌圆形钢管。大棚四周主体骨架边立柱采用管径32mm、壁厚1.8mm、长6m的热浸镀锌圆形钢管。横档采用管径55mm、壁厚2mm、长6m的热浸镀锌圆形钢管。钢架大棚顶部拱杆骨架形状为三角形，用管径32mm、壁厚1.8mm、长7m的热浸镀锌圆形钢管型材，冷弯折成弧度130°，高1.8m，底两端相距6m。

② 结构。顶高与肩高距离大于1m，棚顶高5.5～6.0m，肩高4～4.5m，下进风口低于2m，上出风口高于4m；顶部拱杆用直管，间距0.8m；坡度大于15°的山地，大棚长、宽30m×30m为宜，缓坡每个大棚面积3000m^{2}为宜。

③ 建棚方法。大棚主立柱间距3m，棚四周边立柱间距1m，入地0.2～0.5m，立柱从中间到两边逐步降低成拱形；主立柱间横档3层，每层横档相距1.5～1.6m；第3层横档和下立柱交叉固定点与下立柱顶点距离须小于0.2m。每隔3个立柱之间用1个"米"字形主立柱加固，棚四角用"人"字形主立柱加固。

④ 棚膜选择。棚膜可选择聚乙烯无滴膜或聚氯乙烯无滴膜，顶膜薄膜厚度0.08～0.10mm，每年一换；边膜薄膜厚度0.12～0.15mm，可3～4年一换。

针对大棚枇杷温湿度管理复杂，开发应用了电燃油加温提高低温天棚内温度、应用弥雾降低高温天棚内温度的轻简化温度管理技术。主要技术如下：

① 冬季防冻。11月底～12月初覆膜保温，覆膜前应浇足水，12月～次年1月气温较低，白天棚内温度保持15～25℃，授粉时棚内最高温度不能高于25℃，最低温度不能低于−2℃。棚内挂物联网实时温度计，指导温度管理。在强冷空气来临棚内温度预计低于−2℃时，采用电燃油暖风机进行加温，温度设定为5℃，在夜间棚内气温达到0℃开启加温，确保整个冬季棚内温度不低于−2℃。冬季白天开膜降湿。

② 成熟期防高温日灼。在4～5月大棚枇杷成熟期，晴天棚内温度可达38℃以上，易发生日灼与皱果，为防日灼，这一时期棚内温度必须低于32℃。采用弥雾降温是确保棚内温度在32℃以下的有效措施。具体方法是在棚内安装弥雾系统，每树顶放置一弥雾喷头，射程直径6m，进入10：00以后气温超过32℃时，每小时喷雾5～10min，一天喷水5～6次，喷后可降温8～10℃，使棚内温度保持在32℃以下。

（3）露地枇杷应用弥雾防枇杷高温日灼技术　露地枇杷在成熟期遇高温，果实日灼也非常严重。采用弥雾是露地枇杷防日灼的有效手段。示范点建立了露地弥雾设施，该设施含水源、水泵、过滤装置、输水管道、行间支管、直立喷水管、弥雾喷头等。直立管高4～5m，喷头在树上方1m以上，射程直径6m。在晴天露地枇杷园温度超过35℃时开始喷雾，每小时喷10min，喷后可使园内温度下降5～7℃，确保枇杷园温度控制在38℃以下，大大降低日灼率。

4. 技术集成示范和效果评价

该基地集成了宜机化果园改造、轻简化矮化修剪、春梢摘心延迟花期与全程防花腐综合防冻技术，以及弥雾防日灼、避雨防裂果等露地轻简栽培关键技术。在连续2年遇异常天气下，增产增收效果明显。

2021年1月，枇杷产区遭遇强寒潮，兰溪枇杷产区气温低达−7.4℃，枇杷园实际温度为−8.9℃。枇杷园温度超过了花耐−6℃、幼果−3℃的受冻阈值。枇杷园采用春梢摘心与花腐防控结合的防冻技术后，盛花期由原来的11月中下旬推迟到12月下旬，在1月份最冷的时候仍有枇杷花在开放，取得较好的防冻增产效果。经测定，2021年1月强低温冻害后，露地枇杷园平均亩产280kg，比对照160kg增产75%，售价50元/kg，比对照增加35元/kg，增效150%。

2022年冬季气温偏高，枇杷园的最低气温为−2.5℃，未发生影响产量的冻害。但4～5月果实生长与成熟期间，枇杷产区遇到前期高温干旱、后期多雨的天气，造成前期枇杷日灼严重、后期裂果发生率高的现象。但通过应用弥雾降温防日灼、弥雾平衡水分供应与避雨防裂果后，示范点防裂果与日灼成效明显，显著提高优质果率与产量。经测定：枇杷设施轻简化栽培示范区平均单果重37.2g，株产32.5kg，亩产1137.5kg，优质果率85.2%；对照平均单果重39.8g，株产12.8kg，亩产448.0kg，优质果率50.9%。示范区产量比对照增加153.9%，优质果率提高67.4%。露地优质轻简化栽培示范区平均单果重40.1g，株产31.2kg，亩产1092.0kg，优质果率78.8%；对照平均单果重39.8g，株产12.8kg，亩产448.0kg，优质果率50.9%。示范区产量比对照增加143.8%，优质果率提高54.8%。

二、湖北山地枇杷优质轻简高效栽培技术集成示范

1. 基本情况

通山县是湖北枇杷的主产区，面积近5万亩，种植品种以'大五星'等红沙品种为主。通山八福康枇杷专业合作社成立于2018年10月22日，现有社员185户，面积3000亩，合作社枇杷基地主要位于大畈镇鸡口山村、隐水村、大坑村等地，交通便利，旅游资源十分丰富。

合作社在产业发展上始终走合作发展、共同致富的模式，以该社成员为主要服务对象，统一组织采购社员所需的枇杷果苗、农药、肥料等物资，并组织收购、销售、加工成员种植的枇杷花、果、叶等农副产品，预包装食品销售，网络经营以及对合作社产品的品牌建设，同时，积极沟通政府相关部门、各科研院所，引进相关新技术、新品种，大力开展枇杷相关技术培训。

2. 主要问题和解决方案

该试验示范园区主要处于山地、丘陵地带，有的地方地势较为陡峭，原有栽培管理技术是放任枇杷树体自然生长或进行少量的修剪，致使树体高大，因而在套袋、疏花疏果、采摘、打药时，经常需要扶梯、板凳等辅助工具，增加了非直接生产用工的成本，浪费了劳动力。同时因全年降雨量大，果园杂草较多，除草费工费时，增加了生产成本。针对这一情况，示范点综合运用树体矮化修剪整形技术控制树体高度，同时配以果园生草技术，有效控制了杂草，极大减少了生产用工并且增加了果园有机质含量，提高了生产效率，增加了收益。

3. 关键技术研发

为克服现有枇杷生产中树体过于高大、田间操作费工费时，从而造成成本增加

而影响生产效率的产业问题，项目研发了枇杷树体矮化修剪技术。该方法通过在第一年培养第一层主枝，第二年培养第二层主枝，最后剪除上部主干，从而实现有效降低枇杷树体高度，减少果园管理用工，同时保证果园产量。该方法简便易行，操作方便，适宜在湖北枇杷产区推广。为减少除草用工，项目研发了枇杷果园生草技术，提供了一种枇杷园全年生草管理的方法。该方法通过在夏季播种印度豇豆，秋冬季播种毛叶苕子，从而实现以草控草，并提高土壤有机质含量、增加地力，能够满足枇杷树体全年健康生长发育的要求。

4. 技术集成示范和效果评价

合作社在湖北省农业科学院果树茶叶研究所枇杷研究相关专家的推荐指导下，开展了枇杷轻简高效栽培技术的应用及示范，主要是树体矮化整形修剪的应用示范，同时配套果园生草技术（图7-8），2020～2021年间，共新发展轻简高效栽培的枇杷果园1000亩，辐射推广2500亩，目前示范推广效果良好。

应用及推广示范结果表明：在核心区的1000亩枇杷园，优质果品率和产量分别提高了22%和16%以上，节本增效32%以上（其中人工成本降低了51%以上）；辐射推广的2500亩枇杷果园，优质果品率和产量提高了11%以上，节本增效12%以上（其中人工成本降低了25%以上）。

图7-8　枇杷园生草

三、重庆丘陵山地枇杷优质轻简高效栽培技术集成与示范

1. 基本情况

西南大学歇马试验基地位于重庆市北碚区歇马镇（北纬29°46′1″，东经106°22′16″），占地70亩，海拔320m，冬季平均气温3～9℃，极端最低气温-1℃，丘陵山地地形，北高南低，排水性能好。园区于2005年建园，主栽枇杷白肉、红肉及三倍体品种，多采用自然圆头形树形。

2. 主要问题和解决方案

（1）**存在的问题**　该园区建园至今，以自然圆头树形为主，使得果园郁闭、品种老化的问题突出；由于自然圆头形树形透风透光性能较差，光能利用效率较低，导致该园区产量和品质难以得到提升。加之重庆高温、多湿、寡日照的生态自然条件（年日照时间1000～1400h，日照百分率仅为25%～35%；年平均降雨量1000～1300mm），明显降低优质果率，裂果及日灼问题严重，大幅降低了枇杷种植效益。由于该产区处于西南丘陵山地地貌，立地条件较差，土壤腐殖质含量低、水土流失严重，加上多年的果园耕作，使得土壤条件进一步退化，对果树生长发育和土地的持续利用，产生了较大影响。同时，由于树形郁闭，使得劳动力成本较高。

（2）**解决方案**　通过高光效树形改造、高接换种，通过调整冠层结构，改善光照条件，提高优质果品质，减少裂果及日灼。在合理施肥的同时，采用"以草抑草"的土地管理制度，改善土壤理化性质，提高土壤有机质含量，同时减少水土流失和杂草丛生，减少人力除草的投入。

3. 关键技术研发

（1）**高光效开心形树形改造**　将自然圆头形树，选择3～4个生长强健、相对直立、分布均匀的枝条为主枝，并回缩选留过高的主枝，控制树高。由上至下、由内至外分年进行去除中央直立主枝。选择位置适宜的侧枝，距离40cm左右为宜，分枝角度以50°～60°较佳。注意调节结果母枝和发育枝数目，疏除过密枝。每年6月采果后，进行夏剪，适当疏除部分过密枝，对部分多年生弯曲、细弱枝进行短截回缩。要保证有20%以上的枝梢上无花穗而抽生春梢，以保证充足的营养生长，维持连年丰产，克服大小年现象。

（2）**"以草抑草"生草管理制度**　"以草抑草"生草管理制度，选择在重庆较为适宜的野豌豆和白三叶草为草种，进行行间生草。第一年生草于1～2月份（不宜太晚，否则杂草易生）进行，先将行间杂草进行清理，将草种与细沙1：1掺匀后进行撒播，播种前或播种后2～3天内无降雨，需要进行灌溉。草种萌发后，进行常规管理，一般草高度在40～50cm。其中野豌豆为一年生草，于当年6月份开花，之后种子脱落，10月份温度下降后，种子自然萌发，达到周年轮回。

4. 技术集成示范和效果评价

园区于2020～2021年集成无核、白肉枇杷矮化高光效树形培育技术，果园生草控杂草技术，轻简精准土肥水一体化管理技术，花果轻简管理技术进行示范。现场测产和品质测定结果表明，平均单果重47.0～62.5g。可溶性固形物含量10.77%～18.5%，总糖含量12.18g/100mL，可滴定酸含量0.63g/100mL，维生素C含量1.18mg/100mL，4年生树单株产量25.2kg，亩产近1134kg。与常规生产比，平均优质果品率和产量分别提高31.1%和29.3%，节本增效30%，其中人工成本降低50%，示范效果显著。

四、贵州罗甸喀斯特石漠化区枇杷优质轻简高效栽培技术集成与示范

1. 基本情况

贵州罗甸赛德立斯农业科技发展有限公司示范基地始建于2015年，位于贵州省黔南布依族苗族自治州罗甸县茂井镇边圩村（北纬25°24′，东经106°55′，海拔410m），经过不断扩大与发展，目前果园规模达1000余亩。该园区位于典型喀斯特石漠化地区，多年平均气温13.8～19.4℃，年平均日照时间1600h，年平均降水量1352.8mm，属亚热带季风湿润气候区，非常适宜枇杷生长，主栽品种为'华白1号''华白2号'及无核枇杷，是优质的枇杷早熟产区。

2. 主要问题和解决方案

该园区气候适宜枇杷生长，但喀斯特石漠化地貌立地条件较差，土壤有机质含量低，加之当地人力资源缺乏，使得果树管理及杂草防治等方面的投入较大。因此，通过推广高效简化修剪树形培育、简化修剪、行间生草抑制杂草、水肥一体化、遮阳网覆盖免套袋的花果管理措施的推广应用，达到通风透光、提高果实品质的目的；在土地管理方面，通过合理水肥、以草抑草，达到改善土壤有机质、提高土壤肥力、减少杂草的效果；在果实管理方面，以遮阳网代替套袋，提高果实表面品质、减少虫鸟危害的同时，减少人力投入。

3. 关键技术研发

（1）树形培育　第一年定干高度40～50cm，选择方位均匀分布的枝条为第一层主枝，数量为3～4枝；间隔30～40cm为第二层主枝，数量2～3枝，树高控制在2m左右。每年结果后，适当回缩结果枝，更新枝组，达到轻简修剪的效果，改善通风透光条件。

（2）遮阳网免套袋技术　于每年果实膨大期后期（转色期前），覆盖折光率40%左右的遮阳网（遮阳系数不宜过大，否则影响糖分积累），果树可免套袋（图7-9）。与套袋相比，果实表皮色泽、糖酸无明显差异，大大减少了人力投入。

图7-9　遮阳网免套袋

（3）"以草抑草"生草管理制度　行间播种白三叶草和野豌豆，树盘清耕，于1月份撒播播种，播种量为2kg/亩。高度高于50cm时进行刈割，之后进行树盘覆盖。

4. 技术集成示范和效果评价

（1）不同树形的产量比较　如表7-4中所示，两个品种的枇杷有不同的开花结果特性，'华白1号'的单穗花量明显少于'华玉无核1号'，这可能与枇杷品种树势的强弱有关系。'华玉无核1号'和'华白1号'的平均单株果枝数、产量均表现出双层分层形显著高于开心形，且两个品种的平均单株果枝数的双层分层形分别比开心形高出24.27%、18.02%。说明两个品种的双层分层形能显著提高产量。

表7-4　不同树形的开花和结果的差异比较

品种	树形	单穗花量/个	平均单株果枝数/（根/株）	平均单株产量/kg	平均亩产量/kg
华玉无核1号	开心形	113～256	103bc	19.26b	803.33b
	双层分层形	98～230	128a	23.88a	995.90a
华白1号	开心形	81～143	111b	14.57d	566.14d
	双层分层形	61～138	131a	15.97c	666.11c

（2）不同树形的果实外观品质比较　冠层微环境不仅影响树体的光合效率，也会极大影响果实的外观品质。由表7-5和表7-6中可知，树形的差异会影响果实外观品质。其中'华白1号'的单果重均为开心形＞双层分层形，而'华玉无核1号'表现出双层分层形优于开心形，但相同部位的单果重、果形指数并无显著差异；两种树形果形指数也并无差异；两个品种枇杷果皮亮度、色调角呈现出双层分层形大于开心形，下层果实高于上层果实的趋势。这说明适宜的树形结构能促进果实的着色，提高果实外观品质。

表7-5　'华白1号'两种树形不同部位的果实外观比较

树形	部位	单果重/g	果形指数	可食率/%	出汁率/%	果皮亮度L	色泽饱和度C	色调角h/（°）
开心形	上层	32.83a	0.97a	67.67a	88.73a	60.57b	52.96a	74.23b
	下层	28.74b	0.94b	64.81ab	88.10b	62.33ab	52.35a	75.63ab
双层分层形	上层	29.90ab	0.93b	61.23b	87.84c	60.25b	49.36b	74.84b
	下层	24.58c	0.93b	62.09b	87.22d	63.73a	52.98a	76.81a

注：表中同一列不同的小写英文字母表示不同树形的不同部位在0.05水平上差异显著（$P<0.05$）。

表7-6　'华玉无核1号'两种树形不同部位的果实外观比较

树形	部位	单果重/g	果形指数	果皮亮度L	色泽饱和度C	色调角h/（°）	可食率/%	出汁率/%
开心形	上层	48.12ab	1.23a	53.65	50.04a	71.96b	88.87a	84.94a
	下层	44.15c	1.24a	56.20a	41.71c	74.88a	86.21c	84.58b
双层分层形	上层	48.68a	1.30a	56.04a	47.23ab	72.95ab	87.18b	84.04c
	下层	46.06bc	1.32a	56.89a	45.96b	72.46b	86.20c	83.32d

（3）不同树形的果实内在品质比较　不同树形同一部位的果实内在品质有较大差异；但同一树形上层果实的各项品质指标均优于下层果实。'华玉无核1号'（表7-7）两种树形相同部位各项指标无明显差异，且双层分层形下层的总糖含量、可溶性固形物、糖酸比、固酸比均优于开心形下层，双层分层形各个部位的果实品质指标较为接近，且大多都较开心形下层更优，说明'华玉无核1号'双层分层形的果实品质较均衡且优质，该树形能有效提高果实产量与品质。

表7-7　'华玉无核1号'两种树形不同部位果实内在品质比较

树形	部位	总糖含量/(g/100g)	维生素C含量/(mg/100mL)	可滴定酸/%	可溶性固形物/%	糖酸比	固酸比
开心形	上层	12.99a	1.47a	0.45a	12.07a	30.60a	27.00a
	下层	9.84c	0.95b	0.49a	10.67b	20.28b	22.00b
双层分层形	上层	12.68a	1.00b	0.43a	11.47ab	29.99a	27.30a
	下层	11.31b	0.83b	0.47a	11.20ab	24.30ab	22.71a

'华白1号'（表7-8）开心形上层果实内部总糖含量、可溶性固形物、糖酸比、固酸比均为最高，但差异不明显。开心形固酸比显著高于双层分层形，可滴定酸含量各部位无明显变化，开心形上层维生素C含量显著高于其他部位，总体看来'华白1号'开心形的果实品质较双层分层形更佳，在生产上此品种枇杷树可以修剪成开心形来提高枇杷果实品质。

表7-8　'华白1号'两种树形不同部位果实内在品质比较

树形	部位	总糖含量/(g/100g)	维生素C含量/(mg/100mL)	可滴定酸/%	可溶性固形物/%	糖酸比	固酸比
开心形	上层	19.88a	2.17a	0.36a	15.47a	55.42a	43.02a
	下层	17.06ab	1.76b	0.38a	15.17ab	44.57b	39.68a
双层分层形	上层	18.01a	1.76b	0.38a	14.53ab	47.86b	38.64a
	下层	14.08b	1.35c	0.41a	13.00b	34.67c	31.99b

（4）效果评价　'华白1号'枇杷开心形的果实产量虽显著低于双层分层形，但果实品质各部位表现出上层优于下层，开心形优于双层分层形的现象，因此，综合光合作用、冠层数据等考虑，'华白1号'适宜树形为开心形，可进行规模化推广应用。而对于三倍体品种'华玉无核1号'，双层分层形树形培育最为合理。

此园区于2020～2021年间示范应用枇杷轻简高效栽培技术1000余亩，集成应用高光效树形培育、以草控草、免套袋高效果实管理、水肥一体化等轻简栽培技术。经测产，示范枇杷园优质果品率和产量分别提高了20%和15%以上，节本增效30%以上（其中，人工成本降低了50%以上）。

第3节
缓坡平地枇杷优质轻简高效栽培技术集成与示范

一、杭州白肉枇杷优质轻简高效栽培技术集成与示范

1. 基本情况

塘栖位于浙江省杭州市临平区，是中国四大著名枇杷产地之一，现有枇杷面积1.5万亩左右。塘栖也是中国著名品种'软条白沙''大红袍'的原产地。该地区水网密布，冬季气温高，有适于枇杷种植的小气候条件。但因位于浙北，常年受冷空气影响，低温冻害时有发生。另因处水网地带，枇杷花期湿度大而花腐严重，导致冻害加重、影响产量。

示范园为塘北鲜果有限公司枇杷基地，位于浙江省杭州市临平区塘栖镇塘北村，枇杷面积350亩，为平地果园，种植品种主要是'软条白沙'与'宁海白'，其中露地枇杷结果面积250亩。

2. 主要问题和解决方案

（1）主要问题　一是'宁海白'枇杷在11月中旬盛花，花期过早、冻害严重；二是当地果农习惯于枇杷花期不用药，枇杷花腐严重，导致产量低；三是树体高大郁闭，管理效率下降，影响枇杷品质。

（2）解决方案　针对花期早、花腐严重、易受冻等问题，该基地主要开展以春梢摘心延迟花期与防花腐为核心的轻简综合防冻技术研究与示范。通过在3月上旬进行春梢摘心、花前施有机肥、花期施高氮复合肥（10月、11月、12月上旬各施一次高氮复合肥）和花腐全程防控（11月、12月、翌年1月下旬各喷1次杀菌剂），达到延迟花期、防花腐和防冻促坐果的效果。针对树体高大郁闭问题，采用春季重修剪控制高度，锯除高于3m的枝条，剪除重叠枝、交叉枝、平行枝、下垂枝，疏去细弱新梢与枝条。通过修剪使树体高度合适、树间与树内不交叉、枝条分布合理、通风透光，使结果枝粗壮、品质提升。

3. 关键技术研发

示范点的主要技术集成与研发有两个方面。一是研发了以延迟开花与防花腐结合为核心的综合防冻技术，通过春季在春梢3～5cm时进行春梢摘心，春梢重新长出后留1个健壮春梢；同时在花前株施有机肥40kg，在10月、11月、12月的各批花期

施高氮复合肥；春梢摘心结合花期施肥可使枇杷开花时间延长30天以上，可使头花比例由原来的50%以上下降到10%以下，达到延迟花期防冻的目的。二是研发了花腐全程防控技术，在11月下旬、12月下旬、1月下旬通过无人机喷异菌脲、嘧霉胺、苯醚甲环唑等防治花腐病。三是研发以控制高度、防止果园郁闭为核心的大树轻简化修剪技术，通过应用大枝修剪控制树高度、剪除交叉枝防株行间与树内郁闭、疏除细弱枝等轻简化修剪技术，促进树体矮化与通风透光，提高抗性与品质。

4. 技术集成示范效果评价

2020 ~ 2022年度在该示范基地应用后，防冻增产效果显著。2021年5月采收时统计相关产量、品质，测产结果显示，在2021年1月浙江枇杷产区强低温冻害下，50亩'宁海白'总产量达16000kg，折合亩产为320kg，优质果品率和产量分别比常规生产对照提高25.6%和30.2%，节本增效32.8%，其中人工成本降低52%。2022年，基地选送的枇杷鲜果获得2022年浙江省农业之最枇杷品质二等奖。

二、湖北通山大畈枇杷优质轻简高效栽培技术集成与示范

1. 基本情况

通山县大畈枇杷专业合作社成立于2010年8月9日，面积13000亩，合作社枇杷基地主要位于大畈镇隐水洞、幕阜山旅游公路和富水湖旁，交通便利，旅游资源十分丰富。

通山县大畈枇杷专业合作社在产业发展上始终走合作发展的模式，并积极探索"合作社＋公司＋科研院校＋协会＋基地"的模式。合作社发动农户种植枇杷并按标准化生产和打造品牌，公司负责枇杷产品深加工业，科研院校负责产品和新品种的研发，农户负责采摘园和农家乐的经营，协会负责公用品牌打造和政府、职能部门及科研院所的对接。

2. 存在主要问题和解决方案

针对枇杷主产区果园地力条件差、土壤有机质含量低、杂草防治费工费力等问题，拟采取10 ~ 11月播种毛叶苕子，6月播种印度豇豆，实现全年果园覆盖。从而达到有效控制有害杂草，省工省力，生态环保，增加果园有机质含量，减少化学肥料和农药使用量的目的。

针对枇杷主产区树体高大，采摘、修剪不方便，费工费时等问题，拟采取幼树拉枝开心，成年树控制树冠，及时回缩更新，从而达到降低树体高度，便于疏花疏果、成熟采摘，减少用工，提高效益，增加果农收益的目的。

3. 技术集成示范效果评价

由表7-9可以看出，应用生草、矮化修剪等轻简化栽培的枇杷树，单果重、可食率、可溶性固形物（TSS）等方面均略高于常规结果树，但差异不显著；两年中，轻

简化栽培结果树果实的可滴定酸含量均显著低于常规栽培结果树，而固酸比显著高于常规栽培结果树。

表7-9　轻简化栽培结果树和常规栽培结果树果实品质的比较

年份	处理	单果重/g	可食率/%	TSS/%	TA/%	固酸比
2021	轻简化栽培	35.15±0.51a	74.20±0.33a	12.30±0.35a	0.28±0.02b	43.9a
	常规栽培	33.80±0.46a	73.12±0.47a	11.20±0.28a	0.34±0.04a	32.9b
2022	轻简化栽培	36.31±0.45a	73.55±0.31a	12.40±0.32a	0.31±0.02b	40.0a
	常规栽培	35.16±0.42a	72.84±0.42a	11.50±0.27a	0.34±0.03a	33.8b

注：表中同列数据后英文字母不同表示差异显著（t-test，$P < 0.05$，$n = 50$）。

通过对轻简高效栽培结果园（20亩）和常规栽培结果园（20亩）调查，轻简栽培结果园两年平均亩产量为525kg；常规结果园两年平均每亩的产量为475kg，轻简栽培结果园的平均亩产量比常规结果园增产10.53%。

轻简栽培结果园因其果实品质较优，两年平均售价为30.0元/kg，平均总收入为32.4万元，折合平均亩产值为1.62万元，而常规结果树平均售价仅为21.0元/kg，总收入为19.5万元，折合亩产值0.97万元，即轻简栽培结果园平均亩产值比常规结果园增加67.0%。

从生产成本来看，轻简栽培结果园的农药、肥料以及人工成本大部分都比常规结果园低，两年平均亩成本为1900元，其中人工成本为860元，而常规结果园平均亩成本3300元，其中人工成本为1800元。从亩收益来比，轻简栽培结果园和常规结果园分别为1.43万元和0.65万元。即轻简栽培结果园平均亩成本比常规结果园减少42.4%，其中人工成本减少52.2%，亩利润增加120%。

与常规结果枇杷园相比，轻简高效栽培的800亩枇杷园的果园亩产量增产16.3%，枇杷的果实品质和单价得到提升，平均亩产值比常规结果园增加67.0%，平均亩成本减少42.4%，其中人工成本减少52.2%，亩利润增加120%。辐射推广6500亩，优质果品率和产量提高了10%以上，节本增效10%以上（其中，人工成本降低了25%以上）。

三、重庆合川优质轻简高效栽培技术集成与示范

1. 基本情况

西南大学合川农场位于重庆市合川区涪河畔河滩冲积平地，是西南大学综合试验农场的一部分，总占地300余亩，始建于2007年，园区枇杷主栽品种为'华白1号''贵妃''华玉无核1号'及少量'冠玉'枇杷。

2. 存在主要问题和解决方案

园区位于重庆市合川区，为寡日照高温多湿气候，自然圆头形导致果树相对郁闭；位于河滩地雨季排水不便，而枇杷又不耐涝，易产生涝害；枇杷成熟期正值雨

季，易裂果、日灼，且虫鸟危害严重。通过适当改造树形为开心形或双层形树形，增加通风透光；并对老化品种进行高接换种，合理排水系统并进行果园覆草，减少水土流失；进行避雨栽培，减少裂果及虫鸟危害。

3. 关键技术研发

该示范园主要针对自然圆头形大树进行开心形树形改造。首先选留4个位置均匀、分枝角度60°的主枝，其余主枝逐步去除。并将老化品种'冠玉'高接换种，换为'华白2号'。在改造树形的同时更新品种，改善光照，减少修剪量。为避免裂果危害，采用了可收缩棚式避雨栽培，下雨时打开避雨棚，雨停后收回，对枇杷生长影响较小，能够有效防止裂果，尤其对无核品种，能明显提高果品外观品质。同时进行果园行间生草栽培，于2月进行撒播野豌豆，撒播后正常管理，可满足4～5年行间生草的要求，能够有效提高土壤有机质，防止水土流失，减轻雨期涝害，同时达到抑制杂草、减少人力投入的目的。

4. 技术集成示范效果评价

该示范基地集成了无核、白肉枇杷矮化高光效树形培育技术，果园生草控杂草技术，轻简精准土肥水一体化管理技术，花果轻简管理技术的应用推广。现场测产和品质测定结果表明，平均单果重47.1g。可溶性固形物含量15.7%，可食率72.8%，4年生树单株产可达23.5kg，亩产近1057.5kg。与常规生产比，平均优质果品率和产量分别提高22.2%和28.8%，节本增效30%，其中人工成本降低50%，示范效果显著。

第4节
设施枇杷优质轻简高效栽培技术集成与示范

一、浙江白肉设施枇杷优质轻简高效栽培技术集成与示范

1. 基本情况

白肉枇杷设施栽培示范园一为安吉富民生态农业有限公司基地（图7-10），位于浙江省湖州市安吉县天子湖镇高庄村，有枇杷面积150亩，其中设施枇杷40亩。主要品种为'宁海白''塔下白'。该果园为平地大棚，大棚长70m、宽80m，8m为一栋，10连栋为一个棚，共有4个棚。大棚顶高5.7m、肩高4m，采用双膜保温。安吉示范园露地最低温度达-14℃，不能种植枇杷。通过双膜设施大棚与电燃油加温结合，可确保棚内温度在0℃以上，实现在-14℃区域枇杷商品化生产。

(a)   (b)

图7-10　浙江安吉富民生态农业有限公司枇杷设施栽培示范园

　　白肉枇杷设施栽培示范园二位于浙江省杭州市临平区塘栖镇塘北村（图7-11），占地面积600亩，其中有枇杷面积250亩，种植品种主要是'软条白沙'与'宁海白'。设施枇杷面积达100亩，为平地设施枇杷园。2022年初结果面积20亩，品种为3年生'软条白沙'。大棚顶高7m，肩高4.5m，株行距4m×4m。

(a)   (b)

图7-11　浙江杭州塘北鲜果有限公司枇杷设施栽培示范园

2. 存在主要问题和解决方案

　　（1）存在的问题　示范园一已进入盛产期，但因地处浙北山区，冬季气温最低达-12℃以下，枇杷园实测达-14℃，远低于枇杷花受冻的-6℃。在大棚枇杷生产中面临的主要问题有：①低温防冻问题。双膜大棚设施仅可提高温度5～6℃，如不加温棚内温度在-8℃左右，远低于花-6℃、幼果-3℃的受冻温度，普通无加温大棚设施仍难以在安吉进行商业化栽培。②大棚的防雪问题。常规大棚防雪标准在20cm，但该地在2018年2月，遇连续3天大雪，大棚积雪达40cm，最终导致大棚被积雪压塌。③基地设施枇杷花期过迟，加上春季气温低，导致成熟期过迟，没有促早的效果，影响效益。

　　示范园二是2020年以二年生苗新种植的枇杷园。面临的问题有：①缺少幼树整形与控梢技术；②缺少枇杷防冻抗逆技术，技术人员无设施枇杷种植经验。

　　（2）解决方案　对示范园一主要开展以下工作：①在该基地采用大棚基础

40cm×40cm×60cm混凝土浇筑、增加天沟厚度至3mm、增加立柱密度（4m改3m）与拱杆密度（1m改为0.8m）等增强大棚抗雪能力措施。②采用电燃油加温、物联网温度计实时查看棚内温度，通过加温确保棚内温度在0℃以上。③通过不施采后肥、夏季控水、10月初增肥水等调肥控水调节设施枇杷花期，实现在11月盛花。④在2～3月夜间加温，使枇杷平均温度在12℃以上。通过以上技术方案，解决其设施抗雪能力、抗冻性差和成熟过迟的问题，枇杷即能在4月下旬成熟。

对示范园二主要实施以下技术：①枇杷幼树主干分层整形技术。通过去除主干上每一层3～4个主枝外的多余分枝和层与层之间80cm以内的所有分枝，经2～3年整形使之达到层数3～4层、每层3～4个主枝、层与层之间隔80cm左右的矮化分层树形。②夏季控梢促花技术。为解决幼树在棚内徒长、花量不多问题，采用了夏季控水、每周喷0.3%～0.5%磷酸二氢钾的控梢促花技术。③大棚枇杷防日灼技术。针对'软条白沙'易日灼，采用每隔0.5h弥雾1次、每次2min的自动弥雾技术，使棚内温度不超过30℃，确保'软条白沙'枇杷果实在成熟期不日灼。

3. 关键技术研发

（1）适宜花期调节与促早成熟技术研发　针对示范基地花期过迟的问题，开展了设施枇杷花期调节技术研发，并获得国家发明专利。通过分析设施枇杷过迟是由园区土壤有机肥施用过量、供水不当引起，项目研发了采后不施肥、夏季闭棚控水等抑制夏梢生长、促进花芽分化的技术以及在9月初现蕾后，通过10月供水促进花穗生长与开花，在谢花施用高钾复合肥促进果实发育的花期调节技术。

（2）大棚温度管理与防冻、防日灼技术研发　针对示范点一传统加温效率低、效果差的问题，研发电燃油加温、物联网温度计实时观察温度的方法，使冬季大棚温度高于0℃，实现了轻简化防冻。2～3月夜间加温使棚内温度不低于10℃，满足枇杷发育的温度需求，使之实现了提早成熟。针对示范点二管理不精准的问题，研发物联网温度计实时观察棚内温度，指导大棚的棚膜开关，使不加温下冬季大棚的温度在−2℃以内，实现了轻简化防冻。对于温度过高问题，则研发了在36℃以上采用弥雾降温防棚内日灼的技术。

（3）设施枇杷矮化整形与控梢调节花期技术　针对在设施内完成幼树整形的要求，开展幼树整形技术的研发。通过连续3年开展幼树整形技术应用，达到3年完成幼树整形的要求。针对夏梢生长过旺，开展控水、施磷钾肥为核心肥水控梢促花的综合技术开发，达到了11月下旬至12月初盛花的设施枇杷理想花期。

4. 技术集成示范效果评价

通过以上花期调节技术、轻简化加温、弥雾降温技术的应用，安吉富民生态农业有限公司枇杷设施栽培取得显著成效。花期由原来的1～2月开的三花为主，调节为以11月中旬至12月中旬的一、二批花为主。通过轻简化加温，大大减少了加温人工支出，采用人工加炭火、煤饼炉等加温，40亩大棚每晚需4人不停加燃料守候，现仅1人在家观察即可。防冻率达到100%，比原来烧炭火加温增加50%，平均坐果数10.3个/穗，亩产量达1150kg/亩，亩产值达4.6万元，是常规露地枇杷园产值的7～8倍，而同果园的露地枇杷在−12℃下无产量。成熟期由原来的5月中下旬，提早到4月下旬至5月上旬，实现了促早成熟。

2022年初投产的杭州塘北鲜果设施枇杷，在种后第3年的幼树刚结果，成熟期在5月初，比露地提早20天，株产2.5kg、亩产100kg、亩产值1万元，而露地3年生枇杷，因2022年5月高温与连续阴雨，基本无商品产量。

二、重庆设施枇杷优质轻简高效栽培技术集成与示范

1. 基本情况

西南大学歇马试验基地（图7-12），位于重庆市北碚区歇马镇（北纬29°46′1″，东经106°22′16″），总占地70亩。海拔320m，冬季平均气温3～9℃，极端最低气温−1℃，十分适宜枇杷的生长。丘陵山地地形，北高南低，排水性能好。园区于2005年建园，主栽枇杷白肉、红肉及三倍体品种。

图7-12　西南大学设施枇杷示范园

2. 存在主要问题和解决方案

该果园位于重庆地区，气候存在高温、高湿、寡日照和冬季低温等问题。在冬季枇杷花期（10～12月），重庆地区正值低温、多雨季节，低温和高湿环境造成花腐病、灰霉病大量发生。而枇杷幼果期（1～2月），重庆地区正值最低温、霜害时期，容易导致幼果冻害。此外，枇杷快速膨大和成熟季节（4～5月），亦是重庆地区温度骤升及连绵阴雨的高温、高湿梅雨季节，导致枇杷日灼、裂果等生理性病害大量发生，严重影响枇杷的产量和品质。虽然套袋可有效改善果实品质，减少裂果、日灼的发生，但高湿多雨与高温，使套袋的枇杷果实容易因汽灼造成果实内部的腐

烂，同时套袋人工成本较高、投入较大。设施栽培能够明显减少冻害及病虫害的发生，同时与遮阳网技术相结合，达到设施栽培免套袋，在降低冻害、病虫害的同时，减少裂果、日灼的发生，减少套袋人力投入。

3. 关键技术研发

该示范园主要开展了冬季覆膜+遮阳网组合综合花果管理技术研发。于10月份，气温降低时进行棚膜覆盖，直至第二年4月份，气温升高时，揭开棚膜，此时果实迅速膨大；迅速膨大期结束后，果实转色期前，以遮阳网覆盖（遮光率40%），不进行套袋处理，待果实成熟后，去除遮阳网露天栽培。此种组合设施栽培，能有效降低冻害发生率、病虫害发生，同时，降低了果实裂果与日灼，提高了果实品质，减少了人工套袋的投入成本。

4. 技术集成示范效果评价

通过覆膜技术的应用，将花腐病由2.5%发病率降低为0，果实冻害发生率可降低到7.5%，裂果率由20.0%降至0.7%，几乎无日灼现象（表7-10）。覆膜还明显提高了枇杷果实外观品质，但对果实内在品质并无影响（表7-11）。因此，冬季覆膜能够明显提高外观品质，同时减少冻害、病害的发生。

表7-10 不同处理发病率统计

处理	花腐病/%	幼果受冻率/%	裂果率/%	日灼率/%
冬季覆膜	0.00a	10.0b	16.7a	10.0a
初夏覆膜	3.40a	86.0a	0.3b	0.0b
长期覆膜	0.00a	7.5b	0.7b	0.0b
不覆膜	2.50a	82.0a	20.0a	6.7a

表7-11 不同处理的果实外观和内在品质比较

处理	果皮色泽/%		锈斑/%		单果重/g	可食率/%	可溶性固形物/%	可滴定酸/(g/100mg)	总糖/(g/100mg)	固酸比	维生素C
	黄白色	淡黄色	无或极少	较多							
冬季覆膜	88.9	11.1a	93.3	10.0a	43.11ab	72.53a	14.40a	0.32a	12.63a	45.00b	2.54a
初夏覆膜	93.3	6.7a	100.0	0.0b	38.46b	73.26a	14.23a	0.33a	13.36a	43.12c	2.40a
长期覆膜	91.1	8.9a	100.0	0.0b	46.43a	72.56a	13.97a	0.31a	12.26a	45.06b	2.36a
不覆膜	92.2	7.8a	94.4	12.2a	31.71c	73.02a	14.36a	0.31a	12.50a	46.32a	2.56a

该示范区集成了无核、白肉枇杷设施栽培技术与其他轻简栽培技术（高光效树形培育技术、果园生草控杂草技术、轻简精准土肥水一体化管理技术、花果轻简管理技术）相结合，成效明显。经测产，与常规生产比，平均优质果品率和产量分别提高31.1%和29.3%，节本增效30%，其中人工成本降低50%，示范效果显著。

参考文献

[1] 于健东，李鑫，尚书旗. 苹果中耕除草机的设计与试验研究. 农机化研究，2021, 43(5): 125-129.

[2] 王一光. 宁海白白沙枇杷矮化整形修剪技术. 中国南方果树，2012, 41(6): 82-83.

[3] 王少伟，李善军，张衍林，等. 山地果园开沟机倾斜螺旋式开沟部件设计与优化. 农业工程学报，2018, 34(23): 11-22.

[4] 王运华，胡承孝. 实用配方施肥技术. 武汉：湖北科学技术出版社，1999.

[5] 王志静，吴黎明，何利刚，等. 湖北柑橘主产区主要病虫害种类及防治技术. 湖北植保，2019, 6(177): 44-47.

[6] 王芳，谢江辉，过建春，等. 2017年中国香蕉产业发展情况及2018年发展趋势与对策. 中国热带农业，2018(4): 27-32.

[7] 王男麒，彭良志，邢飞，等. 柑橘落花落果的营养元素含量及其脱落损耗. 园艺学报，2013, 40(12): 2489-2496.

[8] 王彤，朱攀攀，彭良志，等. 重庆柑橘园土壤微量营养养分状况分析. 果树学报，2018, 35(12): 1478-1486.

[9] 王学良，李强，范国强，等. 果园履带式多功能作业机的研制. 农机化研究，2020(5): 105-108+119.

[10] 王锋，杨玲，谢守勇，等. 一种三角履带式果园动力底盘的设计与研究. 农机化研究，2019, 41(5): 91-96.

[11] 王鹏，崔恒，陈敏，等. 专用肥配合种植光叶苕子提高柑橘品质和养分效率. 中国土壤与肥料，2021(3): 178-186.

[12] 王鹏飞，刘俊峰，高迎，等. 随行自走式果园割草机的设计与试验研究. 农机化研究，2016, 38(9): 99-103.

[13] 王潇楠，何雄奎，王昌陵，等. 油动单旋翼植保无人机雾滴飘移分布特性. 农业工程学报，2017, 33(1): 117-123.

[14] 井涛，谢江辉，周登博. 香蕉栽培与病虫害防治彩色图说. 北京：中国农业出版社，2022.

[15] 井涛. 香蕉栽培技术. 北京：中国农业出版社，2016.

[16] 邓秀新. 柑橘学. 北京：中国农业出版社，2013.

[17] 甘楚娟. 树形对枇杷光合特性及产量品质的影响. 重庆：西南大学，2019.

[18] 史祥宾，姚成盛，张金亮，等. 配方施肥对红地球葡萄果实产量和品质以及矿质元素含量的影响. 中国果树，2022(9): 46-50.

[19] 吕德国，秦嗣军，杜国栋，等. 果园生草的生理效应研究与应用. 沈阳农业大学学报，2012, 43(2): 131-136.

[20] 全国土壤普查办公室. 中国土壤. 北京：中国农业出版社，1998: 860-934.

[21] 刘佛良，张震邦，杨晓彬，等. 山地果园双履带微型运输车的设计、仿真与试验. 华中农业大学学报，2018, 37(4): 15-23.

[22] 刘孜，黄行凯，徐宏林，等. 湖北宜昌鸦鹊岭地区岩石-土壤元素迁移特征及柑橘种植适宜性评价. 中国地质，2020, 47(6): 1853-1868.

[23] 江才伦，彭良志，曹力，等. 三峡库区紫色土坡地柑橘园不同耕作方式的水土流失研究. 水土保持学报，2011, 25(4): 26-31.

[24] 江世界, 马恒涛, 杨圣慧, 等. 果园喷雾机器人靶标探测与追踪系统. 农业工程学报, 2021, 37(9): 31-39.

[25] 许杰. 新型果园除草机器人机械结构与控制系统设计. 兰州: 兰州理工大学, 2019.

[26] 负鑫, 吕猛, 王文彬, 等. 果园除草研究现状与发展趋势. 农业工程, 2020(1): 18-21.

[27] 杜利超, 钱桦, 肖爱平. 大棚喷雾作业机器人底盘的设计与研究. 广东农业科学, 2010, 37(5): 2.

[28] 李守根, 康峰, 李文彬, 等. 果树剪枝机械化及自动化进展. 东北农业大学学报, 2017, 48(8): 88-96.

[29] 李建国. 中国果树科学与实践-荔枝. 西安: 陕西科学技术出版社, 2022: 8-10.

[30] 李建国. 荔枝学. 北京: 中国农业出版社, 2008: 352-353.

[31] 全国农业技术推广服务中心. 果树轻简栽培技术. 北京: 中国农业出版社, 2010.

[32] 李颖卓. 设施栽培对'华白1号'枇杷生长及产量品质的影响. 重庆: 西南大学, 2017.

[33] 李震, 洪添胜, 孙同彪, 等. 山地果园蓄电池驱动单轨运输机的设计. 西北农林科技大学学报(自然科学版), 2016, 44(6): 221-227+234.

[34] 杨储丰, 虞秀明, 郑洁. 滨海盐土柑橘园行间生草草种影响土壤养分的试验. 中国南方果树, 2022, 51(1): 40-46.

[35] 肖宏儒, 赵映, 丁文芹, 等. 1KS60-35X型果园双螺旋开沟施肥机刀轴设计与试验. 农业工程学报, 2017, 33(10): 21-29.

[36] 吴伟斌, 赵奔, 朱余清, 等. 丘陵山地果园运输机的研究进展. 华中农业大学学报, 2013, 32(4): 135-142.

[37] 吴伟斌, 韩重阳, 梁荣轩, 等. 基于轮毂电机驱动的山地林果茶园轮式运输车设计与试验. 华中农业大学学报, 2021, 40(3): 286-294.

[38] 何义川, 汤智辉, 孟祥金, 等. 2FK-40型果园开沟施肥机的设计与试验. 农机化研究, 2015(12): 201-204.

[39] 何利刚, 吴黎明, 蒋迎春, 等. 湖北省主要产区柑橘园土壤、叶片及果实矿质营养现状调查与分析. 湖北农业科学, 2020, 59(24): 135-140.

[40] 何雄奎. 高效植保机械与精准施药技术进展. 植物保护学报, 2022, 49(1): 389-397.

[41] 邹宝玲, 刘佛良, 张震邦, 等. 山地果园机械化: 发展瓶颈与国外经验借鉴. 农机化研究, 2019, 41(9): 254-260.

[42] 宋月鹏, 张红梅, 高东升, 等. 国内丘陵山果园运输机械发展现状与趋势. 中国农机化学报, 2019, 40(1): 50-55+67.

[43] 宋月鹏, 张紫涵, 范国强, 等. 中国果园开沟施肥机械研究现状及发展趋势. 中国农机化学报, 2019, 40(3): 7-12+25.

[44] 宋淑然, 胡圣洋, 孙道宗, 等. 山地果园管道自动喷雾系统设计与试验. 智慧农业(中英文), 2022, 4(3): 86-94.

[45] 张立丹, 高诚祥, 徐柠, 等. 腐植酸碱性液体肥对香蕉生长的影响及机制. 华南农业大学学报, 2022, 43(5): 12-19.

[46] 张承林, 邓兰生. 水肥一体化技术. 北京: 中国农业出版社, 2012.

[47] 张超博, 李有芳, 彭良志, 等. 土壤管理方式对伏旱期柑橘生长及土壤温度和水分的影响. 华南农业大学学报, 2019, 40(3): 45-52.

[48] 张雯. 果园小型圆盘式割草机研究与设计. 武汉: 华中农业大学, 2019.

[49] 张影. 湖北宜昌柑橘园微肥施用及酸性土壤改良效果研究. 武汉: 华中农业大学, 2014.

[50] 张德学, 闵令强, 李青江, 等. PJS-1型两翼式葡萄剪枝机的设计. 农业装备与车辆工程, 2016, 54(2): 77-81.

[51] 张德学, 秦喜田, 刘学峰, 等. 国内外果园枝条修剪研究进程与配套设备. 中国果树, 2021(2): 6-12.

[52] 陈厚彬, 苏钻贤, 张荣, 等. 荔枝花芽分化研究进展. 中国农业科学, 2014, 47(9): 1774-1783.

[53] 陈厚彬, 苏钻贤, 陈浩磊. 荔枝"大小年"结果现象及秋冬季关键技术对策建议. 中国热带农业, 2020, 96(5): 10-16.

[54] 陈俊伟, 孙钧, 李晓颖, 等. 白肉枇杷晚花避冻栽培技术探讨. 浙江农业科学, 2017, 58(3): 417-419.

[55] 陈俊伟, 孙钧, 周晓音. 浙江白肉枇杷避雨设施栽培技术. 浙江农业科学, 2017, 58: 2190-2192.

[56] 陈俊伟, 李晓颖, 王朝丽, 等. 一种拉长枇杷花期避冻增产的方法: 201610139781.1. 2020-04-17.

[57] 陈猛, 张衍林, 李善军, 等. 山地果园手扶式单履带运输车设计与试验. 华中农业大学学报, 2019, 38(1): 8.

[58] 陈魁，李光林，李晓东，等.果园喷雾机喷头自适应运动与自动喷雾控制系统研制与试验.西南大学学报：自然科学版，2017, 39(4): 178-184.

[59] 陈魁.丘陵山地果园自动喷雾机的研制.重庆：西南大学，2023.

[60] 武松伟，梁珊珊，胡承孝，等.中国柑橘园"因土补肥"与化肥减施增效生态分区.华中农业大学学报(自然科学版)，2022, 41(2): 9-19.

[61] 武松伟，梁珊珊，谭启玲，等.柑橘营养特性与"以果定肥".华中农业大学学报(自然科学版)，2021, 40(1): 12-21.

[62] 罗剑斌，何凤，王祥和，等.一疏二控三割控穗疏花技术提高"妃子笑"荔枝产量的生理原因分析.中国南方果树.2019, 48(1): 20-24.

[63] 周良富，张玲，薛新宇，等.3WQ-400型双气流辅助静电果园喷雾机设计与试验.农业工程学报，2016，32(16): 45-53.

[64] 周艳，韩会敏，蔡文龙，等.葡萄修剪机研究现状分析.湖北农业科学,2018, 57(21): 5-8,15.

[65] 周晓阳，徐明岗，周世伟，等.长期施肥下中国南方典型农田土壤的酸化特征.植物营养与肥料学报，2015, 21(6): 1615-1621.

[66] 郑永军，江世界，陈炳太，等.丘陵山区果园机械化技术与装备研究进展.农业机械学报，2020, 51(11): 1-20.

[67] 孟亮，张衍林，张闻宇，等.遥控牵引式无轨山地果园运输机的设计.华中农业大学学报，2015, 34(4): 125-129.

[68] 赵林亭，邱绪云，宋裕民，等.果园自走式电动底盘控制系统设计与试验.中国农机化学报，2020, 41(2): 120-126.

[69] 赵映，肖宏儒，梅松，等.中国果园机械化生产现状与发展策略.中国农业大学学报，2017, 22(6): 116-127.

[70] 胡福初，范鸿雁，何凡，等.妃子笑荔枝高效花穗处理及保果壮果技术.中国热带农业，2014, 58(3): 65-67.

[71] 茹煜，陈旭阳，刘彬，等.轴流式果园喷雾机风送系统优化设计与试验.农业机械学报，2022, 53(5): 147-157.

[72] 段洁利，黄广生，孙志全，等.香蕉假茎自动对靶精准施肥装置的设计与试验.华南农业大学学报，2021, 42(6): 88-99.

[73] 姜红花，牛成强，刘理民，等.果园多风管风送喷雾机风量调控系统设计与试验.农业机械学报，2020, 51 (S2): 298-307.

[74] 姜红花.基于物联网的果园精准喷雾技术研究.泰安：山东农业大学，2023.

[75] 洪添胜，杨洲，宋淑然.柑橘生产机械化研究.农业机械学报，2010, 41(12): 105-110.

[76] 怒江傈僳族自治州地方志编纂委员会.怒江傈僳族自治州志.北京：民族出版社，2006: 5-16.

[77] 秦福，樊桂菊，张昊，等.果园输运装备发展现状与趋势.中国农机化学报，2019, 40(2): 113-118.

[78] 贾耀文.多功能果园避障除草机器人机械及控制系统设计.兰州：兰州理工大学，2020.

[79] 徐丽明，赵诗建，马帅，等.葡萄株间除草机精准避障控制系统优化设计与试验.农业工程学报，2021, 37(15): 31-39.

[80] 康建明，李树君，杨学军，等.圆盘式开沟机作业功耗仿真分析及试验验证.农业工程学报，2016, 32(13): 8-15.

[81] 寇建村，杨文权，韩明玉，等.中国果园生草研究进展.草业科学，2010，27(7): 154-159.

[82] 董贵恒，李恒灿.一种适用于堤坝的履带式割草机设计.农机化研究，2011, 33(5): 4.

[83] 谢江辉.新中国果树科学研究70年——香蕉.果树学报，2019, 36(10): 1429-1440.

[84] 蔡礼鸿.枇杷学.北京：中国农业出版社，2012: 1-3.

[85] 臧家俊.矮砧果园有机肥料开沟施肥装置设计与试验.杨凌：西北农林科技大学，2020.

[86] 裴宇，伍玉鹏，张威，等.化肥减量配合有机替代对柑橘果实、叶片及橘园土壤的影响.中国土壤与肥料，2021(4): 88-95.

[87] 廖仁昭，王凤英，古雅良，等.光驱避法防控荔枝蛀蒂虫新技术.南方园艺.2020, 31(2): 43-45.

[88] 谭代军，熊康宁，张俞，等.喀斯特石漠化地区枇杷冠层结构特征.南方农业学报，2018, 49(9):

1753-1759.

[89] 翟彩娇，崔士友，张蛟，等. 缓/控释肥发展现状及在农业生产中的应用前景. 农学学报，2022,
12(1): 22-27.

[90] 缪友谊，陈红，陈小兵，等. 自走式果园多工位收获装备设计与试验. 智慧农业(中英文)，2022,
4(3): 42-52.

[91] 薛秀云，许旭锋，李震，等. 基于叶墙面积的果树施药量模型设计及试验. 农业工程学报，2020,
36(2): 16-22.

[92] Bahlol H Y, Chandel A K, Hoheisel G A, et al. Smart spray analytical system for orchard sprayer
calibration: a-proof-of-concept and preliminary results. Transactions of the ASABE, 2020, 63(1) : 29-35.

[93] Canellas L P, Piccolo A, Dobbss L B, et al. Chemical composition and bioactivity properties of size-
fractions separated from a vermicompost humic acid. Chemosphere, 2010,78 (4): 457-466.

[94] Cantelli L, Bonaccorso F, Longo D, et al. A small versatile electrical robot for autonomous spraying in
agriculture. Agri Engineering, 2019, 1 (3): 391-402.

[95] Chen Y F , Wei Y Z, Cai B Y, et al. Discovery of Niphimycin C from *Streptomyces yongxingensis* sp. nov.
as a promising agrochemical fungicide for controlling banana fusarium wilt by destroying the mitochondrial
structure and function. Journal of Agricultural and Food Chemistry, 2022, 70: 12784-12795.

[96] Cronje R B, Mostert P G. Evaluation of Maxim® (3,5,6-TPA) for increase in yield, fruit size and retention
in litchi, cv. HLH Mauritius, in South Africa. Acta Horticulturae, 2010, 863(863): 425-432.

[97] Dale J, James A, Paul J Y, et al. Transgenic Cavendish bananas with resistance to Fusarium wilt tropical
race 4. Nature Communications, 2017, 8: 1496.

[98] Drinnan J. The effect of 3-5-6 TPA on fruit drop and fruit size in the Lychee (*Litchi chinensis*) cultivars 'Fay
Zee Siu' ('Feizixiao'), 'Kaimana' , 'Kwai Mai Pink' , 'Souey Tung' and 'Tai So' ('Mauritus') .
Acta Horticulturae, 2014, 1029(33): 273-280.

[99] Guo J, Karkee M, Yang Z, et al. Discrete element modeling and physical experiment research on the
biomechanical properties of banana bunch stalk for postharvest machine development. Computers and
Electronics in Agriculture, 2021,188: 106308.

[100] Hao T X, Zhu Q C, Zeng M F, et al. Impacts of nitrogen fertilizer type and application rate on soil
acidification rate under a wheat-maize double cropping system. Journal of Environmental Management,
2020, 270: 110888.

[101] Kema G H J, Weise S. Pathogens: Appeal for funds to fight banana blight. Nature, 2013, 504(7479): 218.

[102] Kunz C, Weber J F, Gerhards R. Benefits of precision farming technologies for mechanical weed control
in soybean and sugar beet-comparison of precision hoeing with conventional mechanical weed control.
Agronomy, 2015, 5(2): 130-142.

[103] O'Hare, T J. Interaction of temperature and vegetative flush maturity influences shoot structure and
development of lychee. Scientia Horticulturae, 2002, 95: 203-211.

[104] Søgaard H T. Automatic control of a finger weeder with respect to the harrowing intensity at varying soil
structures. Journal of Agricultural Engineering Research, 1998, 70(2): 157-163.

[105] Stern R A, Gazit S. Effect of 3,5,6-trichloro-2-pyridyl-oxyacetic acid on fruitlet abscission and yield of
'Mauritius' litchi (*Litchi chinensis*). Journal of Horticultural Science, 1997, 72(4): 659-663.

[106] Stern R A, Gazit S. The synthetic auxin 3,5,6-TPA reduces fruit drop and increases yield in 'Kaimana'
litchi. Journal of Horticultural Science & Biotechnology, 1999, 74(2): 203-205.

[107] Wu F Y, Duan J L, Chen S Y, et al. Multi-target recognition of bananas and automatic positioning for the
inflorescence axis cutting point. Frontiers in Plant Science, 2021, 12: 705021.

[108] Zibaee E, Kamalian S, Tajvar M, et al. Citrus species: A review of traditional uses, phytochemistry and
pharmacology. Current Pharmaceutical Design, 2020, 26 (1): 44-97.